UFO · 펜타곤 · SETI

UFO·펜타곤·SETI

펴 낸 곳 투나미스
발 행 인 유지훈
지 은 이 맹성렬ⓒ
프로듀서 류효재 변지원
기　　획 이연승 최지은
마 케 팅 전희정 배윤주 고은경
초판발행 2025년 04월 30일
초판인쇄 2025년 04월 15일
주　　　소 수원시 권선구 금곡로196번길 62, 제이에스타워 305호 조인비즈 6호
대표전화 010-4161-8077 | 팩스 031-624-9588
이 메 일 ouilove2@hanmail.net
홈페이지 www.tunamis.co.kr
I S B N 979-11-94005-28-5 (03440) (종이책)
I S B N 979-11-94005-29-2 (05440) (전자책)

* 이 책은 저작권법에 따라 보호받는 저작물이므로 무단 전재와 복제를 금하며, 내용의 전부 혹은 일부의 활용은 저작권자의 허락을 받아야 합니다.
* 잘못된 책은 구입처에서 바꿔 드립니다.
* 책값은 뒤표지에 있습니다.

UFO
펜타곤
SETI

맹성렬

UFO · PENTAGON · SETI

투나 미스

contents

009 들어가는 글

Part 01 비행접시 또는 비행원반의 출현

014 Chapter 01 어린 시절 UFO를 신봉했던 칼 세이건
020 Chapter 02 비행접시 또는 비행원반의 최초 등장
036 Chapter 03 펜타곤 산하 조직에서의 1947년 비행원반 조사 활동

Part 02 미 공군의 UFO 조사 프로젝트 출범

052 Chapter 04 프로젝트 사인: 미 공군 최초의 UFO 조사 프로젝트
062 Chapter 05 1948년 미 공군에서 제기된 UFO 외계 가설
070 Chapter 06 UFO 외계 가설의 폐기와 프로젝트 사인의 종언
081 Chapter 07 프로젝트 그러지
091 Chapter 08 화이트 샌즈 UFO 사건

Part 03 루펠트, 프로젝트 블루북, 그리고, 기온 역전층 이론

104 Chapter 09 1950-1951년: 지속되는 UFO 논쟁
109 Chapter 10 프로젝트 블루북의 출범
113 Chapter 11 하버드대학교 도널드 멘젤 교수의 UFO 기온 역전층 이론
122 Chapter 12 백악관 상공의 UFO
138 Chapter 13 CIA 개입과 프로젝트 블루북의 유명무실화
154 Chapter 14 1957년 UFO 웨이브

Part 04 SETI, 칼 세이건, 그리고 UFO

Chapter 15 화성인으로부터의 신호 168

Chapter 16 외계의 지적 생명체 존재 가능성과 SETI의 출범 173

Chapter 17 외계의 지적 생명체와 칼 세이건 180

Chapter 18 세이건과 멘젤, 그리고 UFO 193

Part 05 프로젝트 블루북의 종언

Chapter 19 1965~1966년 UFO 웨이브 202

Chapter 20 미국 최초의 미 하원 UFO 청문회 개최와 그 결과 209

Chapter 21 프로젝트 블루북의 종언과 그후의 논란 215

Part 06 1973년 UFO 웨이브와 카터의 UFO 파일 공개

Chapter 22 1973년 UFO 웨이브와 카터의 UFO 관련 대선 공약 234

Chapter 23 지미 카터 대통령과 UFO 파일 공개 244

Part 07 행성학자 칼 세이건과 웜홀 이론

Chapter 24 행성 전문가 칼 세이건 252

Chapter 25 슈퍼스타 칼 세이건 257

Chapter 26 웜홀 여행 262

Part 08 악령이 출몰하는 세상

276 Chapter 27 다양한 UFO신드롬

293 Chapter 28 접촉

317 Chapter 29 피랍

337 Chapter 30 미스터리 서클

354 Chapter 31 악령이 출몰하는 세상

Part 09 스킨워커와 UFO

366 Chapter 32 유타주 목장에 악령이 출몰하다!

383 Chapter 33 로버트 비겔로우의 스킨워커 목장 조사

394 Chapter 34 펜타곤 정보 요원 라카츠키의 개입

Part 10 펜타곤의 비밀 UFO 프로젝트

406 Chapter 35 AAWSAP-BAASS의 출범

415 Chapter 36 AAWSAP/BAASS의 활동 개요

425 Chapter 37 UAP의 심리적, 초심리적, 생리적 영향

433 Chapter 38 제11항공모함 타격 훈련 그룹 UFO 사건

443 Chapter 39 AAWSP/BAASS의 종언과 부활 노력

Part 11 펜타곤의 비밀 UFO 프로젝트가 폭로되다

Chapter 40 뉴욕타임스에 의해 폭로된 AAWSP/BAASS 452

Chapter 41 UFO 동영상들 462

Chapter 42 AAWSAP/BAASS vs. AATIP 467

Chapter 43 CBS TV '식스티 미니츠'의 UAP 대담 프로그램 474

Chapter 44 UAPTF의 예비 보고서 484

Chapter 45 미 하원 UAP 청문회 기조 및 모두 발언 490

Chapter 46 미 하원 UAP 청문회에 나타난 문제적 사항 499

Chapter 47 드러나는 UAP 특성 508

Chapter 48 여러 매질을 넘나드는 운행 518

Chapter 49 첨단 항공우주 추진체 기술 524

Part 12 SETI와 UFO의 만남

Chapter 50 최근의 SETI 및 외계 생명체 탐색 동향 548

Chapter 51 하버드대 천문학자, UFO외계 기원론을 주장하다! 557

Chapter 52 SETI와 UFO 연구의 양립 가능성 572

나가는 글 587

참고문헌 592

저자소개 653

| 들어가는 글

　　필자는 UFO전문가로서 40년 가까운 삶을 살아왔다. 한때 필자의 정체성이 이 문제에 국한해 박제되는 게 싫어 일부러 다른 직함으로만 소개되기를 원했던 적이 있었는데 이제는 그런 굴레를 벗어나기로 했다. 이전에 출판한 책에서 강조했듯 UFO에 대한 필자의 출발점은 '종교 기원'에 관한 궁금증이었다. 첨단 우주 과학 시대인 오늘날에도 사람들이 하늘에서 이상한 걸 보고 여기에 대한 신화가 발생한다. 그렇다면 수천 년 전 발생한 종교들이 자연 현상과 심리 현상이 어우러져 순전히 우매한 미개인들이 착각, 오인, 또는 공포나 경외심에 기인한 것이라고 볼 수 있을까? 이것이 필자의 첫 번째 의문이었다.

이런 의문에 대한 답을 구하려는 노력을 30년 전 쓴 『UFO신드롬』 저술에 쏟아부었다. 그런데 이 책을 쓰는 와중에 UFO와 관련된 여러 제보를 접하게 되었고, 그중에는 국내 현역 공군 조종사들 사례가 포함되었다. 이런 내용들은 필자가 외서 구입 등으로 입수한 미국 조종사들의 체험과 일관된 측면이 있었다. 책이 마무리될 무렵, 필자의 마음속에 또 다른 의문이 발생했다. UFO 현상에 단지 신화적인 측면만 있는 것일까?

이 문제는 한동안 내 머릿속에서 맴돌고만 있었고 관련 내용을 가급적 방송에서 심각하게 언급하거나 책으로 쓸 엄두를 내지 못하고 있었다. 그러다가 2020년 이후 미국에서 UFO와 관련해 한바탕 난리가 나면서 이 문제를 표면화해보자고 결단했다. 그해 5월 YTN 생방송 뉴스에 출연한 후 '유 퀴즈 온더 블록', '김어준의 뉴스공장', 그리고 '당신이 혹하는 사이' 등에 출연했지만 주어진 짧은 시간에 UFO와 관련된 핵심적인 문제를 제대로 짚어내기엔 역부족임을 깨닫게 되었다. 그래서 작년에 『UFO: 우리가 발견한 것이 아니다. 그들이 찾아온 것이다』라는 다소 긴 제목의 책을 내게 되었다. 이 책에서 필자는 최근에 알게 된 UFO의 핵심적인 문제점들에 대해 다루었다. 하지만, 그 과정에서 세세한 부분들이 누락됐다. 좀더 대중적인 주제에 집중하기를 바라는 기획 의도에 맞춰 물리, 공학적 측면에서의 전문적인 내용을 충분히 기술하지 못했다. 한편 이 책엔 UFO를 종교적 현상으로 자리매김하게 하는 초물리적 특성에 대한 언급도 자제할 수 밖에 없었다.

이번 기회에 그동안 모아왔던 관련 자료들을 총정리하여 UFO

의 본질이 무엇인지 독자들에게 명명백백히 밝히려고 한다. 여기엔 특히 1947년부터 2023년까지 미국 펜타곤의 관련 정보 부서에서 UFO에 대해 어떤 논의가 이루어졌는지를 파헤칠 것이다. 그리고 SETI의 초기 단계부터 오늘날까지 지적 외계인을 탐색하려는 그들의 노력이 어떻게 진행되었고 최근 UFO 문제에 대해 어떤 전향적인 태도를 보이고 있는지도 알려줄 것이다. 그리고 UFO에 깃든 종교적, 신화적 측면에 대한 언급 또한 적절한 부분에서 다룰 것이다. 이 방대한 내용을 갈무리하면서 필자는 그 무엇보다도 인류가 직면한 가장 중요한 문제가 UFO라는 사실을 스스로 확신하게 되었다. 독자 여러분에게 이런 필자의 절실함이 제대로 전달되길 바란다.

맹성렬

2025년 3월 10일

Part 01
비행접시 또는 비행원반의 출현

Chapter 01
어린 시절 UFO를 신봉했던 칼 세이건

UFO가 외계인의 우주선이라면?

1952년 8월 3일, 17살의 뉴저지주 출신 시카고 대학 신입생이 당시 미 국무부 장관이었던 딘 애치슨Dean G. Acheson에게 편지를 썼다. 그 편지에는 UFO가 만일 인류의 우주선과 핵무기 개발을 정탐할 목적으로 지구로 오는 외계인의 비행체라는 것이 밝혀진다면 미 정부는 어떻게 대처할 것이냐는 당돌한 질문이 담겨 있었다. 또한 외계인과 어떻게 소통할 수 있는지, 이와 같은 위협적인 상황이 발생했을 때 다른 나라와 어떻게 공조하여 대응할 것인지에 대한 답변을 요구하고 있었다. 편지의 마지막 부분에서 그는 비록 외계인이 지구를 방문할 가능성이 '극도로 희박하다'고 전제하면서도, 만일 그런 상황이 벌어진다면 미국 정부가 어떤 대처방안이 있는지 국무장관의 답변을 듣고 싶다고 했다.

당시 애치슨은 한국전쟁과 맥카시 청문회, 그리고 중국의 위협에 대해 신경 쓰느라 이런 편지에 관심을 가질 여유가 없었을 것이다. 그 편지에 대한 답장은 국무부 대민 업무국Division of Public Liaison 부국장 명의로 쓰여 그 학생에게 전달되었다. 여기엔 그동안 목격 보고서를 검토한 미 공군성Department of the Air Force에서 UFO가 외계에서 온 우주선이란 어떤 증거도 발견하지 못했음이 강조되어있다. 따라서 순전히 가설적인 상황이므로 국무부가 그 학생의 질문에 대해 답변할 수 없다는 것이었다. 당시 UFO의 외계 기원 가능성을 고려했던 그 학생의 이름은 칼 세이건Carl Sagan이었다.[1]

외계인과의 접촉에 대한 칼 세이건 초기 생각

칼 세이건은 어린 시절부터 외계인의 지구 방문에 관심 있었다. 당시 우주를 무대로 한 SF소설이 청소년층에 폭발적인 인기를 끌고 있었으며, 세이건도 그런 마니아 중 한 명이었다. 그는 쥘 베른Jules Verne의 『해저 2만리Twenty thousand leagues under the seas』나 H. G. 웰즈H.G. Wells의 『우주전쟁The war of the worlds』와 같은 소설가가 쓴 비교적 단순한 줄거리의 SF소설부터 과학과 사회 정치의 복잡한 관계를 다룬 알프레드 베스터Alfred Bester의 『데몰리쉬드 맨The demolished man』, 잭 피니Jack Finney의 『타임 앤 어게인Time and Again』, 그리고 프랭크 허버트Frank Herbert의 『듄Dune』과 같은 복잡한 소설들을 즐겨 읽었다.[2]

---

1 Davidson, Keay. 1999, pp.51-52.
2 Sagan, Carl. 1978.

12살이 되었을 때 그는 UFO가 외계인과 관련이 있다고 믿게 되었다. 이런 믿음을 갖는데 상상력이 풍부했던 그의 할아버지가 적잖은 역할을 했다. 그가 12살 되던 해는 바로 1947년으로 UFO 문제가 미국 국방에 심각한 이슈로 부상되었던 때다. 미 전역에서 괴비행체 목격이 속출했는데 그중에서도 6월과 7월 워싱턴 주 레이니어 국립 공원과 뉴멕시코주 로즈웰에서의 사례가 매스컴의 큰 주목을 받았다. 마침 그때가 일본에 핵폭탄이 투하된 지 얼마 지나지 않았던 시기였기 때문에 이것이 우주 저 너머 외계인들의 관심을 끌어냈을 수 있다고 세이건은 생각했다.[3]

고등학교 학생 시절 그는 여전히 인류와 외계인들과의 접촉에 대한 문제에 집착하고 있었다. 졸업 직전 고등학교에서 개최한 글쓰기 대회에 참가한 그는 외계인의 지구 방문에 관한 글을 썼다. 그는 다른 행성으로부터 오는 고등 생명체와 인류의 직접 접촉은 재앙일 것으로 보았다. 그는 그런 접촉이 신대륙의 원주민들이 유럽인들과 접촉하면서 일어난 불행한 상황과 같을 것이라고 보았다. 칼 세이건은 정교한 논리적 글쓰기 솜씨를 발휘해 이 대회에서 우승했다.[4]

미국 주요 언론의 UFO 논쟁

그가 대학교에 입학할 즈음인 1952년 봄, 미국 주요 매스컴은 연일 UFO 목격 보고를 보도하고 있었다. 이 중에서 가장 큰 영향을 끼친 매체는 『라이프Life Magazine』였다. 4월 7일자 『라이프』는

---

3 Davidson, Keay. 1999, p.47.
4 Poundstone, William. 1999, p. 15.; Carl Sagan, Wikidepia. Available at https://en.wikipedia.org/wiki/Carl_Sagan

미 공군에서 그동안 취합한 사례들의 심층 분석 기사를 실었다. 논의의 핵심은 UFO가 외국 무기체계일 가능성을 배제해야 하며 자연 현상 또한 아니라는 것이었다. 결국 남아있는 마지막 가능성으로 고도의 지능을 갖춘 지구 바깥 존재들의 개입을 꼽으면서 기사를 종결했다.[5]

비록 『라이프』의 UFO 외계 기원설을 지지하는 이런 논조에 대해 『뉴욕타임스』가 강력한 반대 제기를 했지만[6] 그 당시 『라이프』는 일반 대중뿐 아니라 지식층에도 어필하는 고급 정보를 다루는 매체였다. 칼 세이건이 1952년 봄 이 기사를 접하고 자신의 오래된 믿음을 더욱 공고히 했다.

세이건, 교내 방송에서 UFO 문제를 다루다

UFO 출현은 민간 차원만의 문제가 아니었다. 미 본토에서 근무하는 공군 조종사들과 관제 요원들이 UFO를 목격할 뿐 아니라, 한국전쟁에 참전한 공군 조종사들도 일본과 한반도 상공에서 접시 형태의 UFO를 목격했다는 소식이 전해지고 있었다. 이런 보도에 크게 자극받은 칼 세이건은 1952년 4월경부터 당시 그가 참여하던 교내 라디오 방송에서 이 문제를 다루기로 결심했다.[7] 그는 직접 방송 원고를 작성했는데 거기엔 다음과 같은 내용이 등장한다.

---

5   Darrach, H. B. Jr. and Ginna, Robert. 1952.; Jacobs, David M. 1975, pp.69-70.
6   Jacobs, David M. 1975, p.71.
7   Ruppelt, E. J. 1956, p.188.; .Davidson, Keay. 1999, p.47.

"우리는 새로운 중요한 증거를 바탕으로 비행접시 미스터리를 우주여행 및 외계 생명체와 관련해 해석할 것입니다. 또한, 당신은 비행접시가 외계로부터 오고 있다는 미 공군의 '비행접시에 관한 예비 연구 Preliminary Studies on the Flying Saucers'라는 놀라운 보고서를 접하게 될 것입니다."[8]

이런 방송 원고 내용으로 판단해볼 때 그가 몇 달 후 애치슨 국무장관에게 쓴 편지에서 UFO가 외계 문명권에서 온 것일 가능성이 '극도로 희박하다'라고 기술한 것은 단지 상투적인 표현이었을 뿐 그의 속마음은 전혀 그렇지 않았다는 사실을 알 수 있다.

이 방송 원고에서 우주여행과 관련해 세이건은 비밀리에 미국과 소련에서 원자력으로 추진되는 로켓 개발이 이루어지고 있을 가능성을 언급하고 있다. 그렇다면, 그는 UFO가 그런 극비 프로젝트와 관련이 있다고 생각했을까? 다음 장에서 살펴보겠지만 그즈음 미 공군의 일부 장교들이 그럴 가능성을 고려하고 있었다. 하지만, 당시 칼 세이건은 전혀 그렇지 않다고 생각했다.

UFO 출몰에 세이건이 관심을 갖게된 이유

1952년 7월 말 미국 수도 워싱턴 DC 상공에 여러 차례 UFO가 출현하여 국제공항 레이더에 포착되고 관제 요원들 육안에도 목격되었다. 긴급 상황으로 판단되어 요격기들이 여러 번 출격하는 소동

---

8 Davidson, Keay. 1999, p.48. 이 보고서가 정확히 언제 어디서 작성된 문서인지 파악할 수 없다.

이 벌어졌다. 이 사건은 『워싱턴포스트』와 『뉴욕타임스』 등 미국의 유력지들 1면의 헤드라인을 장식했다. 앞에서 소개한 칼 세이건 편지는 이 사건이 터진 지 채 1주일도 되지 않았던 시점에 쓰인 것이다. 그동안 UFO 문제의 심각성에 골몰하던 그가 워싱턴 DC 사건을 계기로 용기를 내서 미 국무부에 편지를 쓴 것이다.

젊은 시절 칼 세이건이 UFO에 관심을 가진 것은 이처럼 그 당시 주변 환경이 그에게 UFO 문제의 중요성을 체감하도록 했기 때문이다. 그의 유년 시절 시작된 UFO 소동은 해가 지나면서 더욱더 큰 파장을 일으키며 전개되었고 미 국민을 불안에 떨게 했다. 미국의 주요 언론들이 이 문제를 심각한 어조로 다루면서 미 정보기관이나 공군에서 나설 수밖에 없는 상황으로 이어졌던 것이다.

그런데 미 공군이 나설 수밖에 없었던 보다 중요한 이유는 군 내부에서 실제로 매우 이상한 비행체들의 목격이 잇달아 발생했기 때문이다. 민간인들의 목격인 경우엔 그것이 이차세계대전이 불러온 집단 히스테리 정도로 치부할 수도 있었다. 하지만, 핵무기 저장소 등 군과 관련된 민감한 보안 지역에서의 UFO 목격은 전혀 다른 성질의 문제였다. 대학생 시절 칼 세이건이 주목한 부분이 바로 이런 지점이었다.

다음 장부터 칼 세이건이 UFO에 처음으로 관심을 표명한 1947년부터 그가 UFO와 관련된 편지를 국무장관에게 쓴 1952년까지 미국의 군에서 UFO와 관련해 어떤 일들이 벌어졌는지 살펴볼 것이다.

Chapter 02

비행접시 또는 비행원반의 최초 등장

최초의 비행접시 목격자 케네스 아널드

1947년 6월 24일 오후, 케네스 아널드Kenneth Arnold는 자신의 비행기를 몰고 미국 워싱턴 주 레이니어산Mount Rainier 인근 상공을 비행하고 있었다. 그는 아이다호주의 보이시Boise에 목장을 갖고 있었으며, 거기서 소방기기를 제조하는 '그레이트 웨스턴 방화제품사Great Western Fire Control Supply'라는 회사를 운영하고 있었다.[9] 그는 동시에 그 지역 부보안관deputy federal marshal직과 아이다호 수색 및 구조 자원비행단Idaho Search and Rescue Mercy Flyers의 일원이기도 했다.[10]

그날 그는 인근 야키마Yakima에 볼일이 있었는데, 가는 길목에 잠

---

9 Kenneth Anold, Wikipedia. Available at https://en.wikipedia.org/wiki/Kenneth_Arnold
10 Smith, Jeff. 2013.

시 시간을 내서 5천 달러 현상금이 걸린 실종된 비행기 수색에 나섰다. 그것은 해병대 소속 수송기로 레이니어 산지 어딘가에 추락한 것으로 추정되었다. 수색 비행 도중 그는 9대의 이상한 비행물체들이 레이니어산과 아담스산Mount Adams 사이로 대형을 지어 날아가는 것을 목격했다. 그는 이 두산을 배경으로 날아가는 그 물체들의 속도를 어림할 수 있었는데, 놀랍게도 당시 비행 기술 수준으로 아직 불가능했던 음속을 넘어서 있었다.[11] 그는 약 2분 30초 동안 이 장면을 관찰했다. 그 목격 후에도 그는 몇 분간 실종기 탐색을 계속했다. 자신이 무엇을 보았는지 정확히 깨닫지 못했기 때문이다. 하지만, 그는 곧 그것이 국가 안보에 직결된 문제일 수 있다는 사실을 깨달았다. 어쩌면 그것은 적국의 비밀병기일 수 있었다.

자신의 비행기 앞에서 포즈를 취하고 있는 케네스 아널드

---

11 미 국가정보국·국방부·중앙정보국. 2023. pp.113-115.

아널드는 서둘러 야키마로 향했고, 착륙하자마자 그곳 공항 관계자들에게 자신이 목격한 괴비행체들에 관해 이야기했다. 그들의 자문을 얻기 위해서였다. 그곳에서 만난 한 헬리콥터 조종사는 그것이 인근 군 비행장에서 쏘아 올린 최신 유도 미사일들이라고 추정했다. 하지만, 아널드는 그것들이 소련의 유도 미사일이나 원격 조종 스파이 비행기일 수 있다고 생각했다. 그래서 좀더 전문적인 조언을 얻기 위해 인근 오리건주 펜들턴Pendleton으로 날아갔다.

야키마의 공항 요원이 이 소식을 펜들턴 공항의 지인에게 알렸고 이 소문은 곧 펜들턴 매스컴에 알려졌다. 아널드가 펜들턴에 도착했을 때 많은 군중이 기자들과 함께 그의 이야기를 듣고자 기다리고 있었다. 그날 공항에서 개최된 에어쇼를 보러 온 군중들이 아널드의 괴비행체 목격 소식을 알게 되었기 때문이다. 그곳에서 즉석 토론이 벌어졌는데 역시 그것이 미군에서 비밀리에 개발 중인 유도 미사일이라는 주장이 우세했다.[12]

여전히 이 문제를 그렇게 간단히 다룰 수 없다고 생각한 아널드는 그 지역의 FBI 사무소를 찾았다. 하지만 그곳은 닫혀 있었고, 그는 지역 유력지인 『이스트 오리건East Oregonian』의 사무실에 가서 컬럼니스트 놀란 스키프Nolan Skiff와 기자 빌 비케트Bill Bequette를 만났다.

---

12 Clark, Jerome. 1992. pp.216-217.

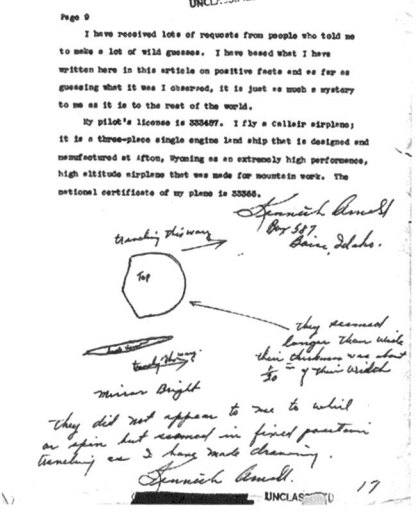

케네스 아널드의 UFO 목격에 대한 초기 보고서
가운데 그가 목격한 UFO의 형태가 묘사되어있다

    비케트와 스키프는 아널드를 인터뷰했는데 다음 날 신문 기사를 작성하기 위한 마감 시간이 촉박해 5~10분밖에 여유가 없었다. 따라서 아널드는 이상한 비행체가 초승달 모양의 앞쪽 가장자리와 뒤쪽으로 뻗어나가는 삼각형 꼬리로 형성되었다고 말했지만, 그들은 이야기에서 그 부분을 놓쳤고 대신 "접시처럼 날아다니는 이상한 물체"에 대한 그의 설명만을 포착해 기사의 헤드라인으로 사용했다.[13] 최초로 비행접시가 이 세상에 알려지게 된 것이다.

---

13 John, Finn J. D. 2018.

초음속 비행접시

케네스 아널드 사건에서 주목할 만한 사실은 그가 추정한 비행체 속도가 당시 지구상의 그 어느 비행체도 달성할 수 없는 수준이었다는 점이다. 레이니어산의 지형에 익숙한 그는 그 괴비행체들의 속도가 약 시속 1700 마일 정도 된다고 추정했는데 그것은 음속의 2배가 넘는 속도다. 이 수치가 너무 크다고 생각한 아널드는 비케트, 스키프와의 인터뷰에서 시속 1200 마일로 정정했다.[14] 그래도 이 역시 음속을 뛰어넘는 속도였다. 당시 비행 속도 세계 최고 기록은 시속 647마일로 음속의 0.8배 정도였다. 다시 말해 그 당시 그 어느 나라에서도 초음속 비행을 하는 비행체를 만들 수 없었다.[15] 아놀드 사건이 발생하고 나서 몇 달 후에 척 이거Chuck Yeager 대령이 벨 엑스원Bell X-1이라는 로켓을 타고 최초의 음속 돌파 비행에 성공했다.[16]

케네스 아널드 사건은 당시 미국 언론에 크게 보도되었다. 예를 들어 1947년 6월 26일자 『시카고 선The Chicago Sun』은 "아이다호 조종사에 의해 목격된 초음속 비행접시Supersonic Flying Saucers Sighted by Idaho Pilot."란 제목으로 이 목격 내용을 보도했다. 또 같은 날 『샌디에고 유니온San Diego Union』은 "믿기 어려운 속도로: 산악 자원 봉사자가 미스터리 물체들을 목격하다At Incredible Speed: Forest Service Man Sees Mystery Objects"라는 제목의 기사를 보도했다. 역시 같은 날 『로스앤젤레스 타임스』는 "조종사가 시속 1천2백 마일로 날아가

---

14 Clark, Jerome. 1992. p.216.
15 Bequette, Bill. Project 1947 (UFO Reports, 1947). Available at https://www.project1947.com/fig/1947b.htm
16 Lee, Russell. 2022.

는 접시 형태의 물체들을 보았다고 말한다Pilot Tells of Seeing Saucerlike Objects Flying at 1200 MPH,"라고 보도했다.[17]

케네스 아널드의 UFO 목격을 보도한 『시카고 선』. 제목이 '초음속 비행접시를 아이다호 조종사가 목격했다'이다

레이 팔머와 케네스 아널드가 1952년 공동 저술한 아널드의 비행접시 목격담이 담긴 저서 『비행접시의 도래』

이 사건이 보도되자 미 대륙 각처에서 목격자들의 신고가 언론사로 쇄도하기 시작했다. 그리고 비행접시 대소동이 일어나게 된다. 이 때문에 대부분 연구자는 최초의 UFO 목격자로 케네스 아널드를 꼽는다. 그에 의해 유발된 매스컴의 관심이 다른 UFO 목격자들을 자극해 더욱 매스컴을 가열시켰으며, 현대의 UFO 신드롬이 막을 올리게 되는 도화선이 되었다.

---

17 Dorsch, Kate. 2019.

그런데, 이 목격에는 나중에 UFO의 초정상적 현상 또는 신드롬적 성향으로 분류되는 사건이 있었다. UFO를 목격한 이후 아널드와 그의 가족들은 집에서 이상한 광구光球들이 떠다니는 걸 자주 목격했으며, 초심리 체험도 발생했다고 한다.[18] 이런 종류의 사건은 이미 1960년대부터 보고되었으나 주류 학계에서는 무시하는 태도로 일관해왔다. 그러다가 2천년대에 접어들어 이 문제가 UFO 현상의 중요한 측면으로 부각되게 된다.

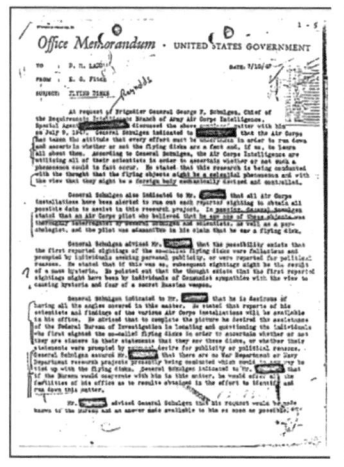 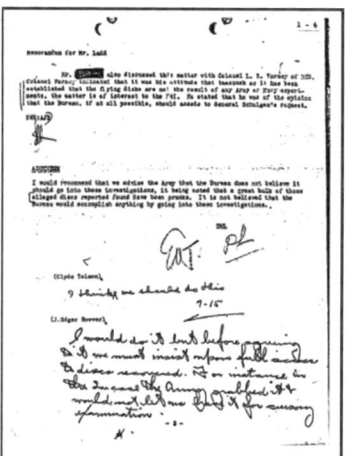

1947년 6월 말경 미 육군에서 목격된 UFO에 대한 보고서

---

18 Lacatski, James T. and Kelleher, Colm A. and Knapp, George. 2021. p.162.

로즈웰 비행접시 추락사건

오늘날 케네스 아널드 사건은 최초의 UFO 목격 사건으로 자리매김이 되었지만, 그것이 군과 관련된 게 아니었다. 군사적 연관성을 갖는 최초 사례로 꼽히는 사건은 로즈웰 사건이다. 당시에 군사기밀 사항이라 대중적으로 알려지지 않았지만 1940년대 후반, 미국의 주요 군사 시설 주변에서 UFO가 군인들에 의해 다수 목격되었다. 특히 보안에 민감한 핵 시설 주변에서 이런 목격이 잦았다.

최초 핵실험 장소인 트리니티 사이트와 로즈웰 사이의 경로가 표기된 구글 지도

1947년 7월 초, 최초 핵실험 장소인 트리니티 사이트Trinity Site에서 불과 150여 마일 밖에 떨어져 있지 않은 뉴멕시코주 로즈웰에서 비행접시가 추락했다는 육군발 보도가 나왔다. 이곳에는 당시 일본

에 핵폭탄을 투하했던 미 육군 항공대 509 CG의 후신인 509 OG가 주둔하고 있었다. 그들의 임무는 유사시 핵폭탄을 싣고 적국에 투하하는 것이었다.[19] 이토록 국가 안보상 매우 민감한 지역에서 한바탕 UFO 소동이 일어났다.

1947년 7월 8일, 『로즈웰 데일리 레코드』에 로즈웰 인근 목장 근처에 비행접시가 추락했으며, 군이 그것을 회수했다는 내용의 군 대변인 발표문 인용 보도가 있었다. 이 기사가 국내는 물론 AP통신을 통해 세계 각국에 알려지면서 큰 화제를 불러일으켰다. 하지만 곧이어 상부 기관에서 보도 관제를 했고, 군부는 돌연 이 모든 것이 오보였다고 발표했다.

1947년 7월 8일자 로즈웰 데일리 레코드지의 일면 헤드라인으로 실린 '비행접시' 기사

---

19 509th Operations Group, Wikidepia. Available at https://en.wikipedia.org/wiki/509th_Operations_Group#:~:text=Redesignated%20the%20509th%20Bombardment%20Group,during%20the%20alleged%20Roswell%20incident.

사태의 심각성을 인지한 군은 다음날 바로 기자회견을 열고 사진기자들에게 수거된 추락 잔해를 촬영하도록 했다. 이 기자회견에 제8항공대 사령관 로저 레이미 준장Brigadier General Roger A. Ramey이 직접 나왔다. 동석한 기상부서 당직 사관은 그것이 레윈 기상 관측용 기구의 잔해라고 증언했다. 그런데 이 기자회견에서 찍힌 레이미 준장의 손에 쥐어져 있던 메모가 나중에 문제가 되었다. 이 메모엔 원반disc이라던가 희생자victim라는 단어가 쓰여 있다는 주장이 제기되었기 때문이다.[20]

 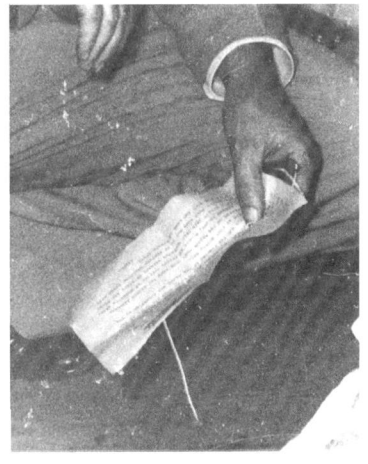

레윈 관측 기구 추락 잔해 앞에서 기자회견을 하고 있는 레이미 준장과 기상부 당직 사관(왼쪽)
에이미 준장이 쥐고 있는 메모 부분을 확대한 사진(오른쪽)

 이 사건의 실무자였던 제스 마셀Jesse Marcel 소령은 나중에 그때 공개한 잔해는 바꿔치기 된 것으로 진짜는 라이트 필드 기지로 운

---

20 Houran, James and Randle, Kevin D. 2002.

반 중이었다고 주장했다.[21] 어쨌든 기자회견 후로 별다른 이의가 제기되지 않았고, 사건을 둘러싼 논쟁도 1980년대 말에 이르기 전까지 더 이상 확대되지 않은 채 역사의 흐름 속에 묻히게 되었다.

1947년 7월 9일자 로즈웰 데일리 레코드지의 일면 헤드라인 기사
'레이미 장군이 비행접시를 빼돌렸다'라고 되어 있다

---

21 Randles, Jenny. 1996. pp.38-40. 퇴역 후 제스 마셀은 이 사건과 관련해 여러 인터뷰를 했다. 그에 의하면 추락체는 1947년 7월 3일에 로즈웰에서 북서쪽으로 80마일 떨어진 코로나Corona라는 곳에서 목장을 운영하는 한 목장주가 최초로 발견했다고 한다. 그 목장주는 이것들을 7월 6일에 로즈웰로 운반했고 마셀에게 직접 연락했다. 마셀은 그의 부하와 이것을 조사했는데 그가 보기에 매우 생소한 물체였다고 한다. 마셀은 7월 7일 오후에 코로나에서 잔해를 모두 수거해 로즈웰로 운반했다. 그것은 일반적으로 쓰이는 기상관측기구와는 전혀 다른 얇지만, 매우 견고한 재질로 만들어져 있었다. 7월 8일 그 수거물이 비행접시 잔해라는 보도자료가 나갔고, 몇 시간 뒤 철회된 후 7월 9일에 기지 사령관 로저 레이미 준장이 직접 나와서 기자 인터뷰했다. 여기에서 기자들에게 보여준 것은 일상적으로 사용하는 레윈 기상 관측용 기구 잔해였다. 마셀이 수거한 진짜 잔해에 대해 마셀의 아들 증언이 있다. 마셀은 7월 8일 새벽녘에 잠시 집에 들러 가족들에게 회수된 것 중 일부를 보여주었다. 당시 10살이었던 그의 아들 제스 마셀 2세에 의하면 마셀이 그것을 보여주면서 이런 걸 다시는 볼 수 없을 거라고 말했다고 한다. 잔해 중에서 마셀 2세를 가장 매료시킨 것은 보라색의 상형문자가 새겨진 작은 기둥이었다. Associated Press in Helena. 2013 참조.

로즈웰 비행접시 추락사건의 진상은?

그렇다면 로즈웰 사건의 진상은 무엇이었을까? 나중에 펜타곤은 그것이 소련 핵실험을 모니터하는 암호명 모굴이라는 극비 프로젝트와 관련이 있었다고 주장하면서 실제 추락 비행체가 있었고 마네킹들이 거기 실려있었다고 자백했다.[22] 그러나 이런 해명은 석연치 않아 보인다. 정말로 로저 레미이 준장 손에 들려있던 메모에 원반과 희생자라는 단어가 존재한다면 이 문제는 일본 핵폭탄 투하를 한 부대의 후신으로 당시 로즈웰에 주둔하고 있던 509 OG와 관련해 좀 다른 각도에서 살펴볼 필요가 있다.

2차 세계대전 직후 이 부대의 주요 관심사는 적으로부터 조기에 탐지되지 않고 핵폭탄을 적진 깊숙이 운반하는 것이었다. 그리고 이런 임무 수행을 위해 레이더에 잘 잡히지 않는 스텔스기의 개발 필요성을 염두에 두고 있었다(실제로 1980년대에 노스롭 B-2 스텔스 폭격기가 509 OG에서 시운전 되었다).[23] 오늘날 알려져 있듯 스텔스 기능을 위한 비행체는 접시 형태로 만드는 것이 유리하다. 스텔스기라고 해서 레이다 반사파가 완전히 사라지는 것은 아니다. 작은 신호가 잡히는데, 이 경우에 마치 새와 같은 형상으로 보인다고 한다.

1942년부터 독일에서는 접시 형태의 비행체를 연구개발하고 있었고 종전 후 소련과 미국은 독일에서 이런 비행체의 설계도와 시제품

---

22 Report of Air Force Research Regarding the "Roswell Incident", July 1994. Executive Summary. Available at https://www.nsa.gov/portals/75/documents/news-features/declassified-documents/ufo/report_af_roswell.pdf
23 509 Operations Group, Wikipedia. Available at https://en.wikipedia.org/wiki/509th_Operations_Group

을 수거했다는 기록이 있다. 어쩌면 당시 로즈웰에서는 이런 형태의 비행체 실험이 비밀리에 이루어지고 있었고 그 와중에 사고가 일어났을 가능성이 있다. 실제로 미국에서 나중에 UFO 문제를 전담하게 되는 부서 관계자들이 케네스 아널드가 목격했다는 UFO가 독일의 신종 비행체와 관련이 있을 가능성을 검토한 바 있다.[24] 물론 당시 아널드가 진술한 대로 초음속 비행을 하는 수준의 비행체가 개발되었을 리는 만무하다. 하지만 조종사를 싣고 어느 정도 높이에서 저속 비행할 수 있는 수준의 원반형 비행체를 당시 로즈웰 인근에서 실험하고 있었을 가능성은 충분히 있다. 왜냐하면 당시 그곳이 미국에서 가장 중요한 군사기밀을 다루고 있던 곳이었기 때문이다. 오늘날 유명한 '에어리어 51'과 같은 비밀 군사 시설이 당시 바로 거기 있었다.

비행접시 vs 비행원반

케네스 아널드 사건 직후 미국의 언론 매체로 많은 비행접시 목격 보고가 쇄도했다. 신고자들은 대부분은 민항기 조종사들을 비롯한 민간인들이었다. 그런데 당시 매스컴에는 제대로 알려지지 않았지만, 이것은 군에서도 아주 심각한 문제였다. 당시 미국에 공군은 존재하지 않았다. 육군 소속의 항공대가 그 역할을 하고 있었다. 여기에선 처음에 케네스 아널드 사건을 그리 심각하게 받아들이지 않았다. 하지만, 1주일이 채 지나기도 전에 그들은 태도를 바꾸지 않을 수 없었다. 왜냐하면 그 기간에 육군 항공대 소속 조종

---

24 Nazi UFOs, Wikipedia. Available at https://en.wikipedia.org/wiki/Nazi_UFOs

사들, 관측 요원들, 그리고 신기종을 연구 개발하는 과학자들과 엔지니어들로부터 수많은 원반형 괴비행체 목격 보고가 쇄도했기 때문이다. 그들은 대중적으로 알려진 비행접시 대신 이 괴비행체를 주로 비행원반Flying Disc이라고 불렀다.[25]

1947년의 주요 비행접시 사례들

케네스 아널드 사건과 로즈웰 사건은 1947년 6월 말에서 7월 사이에 발생한 1,000여 건의 UFO 목격 사건 중 대중적으로 널리 알려진 대표 사례였다. 실제로 그 시기에 UFO 목격이 쇄도했는데 특히 7월 4일은 1952년 이전까지 하루 동안 UFO 목격 보고 숫자의 최고 기록을 세웠다.[26] 미국의 주요 신문에는 그해 하반기에만 수백 건의 UFO 기사가 실렸다. 『뉴욕타임스』를 비롯한 주요 언론 매체의 논조는 그것이 환각, 조작, 비밀 병기 또는 그 밖의 설명 가능한 자연현상이라는 것이었다. 이처럼 언론이 여러 가능성을 제기하는 동안 UFO의 국가 안보와 관련한 문제를 제기하는 언론사는 없었다. 이는 냉전 기간에 언론사가 미 본토에 핵무기가 어디에 얼마나 배치되어 있는지를 펜타곤에 묻지 않은 것과 같은 수준의 군사보안이 걸려 있었음을 의미했다.[27]

하지만 미 육군 항공대의 관련 부서에서는 이 문제를 매우 심각하게 받아들였다. 군 조종사들이나 관제 요원들에 의해 항공기 전문가들조차 도저히 설명할 수 없는 사건들이 실제로 발생하고 있었

---

25 Fitch, E. P. 1947.; Swords, Michael D. 2000. p.27.
26 Ruppelt, Edward J. 1956. p.20.
27 Ruppelt, Edward J. 1956. p.22.

기 때문이었다. 당시 군에서 일어난 대표적인 사건들을 꼽아보면 다음과 같다.

아널드 사건이 있고서 4일이 지난 6월 28일 미 육군 항공대 조종사 에릭 암스트롱 중위Lt. Eric B. Armstrong는 P-51기를 조종해 네바다주의 미드호Lake Meade 인근 상공을 지나던 중 5~6대의 둥글고 흰 금속 비행물체들을 목격했다. 그것들은 근접비rate of closure를 고려할 때 새 떼가 아니었고, 신기종 제트기들을 직접 조종해본 그의 경험상 기존 비행체도 아니었다.[28]

1947년 6월 30일, 해군 중위 윌리엄 맥킨티William McGinty는 P-80기를 조종해 그랜드캐년 사우스 림South Rim 근처를 비행하던 중 그의 진행 방향 앞쪽으로 낙하하는 두 개의 둥근 물체를 목격했다. 밝은 회색빛의 그 물체들은 지름이 대략 2.5~3미터 정도 되었다.[29]

1947년 7월 7일, 캘리포니아주 로저스 건조호Rogers Dry Lake 인근 머룩 공군기지 활주로에서 신종 제트기 XP-84의 조종사 탈출석 방출 테스트 중이던 조웰 와이즈Jowell C. Wise 소령은 지름이 2-3미터로 어림되는 백황색 구체가 2만 피트 공중에서 전방 휘돌림forward whirling하는 걸 목격했다. 이 괴비행체는 고도를 유지하며 서쪽에서 동쪽으로 비행했는데 그 속도가 대략 시속 2백 마일이 넘었다고 한다.

다음 날인 7월 8일, 같은 기지에서 최신 비행 기종 테스트를 하고 있던 과학자들과 엔지니어들이 그들의 머리 위에서 마구 날뛰는 원반 비행체를 목격했다. 그로부터 몇 시간 후 로저스 호에 금속

---

28 Thomas, Kenn. 2011, p.37.; Kevin D. 2014, p.75.
29 Sparks, Brad. 2016, p.17.; Randle, Kevin D. 2014, p.75.; Redfern, Nick. 2014, p.108.

구체가 하강해 바람 방향에 거슬러 북북서 방향으로 움직이는 것을 목격했다는 민간 제보가 들어왔다. 목격자들은 그것이 명백히 인공적인 비행체였다고 진술했다.[30]

1947년 7월 9일에는 아이다호 스테이츠먼Idaho Stateman지의 항공 편집자가 전 미 항공대 조종사 데이브 존슨Dave Johnson과 아이다호 국립 항공 방위대 소속의 AT-6기를 타고 아이다호 페어필드Fairfield 인근 카마스 프레리Camas Prairie 상공을 운행하다가 적운cumulus cloud bank을 배경으로 나타난 검은색 원반을 목격했다. 그 물체는 반횡요half-roll를 하다가 마치 계단을 오르는 것과 같은 움직임을 보였다. 그것은 AT-6기의 8밀리미터 카메라로 약 10초간 촬영되었는데 방위각이 너무 작아 필름상에 명확히 드러나 보이지는 않았다. 이 목격이 있던 시각 아이다호 보이즈 고웬필드Gowen Field에 있던 3명의 아이다호 국립항공방위대 요원들과 1명의 유나이티드 항공사 관계자가 카마스 프레리 상공 적운積雲 근처에서 비슷한 검은 물체가 불규칙하게 움직이는 것을 목격했다.[31]

1947년 8월 중순, 사우스다코타주의 래피드 시티 공군기지(Rapid City AFB, 현재 Wellsworth AFB)에서 활주로 인근 주차장에 앉아있던 해머 소령Major Hammer은 해가 막 질 무렵 북서쪽 하늘에서 12개의 백황색의 빛을 내는 타원형 괴비행체들이 다이아몬드 대형을 지어 시속 300~400마일 속도로 비행하는 것을 목격했다. 이것들은 천천히 우회전해 급속히 가속하여 사라졌다.[32]

---

30 Muroc AFB Inciendet, California, July 8, 1947. Available at http://www.nuforc.org/Muroc.html; Sparks, Brad. 2016, pp.20-22.
31 Sparks, Brad. 2016, p.22.
32 Sparks, Brad. 2016, p.25.

Chapter 03
펜타곤 산하 조직에서의 1947년 비행원반 조사 활동

펜타곤과 관련 부처의 활동

펜타곤에 그 본진이 있던 육군 항공대 수장은 칼 스파츠 장군 Gen. Carl Spaatz이었다. 하지만, 그는 UFO 문제에 별로 관심이 없었다. 공군으로 재편된 후 1년쯤 후에 그의 후임으로 호이트 반덴버그Hoyt Vandenberg가 부임했는데[33] 그는 전임자보다는 이 문제에 더욱 관심을 가져야 했다. 스파츠 체제에서 UFO 문제에 가장 큰 관심을 가지고 임무를 수행한 이는 미 항공대 정보처 Air Force Directorate of Intelligence 소속의 조지 슐겐 준장Brig. Gen. George Schulgen이었다. 그는 항공대 정보수장이었던 조지 맥도날드 장군Gen. George McDonald의 선임 참모executive officer로써 당시 공군이 육군에서 독립하는 작업을 실무적으로 조율하는 작업을 하고 있었다. 그 와중에 비행원반 조

---
33 Sturm, Thomas A. 1967, p.29.

사 또한 그의 주요 업무가 되었다. 그는 FBI에 비행원반 목격자들을 발굴하고 질문하는 걸 도와달라고 요청했다.[34] 또 다른 한편으로 그는 자신이 지휘하는 조직에도 비행원반에 대한 정보를 모을 것을 명령했다. 슐겐 휘하의 정보 장교들로 비행원반 조사분석에 투입된 이들은 '항공 정보 요건국 소속 수집처(Air Force Office of Intelligence Requirement-Collection branch, AFOIR-CO)'를 맡고 있던 로버트 테일러 대령Col. Robert Taylor과 그의 오른팔인 조지 가렛 중령Lt. Col. George D. Garrett이었다.

조지 가렛 중령의 상황 보고서

AFOIR-CO는 보고된 비행접시 사례 중 주목할 만한 것들을 추려서 조사 분석하여 상부로 보고하는 임무를 수행했다. 1947년 7월 중에 가넷 중령이 추린 주요 사례는 총 16건이었다(나중에 2건이 추가되어 총 18건이 된다). 이들을 기반으로 그는 상황 보고서를 작성했다. 그 주요 내용은 다음과 같았다.

1. 이 물체들의 표면은 금속성이다. 최소한 표면에 금속을 입힌 것처럼 보인다.
2. 궤적이 목격되는 경우 로켓 궤적과 비슷하다. 고체 로켓보다는 액체 로켓에 가깝다.

---

34 Huyghe, Patrick. 1979.; Photo chart of USAF leadership, October 1947, Air Force Magazine, September 1997, pp.86-87. Available at https://media.defense.gov/2013/Mar/26/2001329992/-1/-1/0/AFD-130326-006.pdf

3. 그 형태는 대부분 경우 둥글거나 적어도 타원형이다. 바닥은 편평하고 위쪽은 약간 돌출된 돔 형태인 경우가 많다. 그 크기는 C54기(2차 세계대전에서 활약한 기종으로 길이가 약 30미터 정도 됨) 정도다.

4. 3대에서 9대 정도가 편대비행을 한다. 속도는 300노트(시속 550킬로미터) 이상이다.

비행원반의 미국 내 개발 비밀 병기 가능성 조사

가렛 중령의 보고서는 조지 슐겐에게 보고되었고, FBI와도 공유되었다. 이런 초기 보고서가 작성된 후 FBI는 그런 특성의 비행체를 미국 내에서 제작하여 시험하고 있는지 조사했다. 이런 분야는 당시 미 육군 항공대 연구개발처를 맡고 있던 커티스 르메이 장군Gen. Curtis Lemay의 관할이었다. 정보 자유화법으로 공개된 르메이가 FBI의 질의에 대해 답한 1947년 9월 5일 자 비밀문서는 다음과 같이 미국 내 개발과 관련해서 부정적이었다.

"철저한 설문조사 결과 육군 항공대 내부에 비행접시와 유사한 특성을 갖는 비행체 연구개발 프로젝트는 존재하지 않는다는 사실이 드러났다A complete survey of research activities discloses that the Army Air Forces has no project with the characteristics similar to those which have been associated with the Flying Discs."[35]

---

35 Carey, Thomas J. and Schmitt, Donald R. 2019, p.39.

위의 비밀문서 내용에서 알 수 있듯 대중적으로 비행접시라 불렸지만, 이 문제를 다루는 군 내부에서는 주로 '비행원반flying disc'이라는 용어를 사용했다. 그렇다면 그런 원반형 비행체에 대한 연구개발이 당시 미 해군에서 이루어지고 있었을까? 1947년에 미 해군 항공 운행 연구부서 책임자Naval chief of aeronautical research였던 캘빈 볼스터Calvin M. Bolster는 미 해군에 그런 연구가 진행된 일이 없었음을 증언했다.[36] 결국 그 당시 미국의 어떤 항공 관련 국가 연구 부서에서도 보고된 바와 같은 접시 형태의 비행체 연구는 이루어지고 있지 않았다.

미 육군 항공대 군수 사령부의 비행원반 조사

펜타곤의 정보부처에서 비행원반 관련 자료 취합 및 설문조사를 실시하고 있던 기간 중 기술적 문제를 철저히 검토하고 있던 조직이 육군 항공대 내부에 있었다. 바로 항공기 관련 기술적 정보를 가장 많이 갖고 있던 육군 항공 군수 사령부Air Materials Command였다. 1947년 당시 사령관은 나산 트위닝Nathan Twining 소장이었는데 그는 휘하 정보 부서인 항공 기술 정보 센터(Air Technical Intelligence Center, ATIC)에 비행원반 관련 정보를 수집하고 분석할 것을 명령했다.

정보 부서의 수장은 하워드 멕코이Howard M. McCoy 대령이었다. 그

---

36   Keyhoe, Donald. 1950, p.44.; 캘빈 볼스터는 1951년부터 1953년까지 미 해군의 모든 연구를 총괄하는 해상 연구 책임자Chief of Naval Research를 역임했다. Chief of naval research, Wikipedia. Available at https://en.wikipedia.org/wiki/Chief_of_Naval_Research

는 2차 세계 대전 직후 나치 독일의 항공 기술을 수거하는 작업을 진두지휘했던 항공 기술 및 정보 전문가였다. 7월 중순쯤부터 미 전역에서 쇄도하는 비행원반 목격 보고에 대한 분석이 그의 지휘 아래 이루어졌다. 그는 먼저 비행원반이 나치 독일의 항공 운행 기술로부터 파생되었을 가능성을 검토했다.[37]

나치의 비밀 병기와 비행원반과의 연관성?

호르텐 비행 날개(Horten Flying Wings)

맥코이가 1945년 유럽에서 가져온 자료 중에는 원반형 비행체와 관련 있는 것들이 존재했다. 그것은 월터와 레이마르 호르텐에 의해 제안된 원반 형태의 비행체에 대한 것이었다. 그들의 발명품은 호르

---

37 Swords, Michael D. 2000, p.32.

텐 비행 날개Horten Flying Wings라고 불렸다. 그는 이 점에 주목했다.[38] 이와 같은 비행체에 대한 초기 아이디어는 독일 괴팅겐 대학 교수였던 항공 공학자 루드비히 프란드틀Ludwig Prandtl로부터 나왔다. 실제로 그의 지도를 받아 1936년에 빌헬름 키너Wilhelm Kinner는 '둥근 디자인의 날개에 대하여Über tragflügel mit kreisförmigen'이라는 논문으로 박사학위를 받았다.[39]

비행원반이 나치 기술과 관련 있다는 전제 아래 맥코이는 두 가지 가능성을 고려했다. 그 첫째는 르메이 장군을 비롯해 펜타곤 정보 관련 부처에조차 알려지지 않은 초 극비 프로젝트가 미국의 국가 기관 어디선가 진행되고 있다는 것이었다. 하지만, 미국 내 주요 항공 기술자들이 모를 정도로 감쪽같이 그런 연구개발이 가능할 수 있을까? 또한 자신이 직접 수거해온 상당히 미완성 상태인 원반형 비행체 기술이 불과 2년 안에 그 정도로 놀라운 수준까지 발전할 수 있을까? 아무리 생각해봐도 그것은 불가능한 것이었다.

맥코이가 가능성을 좀더 높게 본 두 번째 안은 다른 초강대국에서 이런 놀라운 항공 무기체계를 개발했다는 것이었다. 그는 자신의 경험치를 최대한 동원해 고민한 후 그 초강대국이 소련일 것이란 판단을 내렸다. 미처 미국이 수거하지 못한 나치 독일의 비행원반 개발팀을 그들이 데려가서 이것들을 개발했을 것이란 추정이었다. 그런데, 보고된 바와 같은 뛰어난 운행을 하려면 그 동력원은 원자

---

38 Ibid. p.32, p.34.
39 Dowling, Stephen. 2016.; Myhra, David. 2013.; UFOs and Hessdalen: The UFO-phenomenon in general, and Hessdalen in particular. 2012. Available at http://ufohessdalen.blogspot.com/2012/03/some-thoughts-about-ufo-phenomenon.html

력 에너지 정도는 되어야 했다. 하지만, 당시 원자력 보유국은 미국이 유일하다는 것이 상식이었다.[40] 그렇다면 소련이 미국 모르게 이미 상당한 수준의 원자력 기술을 확보했단 말인가? 그는 이런 내용을 파악하기 위한 노력을 유럽 및 미국의 정보망을 통해 나치 기술을 응용하는 소련 프로젝트들을 탐색하는 노력을 기울였다.[41]

트위닝-슐겐 메모

1947년 8월 중에 가렛의 상황 보고서를 토대로 맥코이는 군수사령부 자체 보고서를 작성했다. 이 보고서에 묘사된 괴비행체 형태는 대체로 가렛이 기술한 바를 그대로 따르고 있었다. 그리고 거기에 몇 가지 특성들이 더 첨가되었다. 1947년 9월 18일 육군 항공대가 공군으로 독립하는 것이 결정되었다. 이런 체제 개편이 이루어지던 시기, 정보 부서에서 제일 중요했던 현안 중 하나는 비행원반에 대한 보고서를 정리 보고하는 것이었다.

1947년 9월 23일, 나산 트위닝 소장이 조지 슐겐 준장에게 보낸 이른바 '트위닝-슐겐 메모Twining-Schulgen memo'가 작성되었다. 트위닝의 사인이 되어 있지만 사실상 이 메모는 맥코이가 작성한 것이었다.

---

40 설령 당시 미국의 원자력 기술이 동원되었다고 해도 그것은 잠수함 추진 동력에 적용하는 수준이었을 것이다. 그러기 위해서 감속재를 사용해 핵분열 반응을 늦추어 천천히 방출되는 에너시도 승기기관을 가동하는 수준이었기에 초고속 항공기 추진에는 전혀 도움이 되지 않았을 것이다.
41 Swords, Michael D. 2000, p.32, p.34.

NND 760168 5-4-78
SECRET

HEADQUARTERS
AIR MATERIEL COMMAND

TSDIN/HMM/ig/6-4100
WRIGHT FIELD, DAYTON, OHIO

SEP 23 1947

SUBJECT: AMC Opinion Concerning "Flying Discs"

TO: Commanding General
Army Air Forces
Washington 25, D. C.
ATTENTION: Brig. General George Schulgen
AC/AS-2

1. As requested by AC/AS-2 there is presented below the considered opinion of this Command concerning the so-called "Flying Discs". This opinion is based on interrogation report data furnished by AC/AS-2 and preliminary studies by personnel of T-2 and Aircraft Laboratory, Engineering Division T-3. This opinion was arrived at in a conference between personnel from the Air Institute of Technology, Intelligence T-2, Office, Chief of Engineering Division, and the Aircraft, Power Plant and Propeller Laboratories of Engineering Division T-3.

2. It is the opinion that:

   a. The phenomenon reported is something real and not visionary or fictitious.

   b. There are objects probably approximating the shape of a disc, of such appreciable size as to appear to be as large as man-made aircraft.

   c. There is a possibility that some of the incidents may be caused by natural phenomena, such as meteors.

   d. The reported operating characteristics such as extreme rates of climb, maneuverability (particularly in roll), and action which must be considered evasive when sighted or contacted by friendly aircraft and radar, lend belief to the possibility that some of the objects are controlled either manually, automatically or remotely.

   e. The apparent common description of the objects is as follows:-

   (1) Metallic or light reflecting surface.

SECRET U-39552
SECRET

Basic Ltr fr CG, AMC, WF to CG, AAF, Wash. D. C. subj "AMC Opinion Concerning "Flying Discs".

   (2) Absence of trail, except in a few instances when the object apparently was operating under high performance conditions.

   (3) Circular or elliptical in shape, flat on bottom and domed on top.

   (4) Several reports of well kept formation flights varying from three to nine objects.

(5) Normally no associated sound, except in three instances a substantial rumbling roar was noted.

(6) Level flight speeds normally above 300 knots are estimated.

f. It is possible within the present U. S. knowledge — provided extensive detailed development is undertaken — to construct a piloted aircraft which has the general description of the object in subparagraph (e) above which would be capable of an approximate range of 7000 miles at subsonic speeds.

g. Any developments in this country along the lines indicated would be extremely expensive, time consuming and at the considerable expense of current projects and therefore, if directed, should be set up independently of existing projects.

h. Due consideration must be given the following:-

(1) The possibility that these objects are of domestic origin - the product of some high security project not known to AC/AS-2 or this Command.

(2) The lack of physical evidence in the shape of crash recovered exhibits which would undeniably prove the existence of these objects.

(3) The possibility that some foreign nation has a form of propulsion possibly nuclear, which is outside of our domestic knowledge.

3. It is recommended that:

a. Headquarters, Army Air Forces issue a directive assigning a priority, security classification and Code Name for a detailed study of this matter to include the preparation of complete sets of all available and partinent data which will then be made available to the Army, Navy, Atomic Energy Commission, JRDB, the Air Force Scientific Advisory Group, NACA, and the RAND and NEPA projects for comments and recommendations, with a preliminary report to be forwarded within 15 days of receipt of the data and a detailed report thereafter every 30 days as the investi-

-2-
SECRET

Basic Ltr fr CG, AMC, WF to CG, AAF, Wash. D.C. subj "AMC Opinion Concerning "Flying Discs"

gation develops. A complete interchange of data should be effected.

4. Awaiting a specific directive AMC will continue the investigation within its current resources in order to more closely define the nature of the phenomenon. Detailed Essential Elements of Information will be formulated immediately for transmittal thru channels.

N. F. TWINING
Lieutenant General, U.S.A.
Commanding

COPY
THE NATIONAL ARCHIVES

SECRET
-3-
U-39552

RG 18, Records of the Army Air Forces

AAG 000 GENERAL "C"

트위닝-슐겐 메모

여기엔 비행원반이 결코 환상이나 허구의 산물이 아니라 실재하며, 기존의 비행체와 비슷한 크기의 원반 형태라고 밝히고 있다. 또한 극도의 상승 속도와 회전 시 뛰어난 기동력, 비행기나 레이더에 감지되는 경우 회피하려는 특성을 보이기 때문에 누군가 직접 조종하거나 자동 또는 원격 조종되는 항공기일 가능성이 있다는 것이다.[42]

미 육군 항공대 비행원반 최종보고서

1947년 12월 작성된 펜타곤 정보 부서 보고서에는 그때까지 언급된 것보다 훨씬 놀라운 비행원반의 비행 특성이 강조되어있어 사실상 '독일-소련 비행체 가설'이 매우 부적절함을 보여주고 있었다. 그런 특성으로 그 비행체가 공중에서 거의 정지 상태를 유지한다거나 엄청나게 빠른 속도로 사라진다거나 흩어져 있다가 매우 빠른 속도로 모인다거나 엄청나게 높은 곳에서 갑자기 뚝 떨어지듯 나타나는 것을 꼽고 있다.[43]

모든 측면은 비행원반이 미국이나 소련에서 제작된 항공기가 아니라는 방향을 가리키고 있었다. 펜타곤 정보라인의 실무진에게 이는 매우 곤혹스럽고 난처한 결론이었다. 도대체 그렇다면 이 괴비행체들의 정체가 무엇이란 말인가? 이 문제는 펜타곤의 수뇌부가 큰 관심을 가져야 할 사안이었다. 그런데 이상하게도 그들로부터 그다지 큰 압력이 들어오지 않았다. 전에 이와는 정반대의 상황이 전개된 바 있었기 때문에 이것은 매우 놀라운 일이었다.

---

[42] London UFO Unit. Twining-Schulgen memo 1947/09/23. Available at http://luforu.org/twining-schulgen-memo/
[43] Swords, Michael D. 2000, p.34.

스웨덴의 유령 로켓 사건

2차 세계 대전이 끝난 직후인 1946년에 스칸디나비아반도를 중심으로 한바탕 소동이 있었다. 미지의 비행체들이 출몰했기 때문이다. 불꽃이 이는 꼬리를 달고 있었기에 이 괴비행체에 '유령 로켓Ghost Rocket'이란 이름이 붙었다. 특히 1,000여 번 이상 출몰한 것으로 보고된 스웨덴에서는 범국가적인 히스테리 증세가 있었다. 2차세계대전이 끝났다고 생각하는 시점에서 다시 전쟁의 악몽을 불러일으켰기 때문이다. 이처럼 사태가 심각해지자 스웨덴군 참모본부는 미국에 긴급협조를 요청했다. 이에 따라 그해 8월 펜타곤에서 미 공군 정보 전문가이자 장거리 폭격 전문인 육군 중장 제임스 둘리틀James A. Doolittle과 공중병기 무선 조종 전문가 데이비드 사노프David Sarnoff 준장을 스웨덴으로 파견했다.[44]

스웨덴에서 1946년에 촬영된
유령 로켓 사진

44 Clark, Jerome. 1992. p.171.

이 사건은 미 본토에서 일어난 것이 아니었음에도 미 국방 안보 수뇌부에게 초미의 관심사였던 것이다. 둘리틀과 사노프는 스웨덴의 현장을 조사하고 보고서를 작성했다. 이를 토대로 당시 미 육군 항공대 정보수장이었던 호이트 반덴버그 소장Lt. Gen. Hoyt Vandenberg은 그것들이 가공의 산물이나 기상학적인 현상이 아니라 실제의 미사일이라는 결론에 도달했다. 그리고 트루먼 대통령에게 보고한 메모에서 그것이 일종의 V형 로켓으로 당시 소련 영토인 나치 독일 V형 로켓 비밀 실험장이 있었던 페네뮌데Peenemünde에서 발사되는 것으로 보인다고 했다.[45] 이런 보고는 그가 당시 이 상황을 잠재적 적국인 소련과 연관된 국가 안보적 이슈로 판단했음을 나타내 보여준다. 하지만, 이런 공식 보고와는 달리 펜타곤 실무진에서는 이 문제에 대한 답을 찾지 못하고 있었다.[46] 그 이후 1947년에서 1948년 초까지 유럽에서의 유령 로켓 사건이 지속되었으며, 북유럽의 스웨덴뿐 아니라 지중해 연안 남유럽의 그리스까지 확산되었다.

그리스의 유령 로켓 사건

당시 그리스 정부도 유령 로켓 문제에 지대한 관심이 있었다. 원자폭탄 개발에도 참여했고, 나이크 미사일 유도장치guidance system of Nike missiles와 레이다 개발에도 간여하고 있던 그리스의 물리학

---

45 Ghost rockets, Wikipedia. Available at ttps://en.wikipedia.org/wiki/Ghost_rockets
46 실제로 『더 타임스』 등 매스컴에 보고된 바에 의하면 그런 괴비행체들은 시속 5천 마일을 넘는 추정 속도로 날았다고 한다. Clark, Jerome. 1992. p.175 참조.

자 폴 산토리니Paul Santorini 교수는 1947년 초 그리스 군에서 지원하는 전문요원들로 구성된 팀을 이끌고 유럽 상공을 날아다니는 유령 로켓이 소련제인지 아닌지의 여부를 조사하고 있었다. 그런데 그것이 지구상에서 개발한 로켓이 아니라는 확신을 갖게 되던 시기에 갑자기 그리스 정부가 조사를 중단시켰다.

산토리니는 나중에 이런 결정이 펜타곤과의 협의에 따른 것이며, 실제로 워싱턴에서 관련 과학자들이 자신을 찾아와 비밀 회동했다고 증언했다. 그는 이런 상황을 펜타곤이 근원을 알 수 없는 자신들 보다 월등한 기술을 지닌 존재와 무방비 상태로 마주하고 있음을 인정하는 것이 두려웠기 때문이었을 것이라고 회고했다.[47]

펜타곤 수뇌부의 심각한 딜레마

호이트 반덴버그가 미 공군 참모총장이 된 시기는 1948년 4월이었다.[48] 공교롭게도 이 시기에 유럽에서 유령 로켓 사건이 수그러들기 시작하고 있었으며, 동시에 미 본토에선 비행원반 히스테리가 최고조로 치닫고 있었다. 그런데 당시 펜타곤 정보 부서의 관련 핵심 실무진들의 신념과 산토리니 교수의 증언을 종합해 보면, 이때 펜타곤 최상위층에서 유령 로켓이 독일-소련 무기체계가 아님을 인지하기 시작하고 있었으며, 비행원반 또한 그러하다고 짐작했던 걸로 보인다. 실제로 1948년에 작성된 미 유럽 주둔 공군(United States Air Force Europe; USAFE)의 한 비밀문서는 비행원반과 함께 유령 로켓의 외계 기원 가

---

47 Fawcett, B. & Fawcett, L. and Greenwood, B. J. 1990. p.213.
48 Hoyt Vandenberg, Wikipedia. Available at https://en.wikipedia.org/wiki/Hoyt_Vandenberg

능성을 보고하고 있다.[49]

1946년에 미국 본토가 아닌 북유럽에서 괴비행체 사건들이 일어났을 때 국방부 수뇌부는 그 비행체의 정체를 규명해내라고 정보 실무자들에게 엄청난 압력을 주었다. 두 명의 장성들을 유럽에 파견하면서까지 그 실체를 규명하려고 한 점에서 이것은 명백한 사실이다. 그런데 막상 그다음 해에 미 본토에서 괴비행체들이 출몰했는데 펜타곤 최상층부의 반응은 의외로 너무 조용했다. 그래서 실무진들은 이를 이상하게 생각했다. 이제 우리는 그 이유를 그들이 이 문제의 심각한 딜레마를 어느 정도 깨닫고 있었다는 데에서 찾을 수 있을 것이다.

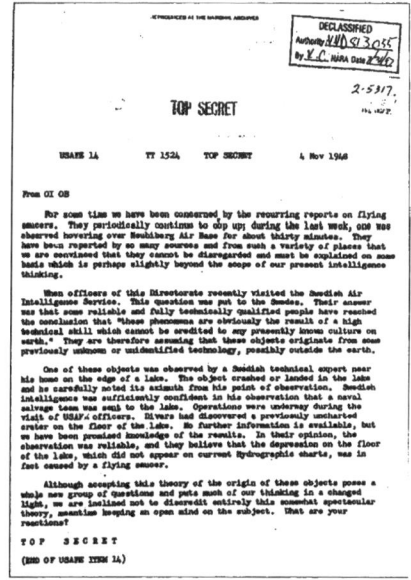

'외계 가설'이 담겨 있는 1948년에 작성된 USAFE의 유령 로켓과 비행원반에 대한 비밀 보고서

---

49 Available at https://en.wikipedia.org/wiki/Ghost_rockets#/media/File:1948_Top_Secret_USAF_UFO_extraterrestrial_document.png; Good, Timothy. 2007, p. 115.

Part 02
미 공군의 UFO 조사 프로젝트 출범

Chapter 04

프로젝트 사인: 미 공군 최초의 UFO 조사 프로젝트

맨텔 대위 추락사 사건

1948년 1월 7일 켄터키주 루이빌Louisville에서 빨간빛을 발산하는 지름 백 미터 정도의 은빛 괴비행체가 목격되었다. 이 목격 보고를 접수한 관할 경찰서는 인근 고드먼 공군기지Godman Air Force Base로 확인 요청을 했다. 관제탑 요원들은 자신들의 머리 위로 지나가는 이 괴비행체를 목격했고 그것이 비행기나 기구가 아니라고 판단했다. 그들은 마침 비행을 마치고 기지로 귀환하던 4대의 F-51제트기 조종사들에게 확인 요청을 했다. 그중 한 대는 연료가 부족해 기지로 귀환했으나 나머지 3대는 그것을 확인하기 위해 기수를 돌렸다.

도머스 맨델 대위가 조종하던 제트기가 가장 먼저 그 물체에 접근했는데 괴비행체를 확인한 그는 그것이 금속체로 만들어진 것 같으며, "어마어마하게 크다tremendous in size"라고 보고했다. 그 비행체는 속도를 내 맨텔로부터 멀어지며 상승하기 시작했다. 맨텔이 타고 있던 비행기에는 산소 호흡 장치가 설치되어 있지 않아 2만 피트 이상 고도로 비행하는 것이 불가능했다. 하지만 극도로 흥분한 맨텔은 2만 피트 이상 고도로 그 물체를 추적했고, 결국 의식을 잃고 추락사했다.

이 사건은 AP통신을 통해 미국 전역에 보도되어 센세이션을 불러일으켰다. 당시 정확한 정보를 모르던 미국 조종사들 사이에 맨텔이 비행접시에 의해 격추된 것이라는 소문이 나돌았다. 이때부터 많은 미국인이 비행접시가 외계인의 우주선일 뿐 아니라 인간에게 적대적일 수 있다는 우려를 하기 시작했다.[50]

프로젝트 사인 출범

맨텔 대위 사건이 발생한 2주 후, 미 공군에 비행원반 전담반이 설치되었다. '프로젝트 사인Project Sign'이라는 암호명으로 불린 이 팀은 오하이오주 데이턴의 라이트패터슨 공군 기지Wright-Patterson Air Force Base에 존재했던 ATIC 내에 설치되었다. 이 팀은 일반인들에게 '접시 프로젝트'로 알려졌다.

프로젝트 사인의 실무 책임자로 임명된 이는 로버트 스나이더 대위Captain Robert R. Sneider였다. 그는 알프레드 레오딩Alfred Loedding과

---

50 Jacobs, David M. 1975, pp.44-45.; The Thomas Mantell UFO Incident, UFOs and the Government. Available at https://science.howstuffworks.com/space/aliens-ufos/ufo-government3.htm

앨버트 데이아몬드Albert B. Deyarmond와 같은 뛰어난 항공 운항 기술자들과 로렌스 트루에트너Lawrence Truettner라는 핵 및 미사일 전문가의 도움을 받아 수집된 UFO 관련 자료를 분석했다. 이들이 프로젝트 사인을 이끈 핵심 인물이었다. 그 밖에 레이먼드 레윌린 소령Maj. Raymond Llewellyn과 하워드 스미스Lt. Howard Smith 등이 보조 인력으로 활동했다.[51] 이들은 하워드 맥코이 대령의 '트위닝-슐겐 메모' 작성을 주도한 실무진들로 UFO를 지구상 기술로 설명이 어렵다는 의견을 공유하고 있었다.

알프레드 레오딩은 원반 형태의 납작한 형태가 항공 역학적으로 뛰어난 기동성을 보일 수 있다는 사실을 굳게 믿고 있었고, 그 스스로 그런 형태의 비행체를 디자인하고 있었다.[52] 나중에 그는 원반형 비행체에 대한 특허를 출원하기도 했다. 그런데 그가 보기에 목격 보고된 원반형 비행체들은 당시 지구상의 기술 수준으로 달성하기엔 한참 거리가 멀었다.[53]

이 팀에 소속된 몇몇 실무자들은 미 본토에 나타나는 UFO 중 일부는 접시 형태의 소련 비밀 병기일 수도 있다고 생각했다. 하지만, 그것이 공격용이 아니라 일종의 심리전 무기라고 생각했다. 즉 뛰어난 기동력을 보이지 않은 극히 일부 사례들이 여기에 해당한다고 보았다.[54] 당시 기술 수준이나 그 연장선상에서 볼 때 원반 형태의 비행체가 온전한 비행체로써 작동하는 것은 불가능하다는 판

---

51 Swords, Michael D. 2000, pp.35.
52 Swords, Michael D. 2012, p.41.
53 Hall, Michael. 1947.; Hall, Michael and Connors, Wendy A. 1998, p.138.
54 Swords, Michael D. UFOs, the Military, and the Early Cold War. In Jacobs, David M. ed. 2000, pp. 82-122.

단이었다. 즉, 최소한의 능력을 갖추고 출몰하여 미국 사람들에게 공포와 혼란을 심어주는 심리전 무기일 거라는 것이다. 하지만, 스나이더 대위를 비롯한 관련 전문가들은 UFO가 실제로 매우 뛰어난 비행체로써 기동력을 갖고 있음에 주목했다. 당시 상황으로 그런 비행체를 개발할 수 있는 초강대국은 지구상에 존재할 수 없다는 것이 그들의 결론이었다.

프로젝트 사인 자문 알렌 하이네크

프로젝트 사인 출범 초기에 저명한 과학자들의 자문이 이루어졌다. 그중에는 노벨 물리학상 수상자인 어빙 랭뮤어Irving Langmuir, MIT 물리학과 교수 조지 밸리George E. Valley, 그리고 오하이오 주립대 천문학과 교수 알렌 하이네크J. Allen Hynek 등이 포함되어 있었다.

특히 하이네크 교수가 근무하던 캠퍼스가 프로젝트 사인 본부가 있는 라이트패터슨 기지에서 매우 가까웠기 때문에 그의 초기 활약이 두드러졌다. 미 공군에서는 그에게 UFO 사건 기록을 직접 넘겨줘서 검토하도록 했다. 이 때 하이네크의 지향점은 아주 명확했는데 천문학자로서 목격 내용과 부합되는 천체물리학적 현상을 찾는 것이었다. 그가 참여하기 전에 분석된 내용을 포함해 하이네크와 항공 기상청Air Weather Service, 그리고 기상국 도서관Weather Bureau Library에서 정리한 내용은 주어진 보고서에 담긴 괴비행체들을 기상 기구, 비행기, 별이나 행성, 유성 등이 확실한 것으로 결론짓고 있었다.[55] 지금부터 하이네크가 어떻게 괴비행체 목격 보고서를 처리했는

---

55 Dorsch, Kate. 2019, p.39.

지 몇 가지 예를 살펴보기로 하자.

1947년 7월 11일, 뉴펀들랜드Newfoundland의 코드로이Codroy에서 목격된 만찬에 쓰는 커다란 접시처럼 생긴 원반 형태의 물체가 초고속으로 비행하는 것을 두 명이 목격했다. 그것은 매우 밝게 빛나고 있었고, 뒤쪽에 잔광afterglow이 남아서 마치 원뿔처럼 보였다. 하이네크는 이 사례에 대해 그 물체가 원반형이란 주장에 개의치 않고, 그것이 폭발 유성bolide이라고 판정했다.

1947년 10월 8일 네바다주 라스베이거스에서 전직 공군 조종사와 그의 친구들이 하늘 높이에서 흰색 궤적이 시속 400에서 1000킬로미터 속도로 움직이는 걸 목격했다. 그런 궤적을 만드는 물체의 모습은 확인할 수 없었다. 그것은 한 방향으로 직진하다가 반경 5~15마일로 회전하여 180도 반대 방향으로 되돌아갔다. 그날 하늘은 쾌청했다고 한다. 만일 오늘날 그런 궤적을 발견한다면 그것은 2만 5천에서 4만 피트 고공에서 운행하는 제트기에서 나오는 궤적이라고 할 수 있다. 그런데 맨텔 대위 사건에서 알 수 있듯 당시에는 이 정도의 고공에서 운행할 수 있는 제트 비행기는 존재하지 않았다.[56] 더군다나 그 당시 그 지역 상공에 그런 비행 스케줄 또한 없었다. 하이네크 교수는 흰색 궤적을 남긴 물체가 화구fireball라고 결론지었다. 하지만, 그는 정작 자신의 이런 결론에 대해 회의적이었다. 그 어떤 화구도 진행 방향을 바꿔서 되돌아가는 경우가 보고된 바 없기 때문이었다.

1947년 10월 13일, 마니토바Manitoba의 다우핀Dauphin에서 배구공

---

56 이런 성능의 제트기는 1950년대 이후에나 등장한다. Flanagan, William A. 2017, p.95.

크기의 파란 구체가 저공에서 직진하다 3초 만에 사라진 사건이 보고되었다. 하이네크는 그것이 화구이거나 유성이라고 판단했다.[57] 비교적 느리게 움직이는 화구는 번개가 친 후 전하들이 비교적 안정적으로 뭉쳐서 움직이는 것으로 자주 목격되는 것이 아니다.[58] 따라서, 밝게 빛나는 공중 부유체를 목격했을 때 그것이 화구일 확률은 매우 낮다. 그래서, 하이네크는 이를 설명할 수 있는 대체 현상으로 금성을 자주 활용했다.[59]

금성과 UFO

1948년 3월 7일, 테네시의 스미르나Smyrna에서 공군 장교들이 지평선 가까이에서 매우 천천히 움직이는 밝은 오렌지 색깔의 괴비행체를 45분가량 목격했다. 마침 그날 그 시각에 공군 장교들이 지목한 지평선 방향에 금성이 떠 있었으므로 하이네크는 그것을 금성으로 판단했다.[60]

프로젝트 사인은 설립되자마자 무엇보다도 먼저 맨텔 사건을 해결해야 했다. 맨텔 사건을 비롯한 당시 그들이 수집한 괴비행체 관련 자료를 조사하는데 최우선으로 확인할 사항은 그것이 항공 천체 현상 오인에서 비롯된 것인지를 확인하는 것이었다. 이런 확인 작업은 당연히 하이네크 몫이었다. 그리고 하이네크가 금성으로 판단한 가장 대표적 사례는 바로 맨텔이 목격한 괴비행체였다.

---

57   Hynek, J. Allen. 1977, pp.9-10.
58   Choi, Charles Q. 2010.
59   Swords, Michael D. 2000, p. 40.
60   Hynek, J. Allen. 1977, p.10.

그는 맨텔이 당시 하늘에서 밝게 빛나고 있던 금성을 착각하고 추적하다가 산소 부족으로 의식을 잃고 추락했다고 해명했다. 하지만, 이런 결론은 당시 관여했던 관제요원들이나 그의 동료 조종사들의 생각과는 전혀 동떨어진 것이었다. 하이네크 교수가 회고한 바에 따르면, 맨텔이 금성을 착각했다는 자신의 결론에 대해 프로젝트 사인 실무자들 반응 역시 냉랭했다고 한다.[61] 하지만, 그는 당시 사태를 진정시키려 하는 펜타곤의 요구를 충족시켜주기 위해 자신의 이런 역할에 충실해야만 했다.

비행원반이 나타난 방향이 정확히 금성 위치와 일치했으므로 그의 추론은 나름 합리적이었을 수도 있었다. 이런 접근은 사실 UFO 판정에 있어 가장 기본적인 접근법이기도 하다. 맨텔의 마지막 전언이 매우 구체적으로 어떤 금속으로 된 거대한 비행체를 묘사하고 있었지만 이런 보고를 하던 순간 맨텔이 산소 부족으로 인해 헛것을 보았을 가능성을 배제할 수도 없었다. 무엇보다도 맨텔 이외에 이런 비행체를 목격한 다른 조종사들의 증언이 부재했다. 따라서, 맨텔이 객관적으로 진짜의 비행체를 보았다고 결론을 내리기엔 증거가 부족했다.

스카이 훅과 UFO

그렇다면 초기에 고드먼 공군기지 관제탑 요원들이 목격한 비행체는 무엇이었을까? 나중에 미 해군이 기밀 해제한 문서에 따르면 당시 그 시간대 인근에서 스카이 훅Skyhook이라는 지름이 무려 200

---

61 Swords, Michael D. 2000, p. 40.

피트(약 60미터)나 되는 적 기밀 정찰용 기구를 띄웠던 사실이 있었다고 한다.[62] 이 해군의 신종 기구는 기존 기구와 모양과 크기가 상당이 달랐다. 따라서 어쩌면 맨텔이 어마어마하게 크다고 보고한 비행체가 바로 이 기구였을 수 있다. 물론, 맨텔 대위 사건을 이런 식으로 합리적으로 설명할 수 있는지는 여전히 의문이다. 어쨌든 그 사건은 UFO와 무관하다고 최종 정리되었다.

프로젝트 사인 자문 조지 밸리

비록 하이네크와 같이 현장에서 직접적인 활동을 하지는 않았지만, 프로젝트 사인의 활동에 있어서 보다 큰 영향을 미친 이는 MIT 물리학과 교수 조지 밸리George E. Valley Jr.였다. 당시 미 공군 과학자문위원으로 엔리코 페르미Enrico Fermi나 조지 가모브George Gamow와 같은 유명한 물리학자가 활동하고 있었는데 밸리 또한 같은 위원이었다.[63] 그는 특히 UFO에 관심 가지고 이 문제 해결에 적극적으로 참여하였다.

그는 UFO를 모두 5가지 유형으로 분류했다. 그 첫째는 가장 널리 알려진 '접시형'이었다. 두 번째는 밤중에 목격되는 '불빛'이었다. 세 번째는 '로켓형'이었다. 네 번째는 '구체형'이었으며, 마지막은 '신뢰하기 어려운 유형'이었다. 밸리의 분석은 주로 첫 번째 두 유형,

---

62 Clarke, David. 2009, pp.61-62.
63 United States Air force Scientific Advisory Board 50th Anniversary Commemorative History, November 9-10, 1994. Available at https://www.scientificadvisoryboard.af.mil/Portals/73/Documents/History/50th_Anniversary_Commemorative_History%20(reduced%20file%20size).pdf?ver=0hIP--SvT_A9_1YJQcXufg%3D%3D

즉 접시형과 불빛에 대한 것이었다. 그는 목격된 괴비행체들이 인공적인 비행체라고 전제할 때 그 운행 패턴을 설명하기 위한 동력원으로 반중력이나 미립자 광선corpuscular "rays" or "beams", 또는 지자기와 반응하는 초강력 전기장 등을 언급하고서 이런 발상 자체가 불가능함을 지적했다. 대신 그는 그것들이 날짐승들이나 새들, 벌레들, 그리고 구전체나 유성들일 가능성을 제기했다. 그리고 이런 것들의 오인이 환각이나 심리적 결함, 나아가서 집단적 심리 문제 등에 기인할 가능성을 언급했다.[64]

하지만, 여전히 인공적인 초고성능 항공기가 미국 영토 위를 날아다니고 있다는 가능성을 시사하는 목격 보고 제거가 불가능했고, 결국 국가 안보의 차원에서 이 문제를 바라볼 필요성이 제기되었다. 그래서 밸리는 항공 추진체에 있어 지금까지 달성되지 못한 아주 놀라운 기술을 아주 우연히 어느 초강대국에서 발견했을 가능성을 고려했다. 당시 미국 이외의 초강대국으로 꼽을 수 있는 나라는 소련이었다. 그렇다면 UFO를 소련에서 '극비리에 개발한 아주 새로운 운항 기술totally new flight technology under total secrecy'인 것일까?

하지만 이런 가정은 불합리했다. 이처럼 놀라운 성능의 기술을 탑재한 자국의 비밀 병기들을 적국의 하늘에서 한가로이 거닐도록 하는 것이 말이 되는가? 그리고 소련이 아주 독창적인 항공 기술을 개발했을 가능성도 제로에 가까웠다. 아무리 조사를 해봐도 소련의 성공적인 항공 기술 대부분은 나치독일로 대표되는 외국 기술

---

64 Valley, G. E. Some considerations affecting the interpretation of reports of unidentified flying objects. In Gillmor, Daniel S. ed. 1969, pp. 898-904.; Dorsch, Kate. 2019, pp.39-40.

을 베껴온 것이 틀림없었기 때문이었다. 따라서 당시 보고되는 바와 같은 놀라운 기술을 소련에서 독자적으로 개발했다는 것은 도저히 믿을 수 없었다.

밸리는 마지막으로 UFO가 외계인의 방문과 관계있을 가능성을 고려했다. 그가 생각하기에 지구에서 그리 멀지 않은 어딘가에 우리보다 훨씬 뛰어난 문명을 구가하는 고등 생명체가 살고 있다면 최근 우리의 매우 빠른 로켓 기술과 핵폭탄 기술 발전을 감지했을 수 있다고 보았다. 만일 그렇다면, 실제로 핵폭발이 일어났던 시기와 UFO 등장 시기를 고려하여 그들이 어디에서 왔을지 어림할 수도 있을 것으로 그는 추정했다.[65]

---

65 Dorsch, Kate. 2019, pp.40-41.

Chapter 05

1948년 미 공군에서 제기된 UFO 외계 가설

프로젝트 사인 초기의 펜타곤 분위기

프로젝트 사인 출범 초기부터 펜타곤 고위층의 UFO를 대하는 태도는 정치적이었다. 그들은 기존 비행체의 오인이나 천문 기상현상이라는 식으로 모든 괴비행체를 설명함으로써 국민이 더 이상 이와 관련된 소동을 일으키지 않길 바랐다. 이런 의도를 알고 있던 하이네크 교수를 비롯한 관련 과학기술 자문위원들의 UFO 외계 기원 가능성에 대한 기류는 대체로 부정적일 수밖에 없었다. 당연히 밸리 박사의 UFO 외계 기원에 대한 추론을 펜타곤 수뇌부는 좋아하지 않았다. 하지만, 앞에서 언급했듯 프로젝트 사인 핵심 실무진들 대부분은 UFO가 실재하며, 고도의 기술적인 특성을 보이며, 아마도 외계로부터 오는 것이라는 믿음을 갖고 있었다. 그들의 이런 믿음은 1948년 여름 최근접 UFO 목격 사례가 발생하면서 최고조에 달한다.

차일즈 휘테트 사건의 발생

1948년 7월 24일 새벽 3시경, 이스턴 항공사 소속 여객기가 앨라배마주 몽고메리 남쪽 20마일 상공에서 공항을 향해 접근하고 있었다. 이 비행기의 조종사는 클러렌스 차일즈Clarence S. Chiles였고 부조종사는 존 휘테트John B. Whitted였다. 곧 착륙하기 위해 고도 5천 피트 정도까지 내려온 상태였다. 이때 그들은 여객기보다 약 5백 피트 높은 곳에서 이상한 비행기가 날아오고 있는 것을 목격했다. 처음 보았을 땐 그것이 DC-6기를 닮은 신기종이라고 생각했다. 하지만, 가까이 다가왔을 때 그들은 이 비행기가 옆 날개나 꼬리 날개가 붙어있지 않는다는 사실을 깨닫고 놀라움을 금치 못했다. 그것은 그들 표현에 의하면 시가처럼 생긴 '날아가는 동체 flying fuselage'였다.

그 괴비행체의 길이는 대략 1백 피트 정도였고, 시속 5백 마일의 속도로 날아갔다. 그들이 목격한 시간은 대략 10초 정도였는데 그것은 앞쪽의 구름을 뚫고 상승하여 사라졌다. 차일즈와 휘테트는 괴비행체가 그들에게 가장 가까이 다가온 거리를 반 마일 정도로 어림했다. 앞쪽은 어두웠으나 아래쪽에서 파란색 광채를 내뿜었고, 뒤쪽으로 오렌지빛 제트 분사를 하는 것처럼 보였다고 한다. 그런데 놀라운 사실은 이 조종사들이 그 비행체의 옆쪽에 위아래 두 줄로 배열된 현창(舷窓)이 붙어있는 것을 목격했다는 사실이다.[66]

---

[66] Chiles-Whitted UFO encounter, Wikipedia. Available at https://www.wikiwand.com/en/Chiles-Whitted_UFO_encounter

차일스 휘테트 사건의 조사

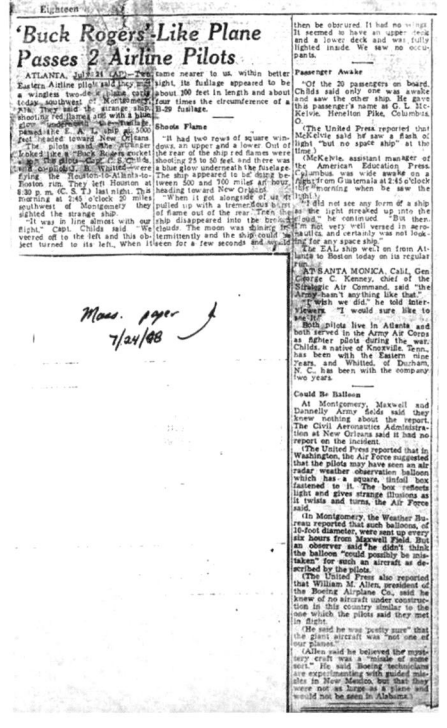

차일스-휘테트 UFO 사건을 보도한
1948년 7월 24일자 한 미국 일간지 기사

몽고메리 공항에 착륙하자마자 두 조종사는 자신들의 목격 내용을 상부에 알렸다. 그리고 이 놀라운 사건은 그날 저녁 미 전역에 보도되었다. 1920년대 SF 만화 '벅 로저스Buck Rogers' 시리즈의 인기가 폭발했다. 그 여세를 몰아 1930년대에 이 만화 주인공이 타고 다니는 로켓을 표방한 장난감이 날개 돋은 듯 팔렸다. 차일스-휘테트 사건이 알려지자 한 신문은 목격된 UFO가 이 장난감 로켓과 비슷하다고 보고, '2명의 민항기 조종사가 벅 로저스를 닮은 비행체를 목격했다'라는 제목의 기사를 보도했다.[67]

이 사건이 미국 전역에서 크게 화제가 되었고, 펜타곤 고위층도 이 사건을 알게 되었다. 사건 다음 날 아침, 당시 미 공군 정보수장이었던 찰스 카벨Charles P. Cabell 소장은 라이트패터슨 기지에 있는 하워드 맥코이Howard M. McCoy 대령의 사무실에 직접 전화해서 이 사건의 진상 조사를 명령했다. 프로젝트 사인팀은 이 사건을 조사하기 위해 목격자들인 두 조종사를 찾아가야 했다.

1948년 7월 25일 오후 알프레드 레오딩, 앨버트 데이아몬드, 그리고, 레이먼드 레윌린 소령은 아틀랜타로 갔다. 26일 아침 헨리 그레디 호텔Henry Grady Hotel에서 차일스와 휘테트의 인터뷰가 이뤄졌는데 조사에 임한 로에딩과 데이아몬드는 이들의 일관된 진술에 깊은 인상을 받았다. 차일스는 2차 세계대전 때 군 조종사로서 8,500시간의 비행 기록을 가진, 항공기 식별이 매우 풍부한 경험자였다. 또 휘테트 역시 제대 직후 민간 항공사에 전격 채용된 유능한 조종사였다. 나중에 레윌린은 여객기 탑승자 중 마침 그 장면을 목격한 한 승객을 찾아내 인터뷰했다. 대부분 승객은 잠들어있었으나 그 승객은 마침 깨어 있었는데 조종사들이 목격한 것 전부를 보지는 못했으나 그 비행체에서 내뿜는 붉은 오렌지빛의 화염

---

[67] Available at https://digitalcollections.uwyo.edu/ahcpublic/UFO/CW_news%20articles_ah12722.pdf ; In the news 1948 (Part 8), Saturday Night Uforia, 2017. Available at https://www.saturdaynightuforia.com/html/articles/articlehtml/itn48p8.html ; Toy, Space Ship, Buck Rogers, Rocket Police Patrol Ship (National Air and Space Museum), Smithsonian. Available at https://www.si.edu/object/toy-space-ship-buck-rogers-rocket-police-patrol-ship%3Anasm_A19970684000

을 보았다고 진술했다.

8월 초에는 민항기 항로 근처에 있었던 한 공군기지의 관제요원이 같은 시각에 차일스와 휘테트가 목격한 것과 유사한 비행체를 목격했다는 사실이 알려졌다. 9월에 정식 보고된 보고서에 이 기지가 조지아주의 로빈스 공군 기지Robins AFB임이 드러났다. 목격자는 차일스와 휘테트 목격 시간보다 1시간 전쯤 몽고메리 쪽으로 날아가는 붉은 오렌지색 화염을 내뿜는 실린더 형태의 비행체를 목격했다고 진술했다. 결국 이 사건은 다수의 믿을 만한 목격자들에 의해 보고된 가장 확실한 UFO 사례로 판정되었다.[68]

네덜란드에서 보고된 유사 사건

비슷한 시기에 차일스-휘테트 사건과 유사한 사건이 외국에서도 발생했다. 1948년 7월 20일, 네덜란드 수도 헤이그 상공에 비슷한 형태의 UFO가 출현한 것이 보고되었다. 이들 모두 1946년부터 1947년 초까지 스칸디나비아반도를 중심으로 출몰했던 유령 로켓과 유사성을 보였다. 유령 로켓은 그 형태가 나치 독일이 개발한 V형 로켓과 비슷해 보였지만 엄청난 기동력과 자유자재한 움직임 때문에 '유령'이란 이름

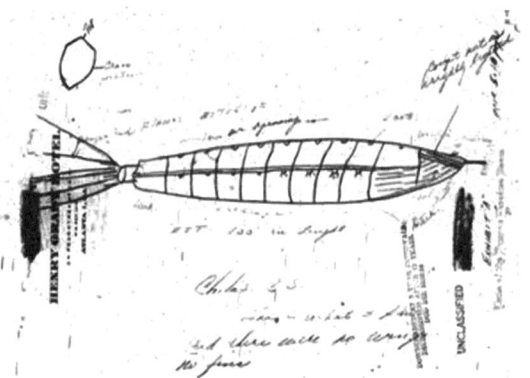

차일즈와 휘테트가 직접 그린 UFO의 모습

---

68 Chiles-Whitted UFO Encounter, Wikipedia.

이 붙었었다. 결국 차일스와 휘테트가 목격한 날개가 전혀 없는 동체만으로 움직이는 실린더형 비행체 또한 똑같은 문제가 있었다. 그것은 단순히 미사일이 아니었다. 현창이 달린 비행체로 그 안에 누군가가 조종하고 있다고 봐야 했다. 그것은 이륙하고 공중에서 움직이고 또 착륙도 할 수 있어야 할 것이다. 몸통만으로 이루어진 그런 비행체가 도대체 어떻게 이런 동작을 할 수 있을까?

독일 괴팅겐 대학 교수였던 항공공학자 루드비히 프란드틀Ludwig Prandtl의 선진적인 항공 설계는 이런 비행체의 비행이 가능함을 보여주었다. 하지만, 당시 사용할 수 있는 추진력 중 이런 비행을 가능하게 하는 동력원은 존재하지 않았다. 아마도 원자력이라면 그것이 가능할지도 모른다는 추정이 나왔을 뿐이다. 그런데 오늘날도 그렇지만 당시 미국에 원자력 추진 항공기는 존재하지 않았다. 물론 소련에도 그런 것이 존재할 리 만무했다. 프로젝트 사인 실무자들은 UFO 출현이 빈번해지는 시기가 그들의 태양계 내행성 탐사 가능성이 대두되는 시기와 일치한다는 점에 주목하기 시작했다.[69]

프로젝트 사인의 「상황 평가서」

1948년 하반기에 접어들면서 프로젝트 사인의 1차 년도 보고서 작성 필요성이 대두되었다. 차일스-휘테트 사건이 터지고 나서 로버트 쉬나이더 대령은 이 사건이 그들의 보고서 작성에 결정적인 계기를 마련해 준다고 판단했다. 그래서 그해 9월부터 이른바 「상황 평

---

69 Swords, Michael D. Project Sign and the Estimate of Situation. Available at https://www.bibliotecapleyades.net/sociopolitica/sign/sign.htm; Chiles-Whitted UFO Encounter, Wikidepia. Available at https://en-academic.com/dic.nsf/enwiki/3956639

가서Estimate of the Situation」를 작성하기 시작했다. 물론 이 보고서의 핵심은 '차일스-휘테트 사건'이었다. 이 사건을 중심으로 쉬나이더는 1947년 여름부터 1948년 9월까지 보고된 사례 중 가장 신뢰성 있는 사례들을 선정해 보고서를 작성했다. 당연히 그가 이 보고서의 주요 저자로 이름을 올렸다.

안타깝게도 문제의 「상황 평가서」는 현존하지 않는다. 미 공군에서 폐기해 버렸기 때문이다. 하지만 이 보고서가 최소한 1950년대 초까지 존재했음은 틀림없다. 나중에 프로젝트 사인의 후신인 프로젝트 블루북 실무 책임자가 되는 에드워드 루펠트Edward J. Ruppelt는 1952년에 이 보고서를 직접 열람했다고 회고했다. 그에 의하면 이 보고서에는 워싱턴주 레이니어 국립 공원에서의 케네스 아널드 목격 사건을 비롯해 네바다주 미드호 인근 목격 사건, 애리조나주 그랜드 캐년 인근 목격 사건, 캘리포니아주 머록 공군기지 목격 사건, 아이다호주 카마스 프레리 목격 사건, 사우스다코타주의 래피드 시티 공군기지 목격 사건 등이 정리되어 있었다고 한다.[70]

이 보고서는 앞에서 열거한 사례들이 천문 기상현상이나 기존 항공기나 비행체들로 설명 불가능한 이유를 열거하고 있었다. 또한, 그것들이 적국의 비밀 병기일 가능성 또한 고려하기 어렵다는 사실을 적시했다. 따라서 결론적으로 모든 정황으로 보아 UFO는 외계로부터 오는 것이 틀림없다는 것이었다.

프로젝트 사인의 「상황 평가서」

「상황 평가서」는 공군 참모총장인 호이트 반덴버그에게 보고되

---

70 Swords, Michael D. 2000. p.44.; Ruppelt, Edward J. 1956. p.41.

는 문서였지만 이 문서를 처리해야 하는 실무적 책임은 조지 맥도날드 후임으로 공군 정보수장으로 부임한 찰스 카벨Charles P. Cabell 에게 있었다. 이 문서가 AFOIR-CO의 조지 가렛의 사무실에서 그에게 전달된 시기는 9월 말이었다. 카벨이 이 보고서를 받고 충격을 받았는지는 알려지지 않았다. 다만 그가 이 보고서를 자신이 감당할 수 없다고 판단한 것만은 확실이다. 그는 이 보고서에 대한 자신의 의견을 담지 않고 그대로 반덴버그에게 보냈기 때문이다. 이것은 전례가 없는 특별한 상황이었다. 공군 정보수장으로써 그런 유형의 보고서는 자신이 스스로 판단해 처리해야 했다. 하지만 그는 아무런 역할도 하지 않았다. UFO가 외계에서 왔느냐는 여부는 참모총장급에서 스스로 판단해야 할 엄청난 과업이라고 그 스스로 판단했던 것으로 보인다.

참모총장으로써 기술적 문제보다는 정치적인 부분에 신경을 써야 하는 위치에 있던 반덴버그는 즉시 그 보고서를 '접수 불가'로 판정하여 프로젝트 사인으로 되돌려 보냈다. 누가 반덴버그에게 이런 결정을 내리도록 조언했고 또 왜 그가 이런 조언을 따랐는지는 알려진 바 없으나 그의 태도는 신속하고 단호했다. 앞에서 언급한 바와 같이 펜타곤의 공군 정보 부서 대다수 요원은 UFO 외계 기원설에 비우호적이었다. 아마도 반덴버그에게 이런 정서가 전달되었을 것이다. 반덴버그는 UFO가 외계에서 오는 것이란 주장이 매우 탐탁하지 않았고 자신이 이런 식의 결론에 대해 비우호적임을 명백한 방식으로 펜타곤 수뇌부와 라이트패터슨의 프로젝트 사인 실무팀에 알렸다.[71]

---

71 Swords, Michael D. 2000, p. 44-45.

Chapter 06
UFO 외계 가설의 폐기와 프로젝트 사인의 종언

파고 UFO 추격 사건

2차 세계대전에서 혁혁한 공훈을 세우고 전역한 조지 고먼George F. Gorman은 노스다코타주의 한 건설회사에서 근무하며, 노스다코타 국가 방위대North Dakoda National Guard의 소위second lieutenant로 활동하고 있었다. 1948년 10월 1일 다른 국가 방위대 요원들과 함께 P-1 무스탕기를 몰고 비행 훈련 중이던 그는 밤 8시 반경 파고Fargo 상공에 도달했다. 다른 조종사들은 이곳의 헥터 공항Hector Airport에 착륙하기로 했지만, 그는 좀더 비행을 즐기고 싶었다. 밤 9시에 그는 고교 풋볼 게임이 벌어지는 운동장 상공을 지나고 있었는데 그의 아래로 소형 정찰기Piper Cub plane가 날아가는 게 보였다. 바로 그때 고먼은 서쪽에 또 다른 비행체가 존재하는 것을 깨달았다. 그것은 점멸하는 불빛이었다. 소형 정찰기는 뚜렷한 외형을 나타내 보였지만 그것은 그냥 불빛 덩어리 같았다. 그는 헥터 비행장의 관제소에 자신의 비행기와 소형 정찰기 이외에 다른 비행기가 인근을 비행하고 있는지 확인 요청했다. 답은 부정적이었다. 고먼은 무선통신으로 소형 정찰기 조종사에게 그 불빛이 보이는지 물었으며, 그와 그의 승객들 모두 그것을 보고 있음을 확인했다.

고먼은 관제소에 그것이 무엇인지 확인하기 위해 접근하겠다고 통보하고 전속력인 시속 400킬로미터로 그 물체에 접근을 시도했다. 하지만, 그것은 무스탕기보다 훨씬 빨랐으며 직선 운행으로는 도저히 따라잡을 수 없었다. 그래서 고먼은 우회전하여 그 UFO의 이동 경로에 끼어들었다. 그러자 그것은 고먼의 무스탕기와 5천 피트 앞의 충돌경로에 위치하게 되었고 곧 그로부터 5백 피트 위쪽으로 날아갔다. 이때 목격한 UFO는 직경 15~20센티미터 크기의 '광구ball of light'였다. 그것은 가속할 때 깜박거림을 멈추었고 훨씬 더 밝아졌다.

거의 충돌할 뻔한 후 고먼은 시야에서 UFO를 놓쳤다. 그런데 뒤쪽에서 그것이 방향을 바꿔 다시 그의 무스탕기로 다가오는 것이 아닌가? 그러다 그것은 갑자기 급상승하기 시작했다. 고먼은 그 UFO를 쫓아 급상승을 시도해 1만 4천 피트 고도까지 올라갔다. 하지만, 그것은 그의 고도에서 2천 피트쯤 위쪽에 있었다. 고먼은 그후에도 두 차례 더 그것을 쫓았는데 접근에 실패했다. 이때 그는 파고에서 남서쪽 25마일 떨어진 곳에 있었다. UFO는 그의 비행기보다 3천 피트 정도 아래로 내려왔는데 그가 이를 추적해 하강하자 그것은 급속도로 상승해 그의 시야에서 사라져버렸다. 잠시 후 그 UFO는 인근 헥터 공항 상공에 출현했다. 공항 관제사 젠센L.D.

Jensen은 쌍안경으로 이 비행체를 관측할 수 있었다. 공항에 착륙한 소형 정찰기 조종사와 승객들이 관제소에 와서 젠센과 함께 UFO를 관측했다.[72]

쉬나이더의 추가 보고서 제출과 맥코이의 공문

「상황 평가서」를 상부에 제출한 직후 발생한 이 사건은 프로젝트 사인팀을 매우 고무시켰다. 그 이전의 어떤 사건보다 확실한 지상과 공중에서의 동시 보고가 있었고 여기에 관여된 목격자들도 매우 많았다. 그들이 이구동성으로 진술하는 UFO는 매우 지능적인 행동을 했다. 또 비행 특성은 확실히 지구상의 그 어떤 기술로 설명할 수 있는 것이 아니었다. 펜타곤 수뇌부가 UFO 외계 기원설이 담긴 「상황 보고서」를 받고 골머리 썩고 있던 1948년 10월 7일, 프로젝트 사인의 책임자 쉬나이더는 파고 UFO 사건 조사보고서를 가렛과 카벨에게 보냈다. 이 보고서는 「상황 보고서」의 결론을 좀더 보완해주는 성격을 띠고 있었다.

그런데, 라이트패터슨 기지의 항공기술정보센터 수장인 맥코이는 이 시점에 전혀 다른 생각을 하고 있었다. 그는 프로젝트 사인 팀에 속해 있던 허니커트S. Z. Hunnicutt로 하여금 미 중앙정보국CIA, 미 육군 정보국U.S. Army Intelligence, 그리고 미 해군 정보국Office of Naval Intelligence에 보낼 공문을 작성하도록 했다. 그 공문은 미국 내에서 UFO를 설명할 수 있는 기술개발에 대한 정보가 있는지를

---

72 Gorman dogfight, Wikipedia. Available at https://en.wikipedia.org/wiki/Gorman_dogfight

묻는 것이었다. 그리고 만일 그런 기술이 존재한다면 소련 기술과 차별점이 무엇인지도 묻고 있었다. 이 질의서에서 맥코이는 다음과 같이 쓰고 있다.

"현재까지 그 어떤 보고된 물체들의 정확한 정체에 대한 증거가 입수된 바 없다. 마찬가지로 이른바 '비행원반들'이라 불리는 것들이 어디서 오는지도 명확하지 않다To date, no concrete evidence as to the exact identity of any of the reported objects has been received. Similarly, the origin of the so-called 'flying disks' remains obscure."[73]

이런 내용은 분명히 「상황 평가서」 결론과는 다른 것이었다. 맥코이가 이런 공문을 보낸 것은 그가 이미 펜타곤 정보 부서의 분위기를 감지했기 때문으로 보인다. 그래서 그런지 이 공문에는 쉬나이더를 비롯한 프로젝트 사인의 핵심 인물들의 날인이 되어 있지 않았다. 그들과 상의 없이 이런 공문을 보낸 것이다.

10월 초 미 공군 참모부 역시 프로젝트 사인에서 보낸 외계인 가설 지지 결론의 「상황 평가서」로 인해 골머리를 앓고 있었다. 하지만, 프로젝트 사인의 핵심 인력들은 파고 사건에 고무되어 이런 동향을 전혀 개의치 않았다. 맥코이는 이 두 세력 사이에서 옴짝달싹하지 못하는 난감한 상황이었다. 당시 프로젝트 사인의 내부 메모에는 파고 사건에서의 UFO가 핵 추진력으로 움직이는 행성 간 우주선일 거라는 추정이 있었다. 프로젝트 사인은 펜타곤의 기술

---

73 McCoy, Howard M. 1948.

전략연구소인 랜드 법인Rand Corporation에 그런 가능성을 타진하는 공문을 보냈다.

UFO에 대한 랜드 법인의 반응

랜드 법인이 항공 방어, 유도 미사일, 그리고 장거리 폭격 등에 관한 연구를 아주 초기 단계부터 해왔기 때문에, 쇄도하는 괴비행체 목격 보고가 신기술과 관련 있을지의 여부에 지대한 관심이 있었다. 그동안 정치적인 동기에 크게 휘둘리지 않고 과학 기술적인 측면에 집중해왔으므로, 랜드 법인의 개입이 프로젝트 사인 핵심 멤버들에게 큰 도움이 될 수 있다는 희망이 있었다. 프로젝트 사인의 질의에 대해 답해 준 이는 1946년 인공위성 계획의 시초가 되는 "실험용 세계 일주 우주선의 예비 디자인Preliminary Design of an Experimental World-Circling Spaceship"이라는 보고서 작성 책임자였던 제임스 립James Lipp이었다.[74]

그는 UFO가 우리 태양계 바깥에서 올 가능성은 미루어두고 그것이 화성에서 올 가능성을 고려했다. 그의 보고서에는 지구와 화성 생명체의 차이점에서부터 시작해서 화성의 높은 지능 생명체가 우주선을 만들어 지구로 올 때 고려해야 할 여러 문제를 언급했다. 그들이 화성과 지구 사이를 왕복할 거리나 속도 이에 필요한 연료 등을 분석한 후 그는 UFO가 화성인들의 우주선일 가능성이 매우 희박하다고 결론지었다. 비록 그 가능성이 있긴 하지만 "(UFO

---

74 The RAND World-Circling Spaceship and the 1948 Chiles-Whitted "rocketship" sighting. Available at http://ufxufo.org/wcs/worldcircling.htm

들) 외계로부터의 우주선들로 보긴 지극히 어렵다Though possible, extraterrestrial vehicles were very improbable"는 것이다. 그리고 그는 UFO가 물리적이든 심리적이든 지구에서 일어나는 현상이라고 결론지었다.[75] 프로젝트 사인팀의 기대를 저버린 상당히 부정적인 결론이었다.

외계인 가설에 반대하는 미 공군 내부 세력의 움직임

목격자들을 직접 맞대면하여 인터뷰하면서 UFO 외계 기원설 지지 쪽으로 크게 기울어지던 프로젝트 사인의 핵심 멤버들과는 달리 한 발 떨어져서 책상에 앉아 이론적인 측면에 골몰하는 전문가들의 판단은 정반대 방향으로 향하고 있었다. 라이트패터슨 기지에서 멀리 떨어져 현장감을 느끼지 못하는 펜타곤의 공군 정보 부서 입장도 이와 크게 다르지 않았다.

펜타곤의 항공성 산하 정보 총괄 기구인 정보처Directorate of Intelligence 산하 기구 중에서 정보 수집이 주요 업무인 항공정보요건국(AFOIR)과 함께 수집된 정보를 분석하는 항공정보부(Air Force Office of Air Intelligence, AFOAI)가 있었다. 펜타곤 정보부처의 많은 이들이 UFO 외계 기원설에 거부감이 있었으나 이런 주장에 거부감 너머 적대감까지 표시한 부서는 바로 항공정보부 산하의 항공 방위 부서(Air Force Office of Air Intelligence-Defence Air branch, AFOAI-DA)였다.

AFOAI-DA는 차일스-휘테트 사건의 1차 보고서가 프로젝트 사인으로부터 넘어오던 시기인 8월 초부터 외계 가설을 저지하기 위한 전략을 수립하기 시작했다. 미 해군 정보국(Office of Naval Intelligence,

---

75 Dorsch, Kate. 2019, pp.42-43.

ONI)은 1948년 1월부터 UFO 문제에 관해 AFOAI-DA와 정보를 교환하고 있었다. AFOAI-DA는 8월부터 본격적으로 ONI를 끌어들여 외계 가설 반대 전선을 구축했다. 이들의 공동전선으로 펜타곤 내부의 분위기는 확실한 반-외계가설counter-ETH쪽으로 굳어졌다.[76]

이들은 UFO의 실체 자체를 부정했는데 그때까지 UFO가 레이더에 포착된 사례가 보고되지 않았기 때문이다. 이 부정론자들은 "만일 그런 것들이 존재한다면, 왜 레이더 스크린에 나타나 보이지 않는 걸까?If they exist, why don't they show up on radarscopes?"라는 의문을 제기했다. 그런데 이런 의문에 대한 답변이 바로 주어졌다.

1948년 10월 5일, 2차 세계대전에서 명성을 떨쳤던 F-61 '블랙 위도우'의 레이더에 UFO가 포착되었다. 약 5천 피트 상공에서 시속 200마일 정도로 천천히 날고 있던 그 괴비행체는 F-61기가 1만2천 피트 정도까지 접근하자 최고 속도 시속 1천2백 마일 정도(음속의 1.5배)를 내서 도망갔다가 다시 감속하기를 반복했다. F-61기는 대여섯 차례 그것을 바짝 쫓아갔으며, 마지막 순간에 그 실루엣을 볼 수 있었는데 20~30피트 길이의 라이플총 총알처럼 생겼다고 한다.[77]

미 공군 정보처 수장의 UFO 외계 가설 폐기 지시

공군 정보처 수장 카벨은 11월 3일 라이트패터슨 기지의 프로젝트 사인에 공문을 보내 외계 가설의 폐기를 지시했다.[78] 이 공문의

---

76 Swords, Michael D. 2000. p.45.
77 Ruppell, E. J. 1956. pp.45-46.
78 C. P. Cabell to commanding General AMC, memorendum, subject: Flying Objects In ciendents in the United States, 3 November 1948, FOIA(USAF).

초안을 누가 썼는지는 분명치 않다. 명백한 것은 그것을 카벨이 직접 쓰지는 않았다는 사실 뿐이다. 그것을 작성한 두 후보자가 거론된다. 그 첫째는 AFOAI-DA의 분석 장교였던 아론 보그스 소령Maj. Aaron J. Boggs이다. 둘째는 미 공군 평가국장실Office of Director of Estimates의 부국장이며 보그스 소령과 함께 반-외계 가설에 선봉에 서있던 포터 대령Col. E. H. Porter이다.

둘 중에 누가 주도적으로 작성했는지는 알려진 바 없지만 이 둘이 주도했음은 틀림없어 보인다. 이 공문의 요지는 새로운 「상황평가서」를 만들라는 것이었다. 비록 UFO가 실재하는 비행체인 것은 확실해 보이지만 그것이 외계에서 왔다는 결정적 증거는 이전 평가서에서 증명하지 못했다는 것이다. 이 공문의 관심은 오직 한 가지에 집중되어 있었다. 증명할 수 없는 허황된 외계 가설 대신 그 중 한두 사례라도 소련이 스스로 개발했거나 나치 기술을 반영해 개발한 비행체일 가능성을 찾아내라는 것이었다. 이런 가능성이 평가서에 반영되어야만 국가 안보 차원에서 UFO 조사팀이 지속될 수 있는 근거가 마련된다는 것이다.

UFO 외계 가설 폐기 지시에 대한 저항

1948년 11월 8일 맥코이가 서명한 프로젝트 사인 문서가 카벨에게 전달된다. 이 문서는 알 데이아몬드가 작성한 것으로 표면적으로는 카벨이 보낸 11월 3일의 공문을 받아들이는 형식이었지만 그 속 내용엔 반발하는 듯한 부분이 포함되어 있었다. 이 문서는 카벨이 지적한 것처럼 UFO 현상의 정체 파아이 불가능하며 그 실체를 확인할 물리적 증거가 없다는 데 동의하고 있다. 하지만 동시에 그 문서는 펜타곤의 수뇌부가 어떻게 판단하든 UFO가 외계와 유관해 보이는 여러 정황을 기술하고 있다. 예를 들자면 특정 행성들이 지구에 가까워질 때 UFO 출현이 빈발한다는 통계치가 그것이다. 또 차일스-휘테트 사건에서 목격된 기괴한 형태의 비행체를 지구 기술로 만들고 공중에 날릴 수는 있지만 당시 지구상의 추진체계 수준으로는 그런 성능을 흉내 낼 수 없다는 사실을 밝히고 있다.

이 공문을 작성한 데이아몬드는 2차 세계대전 때 맥코이와 생사고락을 같이한 오랜 벗이었다. 따라서 맥코이도 이런 보고서에 적극 동조하고 있었다고 볼 수 있다. 이 보고서를 읽었을 것이 틀림없는 보그스 소령이나 포터 대령은 그 내용이 자신들의 요구를 완곡하게 거절했다는 사실을 알아챘을 것이다. 그래서인지 곧 조치가 취해졌다. 1948년 11월 12일 워싱턴에서 관련 회의가 소집된 것이다.

프로젝트 사인 해체 결정

이 회의에 누가 참석했는지는 정확하게 알려진 바 없다. 라이트 패터슨 기지의 프로젝트 사인 측에서 책임자인 쉬나이더가 참석한 것은 틀림없다. 그 말고 아마도 데이아몬드나 레오딩, 또는 맥코이가 참석했을 것이다. 펜타곤으로부터의 참석자로 보그스 소령이 참석한 것이 알려져 있다. 카벨도 거의 확실히 참석했을 것이다. 그 외에 미 공군 과학자문위원회를 대표해서 테드 왈코위츠 대령Col. Ted Walkowicz이 참석했던 것으로 알려졌다. 또한 1960년대 말 UFO문제에 깊숙이 개입하게 되는 에드워드 콘던 교수가 당시 국장으로 있었던 국립 표준국(NBS, National Bureau of Standards) 관련자도 여기에 참석했다고 한다. 프로젝트 사인을 계승하여 1952년 이후 운영되는 프로젝트 블루북 책임 실무자였던 에드워드 루펠트Edward J. Ruppelt에 의하면 이 회의에 반덴버그 공군 참모총장도 참석했다고 한다.[79] 그 구성원의 면면이 누구였든 간에 이 회의의 결론은 '프로젝트 사인'의 공식 해체였다.

프로젝트 사인의 종언

「상황 평가서」가 준비되고 보고되던 시기 전후로 펜타곤의 반-외계 가설 지지자들은 사인 프로젝트의 세세한 UFO 조사 기록을 관련 자문 기구와 과학자들이 파악할 수 있도록 적극 개입했다. 공군 과학 자문 위원회, 국립 표준국, 랜드 법인, 조지 밸리, 어빙 랭뮈어, 알렌 하이네크 등은 대체로 보수적 성향을 보였으며, 프로젝트 사인 실무자들의 외계 가설에 대해 그들이 거부감을 느낄 거란 판단에서였다. 이런 작전은 맞아떨어졌고, 그들의 최종보고서가 「상황 평가서」의 논조와는 사뭇 다른 것이어야 한다는 압박이 프로젝트 사인 실무자들을 짓눌렀다.

트루트너와 데이아몬드는 11월 30일 수뇌부의 심기를 건드리지 않을 수준으로 프로젝트 사인의 최종보고서 초안을 작성했다. 이 와중에 프로젝트 사인 팀원 레오딩은 랭뮈어 박사를 만나 외계 기원설에 대한 자신의 견해를 설득하려 했으나 성공하지 못했다. 쉬나이더도 차일스-휘테트 사건이 외계 가설을 부정할 수 없는 결정적

---

79 Swords, Michael D. 2000. p.46.

증거라고 확신하고 펜타곤의 정보 관련자들을 설득하려 노력했으나 역시 성공하지 못했다.

1948년 12월 초, 펜타곤의 반-외계 가설 지지자들이 작성한 보고서가 나왔다. 「평가서: 항공 정보 보고 100-203-72, 미국에서의 비행물체 사건들의 분석Estimate: Air Intelligence Report number 100-203-72, Analysis of Flying Object Incidents in the U.S.」이라는 제목의 이 보고서는 AFOAI-DA가 ONI와 협력해서 8월부터 작성해온 것으로, UFO 외계 기원설을 아예 언급 조차하고 있지 않다. 그 대신 UFO가 실제일 가능성에 대해 열어놓으면서 이 경우 그것은 소련과 관련이 있을 수 있어 잠재적으로 위험하다는 논리를 폈다.

비록 이 보고서는 UFO가 소련에서 오는 걸로 단정하고 있지는 않지만, 대체적 논조는 그 방향을 가리키고 있었다. 결정적인 증거가 존재하지 않는 상황에서 이런 논조가 매우 그럴듯하게 만드는 장치를 사용했는데 그것은 주석에 소련이란 단어를 잔뜩 집어넣는 것이었다.[80] 프로젝트 사인에서 작성했던 기존 일급 비밀문서인 「상황 평가서」는 폐기되고 이 보고서가 대치했다. 트루트너와 데이아몬트의 공식적인 프로젝트 사인 최종보고서는 1949년 2월에 정식 출간되었다. 이 보고서는 기존에 주로 사용되던 '비행원반Flying Disc'이나 '비행물체Flying Object'란 표현 대신 '미확인 공중물체Unidentified Aerial Object'란 표현을 사용하였다.[81]

---

80 Swords, Michael D. 2000, p.47.
81 Truettner, L. H. and Deyamond, A. B. 1949.

Chapter 07

프로젝트 그러지

프로젝트 그러지의 출범

「평가서: 항공 정보 보고 100-203-72」가 제출되고 나서 6일 후 상부에서 코드명 사인을 그러지Grudge로 교체하라는 지시가 떨어졌다. '그러지'는 문자 그대로 '유감'이라는 의미다. 루펠트는 이런 코드명이 UFO 조사에 부여된 게 특별히 의미 있다고 지적했다. 당시 펜타곤에서 다루던 여러 정보 중에 특별히 유감을 표명할 대상은 거의 없었다. 단지 UFO 보고서가 그들에게 가장 유감이었다는 것이다.[82]

코드명이 바뀌면서 그동안 프로젝트 사인에 참여했던 실무진들의 대대적인 물갈이가 이루어졌다. 1949년 초, 레오딩은 UFO 프로젝트에서 그 이름이 사라졌다. 데이아몬드도 더 이상 UFO와 관련 있는

---

82 Ruppelt, E. J. 1956. pp.59-60.

업무를 하지 않게 되었다. 트루트너는 마지막 임무로 오크 리지 국립연구소Oak Ridge National Lab에서 UFO의 핵 추진 가능성에 대해 발표했으나 곧 UFO 조사팀에서 제외되었다. 프로젝트 사인에 가담했던 민간인 연구자들도 다른 프로젝트로 배치되었다. 레월린Llewelyn이나 스나이더와 같은 고위직들은 심지어 다른 공군기지로 전보되었다. 퇴역이 가까웠던 맥코이는 학교로 떠났고 거기서 전역했다.[83]

하이네크 박사의 기여

프로젝트 사인 출범 초기에 가장 중요한 일 중 하나는 기존의 천체들과 UFO를 분간해 낼 수 있는 전문가의 도움을 받는 것이었다. 그래서 이 분야 자문역으로 섭외된 이가 바로 알렌 하이네크 J. Allen Hynek였다. 그는 당시 오하이오 주립대 천문학과 교수로 콜럼버스에 소재한 맥밀린 천문대MacMillin Observatory 책임자였다. 미 공군 UFO 전담팀이 오하이오주의 라이트패터슨 공군기지Wright-Patterson Air Force base에 설치되어 있었기에 그가 가장 가까운 곳에서 활동하는 천체 관련 전문가였던 것이다.[84]

미국에서의 UFO 사건과 이에 대한 조사과정, 그리고 매스컴과 대중적 반응에 대한 논문으로 박사학위를 받은 데이빗 제이콥스 David M. Jacobs에 의하면 알렌 하이네크는 프로젝트 그러지가 시작하던 때인 1949년부터 공군과 계약을 맺고 프로젝트 사인에서 접수되

---

83 Swords, Michael D. and Powell, Robert et al. 2021. p.65.
84 Franch, John. 2013.

었던 사건들의 평가를 시작했다고 한다.[85] 하지만, 그가 프로젝트 사인에서 모은 사례들 분석에 들어간 시점은 이보다 훨씬 이른 시기였다. 실제로 하이네크는 그의 저서 『UFO 체험UFO Experience』에서 "자신이 프로젝트 그러지에 기여한 바가 사실상 없다I played essentially no part in Grudge Project"고 밝히고 있다.[86] 제이콥스가 본격적인 하이네크의 공군 프로젝트 참여 시기를 혼동한 것은 아마도 그의 분석 내용이 프로젝트 사인 최종보고서가 아니라 주로 프로젝트 그러지 최종보고서에 인용되었기 때문일 것이다. 잠시 후 소개할 시드니 셸렛Sidney Shalett이 『새터데이 이브닝 포스트』에 쓴 1949년 4월 30일 기사에 하이네크 분석 내용이 인용된 것을 보면 이미 1949년 초에 상당한 UFO 목격 내용 분석을 하이네크가 끝마쳤음을 알 수 있다.

UFO소련 기원설을 주장한 ABC 라디오 방송

비록 펜타곤 상층부에서는 UFO를 외계 기원과는 무관한 것으로 치부하고 있었지만 1949년 초 매스컴들의 생각은 크게 달랐다. 맨텔, 차일스-휘테트, 그리고 고먼 사례들은 프로젝트 사인 핵심 멤버들 뿐 아니라 일반 대중에게도 큰 관심의 대상이었다.

이즈음 UFO소련 관련설을 중점적으로 다룬 「평가서: 항공정보 보고 100-203-72」 핵심 내용 외부 유출 사건이 발생했다. 이 내용은 1949년 4월 3일 전국망을 가진 ABC 라디오에서 처음 공개되었다. 방송을 진행한 이는 당시 저명한 저널리스트였던 월터 윈

---

85 Jacobs, David M. 1975, p.52.
86 Hynek, J. Allen. 1972, p.2.

첼Walter Winchell이었는데 유출된 내용의 결론은 UFO가 소련에서 온 비행체라는 것이었다. 이 방송이 나가자 미 공군에서는 즉시 그 내용을 반박했다. 그리고 FBI에 이런 극비 사항을 유출한 내부자 색출을 요청했다.

하지만, FBI의 에드가 후버 국장은 4월 26일에 그 요청을 거부했다. 이 사건은 펜타곤 내부의 누군가가 언론에 의도적으로 흘린 것일 수도 있고 FBI와 공유했던 정보가 FBI를 통해 유출되었을 수도 있었다. 그런데, 후버 국장의 태도로 보아 아마도 당시 대중적으로 인기 있던 UFO 외계 기원설을 잠재우려고 FBI가 의도한 유출처럼 보인다.[87] 어쨌든 이 사건은 미국 식자층이 냉전 시대 주적 소련을 외계인보다 더 경계하도록 하게 하는 효과를 거두었다.

『새터데이 이브닝 포스트』의 UFO 탐사 보도

이즈음 그 당시 미국에서 가장 대중적으로 잘 팔리던 신문은 『새터데이 이브닝 포스트』였는데, 1949년 봄 두 차례에 걸쳐 UFO 특집 기사를 실었다. 이 기사를 쓴 시드니 쉘렛Sidney Shalett은 1949년 초 미 국방 장관이었던 제임스 포레스탈James Forrestal에게 압력을 넣어 미 공군 내에서 조사되었던 UFO에 대한 관련 자료들을 상당 부분 입수해 기사를 작성했다. 그는 자신이 미 공군으로부터 적극적인 협조를 받아 아주 중요한 250여 건의 사례들을 토대로 기사를 작성했음을 밝혔다. 그리고 두 달여 간에 걸친 조사 결과에 대해 UFO 문제를 일종의 해프닝으로 여기는 사람들에게 자신의 견해

87　Clingerman, William R. 1949.; Newton, Michael. 2015, p.348.

를 다음과 같이 밝히고 있다.

"물론, 아주 멀쩡한 시민들을 포함해 많은 이들이 비행접시 문제를 '아주 웃긴 일'이라고 주장한다. 이런 사람들은 미 공군이 우리를 갖고 논다고까지 말한다. 하지만 나는 그렇게 생각하지 않는다."[88]

이 기사에는 1947년 6월 케네스 아널드 사건, 같은 해 7월 머록 공군기지 사건, 1948년 맨텔 대위 사건을 언급하면서 이런 사건들이 공군에서 조사를 나설 만큼 충분한 안보적 문제가 있었다고 언급했다. 그는 이어서 하이네크 박사가 맨텔 사건을 금성과 연관시킨 사실을 조명하면서 해군으로부터 입수한 정보를 기반으로 '거대한 우주선 관측 플라스틱 기구giant plastic cosmic-ray balloon,' 즉, 스카이 훅일 가능성을 지적했다.[89]

이처럼 대체로 쉘렛의 논지는 당시 펜타곤의 반-외계기원설 주창자들과 궤를 같이하고 있었다. 그것은 다른 비행체나 기구의 착각인 경우가 대부분일 것이라는 것이다. 그리고 고공에서 고속으로 운행하는 조종사들이 현기증이나 최면, 그 밖의 환각을 겪는 것으로 볼 수 있다고도 했다. 소련의 초음속 비행체 가능성에 대해서도 언급하고는 있으나 이 경우 먼 거리로부터 온 비행체가 비행 궤적 아래의 여러 지역에서 다수 사람에 의해 목격되었을 텐데 그렇지 않았다는 점을 들어 그 가능성을 낮추어 보았다.[90]

---

88   Shalett, Sidney. 1949a, p.20.; Carey, Thomas J. and Schmitt, Donald R. 2019, p.142.
89   Shalett, Sidney. 1949a, p.137.
90   Shalett, Sidney. 1949b, p.184.

프로젝트 그러지의 진행 상황

프로젝트 그러지가 진행되기 시작하던 1949년 초 펜타곤 수뇌부의 UFO에 대한 대체적 결론은 그것이 기존 비행체나 천체 현상, 조종사들의 심리적 문제 등으로 설명할 수 있다는 것이었다. 하지만, 펜타곤 내부의 정보 관련 실무자들은 이런 명확한 결론을 지지하고 있지는 않았으며, 비교적 다수가 소련 기원설에 관심이 있었다. 이것이 펜타곤 내부에 떠돌고 있던 주된 루머였고, 이 내용이 FBI에 인지되고 월터 윈첼에게 전달된 것으로 보인다. 한편, 시드니 쉘렛에게 제공된 자료들은 비교적 불가지론적 견해를 견지하는 중립적인 내용이었다. 정확히 말하자면 데이아몬드와 트루트너에 의해 작성된 '수뇌부의 심기를 건드리지 않을 수준으로 마사지 된'「최종 보고서」에 가까웠다. 이처럼 1949년의 펜타곤은 그들이 명명한 암호명에 걸맞은 혼돈과 암중모색의 경연장이었다.

그렇다고 UFO 관련 마무리 작업이 전혀 이루어지고 있지 않았던 것은 아니다. 라이트 패터슨 기지에서 새로운 진용으로 시작된 프로젝트 그러지는 프로젝트 사인에서 구축된 조사분석 절차에 따라 244건의 UFO 사례들을 처리했다. 비록 많은 경우 그 설명이 억지스럽고 상당히 추정적이긴 했지만, 그것들이 항공기나 기구 등 기존 비행체들의 착각, 금성 등 천체 현상의 오인, 구전체 등 드문 자연현상 등이라는 것이었다. 하지만 그럼에도 여전히 23% 정도의 사례들은 이런 식으로 설명하기 어려웠다. 결국 이런 사례들은 대중 히스테리나 전쟁 후유증 등 목격자들의 심리석인 문제로 처리해버렸다.[91]

---

91 Jacobs, David M. 1975, pp.52-53.

프로젝트 트윙클

프로젝트 그러지가 진행되는 동안 그 부속으로 프로젝트 트윙클Project Twinkle이 운영되었다. 이렇게 별칭이 붙은 것은 특정 지역에 같은 특성을 보이는 종류의 UFO가 1947년부터 1949년 사이에 출현했기 때문이다. 이 프로젝트가 특별했던 이유는 이런 UFO가 핵 기지나 주요 군사 시설 주변에서 주로 관찰되었기 때문이었다. 그것은 '녹색 화구green fireball'라 불렸다. 얼핏 보면 유성을 닮았지만 밝은 녹색이라는 점, 수평으로 이동한다는 점, 그리고 매우 느리게 움직이며, 뉴멕시코주 북부에서만 관측되었다는 점에서 유성이라고 볼 수 없었다. 미 공군 케임브리지 연구소The Air Force's Cambridge Research Laboratory에서 주도한 이 프로젝트는 녹색 광구가 자주 출몰되는 지역에 카메라, 망원경, 경위의theodolite 등의 측정기기로 무장된 관측 요원들을 배치하고 그것을 관측하는 것이었다.

그런 장비들이 맨 처음 설치된 곳은 뉴멕시코주의 반Vaughn이었는데 녹색 광구 출현 신고가 잦았던 그곳에 관측이 시작되자마자 광구 출현이 갑자기 멈추어 버렸다. 관측 요원들이 그 현상 목격을 한참 기다렸으나 결국 6개월 동안 단 한 건도 관측하지 못하고 그곳에서 철수해야 했다. 그러는 동안 그곳에서 남쪽으로 150마일 떨어진 홀로먼 공군기지Hollomon Air Force Base 인근에 녹색광구 출현이 보고되기 시작했다. 그래서 미 공군은 관측시설과 인력을 그곳으로 옮겼다. 그런데 이곳에서도 이전 관측소에서 일어났던 것과 사실상 똑같은 상황이 전개되었다. 처음 관측을 시작했던 6개월 동안 인근 영공을 비행하던 항공기 조종사들이나 민간인들에 의해 이따금 UFO 목격 보고가 있었지만 정작 관측소 요원들은 단 한

건의 사례도 관측하지 못했다. 이는 마치 녹색 광구가 지능이 있어 미 공군의 조사를 의도적으로 회피하려 하는 것이 아닌가 하는 의구심이 들 정도였다.[92]

프로젝트 그러지의 종언과 최종 보고서

프로젝트 그러지가 진행되던 동안 상부로부터 규모와 활동 범위 축소가 계속해서 요구되었다. 펜타곤은 이런 공식 프로젝트 존재 그 자체가 미국 영공에 뭔가 이상한 비행체들이 떠다니고 있다는 믿음을 미 국민이 갖게끔 한다고 보았다. 따라서 가능한 조속한 프로젝트 종식을 원했다. 1949년 12월 27일, 미 공군은 매스컴을 통해 프로젝트 그러지가 종결되었다는 공식 선언을 했다.

이와 함께 프로젝트 그러지의 최종보고서를 공개했다. 하지만, 언론 매체의 반응은 그저 그랬다. 이것은 그동안 프로젝트 그러지에서 일한 실무자들이 예기치 못했던 상황이었다. 그들은 언론이 이 최종보고서 내용을 크게 보도할 것으로 기대했다. 하지만, 반응은 미미했다. 아마도 프로젝트 그러지가 모든 UFO 사건을 설명해 내려 한 의도가 최종보고서에 명백히 드러나 보였기 때문이었을 것이다. 기자들은 이 보고서 내용이 UFO에 대한 최종적 결론이라고 도저히 믿을 수 없었기에 이를 마치 진실인 것처럼 보도하는 것을 꺼렸다.[93]

프로젝트 그러지의 종언과 함께 여기 참여했던 인력들은 다른 부서로 배치되었다. 하지만, 미 공군 내부에 UFO 조사분석 조직이

---

92 Jacobs, David M. 1975, pp.54-55.
93 Jacobs, David M. 1975, p.56.

완전히 사라진 것은 아니었다. 별도의 암호명을 가진 조직을 꾸리지 않은 채 기존 항공 정보 분석 조직을 가동해 보고되는 UFO 사례들의 조사분석이 진행되었다. 하지만, 이런 내용은 외부에 알리지 않았다. 대중적 관심을 끄는 행동을 극도로 삼간 것이다.

프로젝트 그러지 후일담

1950년 2월호 '미 공군 정기간행물Air Force Magazine'에 항공군수사령부 산하 항공 의학 연구소Aero-Medical Laboratory 소속의 폴 피츠Paul Fitts는 대부분의 UFO가 심리학적이거나 심리학적인 기반을 갖는 현상이라는 내용의 글을 기고했다. 이 글의 논지는 프로젝트 그러지가 설명이 어려운 사례들을 쉽게 정리했던 것과 궤를 같이하는 것이었다. 이 글로 인해 그는 당시 미 공군의 골치 아픈 UFO 문제 해결에 혁혁한 공을 세운 인물로 떠올랐다.[94]

이즈음 미 공군은 UFO 악몽을 완전히 떨쳐 내려 준비하고 있었다. 1950년 2월 8일에 작성된 「AFCSI No.85」라는 공문에는 'UFO 목격 보고가 방첩과 관련 없는 한 더 이상 상부로 보고하지 말라'는 지시 내용이 담겨 있었다.[95] 이런 지시 내용은 미 공군기지 사령관들이 UFO 목격 보고를 받더라도 아주 특별한 경우가 아니라면 펜타곤이나 항공 군수 사령부에 보고서를 제출하지 않아도 된다는 걸 의미했다. 그런데 이런 방침을 미 공군 내부의 모든 기관이 기꺼이 수용한 건 아니었다.

---

94 Kuang, Cliff. 2019.
95 Swords, Michael D. 2012, p.91.

텍사스주의 브룩스 공군기지Brooks AFB와 녹색 화구 사건을 조사했던 원자력 위원회Atomic Energy Commission에서는 UFO 공식 조사 기구를 사실상 폐쇄하는 것에 반대 의견을 제기했다.[96] 이처럼 내부적으로 약간의 이견은 있었지만 1949년 말부터 1950년 초에 걸쳐 미 공군의 UFO 대처 방침은 그들이 원하는 방향으로 순조롭게 이행되고 있었다. 그런데 이런 미 공군의 노력은 당시 미국에서 상당한 구독률을 자랑하던 『트루True: The Man's Magazine』에 기고한 한 해군 사령관의 글에 의해 산산조각이 나고 만다.

---

96 Swords, Michael D. 2012, p.92.

Chapter 08

화이트 샌즈 UFO 사건

화이트 샌즈 기지

화이트 샌즈 실험기지White Sands Proving Grounds는 1945년 7월 9일 뉴멕시코주에 설치된 미사일 실험장이다. 1946년부터 1951년까지 주로 2차 세계대전 중에 수거된 나치의 V-2 로켓 발사 실험장으로 사용되었다.[97] 1949년 2월 24일 이곳에서 V-2 로켓을 개조해 만든 신형 로켓이 발사되어 세계 최초로 우주까지 도달했다.[98] 미 육군이 주도적으로 활용하였으나 여기에서 해군이 개발한 미사일 발사 실험도 이루어졌다. 1948년경부터 미 육군과 해군은 이곳에서 대공 미사일 자체 개발을 시작했으며, 1949년부터는 지능형 유도 미사일 실험도 착수했다. 당시 화이트 샌즈 실험기지의 미 육군 사령관은 필립 블랙모어 준장Brigadier General Philip Blackmore이었으며,

---

97 White Sands Missle Range, Wikipedia. Available at https://en.wikipedia.org/wiki/White_Sands_Missile_Range
98 Long, Tony. 2011.

해군 미사일 실험을 총괄하는 책임자는 해군 사령관(naval commander, 중령급) 로버트 맥롤린Robert B. McLaughlin이었다.

로버트 맥롤린과 클라이드 톰보우의 UFO관련 교류

맥롤린은 미 해군 사관학교를 졸업하고 고사포 전문가가 되었다. 그후 직격포 공격을 회피하려는 비행체를 추적하여 정확히 타격하는 지능형 유도 미사일 개발의 초기 멤버로 참여하게 된다. 2차 세계대전이 끝나고 1946년부터 그는 화이트 샌즈 실험기지 White Sands Proving Grounds의 해군 연구조직 수장으로 근무하고 있었다. 1947년 이후 그곳 근처에서 많은 UFO 목격이 있었다.

맥롤린은 기지에서 들려오는 UFO 목격 내용에 대한 의견을 그의 지인인 클라이드 톰보우Clyde Tombaugh와 서신을 통해 주고받았다. 명왕성 발견으로 명성을 떨치고 있던 천문학자 클라이드 톰보우는 1941년에 화성 표면에서 이상한 불빛이 비치는 것을 목격한 바 있었고, 그후 다른 천문학자들도 비슷한 현상을 보고했다. 톰보우는 이런 일련의 관측 결과로부터 화성에 어떤 문명이 존재할 가능성을 고려하고 있었다. 그는 나아가서 지구에서 가장 가까운 천체인 화성과 UFO의 관련성을 고려했다. 2차 세계대전의 종결과 함께 지구에 UFO가 나타나기 시작했다는 사실이 그의 이런 추정에 더욱 힘을 실어주었다. 이 전쟁은 일본에 원자탄이 투하되면서 끝났다. 아마도 화성인들이 자신들의 세계에서도 쉽게 관측되었을 이 사건을 계기로 지구에 관심을 가지게 되었을 수 있다는 것이 그의 생각이었다. 맥롤린도 톰보우의 이런 아이디어 어느 정도 동감했다.[99]

---

99 Swords, Michael D. 1999. pp.688-692.

AN UNUSUAL AERIAL PHENOMENON
by
Clyde W. Tombaugh

I saw the object about eleven o'clock one night in August, 1949 from the backyard of my home in Las Cruces, New Mexico. I happened to be looking at zenith, admiring the beautiful transparent sky of stars, when suddenly I spied a geometrical group of faint bluish-green rectangles of light similar to the "Lubbock lights". My wife and her mother were sitting in the yard with me and they saw them also. The group moved south-southeasterly, the individual rectangles became foreshortened, their space of formation smaller, (at first about one degree across) and the intensity duller, fading from view at about 35 degrees above the horizon. Total time of visibility was about three seconds. I was too flabbergasted to count the number of rectangles of light, or to note some other features I wondered about later. There was no sound. I have done thousands of hours of night sky watching, but never saw a sight so strange as this. The rectangles of light were of low luminosity; had there been a full moon in the sky, I am sure they would not have been visible.

Clyde W. Tombaugh
August 7, 1957

클라이드 톰보우가 UFO에 관해 쓴 문서

로버트 맥롤린과 반 알렌의 UFO관련 교류

1949년 4월 24일, 화이트 샌즈 기지에서 스카이 훅 기구를 띄우려던 찰스 무어Charles Moore를 비롯한 해군 소속 연구자들이 경위의 經緯儀를 통해 인근 상공에 떠 있는 UFO를 목격했다. 또 5월 초에는 WAC-B 로켓 발사 실험 도중에 맥롤린 자신도 UFO를 목격했다. 이런 일련의 UFO 출현에 대해 1949년 5월 12일 맥롤린은 친구인 저명한 대기과학자 제임스 반 알렌James Van Allen에게 편지를 써서 그것들의 정체에 관한 논의를 했다.[100]

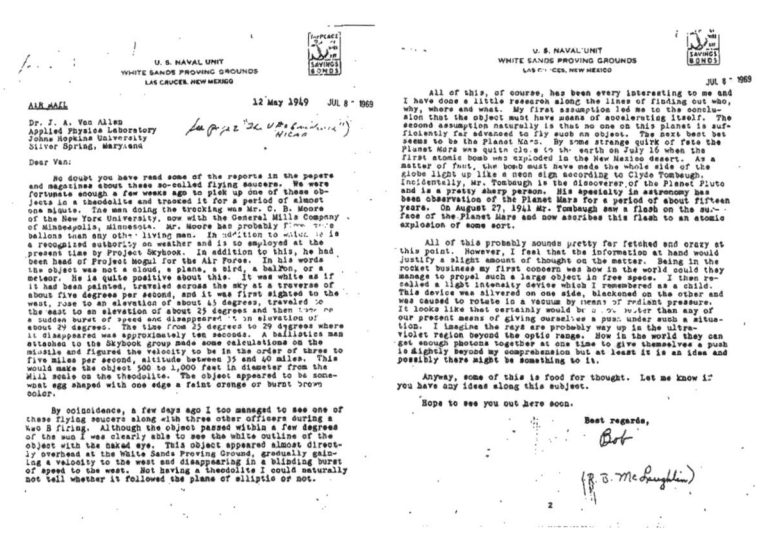

화이트 샌즈 기지 UFO 목격 사건을 다룬 정보보고서

맥롤린은 자신이 보고받은 여러 UFO가 천체기상 현상으로 설명할 수 없다는 사실에 주목했다. 그가 수집한 보고서들에서 UFO는 수평 방향으로 가속했다. 이 사실은 그것이 추진력을 갖췄다는

---

100 Swords, Michael D. 2012, p.92.; Lucanio, Patrick and Coville, Gary. 2002, p.23.

것을 의미했다. 따라서 그가 보기에 여기엔 어떤 기술이 반영되어 있음이 틀림없었다. 맥롤린은 반 알렌에게 쓴 편지에서 톰보우와 공유했던 UFO 화성 관련설을 언급하며 그것이 미친 생각처럼 보일 수 있다는 점을 자인하면서 다소 조심스러운 태도를 보였다.[101]

펜타곤 공보관, 맥롤린 사령관을 인터뷰하다.

UFO 출현은 그해 6월에도 계속되었다. 1949년 6월 14일 화이트 샌즈 실험기지에 UFO가 출현했고, 이를 계기로 펜타곤에서 공보관 Public Information Office officer을 파견하여 맥롤린을 취재했다. 맥롤린은 자신이 그동안 수집했던 사례들을 가감 없이 그에게 털어놓았다. 해군 사령관실에서 진행된 인터뷰 자리에는 미 육군 정보 장교 에드워드 뎃치맨디Edward Detchmendy 대위도 동석해 있었는데 깜짝 놀란 그는 공보관에게 전해지는 정보 상당 부분이 매스컴에 그대로 노출될 수 있음을 우려했고 맥롤린에게 UFO 문제가 군사기밀에 해당함을 상기시켰다. 하지만 맥롤린은 미 공군의 UFO 프로젝트들이 모두 종료되면서 UFO가 미 국가 안보에 별로 문제가 되지 않는다고 결론이 난 상황에서 더 이상 비밀이 아니라고 판단했고 육군 정보 장교의 제지에도 불구하고 그가 보고받은 내용을 그 자리에서 모두 털어놓았다.[102] 이런 행동은 나중에 맥롤린에게 불리하게 작용한다.

---

101 Swords, Michael D. 2012, p.92.
102 Gross, Loren E. 1988, pp.4-5.

『로스앤젤레스 타임스』에 실린 화이트 샌즈 기지 UFO 기사

1949년 8월 30일자 『로스앤젤레스 타임스』에는 화이트 샌즈 기지에서 일어난 일련의 UFO 사건에 관한 기사가 실렸다. '미 장교들이 비행원반 목격 보고를 하다U.S. Officers Report Seeing Flying Disks.'라는 제목의 이 기사는 마빈 마일스Marvin Miles 기자에 의해 작성되었는데, 그는 그달 23일에 화이트 샌즈 기지에서 있었던 바이킹호 발사 실험에 해군으로부터 초대받아 갔었다.[103] 그는 사전에 이미 화이트 샌즈 기지에 UFO가 여러 차례 출현했다는 제보를 받고 있었으며, 그 방문 때 UFO 목격담 취재를 했던 것이다. 그는 여러 장교 및 연구자들과 UFO 사건에 관해 인터뷰했는데 맥롤린과도 심도 있는 대화를 나누었던 것이 틀림없다. 그가 펜타곤 공보관에게 보고했지만 언론 매체에는 공개하지 않았던 중요한 내용들이 거기에 담겨 있었기 때문이다.

실명을 공개하지 않은 이 기사에서 마일스 기자는 한 장교가 UFO가 외계에서 온 우주선이 틀림없다고 선언했다고 쓰고 있다. 여기서 언급된 장교는 분명히 맥롤린임에 틀림이 없었다. 그는 이 UFO가 엄청나게 큰 계란 형태였고 35~40마일 상공에 있었으며, 초속 3~4마일(음속의 15배 정도)의 속도로 움직였다고 말했다고 보도했다. 이런 추정은 목격자가 망원경과 사진기가 달린 경위의를 통해 상승하고 있는 관측기구를 추적하던 중 마침 UFO가 관측기구의 궤적을 요동치면서cavorted 약 10초 동안 가로질러 갔기 때문에 가능했다. 그 후 그것은 중력 가속도의 22배 정도로 가속하여 순식간에 사라져버

---

103 Swords, Michael D. 2012, p.92.

렸는데 어떤 추진 흔적도 관측되지 않았다.[104]

웨스턴 미시건 대학 자연과학 교수를 역임한 UFO 연구가 마이클 스워즈Michael D. Swords는 『UFO와 정부UFOs and Government: A Historical Inquiry』에서 UFO의 크기나 거리를 측정할 수 있는 배경이 전혀 없었는데 맥롤린이 이런 추정을 한 것은 근거가 희박하다고 지적하고 있다.[105] 하지만, 분명히 기사에는 경위의 사용을 언급하고 있고 UFO 배경으로 관측기구가 있었다는 사실을 적시하고 있다. 연구자는 망원경이 달린 경위의를 사용해 기구의 높이를 측정하고 있었을 것이 틀림없으며, 그 앞을 UFO가 지나쳤다면 UFO 크기와 지상으로부터의 높이를 어림할 수 있었을 것이다. 한편 그들이 UFO를 추적한 시간은 10초 정도였다고 한다. 이런 측정 결과를 토대로 탄도학 공식들ballistics formular에 대입해 그 비행체의 속도를 어림 계산할 수 있다.[106]

『로스앤젤스 타임스』 기사는 펜타곤 정보 장교들의 심기를 크게 건드렸다. 그들은 OSI 요원을 화이트 샌즈 기지로 파견하여 누가 그 기사 작성에 협조했는지 탐문 조사했다. 펜타곤 공보관 방문 이후 기회를 노리고 있던 미 육군 정보 장교 에드워드 뎃치맨디는 곧바로 맥롤린을 지목했다. 거기에 더해 그는 그곳에서 근무하는 해군 장교와 연구자가 UFO 문제를 너무 떠벌인다고 불평했다. OSI의 조사내용이 펜타곤에 전달된 후 거기서 어떤 일들이 진행되었는지에

---

104 Spotlight 1952: Anatomy of a hoax, Saturday Night UFORIA. Available at https://www.saturdaynightuforia.com/html/articles/articlehtml/anatomyofahoax-part3.html
105 Swords, Michael D. 2012, p.93.
106 Keyhoe, Donald. 2004. p.111.

대한 내용은 알려진 바가 없으며 맥롤린에게 어떤 피드백이 있었는지도 불명확하다. 그런데, 한 가지 분명한 사실은 그 조사 이후 더욱 적극적으로 UFO 문제를 일반 대중에게 알려야겠다고 맥롤린이 결심했다는 것이다.

맥롤린, 화이트 샌즈 기지 사령관에서 물러나다.

초기부터 맥롤린은 UFO 외계 기원설을 지지했지만, 자신의 이런 믿음을 외부에 적극 노출하는 것을 꺼렸다. 『로스앤젤레스 타임스』 기사에서 실명을 사용하지 못하도록 조치한 데에 그런 그의 태도가 반영되어 있었다. 그런데, OSI 조사 이후 그의 태도에 큰 변화가 생겼다. 그는 당시 대중 잡지로 미국 내 구독률이 상당히 높았던 『트루』와 접촉하여 화이트 샌즈 기지에서 해군들이 목격한 UFO 사건들에 대해 실명 기고하기로 했다. 당시 미 해군 상층부는 공군이 UFO 문제에 대해 어떻게 생각하는가에 대해 크게 개의치 않는 분위기였고 맥롤린의 대중 잡지 기고를 허락해 주었다. 맥롤린의 글은 1950년 3월호 『트루』에 게재될 예정이었다. 그런데 2월 중반경 그의 기고 내용이 다른 언론에 알려졌다. 그 결과 『크리스천 사이언스 모니터』와 같은 전국적인 신문에서 그의 기고 내용을 사전에 상세히 보도했다. 그즈음 미 해군은 어디로부턴가 압력을 받고 맥롤린을 화이트 샌즈 기지 사령관 자리에서 물러나게 한 후 해상 근무를 하도록 전보해 버렸다.[107]

---

107 Swords, Michael D. 2012, p.93.

맥롤린의 『트루』 기고의 의의

1950년 3월자 『트루』에 '어떻게 과학자들이 비행접시를 포착했나?How Scientists Tracked Flying Saucers?'라는 제목의 맥롤린 사령관 기고문이 실렸다. 화이트 샌즈 기지 UFO 사건과 관련해 『로스앤젤레스 타임스』와 『크리스천 사이언스 모니터』에 이미 상세한 내용이 보도되었기 때문에 맥롤린의 기고 글이 지금까지 소개되었던 관련 내용에 더 보탤 것은 별로 없었다. 하지만, 이 기고문은 미 해군의 극비 프로젝트를 담당하는 실무 책임자가 직접 대중지에 자신과 자신의 부하 장교들이 목격한 UFO 사건들을 상세히 기술하고 자기 견해까지 밝혔다는 점에서 그때까지 선례가 없는 획기적인 사건이었다.

『로스앤젤레스 타임스』를 비롯해 몇몇 언론의 UFO 목격 사건들에 대한 보도가 나가자 화이트 샌즈 기지의 미 육군 사령관 필립 블랙모어 준장은 언론과의 인터뷰에서 '내가 아는 한 이런 보도들은 명백히 사실이 아니다'라고 말했다.[108] 맥롤린의 기고문은 이런 육군의 공식 입장에 반하는 것이었다. 그뿐 아니라 여기에서 맥롤린은 UFO가 지구상의 기술과 무관하다는 자신의 견해를 명확히 밝혔다. 그는 기고 글에서 UFO가 진짜로 존재할 뿐 아니라 그것이 외계에서 오고 있다는 자신의 믿음을 다음과 같이 기술하고 있다.

"나는 그것이 비행접시일 뿐 아니라 그 원반들이 살아있는 지적 존재들에 의해 조종되는 다른 행성에서 오는 우주선이라는 사실을 확신합니다I am

---

108 Swords, Michael D. 2012, p.93.

convinced that it was a flying saucer, and further, that these disks are spaceships from another planet, operated by animate, intelligent beings."[109]

화이트 샌즈 기지의 해군 장교들과 과학자들은 UFO 현상에 대해 상당한 우려를 하고 있었다. 이들은 사령관이 이 문제의 심각성을 상부에 알리길 바랐다. 이에 따라 맥롤린은 1948년부터 1949년 사이에 화이트 샌즈 기지 인근에서 발생했던 UFO 사건들을 철저히 조사하여 자신의 견해를 보태지 않고 그 사실 자체만을 충실히 기술한 보고서를 펜타곤의 유도 미사일 개발 책임을 맡고 있는 해군 제독에게 보고했었다. 그런데 이에 대한 답변은 "거기서 뭔 술을 마시고 헛소리를 해대냐?What are you drinking out there?"였다.[110] 『트루』실린 맥롤린의 글은 화이트 샌즈 지를 떠날 것을 각오하고 쓴, 이와 같은 질문에 대한 답변이었다고 볼 수 있다.

---

109   Swords, Michael D. 2012, p.94.
110   Swords, Michael D. 2012, p.95.

Part 03
루펠트, 프로젝트 블루북 그리고 기온 역전층 이론

Chapter 09

1950-1951년: 지속되는 UFO 논쟁

1950년-1951년 초의 미 대륙 UFO 출몰 상황

맥롤린의 『트루』 기고 후 미국의 주요 매스컴들은 UFO 문제에 대해 보다 적극적인 대처를 해줄 것을 펜타곤에 요구하는 기사들을 썼다. 하지만, 이런 문제 제기는 곧 중단되어버렸다. 한반도에서 전쟁이 발발했기 때문이었다. 1950년 하반기에 UFO 문제는 언론에서 사실상 자취를 감추다시피 했다. 그렇다고 미군에 의한 UFO 목격 사건이 존재하지 않았던 것은 아니다. 이 시기에 발생했던 아주 중요한 UFO 목격 사례를 한 가지 예로 들자면 1951년 2월 21일, 캐나다 상공에서 비행 중이던 미 해군늘에 의해 목격된 사례를 꼽을 수 있다.

그래험 베쑨 중위Lt. Graham Bethune, 해군 소령(LCDR) 프레드 킹던 Fred Kingdon, 그리고 노엘 코거 중위Lt. Noel Koger는 해군의 R5D기를

타고 아이스랜드의 케플라비크Keflavik에서 출발하여 캐나다 북동부 노바 스코샤Nova Scotia의 아르젠티아Argentia를 향해 비행 중이었다. '자동 항법' 모드로 만 피트 상공에서 200피트 속도를 유지하고 날아가고 있었는데 케플라비크에서 출발한 지 4시간 반이 지났을 무렵 그들은 한 불빛을 목격했다. 처음에 그들은 비행기가 항로를 이탈해서 육지의 도시 불빛을 보고 있다고 생각했다. 하지만, 네비게이션은 그곳이 예정된 해상 항로를 지나고 있음을 확인시켜주었다. 그렇다면, 그 불빛은 배에서 나오는 것일까? 하지만, 그럴 수 없었다. 그 시각 그 위치엔 그 어떤 배의 운항도 예정되어 있지 않았다.

처음에 5~7마일쯤 떨어져 있던 그것의 불이 꺼지면서 둥근 노란색 광륜光輪이 바닷물을 비추는 것이 보였다. 그것의 색깔이 오렌지색으로 바뀌더니 아주 강렬한 붉은색이 되었는데 그들 쪽을 향해 날아오르면서 주변에 푸른빛이 감도는 붉은색으로 변했다. 그것은 삽시간에 그들의 비행기 전방 200~300피트 앞으로 다가왔는데 직경이 200~300피트 정도 되는 금속성 원반 모양을 하고 있었다.

그 UFO는 약 5분 동안 미 해군 비행기를 쫓아왔는데 사라지기 직전에 시속 1,500마일 이상의 속도를 냈다. 실제로 캐나다 뉴펀들랜드에 소재한 갠더 센터 레이더Gander Center Radar에 시속 1,800마일(음속의 약 2.3배)로 측정되었다.[111] 참고로 말하자면 1952년 11월 슬레이드 내쉬 장군General J. Slade Nash은 샤브레F-86D Sabre를 조종해 당시 세계 최고 시속 698.505마일(음속의 0.91배)을 달성했다.[112] 이는 로켓이 아닌 비행기로 낼 수 있는 당시 최고 속도였으며, 비교

---

111   Bethune, G. 1970.; Knuth, Kevin H. et al. 2019. p.939.
112   Allward, Maurice. 1978. p.24.

적 짙은 대기층에서 음속 돌파가 아직 이루어지고 있지 않았던 상황임을 보여준다.

뉴저지주 포트 먼모스 UFO 사건

1950년 하반기부터 1951년도 상반기까지 한국전쟁에 집중하면서 펜타곤의 정보 부서는 중국과 소련을 상대로 한 정보전에 치중하느라 UFO에 신경을 쓸 틈이 없었다. 미국 매스컴도 온통 한국전쟁에만 관심을 보이고 있었다. 이렇게 UFO 소동은 일단락 지어지는 듯했다. 하지만, 1951년 하반기에 접어들어 한국전쟁이 소강상태에 빠지면서 UFO 문제가 다시 거론되기 시작했다. 그런데 이때 논란의 불씨는 미국 본토가 아닌 전쟁 중인 한반도에서부터 타올랐다. 한국전쟁에 참전했던 미 공군 조종사들이 태평양과 한반도 상공에서 UFO를 목격했다는 루머가 펜타곤 내부에서 돌기 시작했던 것이다.[113]

게다가 1951년 후반기에 접어들면서 미국 본토 상공에서 UFO가 목격된 사례들도 증가하기 시작했다. 그중에서 항공군수사령부의 정보 부서가 확대 개편된 항공 기술 정보 센터(Air Technical Intelligence Center, ATIC)에서 깊숙이 관여하게 된 사건이 1951년 가을 뉴저지주 포트 먼모스Fort Monmouth 상공에서 발생했다.

그해 9월 10일 아침 포트 먼모스에 소재한 육군 통신부대 Army Signal corps 레이더 센터의 레이다 기술자가 방문한 공군 장교들 앞에

---

113 Frost, Nastasha. 2018.; 이 당시 미국과 오스트레일리아 조종사들이 목격한 UFO 관련 사례는 Haines, Richard F. 1990에 정리되어 있다.

서 새로 들어온 AN/MPG-1 레이더 작동을 시연하고 있었다. 이때 매우 낮은 높이로 날아가는 괴비행체가 레이다 장비에 포착되었다. 그것은 당시 제트기의 최고 속도보다 약간 빠른 시속 700마일 정도의 속도로 비행했는데 이 정도 속도는 당시 레이다의 자동 추적 모드automatic setting mode로는 따라잡을 수 없는 것이었다. 이런 상황이 전개될 때 방문 중이던 공군 소령을 비롯한 다른 장교들이 모두 함께 레이더 화면을 바라보고 있었다.

이로부터 약 15분 후 포트 먼모스에서 약 130마일 떨어진 뉴저지주의 샌디 후크Sandy Hook 상공을 훈련 비행 중이던 두 대의 T-33 제트기 조종사들이 그들 아래에서 날아가고 있는 괴비행체를 목격했다. 그것은 지름이 대략 40-50피트 정도 되는 둥근 은빛 물체였는데 속도가 시속 700마일이 넘었다.

이 사건은 포트 먼모스 레이다 센터를 발칵 뒤집어놓았고 관련 기술자는 즉시 ATIC에 연락해 조사를 요구했다. 당시 프로젝트 그러지는 사실상 활동이 중단되어있었으나 조직은 그대로 남아있었다. ATIC의 수장이었던 찰스 캐벨Charles B. Cabell 소장은 프로젝트 그러지 팀장 제리 커밍스 중위Lieutenant Jerry Commings와 그의 상관으로 센터 내 항공기 및 미사일 책임자였던 네이선 로젠가텐Nathan R. Rogengarten 중령을 그곳으로 파견해 조사하도록 했다.

그들은 조사를 마치고 결론을 내놓았는데 그것은 이전까지 프로젝트 그러지가 견지해오던 바와 크게 다르지 않았다. 레이더 센터에서 감지한 것은 비정상적인 기상 여건에 의해 발생한 허상 궤적freak radar returns을 잘못 판명한 것이고 T-33기 조종사들은 인근 에반스

통신연구소Evans Signal Laboratory에서 띄운 지름 33피트짜리 전파 송수신용 기구mobile radio broadcasting and receiving station를 목격했다는 것이다.[114] 하지만, T-33기의 한 조종사 증언에 의하면 확인하려고 하강하여 괴비행체에 다가갔을 때 그것은 빠른 속도로 추적을 따돌렸다고 한다.[115] 어떻게 기구가 이런 동작을 할 수 있단 말인가?

프로젝트 그러지의 부활

포트 먼모스 UFO 목격 사건의 세세한 내용이 민간으로 유출돼 지역 언론에 보도되면서 다시 UFO 논란이 재 점화될 기미를 보이기 시작했다. 이전 프로젝트 사인 운영 시 UFO 문제에 대해 중립적 태도를 보였던 캐벨은 이 시점에서 UFO 문제를 다시 심각하게 검토해보아야 한다는 필요성을 느끼고 있었다. 때마침 포트 먼모스 사건을 합리적으로 종결지은 프로젝트 그러지의 실무 책임자 커밍스는 그의 실적을 캐벨과 그의 참모진에게 설명하는 자리에서 프로젝트 그러지의 부활을 건의했다. 여전히 매우 믿을 만한 군 관계자들이 꾸준하게 UFO 목격 신고를 해오고 있었기 때문에 여기에 대한 합리적 설명을 할 수 있는 시스템 구축이 필요하다는 것이었다.

캐벨은 이 보고를 받고 UFO 조사팀을 다시 활성화하는 결단을 내렸다. 그런데, 이 일을 추진할 실무자로 새로운 인물이 필요했다. 커밍스가 제대하게 되었기 때문이다. 로젠가텐 중령은 프로젝트 그러지의 새 실무 책임자로 에드워드 루펠트Edward J. Ruppelt 대위를 임명했다.[116]

---

114   Thompson, Susan, 2019.; Jacobs, David M. 1975, pp.63 65.
115   Jacobs, David M. 1975, p.64.
116   Jacobs, David M. 1975, pp.64-65.

Chapter 10

프로젝트 블루북의 출범

에드워드 루펠트의 UFO 분석착수

에드워드 루펠트는 2차 세계대전에 육군 항공대 소속 폭격기 승무원으로 참전해 혁혁한 공을 세워 여러 개의 훈장과 메달을 받았다. 종전 후 육군은 무훈을 인정해서 그를 아이오와 주립대 학위 과정에 보내주었다. 그는 1951년 항공우주 공학 학사학위를 받았다. 한국전쟁이 발발하고서 그는 다시 군에 복귀했는데 라이트 패터슨 기지의 ATIC에 배속되었다. 커밍스 후임으로 UFO 조사분석을 맡기 전인 1951년 9월, 그는 프로젝트 사인과 프로젝트 그러지의 보고서들을 분석하고 있었다. 보고된 UFO의 색상, 형태, 크기, 목격 장소 및 시간대 등에 따라 분류하는 작업을 했다.

프로젝트 그러지 책임자 에드워드 루펠트

프로젝트 그러지의 책임자로서 일을 시작하며 그는 자신이 맡은 팀원들 간의 분파적인 행동이 일어나지 않도록 조직 관리에 역점을 두었다. 이전 프로젝트들에서 분파적 행동이 UFO 조사분석 활동에 상당한 지장을 초래했었다는 사실을 간과하고 있었기 때문이다. 그래서 그는 어떤 UFO 목격 사례가 수집되고 조사분석이 완료되기 전까지 섣부른 단정을 하는 것을 금했다. 한편, UFO 목격자들의 보고가 좀더 신속하게 이루어지도록 조치했다. 그리고 주된 목격자들인 군 조종사들이 보고하기를 꺼리는 문제 해결에 주력했다. 공군 조종사들을 대상으로 설문조사를 해보니 많은 조종사가 UFO 목격 보고를 해 언론이나 동료 조종사들 또는 장교들로부터 놀림감이 될 수 있음을 우려하고 있었다. 이런 문제를 해결하기 위해 루펠트는 UFO 목격 사건이 신속하고 정기적으로 보고될 수 있도록 의무 규정을 도입했다.

에드워드 루펠트의 UFO 통계적 분석

1951년 말 루펠트의 가장 야심적인 과제는 UFO의 특성을 통계적으로 정리하는 것이었다. 비록 그런 방법이 UFO의 정체나 기원을 밝혀줄 것으로 기대하기는 어렵지만 최소한 가치 있는 데이터를 도출할 수 있을 거로 생각했다. 이를 위해서 그는 민간 연구기관인 바텔 기념 연구소Battelle Memorial Institute과 통계적 분석 관련 계약체결을 했다. 그 해 마지막으로 결정한 중요한 사항은 레이더와 같은 전자기기를 도입하는 것이었다. 이런 아이디어는 찰스 캐벨 소장이 제안한 것인데 레이더와 사진기를 조합해 UFO 포착에 사용하자는 것이었다. 이처럼 루펠트가 개입하면서 프로젝트 그러지가 활기 띠긴 했으나 근본적으로 이 프로젝트에 투입되어 있던 자금과 인력이 부족했다. 특히 루펠트는 조사분석을 위해 관련 자료를 갖추려 했는데 구매할 자금이 없었다. 그래서 하이네크 박사는 자신이 UFO 조사분석을 위해 미 공군으로부터 받은 계약금을 자료 구매에 보탰다. 이와 같은 상황은 실무 차원에서 UFO 조사분석에 대한 욕구가 충만해 있었지만, 미 공군 내부에서 그 중요성이 매우 낮게 평가되고 있었음을 의미한다.

프로젝트 블루북의 출범

루펠트가 프로젝트 그러지의 실무 책임자로서 6개월간 악전고투하고 나서 미 공군에서 이 프로젝트에 좀더 힘을 실어줄 만하다는 결정이 내려졌다. 루펠트는 자신의 방침을 여기저기 열심히 설명하러 다녔고 적은 예산으로도 효율적인 운영 능력을 보여주었다. 냉전으로 소련과의 긴장이 고조되고 6·25 전쟁이 발발한 가운데에도 미 본토에서 UFO 목격담이 끊이지 않자 미 공군 첩보 사령관 찰스 캐벨은 또 다른 UFO 프로젝트 개설을 지시했다.117 그해 3월 기존 프로젝트를 독립 체제로 확대 개편하면서 암호명 '블루북Blue Book'이 출범했다. 그리고 '대기 현상 그룹Aerial Phenomena Group'이라는 공식 명칭이 부여되었다. 이렇게 공식화되었다는 사실은 매우 중요한 의미를 지녔다. 이제 임시 조직이 아니라 일종의 영구조

---

117 미 국가정보국 외. 2023. p.159.

직이 되었다는 사실을 의미하기 때문이었다. 이렇게 조직이 독립하면 대령이 지휘를 맡는 것이 통상적 관례였다. 하지만, 이 프로젝트의 수장이 된 도널드 바우어Donald Bower는 유능한 루펠트 대위에게 운영권을 맡겼다.

군사용어 'UFO'의 탄생

루펠트가 지휘하는 이 프로젝트는 ATIC 내의 여러 첨단 기술 그룹들로부터 지원받게 되었다. 전자공학 그룹, 분석 그룹, 레이더 팀, 조사그룹이 프로젝트 블루북의 직접적 지휘를 받는 체계로 정비되었다.[118] 새로운 조직 개편과 더불어 펜타곤과 ATIC 사이에서 프로젝트 블루북의 진척 상황을 중계하는 역할을 맡는 직책이 신설되었다. 이 자리에 항공 운항 기술자인 듀이 포넷 소령Major Dewey Fournet이 임명되었다. 기술 분석 장교로서 1947년 프로젝트 사인이 결정되는 회의에도 참여했던 그는 대다수 펜타곤의 UFO 외계 가설 반대론자들과는 달리 UFO가 외계인의 우주선일 가능성을 믿고 있었다. 무엇보다도 루펠트가 프로젝트 블루북 팀장으로서 맨 먼저 시도한 것은 용어 통일이었다. 그동안 비행접시, 비행원반 등으로 불리던 괴비행체를 '미확인 비행물체(Unidentified Flying Object, UFO)'라는 공식적인 군사용어로 통일함으로써 그들이 수행해야 할 임무에 대한 뚜렷한 목표를 세웠다.[119]

---

118 Jacobs, David M. 1975. pp.66-67.
119 Ruppelt, E. J., 1956. p.6.; Briefing document on records regarding unidentified flying objects (UFOs). Available at https://cdn.nationalarchives.gov.uk/documents/briefing-guide-12-07-12.pdf

Chapter 11

하버드 대학교 도널드 멘젤 교수의 UFO 기온 역전층 이론

매스컴의 UFO에 대한 재관심

펜타곤의 방침 변경은 매스컴에 대한 UFO 정보공개 방침에도 영향을 주었다. 그때까지 UFO 관련 자료의 공개를 꺼려왔던 방침을 바꿔 매스컴으로부터 자료 요청이 들어오면 적극적으로 협조하기로 한 것이다. 이런 방침에 제일 먼저 대응한 매스컴은 『라이프Life Magazine』였다. 당시 『트루』는 주로 자극적이고 모험적인 기사들을 위주로 하면서 '남성지'를 표방하는 월간지였으나 『라이프』는 보다 폭넓은 주제를 다루는 대중 주간지를 표방하고 있었다.

미 공군의 UFO 조사를 예의 주시하고 있던 『라이프』 편집자는 1951년 말 펜타곤으로부터 취재 협조를 받았다. 1952년 3월 프로젝트 블루북이 시작되자 이 잡지는 로버트 기나Robert Ginna 기자를 라이트 패터슨 기지의 ATIC로 취재 파견했다. 그는 UFO 관련 자료를 취합했는데 프로젝트 블루북 팀은 당시 비공개였던 UFO 사례들까지도 그에게 제공하였다. 당시 『트루』는 미국 내에서 비교적 중산층에게 인기있는 잡지였는데 『라이프』는 그 이상의 계층을 타겟으로 하였고 외국에도 많은 취재원을 두고 있었다. 프로젝트 블루북팀에서는 『라이프』의 이런 해외 정보망을 이용하여 외국의 UFO 사례 수집을 원했기에 적극적으로 협조 했던 것이다.[120]

우리가 외계인들의 방문을 받고 있나?

기나와 다라흐 2세H. B. Darrach Jr.가 작성한 기사는 '우리가 외계인들의 방문을 받고 있나?Have we visitors from space?' 라는 제목으로 1952년 4월 7일자 『라이프』에 실렸다. 이 기사는 미 공군이 레이나, 제트 요격기, 촬영 장비 등 당시로썬 최신 장비를 총동원하여 UFO를 조사하고 있으며, 그때까지 드러난 증거로 볼 때 비행접시들이 호전적이거나 외부 세력의 무기라고 믿지 않을 그 어떤 이유도 찾아볼 수 없다고 밝히고 있다. 특히 프로젝트 블루북 팀은 과학자들, 조종사들, 기상 관측자들, 그리고 민간인들로부터의 UFO 목격 보고서 취합에 적극적으로 임하고 있다는 것이다. 거기에 기술된 UFO는 견고하며 광채를 띠는 원반형, 실린더형, 그 밖의 기하학적 형태들이 주종을 이루며, 종종 만월보다 더 밝은 녹색 광구들도 포함된다고 했다.

120　Jacobs, David M. 1975. p.69.

계속해서 그들은 그것들이 현재 과학적 관점에서 자연현상이라고 설명할 수 없다고 하면서 그것들은 높은 지적 존재들에 의해 인공적으로 운행되는 게 틀림없다고 단정했다. 그렇다면 그것들의 정체는 무엇일까? 두 기자는 그 정체에 대해 다음과 같이 결론짓는다. '지구상의 그 어떤 세력도 기술적으로 그런 물체들의 동작을 흉내 낼 수 없다No power on earth could technologically duplicate the performance of the objects.'[121]

『뉴욕타임스』의 UFO 외계 가설 비판

UFO 외계 가설을 지지한 『라이프』 논조에 대해 비판적인 태도를 보인 대표적인 언론은 『뉴욕타임스』였다. 이 신문의 과학 전문 기자 월터 캠프퍼트Walter Kaempffert는 『라이프』 기사가 무비판적이라고 지적하면서 대부분 사례가 스카이 훅 기구 등으로 설명 가능하다고 주장했다. 특히 그는 프로젝트 그러지 최종 보고서를 인용하여 99%의 목격 내용을 미 공군이 기존의 비행체나 자연현상으로 설명해냈다고 하면서 나머지 1%는 네시호 괴물 같은 것이라고 비아냥댔다. 『뉴욕타임스』의 편집인 논평은 캠프퍼트의 논조를 지지하며 프로젝트 그러지가 UFO라는 이 허무맹랑한 넌센스를 완전히 종식시켰어야 했다고 지적했다.[122]

---

121 Darrach, H. B. Jr. and Ginna, Robert. 1952.; Jacobs, David M. 1975. pp.69-70.
122 Jacobs, David M. 1975. p.71.

『타임』의 도널드 맨젤 인터뷰

한편 시사정보 주간지인 『타임Time Magazine』은 하버드 대학 천문학과 도널드 맨젤 교수의 부정적 견해를 특집으로 다뤘다. 도널드 맨젤은 1920년 덴버 대학에서 화학 학사학위를 받았으며, 1924년에 프린스턴 대학에서 천체물리학 박사가 되었다. 1932년부터 하버드 대학 천문학과에서 학생들을 가르치기 시작했으며, 2차 세계 대전 때는 해군 소령으로 정보부처에서 일했다. 인터뷰에 응했던 1952년 그는 하버드 천문대의 천문대장 서리acting director에 막 임명되어 있었다.[123]

맨젤은 비행접시가 실재하냐는 인터뷰어의 질문에 '확실히 있다'고 대답하면서 그것은 무지개처럼 존재하며 누구나 볼 수 있다고 대답했다. 하지만, 그것은 다른 행성에서 오는 지적인 외계인이 타고 있는 우주선은 아니라고 선을 그었다. 이런 식의 생각은 마치 번개가 제우스의 무기라고 생각하는 것과 같다는 것이다. 과학적으로 조사해보면 그것들은 조작된 것이거나 상상의 산물일 수 있다고 했다. 그리고 많은 경우 기구나 비행기처럼 평범한 비행체를 잘못 보거나 심지어 신문지가 바람에 날아가는 걸 오인하는 사례도 있다고 했다. 이처럼 엉터리 사례들이 많이 있지만 매우 신뢰할 만한 사람들로부터의 보고도 있는데 이런 사례들에 대해서도 충분히 과학적인 설명이 가능하다고 그는 주장했다.

『타임』 인터뷰어는 UFO의 종류가 광구hazy globe, 점광원bright lights, 시가, 원반 등 다양한데 공통으로 운행할 때 매우 조용하며,

---

123　Donald Howard Menzel, Wikipedia. Available at https://en.wikipedia.org/wiki/Donald_Howard_Menzel

일반적인 비행체의 궤적과는 달리 지그재그로 돌진하며, 놀라운 속도를 보이는데 이를 어떻게 생각하냐고 물었다. 이에 대해 멘젤은 속도에 대한 목격자의 진술은 그 신빙성이 크게 떨어진다면서 그 비행체의 크기를 알지 못하면 거리를 알 수 없으며 거리를 알 수 없다면 정확한 속도 측정도 불가능하기에 그때까지 목격된 사례들이 모두 이런 측면에서 문제가 있다고 지적했다.

그런데, 『타임』 대담자는 멘젤의 이런 주장에도 불구하고 경이로운 속도가 UFO 우주선 이론의 가장 핵심이라면서 어떤 견고한 물질이라도 지구상에서 만들어진 것이라면 대기 중에서 시속 수천 마일로 운행할 때 마찰열에 의해 타버릴 수밖에 없는데 그렇지 않기 때문에 'UFO 외계 기원 지지자들'의 주장에 힘이 실린다고 지적했다. 또 지구상에 알려진 어떤 비행체도 대기 중에서 이런 속도를 내면서 아무런 소리를 내지 않는다는 것 또한 불가능하다고 언급했다(대기 중에서 음속 이상 속도를 내는 비행체는 소닉붐이라는 매우 큰 소음을 내는 것이 정상이다). 또, UFO가 보여주는 것과 같은 급가속, 급회전, 급정지 운행의 경우 지구상 비행체라면 그 안에 탄 탑승자가 '중력 가속도 G-force'에 의해 죽을 수밖에 없다고 단정했다. 따라서 UFO 외계 기원설 지지자들은 UFO의 이런 놀라운 비행 특성이 지구상의 기술보다 훨씬 발달한 외계 기술의 산물임이 틀림없다는 주장을 한다고 하면서 이 점에 대해 멘젤이 어떻게 생각하는지 물었다.

이런 지적에 대해 멘젤은 답이 아주 간단하다고 하면서 비행접시가 물질이 아니기 때문이라고 주장했다. 그것은 불빛이 반사된 것을 오인하는 것이며 이 경우 물리법칙을 대입해서 설명할 이유가 전혀 없다는 것이다. 즉, 서치라이트 불빛이 구름에 반사되는 것이라면 시속 수천 마일의 움직임이나 경이로운 지그재그 운행 모두 설명이 가능하다. 무엇보다도 그것이 불빛이기 때문에 이런 엄청난 속도에도 아무런 소음을 내지 않는 것이라고 그는 결론지었다.[124]

레이더 UFO는 기온 역전층 반사 신호

도널드 멘젤의 『타임』 인터뷰 결론을 요약하자면, 목격자들이 보았다고 주장하는 중요한 UFO 사례는 단지 불빛 오인이었다는 것이다. 그렇다면 레이더에 포착되는 UFO는 도대체 어떻게 설명할 것인가? UFO 소동이 막 발생했던 1947년 초, UFO 외계 기원설에 반대하는 펜타곤의 정보 장교들은 UFO가 레이더에 포착된 사례가 없다는 사실을 UFO의 실재를 반박하는 증거로 제기했다. 하지만 시일이 흐르면서 UFO가 레이더에 포착되는 사례들이 나타나기 시작했다.[125]

군에서 사용되는 레이더 장비는 견고한 물질로 이루어진 비행체를 탐지하기 위해 개발된 방어 무기 체계며, 따라서, UFO가 레이더에 포착된 많은 사례가 그것이 견고한 물질로 이루어졌음을 의미한다. 하지만, 멘젤은 레이더에 포착되는 모든 물체가 반드시 견고한 것들은 아니라고 당시 『트루』와 쌍벽을 이루는 대중지인 『룩Look Magazine』과의 인터뷰에서 지적했다. 그는 이를 보여주기 위해 유리 실린더에 벤젠을 반쯤 채우고 그 위에 아세톤을 부었다. 아세톤은 벤젠보다 훨씬 가벼워 두 액체는 섞이지 않고 두 물질 사이에는 경

---

124 Jacobs, David M. p.73.; An Astronomer's Explanation: Those flying saucers, Time Magazine, 9 June 1952, pp.54-56. Available at http://content.time.com/time/subscriber/article/0,33009,806457,00.html

125 Ruppelt, E. J. 1956, p.45.

계면이 형성된다. 멘젤은 이 실린더에 빛을 비추어 경계면에서 빛이 아래쪽으로 꺾이는 것을 대담자에게 보여주었다. 그는 이런 실험을 통해 비록 기체이긴 해도 이와 비슷하게 서로 다른 온도의 대기층이 맞닿아 있을 때 그 경계면으로 빛과 같은 전자기파인 레이더 신호가 아래로 꺾여서 마치 견고한 물체를 포착한 것과 같은 효과를 일으킬 수 있다고 설명했다. 즉, 견고한 물질로 이루어진 UFO란 존재하지 않으며, 레이더에 포착되는 UFO는 기온 역전층에 반사된 신호에 불과하다는 것이다.

그렇다면, 이런 기온 역전층은 언제 어디서 주로 발생하는가? 보통의 경우 지표 근처의 대기 온도가 제일 높고 고도가 올라갈수록 기온이 서서히 떨어진다Under normal atmospheric conditions, the warmest air is found near the surface of the Earth. The air gradually becomes cooler as altitude increases. 기온 역전층은 지표로부터의 장파장 복사 방출longwave radiation emission에 의해 낮은 고도의 공기 온도가 떨어지면서 발생한다. 이 경우 지표 근처 대기 온도가 그 위의 대기 온도보다 낮아지게 되는 것이다.overnight the earth's air near the surface cools by ground surface longwave radiation emission. The optimum conditions for a radiation inversion is a dry, clear and long night. 이런 현상은 주로 밤사이에 일어나는데 건조하고 청명한 날, 밤이 길 때 새벽녘에 일어난다.[126] 이런 조건을 만족하는 곳은 바로 사막지대다.

도널드 멘젤 교수는 이처럼 UFO가 기온 역전층에 반사되는 레이

---

126 Radar Basics. Available at https://www.radartutorial.eu/07.waves/wa17.en.html; Haby, Jeff. Investigations and Radar Ground Glutter. Available at https://www.theweatherprediction.com/habyhints2/391/

더 신호라는 것이었다. UFO가 레이더에 포착되는 많은 지역이 야간의 사막지대에서인 이유가 여기에 있다고 그는 주장했다. 레이더 반향음이 불규칙하고 빠르게 움직이는 것처럼 보이는 건 이런 기온 역전층의 교란turbulence of inversion으로 설명 가능하다고 그는 결론지었다.[127] 도널드 멘젤은 자신이 여러 언론 매체와 인터뷰했던 내용을 보강해서 '비행접시들Flying Saucers'이라는 책을 냈다.[128]

핵 폭탄과 레이더 개발

기온 역전층과 관련된 도널드 멘젤 교수의 주장은 나름대로 설득력이 있었다. 실제로 UFO가 자주 출몰했던 지역 분포를 보면 사막지대가 많았던 것이 사실이었기 때문이다. 그런데 UFO 출현이 사막지대에 집중되었던 이유를 오롯이 기온 역전층으로 설명하는 데에는 문제가 있었다.

2차 세계 대전 후반기에 미국에서 제일 집중했던 과학 기술적 노력은 핵폭탄 제조였다. 맨해탄 계획Manhattan Project이라 불렸던 이 프로그램은 전후에도 좀더 업그레이드된 형태로 지속되었는데 소련과의 냉전 체제에서 우위를 점유하기 위해서였다. 이런 노력들은 테네시주의 오크 리지Oak Ridge, 워싱턴주의 핸포드Hanford, 뉴멕시코의 로스앨러모스와 샌디아 국립연구소Sandia National Laboratories에서 주로 추진되고 있었다. 이들 지역 중에서 특히 로스앨러모스와 샌디아 국립연구소, 그리고 인근 로즈웰 등은 핵폭발 실험이 이루어지던 사막

127　Menzel, Donald H. 1952.; Keyhoe, Donald. 1953. p.72.
128　Nolan, Daniel A. Jr. 1953.

지역으로 멘젤 교수가 지적하는 조건에 합치되었다. 하지만, 오크리지나 핸포드를 비롯해 핵 설비와 관련된 다른 지역은 사막지대는 아니었으며, 그러함에도 UFO가 빈번하게 출현했다. 즉, UFO는 기온역전과 상당히 관련이 있어 보이긴 하지만 그보다는 핵 시설과의 관련성이 훨씬 더 중요했다.[129]

2차 세계대전 중 핵폭탄 기술과 함께 나치나 일본의 비행기를 조기 탐지하기 위한 레이더 기술개발이 또 하나의 과학 기술적 중요 목표였다. 이런 기술개발을 위해 케임브리지와 보스턴의 MIT와 하버드 대에 '레디에이션 랩Radiation Lab'이 설치되어 운영되었는데 주요 관심사는 레이더의 포착범위와 포착된 목표물 분석의 향상이었다. 당시 레이더 수준은 이 두 가지 모두 크게 뒤떨어져 있었기 때문에 냉전 상대국인 소련으로부터 날아오는 미사일이나 제트기를 제대로 포착할 수 있을 충분한 수준의 레이더 장치 개발이 급선무였다. 그리고 다른 한편으로 미스터리한 UFO 출현 또한 레이더 성능 개선 필요성을 강조했다.[130] 비록 나중에 하이네크 박사가 육안과 레이더에 동시 목격되는 UFO 사례를 매우 중요한 사례인 '레이더-육안radar-visual'으로 분류했긴 하지만[131] 이처럼 1952년 당시 육안 목격되는 UFO를 레이더로 동시 포착하는 것에 큰 신뢰성을 주기엔 문제가 있었다.

---

129   Janos, Adam. 2019.
130   Sword, Michael D. et al. 2021. p.104.
131   Hynek, J. Allen. 1972. p.28.

Chapter 12

백악관 상공의 UFO

1952년 상반기의 UFO 웨이브

『라이프』의 외계 가설 지지 기사 때문이었는지 1952년 4월 이후 UFO 목격 보고 수가 늘어나기 시작했다. 4월에는 99건, 5월에는 79건, 그리고 6월에는 149건의 보고서가 프로젝트 블루북에 접수되었다. 1950년과 1951년에 각각 210건, 169건의 UFO 목격 사례가 미 공군에 접수되었음을 고려하면 이는 엄청난 증가 추세였다(1952년에 보고된 총건수는 1,501건이었다). 그런데 루펠트는 이런 UFO 목격 증가가 언론 보도 영향에 기인한다고 생각하지 않았다.

1952년 6월, 펜타곤 수뇌부는 이런 사태에 주목하고 루펠트 대위를 워싱턴으로 호출했다. 그는 공군 정보부장 존 샘포드 장군 General John Samford과 그의 스태프들, 해군 정보 장교들, CIA 요원들 앞에서 브리핑해야 했다. 그 자리에서 몇몇 장교들은 UFO외계 기원설에 긍정적인 의사를 표시했으며, 더 과학적인 데이터를 요구했다.

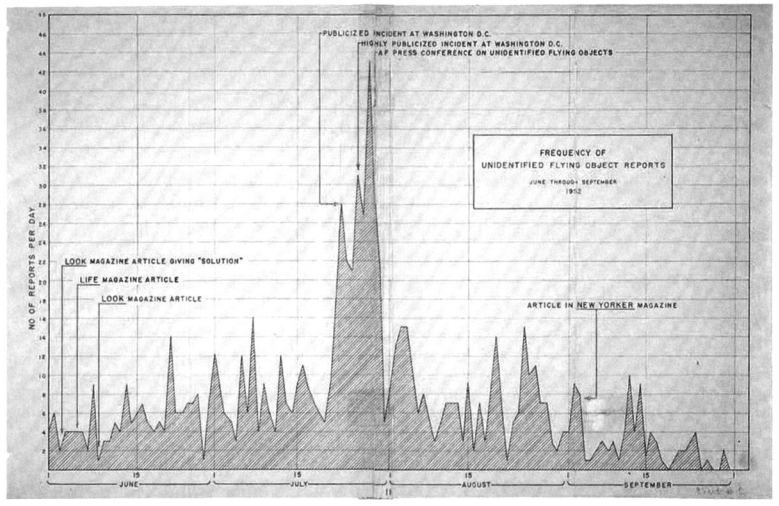

프로젝트 블루북에서 작성한 1952년 6월부터 9월까지 미 본토에 UFO가 출현한 빈도 그래프

1952년 7월 한 달 동안 프로젝트 블루북으로 미국 전역에서 536건이나 되는 UFO 목격 보고가 접수되었다. 상황은 거의 공황에 가까웠다. 항공 군수 사령부는 항공 기상청의 지원을 받아 목격보고 중에 기상 관측 기구나 기온역전과 관련 있는 듯 보이는 것들을 선별했다. 프로젝트 블루북 팀은 월간보고서 제출을 포기하고 밀려드는 목격 보고 취사선택 및 분류에 매달렸다. 몇몇 스태프는 하루 16시간씩 근무했고, 펜타곤과 ATIC 사이에서 연락책을 맡은 듀이 포네트 소령Major Dewey Fournet은 펜타곤에 모든 목격 보고에 대

한 정보를 제공하기 위해 24시간 대기 근무를 해야 했다.

이 기간에 워싱턴 D. C. 상공에서도 UFO가 여러 차례 목격되었다. 7월 10일, 국립 항공사 소속의 승무원이 워싱턴 D. C. 남쪽의 콴티코 Quantico 상공에서 이상한 불빛을 보았다. 같은 달 13일, 유나이티드 항공사의 비행기 승무원은 수도에서 남쪽으로 60마일 떨어진 곳에서 그들의 비행기를 향해 솟구쳐오르는 UFO를 목격했다. 그 다음날 팬 아메리카 항공사의 비행기 승무원은 버지니아주 뉴포트 뉴스 상공에서 8대의 UFO를, 15일에는 같은 지역의 주민들이 지상에서 UFO를 목격했다. 하지만 그것은 전초전에 불과했다.

워싱턴 DC 국립공항 레이더

1942년부터 미군은 질필리언 브러더스사(Gilfillan Brothers, Inc.)와 용역계약을 맺고 레이더 장치를 활용해서 비행기 착륙을 도와주는 '지상접근 통제(ground control approach; GCA)' 시스템을 개발했다. 2차 세계대전 동안 이 시스템은 시야가 불량한 기상 조건에서 미군 비행기들의 안전 착륙을 도와주는 역할을 했다. GCA는 좌우와 상하로 주사되는 연필 두께의 얇은 전자파 펄스 빔으로 접근하는 비행기 위치를 파악하여 그 비행기 조종사에게 실시간으로 알려줌으로써 공항 활주로에 제대로 착륙할 수 있도록 유도하는 용도로 사용되도록 고안되었다. 관제소에서는 발사된 펄스파가 반사되어 오는 신호를 포착하여 비행기 조종사에게 착륙 지시를 내렸다. GCA에는 또한 공항 터미널 전체를 주사하는 360도 회전하는 레이더 장치도 포함되어 있었다. 2차세계대전이 끝날 무렵 CGA는 공항에서 30마일 떨어진 비행체를 1만 피트 상공까지 포착할 수 있는 성능을 갖고 있었다.

1947년부터 워싱턴 국립공항에서 GCA의 성능 테스트와 개조가 이루어졌으며 1952년 1월에 민간항공관리국Civil Aeronautics Administration에서 비행기 이륙 제어에 레이더를 사용하기 시작했다. 그리고 그해 7월부터 레이다가 비행기 이착륙 통제에 모두 사용되기 시작했다.[132] 그해 7월 워싱턴 DC 상공의 UFO 출현은 마치 누군가가 미국에서 최초로 본격적으로 가동되기 시작한 워싱턴 국립공항의 레이더 장비 성능 테스트를 하려는 것이 아닐까 하는 의구심이 들게 할 정도였다.

워싱턴 DC 상공에서 UFO가 레이더에 포착되다.

1952년 7월 19일 늦은 밤 워싱턴 국립공항의 항공 관제요원 에드 뉴젠트Ed Nugent는 레이더 스크린에 이상한 표적 7개가 나타난 것을 보았다. 당시 그 위치에는 어떤 비행기도 있을 수 없었다. 그렇다면 그것들의 정체는 무엇일까? 잠시 후 그는 그것들이 확실히 비행기가 아님을 깨달았다. 처음에는 시속 100마일 정도로 천천히 움직이던 것들이 갑자기 엄청난 속도로 레이더망을 벗어났기 때문이다.

7월 19일 밤 11시 40분에서 20일 새벽 3시 사이에 워싱턴 국립공항의 관제센터에 설치된 2대의 레이더에 UFO가 포착되었다. 같은 시각 그 근처를 지나던 비행기 승무원들은 이상한 불빛이 불규칙적으로

---

132 When Radar Come to Town. Available at https://www.faa.gov/sites/faa.gov/files/about/history/milestones/radar_departure_control.pdf

움직이는 것을 목격했다. 이 물체들은 감속과 가속을 반복하다가 급정지하여 멈추더니 감쪽같이 시야에서 사라져버렸다. 이 목격 내용은 레이더에서 감지되는 것과 맞아떨어졌다.

워싱턴 국립공항 항공관제탑 책임자인 해리 반즈Harry Barnes는 인근의 앤드류 공군기지와 볼링 공군기지 레이더 책임자들에게 연락했고 그들도 비슷한 표적들을 동일한 위치에서 포착했음을 확인했다. 국립공항 관제탑의 관제 요원 하워드 콕클린Howard Cocklin은 관제탑 창문으로 문제의 괴물체가 포착된 방향의 하늘을 쳐다보았는데, 접시처럼 생긴 비행체에서 청백색의 광채가 나오는 것을 목격했다. 그는 국제공항 관제탑에서는 인근을 비행 중이던 캐피털 에어 항공사 소속 전세기 807편의 조종사 케이지 피어먼S. C. Casey Pierman에게 연락해 이상한 비행물체들을 목격했는지 여부를 확인했다. 당시 17년 조종 경력의 베테랑 조종사였던 피어먼은 마치 유성처럼 빠르게 날아가는 6개의 불빛을 목격했다고 응답했다.

레이더 총책임자 해리 반스는 항공 방위사령부에 요격기의 긴급 출동을 요청했다. 메릴랜드주 소재 앤드류스 공군기지가 그 미확인 비행체들에서 가장 가까운 위치에 있었지만, 당시 활주로 수리 중이었기에 뉴캐슬 공군기지에서 F-94 제트기 2대가 출격했다. 이들은 워싱턴 상공에 접근해 항공 운항 관제센터의 유도를 받아 목표 물체에 접근했다. 하지만 그곳에 도착할 즈음 표적들은 레이더상에서 감쪽같이 사라졌으며 조종사들은 거기서 아무것도 보지 못했다. 이때 지상의 목격자들은 이상한 불빛이 불규칙적으로 운행하는 것을 목격하였으며, 낯선 물빛은 백악관 상공에서 춤을 추었다. 이날 워싱턴 국립공항의 레이더에는 밤새도록 UFO가 포착됐다. 어느 때에는 공항에 설치된 3대의 레이더뿐만 아니라 앤드류스 공군기지에서도 워싱턴 근처 상공의 UFO를 탐지하였다.

1952년 7월 21일자 『뉴욕타임스』의 워싱턴 상공 출현 UFO 관련기사

이 사건이 일어난 직후 공군의 발표를 근거로 1952년 7월 21일자 『뉴욕타임스』는 '워싱턴 근처에서 조종사들과 레이더에 동시 포

착된 비행물체들: 미 공군이 천천히 움직이나 위아래로 날뛰는 '비행접시'로 보이는 뭔가에 대해 보고하다Flying Objects Near Washington Spotted by Both Pilots and Radar; Air Force Reveals Reports of Something, Perhaps 'Saucers,' Traveling Slowly But Jumping Up and Down'라는 제목의 기사를 내보냈다. 이 기사는 미 공군이 미국의 수도 영공에 새로운 형태의 비행접시인 '미확인 공중 물체들'의 기괴한 방문에 대한 보고를 받았다고 발표했다고 전했다. 그리고 '지금까지 보고된 바에 따르면 최초로 그 물체들(UFOs)이 레이더에 포착되었다For the first time, so far has been reported, the objects were picked up by radar'고 하면서 그것이 단지 빛이 아니라 어떤 실체가 있는 존재substance임을 가리키고 있다고 쓰고 있다. 『뉴욕타임스』가 이날 보도에서 워싱턴 DC 상공에서 처음으로 레이더에 UFO가 포착되었다고 보도한 것은 미 공군이 최초로 언론에 UFO의 레이더 포착 사실을 밝혔기 때문이다. 이미 1947년부터 레이더에 UFO가 포착되고 있었으나 이런 사실을 그때까지 미 공군은 구체적인 사례를 철저하게 대중에게 숨겨왔다.

재미있는 사실은 당시 미 공군이 요격기 출격을 언론에 숨겼다는 점이다. 『뉴욕타임스』는 이 기사에서 미 공군이 그 물체들을 추적하기 위한 요격기 출격이 없었고, '오퍼레이션 스카이워치Operation Skywatch'라는 지상 목격 프로그램을 통해 목격된 바도 없다고 쓰고 있다. 그러면서 미 공군이 단지 예비 보고서만 받았으며 왜 요격 시도가 없었는지 알지 못한다고 했다고 밝히고 있다.[133] 결국 이 기사가 나가고 며칠도 지나지 않아 요격기 출격이 있었음이 밝혀졌다.

---

133   Associated Press. 1952a.

백악관 상공의 UFO

UFO 출현은 그다음 주에도 계속됐다. 1952년 7월 26일 밤 9시 8분경, 민용 항공국Civil Aeronautics Administration 소속의 항공로 교통 센터Air Route Traffic Center의 레이더가 워싱턴 상공에서 4~12대의 미확인 비행체를 포착했다.[134] 밤 10시 30분경, 워싱턴 항공운항 관제센터 레이더에도 여러 UFO가 탐지되었다. 프로젝트 블루북Project Blue Book에서는 레이더 전문가들인 듀이 포넷Dewey Fournet 소령과 존 홀컴John Holcomb 중위를 국제공항 관제탑으로 파견했다. 그들은 관제탑 레이더 스크린에 표적 12개가 나타난 걸 확인했다. 그 UFO들은 천천히 움직이다가 순간적으로 방향을 꺾어서 뒤로 움직였다. 그리고 빠르게 움직일 때 그 속도는 무려 시속 7천 마일(마하 9) 정도나 되었다.[135]

여름날 워싱턴 상공에서는 기온역전 현상이 종종 일어났고 이 경우 레이더 신호가 대기층으로부터 반사될 수 있었다. 실제로 이들은 워싱턴 국립 기상청Washington National Weather Station으로부터 당시의 기온역전 여부를 확인했다. 그 결과 약간의 기온역전이 존재함을 확인했다. 하지만 두 전문가는 기온역전 강도가 양호하고 명확한 반사파를 설명할 수 있을 정도로 충분하지 않았다the inversion was not nearly strong enough to explain the 'good and solid' returns on the radar scopes고 판단했다. 그들은 최소한 표적 몇 개는 영락없이 견고한 금속체에서 반사되는 신호로 확신했다.[136]

---

134 Associated Press. 1952b.
135 Ruppelt, Edward J. 1956. p.159.
136 Peebles, Curtis. 1994. p.76.

밤 11시 30분경 공군사령부의 긴급 명령으로 F-94 제트기 2대가 델라웨어주 뉴캐슬 기지에서 출격했다. 두 대의 요격기는 편대장 존 맥휴고 Captain John McHugo와 편대 동료기wingman 조종사 윌리엄 패터슨 중위 Lieutenant William Patterson는 유도를 받아 UFO가 나타난 지점으로 향했다. 그들이 워싱턴 상공에 도착했을 때는 자정이 조금 지나서였다.

당시 펜타곤 대변인으로 UFO 관련 질문에 답하는 일을 맡았던 앨버트 춉Albert Chop은 당시 워싱턴 국립공항 관제실에서 레이더 오퍼레이터들과 함께 있었다. 그는 두 요격기가 타겟들에게 접근했던 순간에 대해 다음과 같이 회고했다.

"지금까지 내가 겪은 것 중 가장 이상한 일이 일어났습니다. 요격기들이 나타난 순간, UFO가 갑자기 소멸했습니다. 약 20분 후, 조종사들은 더 이상 그곳에 머물 일이 없다고 판단하여 떠났습니다. 하지만 그들이 떠나자마자 UFO가 스크린에 갑자기 나타났습니다. 제 인생에서 본 것 중 가장 소름 돋는 일이었습니다."

춉은 UFO의 행적을 레이더 스크린으로 바라보면서 공포감을 느꼈다. 그것은 그뿐 만의 감정이 아니었다. 그 방에 있던 모든 사람이 매우 불안해했다고 그는 1999년 한 인터뷰에서 밝혔다.[137]

워싱턴 DC 인근 상공에서 UFO의 출몰이 지속되자 27일 새벽 1시 30분경에 델라웨어주 뉴개슬 기지에서 F-94 요격 편대 출격이 다시

---

137 Gilgoff, Dan. 2001.

이루어졌다. 이전에 출격했던 것과 같은 편대였다. 이번에는 제트기들이 그 물체에 바싹 접근했는데도 레이더 화면에서 표적이 사라지지 않았다. 마침내 조종사들도 그 이상한 불빛들을 목격할 수 있었다. 윌리엄 패터슨William Patterson이 조종하는 요격기가 UFO들을 추격하기 시작했다. UFO를 관찰할 정도로 충분히 가까이 다가가자 UFO는 그보다 훨씬 빠른 속도로 멀찌감치 달아나버렸다. 패터슨은 그때의 상황을 다음과 같이 설명했다.

"나는 1,000피트 아래에서 그 미식별 항공기들을 따라잡으려고 노력했습니다. 가능한 최고 속력을 냈어요 …. 하지만 그것들을 따라잡을 수 없다는 사실을 확인하고는 추적을 포기했죠."[138]

마지막 순간 아주 극적인 상황이 전개되었다. UFO 4대가 갑자기 나타나 패터슨의 제트기를 둘러싼 것이다. 긴급 상황에 봉착한 그가 관제실에 어떻게 해야 할지를 물었다. 좁은 당시를 다음과 같이 회고했다.

"아무 말도 안 했어요. 그 누구도 아무 말 하지 않았어요. 갑자기 그 물체들이 그에게서 멀어지기 시작했고, 그는 '사라졌어요!'라고 말했습니다. 그다음 조종사는 기지로 돌아갔습니다."[139]

---

138 Kelly, John. 2012.
139 Holson, Laura M. 2018.

『뉴욕타임스』와 『워싱턴포스트』의 관련 보도

이 사건은 미 전역 대부분 신문에 보도될 정도로 미국을 발칵 뒤집어놓았다. 1952년 7월 27일자 『뉴욕타임스』는 "'물체들(UFOs)'이 수도 상공에서 제트기들을 앞지르다'Objects' Outstrip Jets Over Capital"라는 제목의 기사를 보고했다.[140]

1952년 7월 27일자 『뉴욕타임스』의 UFO 관련기사

제목에서 암시하듯 이번 기사에서는 두 대의 요격기의 출격이 있었다고 공식적인 확인이 있었다. 이들 중 한 대가 자신보다 조금 상방 위치로 약 10마일쯤 떨어진 곳에 4개의 빛을 목격했다는 미 공군의 공개내용이 소개되었다. 이 조종사가 그 물체들에 다가가려고 했으나 결코 도달할 수 없었다는 것이 이 기사의 핵심적 내용이었

---

140   Associated Press. 1952b.

다. 결론적으로 『뉴욕타임스』는 레이더에 포착되고 조종사 눈에도 보인 그 물체들이 빛이 아니라 어떤 실체적인 존재들이라는 지난번 기사 내용을 재강조하고 있다.

워싱턴 DC에 본부를 둔 『워싱턴포스트』도 워싱턴 상공에 출현한 UFO에 대한 공군 발표내용을 인용 보도했다. 27일자 기사에서 이 신문은 그 물체들이 미국의 안보에 어떤 위협도 되지 않는다는 국무부 대변인의 말을 인용 보도했다. 대변인은 UFO가 외계에서 왔다는 가설을 완전히 부인할 수는 없지만, 그것이 아직 알려지지 않은 새로운 종류의 물리 현상일 거라고 말했다. 하지만, 28일자 『워싱턴포스트』 기사는 '비행접시가 제트기보다 빨랐다고 조종사가 폭로했다'는 자극적인 제목을 달고 있었다.[141]

1952년 7월 28일자 『워싱턴포스트』의 UFO 관련기사

---

141   Sampson, Paul. 1952.

1952년 7월 말, 미 전역의 언론들은 백악관 상공에 나타난 UFO들과 이를 추격한 요격기 이야기를 커버 스토리로 다루면서 그런 사건들이 일어나지 않았으면 중요한 화제가 됐을 한국전쟁이나 대선 캠페인 기사를 구석으로 밀어냈다. 사태의 심각성을 깨달은 트루먼 대통령은 관련 부처들에 워싱턴 상공을 침범한 그 괴물체들의 정체를 밝히길 요구했다.[142]

2차 세계대전 이후 최대 규모 기자 회견

7월 중순부터 펜타곤과 프로젝트 블루북 팀은 언론과 국회의원들의 질문 공세에 시달렸다. 펜타곤의 모든 회선은 UFO에 대한 질의 전화로 마비될 정도였다. 7월 29일, 마침내 공군 관계자들은 2차 세계대전 이래 미국에서 개최된 회견 중에 가장 오랜 시간 동안 그리고 가장 규모가 큰 합동 기자회견을 열었다.

기자회견에는 공군 정보부장인 제임스 샘포드 장군General James A. Samford, 항공 방위사령관 로저 레미 소장Roger Ramey, 항공기술정보센터(ATIC)의 기술 분석팀장 도널드 바우어스Donald Bowers 대령, 그리고 프로젝트 블루북 책임자 에드워드 루펠트Edward Ruppelt 대위가 참석했으며 그 밖에 몇몇 민간인 기술자와 레이더 전문가들이 동석했다.

이 기자회견은 미 전역에서 모인 아주 명석한 기자들을 상대해야 하는 어려운 임무였다. 도대체 어떤 설명을 내놓아야 이들의 날카로운 질문을 충족시킬 수 있을까? 샘포드와 그의 참모들은 고민했고 논의에 논의를 거듭했다. 엄청난 속도와 비행 능력을 보이며 레이더

---

142 Carlson, Peter. 2002.

에도 포착되는 이런 실체가 분명해 보이는 물체들을 뭐라고 설명해야 할까? 이런 특별한 비행체에 대해선 아주 특별한 대답이 주어져야만 했다. 거기엔 오직 빠져나갈 구멍은 하나뿐이었다. 저명한 하버드 대학 천문학과 교수의 '기온 역전이론'이 바로 그것이었다.[143] 샘포드 장군은 기자회견장에서 워싱턴 상공에 나타난 괴비행체들이 다름 아닌 기온역전 현상에서 비롯된 것이라고 해명했다. 따라서 그는 어떤 종류의 UFO도 국가 안보에 위협이 되지 않는다고 강조했다.

기자회견 후 『뉴욕타임스』의 반응

이 기자회견은 여론을 진정시키는 데 도움이 됐다. '공군이' 비행접시'를 단지 '자연현상'일 뿐이라고 해명하다 Air Force Debunks 'Saucers' As Just 'Natural Phenomena'라는 제목으로 쓰인 29일 자 『뉴욕타임스』는 지난 6년간 모은 수천 건의 사례를 종합해 볼 때 비행접시가 특별한 그 무엇이 아니라는 샘포드의 주장을 긍정적인 어조로 소개했다. 이 신문은 레이더의 성능이 충분하지 못해 새 떼나 장식용 반짝이 종이 리본들 ribons of tinsel, 셀로판지 cellophane, 그리고 심지어 비를 구분하지 못한다고 지적했다. 덧붙여 앞으로의 UFO 연구목적은 아직 알려지지 않은 천문 기상현상에 대한 지식 습득을 위한 것이라는 샘포드 장군의 견해를 소개했다. 샘포드 장군이 워싱턴 상공 UFO를 설명한 내용의 핵심은 '기온역전현상'이었으나『뉴욕타임스』는 당시에 전문가들조차 생소한 이런 용어를 사용하지 않고 단지 '반사' 정도의 표현만을 사용했고 이보다 대중들이 이해하기 쉬

---

143 Keyhoe, Donald. 1953. p.72.

운 다른 원인을 주로 열거했다.[144] 그렇다면 매스컴이 1952년 워싱턴 DC UFO 소동에 대한 펜타곤 해명에 모두 『뉴욕타임스』처럼 긍정적이었을까? 그렇지는 않았다. 그 이후에도 언론의 관심은 줄어들지 않았으며 1952년 하반기 동안 미국의 148개 신문사에서 1만 6,000여 번이나 UFO 기사를 다루었다.[145]

워싱턴 DC UFO 사태의 의문점

워싱턴 상공의 UFO에 대한 샘포드의 설명이 과연 적절한 것이었을까? 그해 여름 워싱턴에서 여러 차례 기온역전이 일어난 건 사실이다. 하지만, 진짜 타겟과 혼동될 만큼 레이더 반향을 일으킬 정도의 기온역전은 새벽녘이 되어서도 일어나지 않았다(기온역전이 진행되려면 야간에 지표로부터 충분한 장파장 복사가 일어나야 한다). 항공로 교통 센터 레이더에 최초로 UFO를 포착된 시각인 9시 8분경에는 기온역전이 일어날 가능성이 사실상 제로였다.

요격기들이 출동해 추격전을 벌이던 시각인 자정쯤 펜타곤 연락책 듀이 포네트Dewey Fournet 소령과 프로젝트 블루북 소속 레이더 전문가 존 홀컴John Holcomb 중위는 워싱턴 국립 항공 운항 관제센터에 도착했다. 레이더 화면엔 적어도 7개의 미확인 표적들이 나타나 있었다. 이것들은 확실히 견고한 물체에서 반사되는 것처럼 보였는데 홀컴이 당시 기상 데이터를 검토해 보니 1000피트 상공에 야간의 기온역전이 있었다. 그는 이런 정도로는 '허상 반향false echo'이 발생하지 않

---

144   Stevens, Austin. 1952.; Jacobs, David M. 1975. p.71.
145   Jacobs, David M. 1975. pp.61-88.

는다고 판단했다. 포넷을 비롯해 거기 있던 다른 전문가들도 이것이 '기상에 영향받은 허상들weather-influenced illusions'은 아니라는데 동의했으며 그것들이 견고한 물체에 대한 반향임을 확신했다. 포넷은 레이더 스크린에 나타난 기상에 영향받아 발생한 표적들을 살펴보았는데 그것들은 분명히 문제의 표적들과는 구분되었으며 거기 있는 그 누구도 그런 것들에 관심을 두지 않는다는 사실을 확인했다.[146]

---

146 Ruppelt, Edward J. 1956. p.166.; David M. Jacobs, p.77.; Swords, Michael D. and Powell, Robert et al. 2021. p.158.

Chapter 13

CIA 개입과 프로젝트 블루북의 유명무실화

워싱턴 DC UFO 사건에 대한 후속 반응

워싱턴 UFO 사건 이후 미국의 많은 언론사가 UFO에 대해 집중적으로 보도했다. 1952년 7월 30일자 『사이언스 크리스천 모니터』는 인디애나주, 시카고 등 미국 각지의 공군 정보 담당 사관들이 UFO 목격 보고를 분석하는 데 상당한 시간을 투자한다는 특집을 내보냈다. 또 8월 1일 자 『뉴욕타임스』에는 공군에 폭주하는 문의 전화 때문에 정상적인 정보업무에 막대한 지장이 있다는 기사가 실렸다. 또한 공군 항공 정보 센터의 책임자인 로저 레이미 소장은 8월 3일 CBS의 토크쇼에 출연, UFO에 대한 히스테리적인 반응을 잠재우기 위해 신속한 조치를 강구 중이라고 했다. 비록 미 공군이 도널드 멘젤 교수의 기온 역전층 이론으로 워싱턴 DC UFO 사건의

급한 불을 껐지만 이로써 UFO에 대한 미국민들의 관심을 완전히 잠재울 수는 없었다.

프로젝트 블루북 상황 보고서 8호 표지

1952년 12월 31일 자로 발간된 '프로젝트 블루북 상황 보고서 8호'는 UFO 출현이 정점을 이루었던 6월부터 9월까지의 UFO 통계

분석을 담고 있다. 여기서 보고된 비행체 중 미확인으로 분류된 사례가 대략 20% 정도임을 밝혔다. 그리고 이런 사례들에 나타난 물체나 현상의 본질에 대한 이론이 제시되었음을 언급하고 있다. 그리고 그 대표적인 이론이 대기물리학 주제에 관한 것임을 밝히고 있는데 아마도, 그것은 멘젤의 기온역전 이론을 가리키는 것 같다. 그리고, 이런 이론들이 보고된 대부분 사례들을 설명해낼 수 있을 걸로 낙관하고 있다.147

워싱턴 DC 사건은 학계에서도 논란의 대상이 되었다. 저명한 외과 의사 에드가 마우어Edgar Mauer 박사는 1952년 12월호 『사이언스』에 게재한 「사람들의 눈에 나타나 보이는 점에 관해서」라는 제목의 논문에서 비행접시 문제를 생리학적 관점에서 봐야 할 때라고 주장했다. 아이오와 주립대학 천문학부 교수 찰스 와일리Charles C. Wylie는 워싱턴 상공에 나타난 물체는 실제로 목성이었다고 주장했다. 위스콘신주 여크스 천문대 대장인 제라드 쿠퍼Gerard Kuiper 박사는 그 물체들은 기상 관측 기구였다고 주장했다. 메릴랜드 대학교 이상심리학 교수 제시 스프라울즈Jessie Sprawls 박사는 한 라디오 방송 인터뷰에서 그 현상은 환각의 산물이었다고 주장했다. 시카고 대학의 기상학과 교수인 호라스 바이어즈Horace Byers 박사는 UFO는 풍선, 유성, 반사광, 구름 등의 오인에서 비롯된다고 주장했다. 캘리포니아 대학 천문학자 오토 스트루브Otto Struve 박사는 외계로부터 온 비행접시는 천문학자들로서는 받아들이기 어려운 발상이라고 말했다.148

---

147 Project Blue Book Statue Report No.8. Available at https://documents.theblackvault.com/documents/ufos/projectbluebook-report8.pdf
148 Jacobs, David M. 1975. pp.80-81.

로버트슨 사문회의 개최

언론을 비롯해 각계의 UFO에 대한 폭발적 관심 때문인지 1952년 여름 이후 시간이 흐를수록 미국인들은 UFO가 외계로부터 오는 게 아닌가 하는 사실에 공포심을 느끼기 시작했다. 실제로 1952년의 반응은 광란적이었다. UFO 목격 보고의 폭증은 미국인들에게 구소련 핵 공격에 대한 공포심과 함께 외계인의 공격에 대한 공포심을 강하게 불어넣었다.[149]

미국 주요 정보기관 중 하나였던 CIA는 이런 상황을 좌시할 수 없었다. 1952년 여름 UFO 목격 쇄도 상황이 전개되자 과학정보실(Office of Scientific Intelligence; OSI)과 현안 정보부(Office of Current Intelligence; OCI)에 UFO 관련 특별 그룹을 가동하면서 상황 전개를 예의 주시하고 있었다. 하지만, 매스컴과 미 국민으로부터 그들이 이 문제에 관심 있다는 사실을 감추려고 했다.[150] 그러면서 한편으로 CIA는 일반인들의 UFO에 대한 폭발적 반응을 잠재우기 위한 일환으로 1953년 1월 14일부터 1월 17일까지 이른바 로버트슨 사문회Robertson Panal를 개최하도록 조치했다.

칼텍의 물리학자인 하워드 로버트슨Howard P. Robertson 박사가 이 회의를 주관했는데 당시 그는 국방 장관실 산하 무기체계 평가 그룹Weapons System Evaluation Group의 책임자였으며, CIA와도 비밀 계약을 맺고 활동하고 있었다. 이 회의에는 군사 병기 전문가 사무엘 가우스미스Samuel A. Goudsmit 박사, 핵물리학자 루이스 알바레즈Luis

---

149 Liddel, Urner. 1953.
150 Haines, Gerald K. 1997. p.68.

Alvarez 박사, 천문학자 손톤 페이지Thornton Page 박사 등 당시 국방 자문을 맡았던 5명의 전문가들이 참여했다.[151] 그리고 이 사문회 진행을 보조하기 위해 프로젝트 블루북 자문을 맡고 있던 알렌 하이네크 박사가 몇몇 회의에 참석했다. 이 전문가들에게 상황을 설명하기 위해 프로젝트 블루북 실무 책임자 에드워드 루펠트와 펜타곤과 ATIC 연락책 듀이 포넷, ATIC의 윌리엄 가란드W. M. Garland 준장, 그리고 해군의 사진 전문가들과 CIA 요원들이 참여했다.[152]

The Robertson Committee (notice Albert Einstein), also known as The Robertson Panel arose from a recommendation of the Intelligence Advisory Committee (IAC) in 1952 from a CIA review of the U.S. Air Force investigation into UFO's by Project Blue Book.

로버트슨 사문회 멤버들과 함께 한 알버트 아인슈타인. 이 사문회에는 당시 미국 국방자문을 맡은 저명한 물리학자, 천문학자, 그리고 군사 병기 전문가들이 대거 참여했다

---

151   미 국가정보국 외. 2023. pp.165-167.
152   Jacobs, David M. 1975. p.91.

사문회 참석자들에게 그동안 미 공군에서 수집한 UFO 자료들을 검토하여 향후 관련 조사연구 활동을 어떻게 전개할 것인지를 조언하는 임무가 부여되었다. 비록 회의 참석자들이 당시 미국의 국방 관련 자문을 맞고 있는 최고 권위자들이긴 했지만 주어진 짧은 시간 동안 UFO 사례를 제대로 평가한다는 것은 처음부터 무리였다. 그들이 제시된 UFO 자료를 검토한 총시간은 고작 12시간이었으며, 그들이 검토한 사례들은 모두 23건이었는데 그중에서 8건에 대해서만 세부적인 내용을 검토했다. 이 회의에는 지금까지 공군 내부에서는 별로 중요시되지 않아 왔으나 대중적인 관심을 끌고 있던 민간인에 의해 촬영된 두 동영상에 대한 검토도 있었다. 그것들은 각각 '마리아나 필름Mariana film'과 '뉴하우스 필름Newhouse film'이라 불렸는데 촬영자들의 이름을 딴 것이었다.

로버트슨 사문회에서 논의된 UFO 동영상들

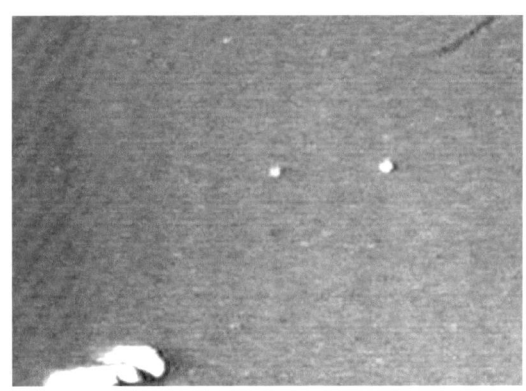

마리아나 필름 중 한 컷

'마리아나 필름'은 1950년 몬태나주 그레이트 펄즈 인근 공항에 착륙하던 두 대의 요격기 중 한 대에 타고 있던 조종사 닉 마리아나Nick Mariana가 촬영한 것이다. 마리아나와 이를 목격한 또 다른 조종사는 인근을 지나는 기존 비행체와 다른 형태의 비행체를 목격했다고 증언했다.[153] 그렇지만 사문회 위원들은 그것이 제트기들로부터 반사된 빛이라고 결론지었다.[154]

트레몬톤 필름 중 한 컷

---

153 Available at https://www.youtube.com/watch?v=yGIH/utiBII
154 Haines, Gerald K. A Die-Hard Issue: CIA's Role in the Study of UFOs, 1947-90. In Chauhan, Sharad S. ed. 2004. p.78.; Durant, Fred C. III. 1953.

1952년 7월 유타주의 트레몬톤에서 델버트 뉴하우스Delbert C. Newhouse에 의해 촬영된 동영상에는 여러 대의 괴비행체가 날아가는 모습이 담겨 있었다.[155] 미 해군 사진 분석 연구소Navy Photograph Interpretation Laboratory에서는 이 동영상 속 물체들의 정체를 확인하기 위해 1,000시간 넘는 작업을 했다. 그 결과 그것들이 새 떼나, 기구들, 항공기들이나 그 밖의 반사된 빛이 아니라는 결론에 도달했다. 그들 분석에 의하면 그것은 자체 발광을 하는 그 무엇이었다. 이 연구소에서는 그 물체들과 촬영기 사이의 거리를 뉴하우스의 어림에 의존했는데 패널들은 이를 문제 삼아 그것들이 새 떼라고 결론지었다.[156]

로버트슨 사문회의 UFO 외계 기원설에 대한 부정적 견해

로버트슨 사문회에서 루펠트와 하이네크 역할은 프로젝트 블루북의 진행 절차 설명이나 필요한 사항을 제시하는데 국한되었다. 처음부터 UFO에 대해 일방적인 견해를 주장하는 것을 꺼렸던 루펠트 대신 사문회 패널들 앞에서 UFO의 외계 기원설을 주장한 이는 펜타곤과 프로젝트 블루북 사이에서 연락책을 맡고 있던 항공 운행 엔지니어인 듀이 포넷이었다. 그는 그동안 조사된 UFO의 놀라운 운행 패턴을 근거로 외계 기원설이 UFO 미스터리를 푸는 열쇠라고 결론을 내렸다. 그의 이런 주장은 워싱턴 상공에 나타나 놀라운 운행을 보여준 UFO를 비롯해 레이더에 포착된 대부분의 UFO

---

155 Available at https://www.youtube.com/watch?v=vbLvzgJMsIQ
156 Jacobs, David M. 1975. p.93.; Haines, Gerald K. A Die-Hard Issue: CIA's Role in the Study of UFOs, 1947-90. In Chauhan, Sharad S. ed. 2004. p.72.

가 기온역전에 기인한 것이라는 샘포드 중장의 공식 입장을 정면으로 부인하는 것이었다. 그는 당시 관제소에서 레이더 화면을 보면서 그곳의 관련 기술자들이 UFO가 기온역전과 무관하다고 한결같이 주장했던 현장에 있었기 때문에 UFO 기온역전 기원설을 허무맹랑하다고 믿고 있었다. 하지만, 사문회는 그의 주장이 담긴 보고서를 제대로 정리되지 않은 어설픈 것으로 치부하고 무시했다.

로버트슨 사문회의 결론 및 권고사항

준비된 회의들이 끝나갈 무렵 사문회 패널들은 UFO가 국가 안보에 직접적인 위협이 된다는 증거가 존재하지 않는다는 결론을 내리고 있었다. 그리고 미 공군이 UFO에 관심을 표명하는 것은 어쩌면 국가 안보 문제가 아니라 쏟아지는 관련 기사나 책들에 의한 대중의 압박 때문으로 보았다. 군에서 흘러나오는 UFO 관련 자료들이 미 국민의 야간에 하늘을 떠도는 빛들이 위험하다는 생각을 부추긴다고 그들은 생각했다. 즉, 군에서 이 문제에 관심을 가지면 가질수록 민간인들이 국가 안보에 잠재적으로 위협이 된다고 믿도록 조장한다는 것이다. 결론적으로 패널들은 UFO가 과학적으로 거의 무의미하며, 앞으로 미 영공에 등장할지 모를 위험한 물체(적군의 공격무기)와는 무관하다고 보았다. 마지막 날이었던 1953년 1월 17일 사문회는 그들의 이와 같은 결론을 발표했다.[157]

로버트슨 사문회는 그들의 결론을 바탕으로 미 공군에 권고사항을 전달했다. 그중에서 가장 중요하게 강조했던 것은 대국민 교

---

157 미 국가정보국 외. 2023. p.168.; Jacobs, David M. 1975. p.94.

육이었다. 교육에는 두 가지 방식이 있었는데 그 첫째는 국민이 기존에 알려진 비행체를 정확히 인식하도록 하는 것이었다. 둘째는 외계인의 침략은 없으며 국가 안보상 이상 없으니 안심하라는 교육이었다. 이를 위해 이전에 매스컴을 통해 화제가 되었던 미스터리한 사례들을 잘 설명하는 방송물을 제작함으로써 민간인들의 관심을 누그러뜨리는 효과를 보자는 것이었다. 그리고 이런 목적에서 2차 세계대전에 군 홍보영상물을 전담해서 만들었던 '월트 디즈니사Walt Disney Productions'를 UFO 관련 대국민 홍보영상물 제작에 동원할 걸 추천했다.

이런 권고는 사실상 프로젝트 사인이나 프로젝트 그러지의 최종 보고서에서 한 권고 내용과 크게 다른 것이 아니었다.[158] 사인의 경우 미 공군이 UFO 관련 미스터리를 제거하거나 대대적으로 감축시키는 노력이 필요함을 강조했다. 프로젝트 그러지의 경우 적성 국가에서 UFO 문제를 활용해 미 국민의 히스테리를 조장할 우려가 있으니 국민의 관련 관심을 억누르는 노력이 필요함을 강조했었다.[159]

CIA의 이중 플레이와 루펠트의 퇴진

로버트슨 사문회는 그들의 결론과 권고사항이 담긴 보고서를 CIA와 펜타곤 수뇌부에 전달했다. 하지만, 정작 실무 책임자인 루펠트에겐 이것을 보내지 않았다. CIA는 패널이 종료되는 시점에 루펠트와 가랜드를 그들의 본부로 불러서 패널의 결정을 직접 설명했

---

158 Haines, Gerald K. 1997. p.72.
159 Jacobs, David M. 1975. pp.95-6.

다. 그런데, 그 내용은 보고서의 내용과 크게 달랐다. 루펠트에 의하면 그들이 프로젝트 블루북 조직을 확대해 더욱 정밀한 UFO 측정을 하도록 권고했다고 한다. 또한 그들이 조사한 UFO 목격 보고서를 모두 비밀 해제하여 일반인들에게 공개하도록 했다고 한다. 하지만 이것은 명백히 로버트슨 사문회 결정과는 반대 방향을 가리키고 있었다. 나중에 루펠트는 이와 같은 역정보 제공이 UFO를 제대로 조사하려는 공군 실무진들에게 혼란을 일으키고 스스로 체념하도록 설계된 것이었다고 판단했다.

당시 루펠트는 CIA의 정보를 그대로 믿고 대대적인 조직 확대와 정보공개를 추진하려 했다. 특히 패널에서 중요하게 취급되었던 뉴하우스 필름을 공개하는 것을 우선으로 추진했다. 이를 위해서 그는 이 필름을 공개하는 기자회견을 준비했다. 이 이벤트는 매우 중요했는데 1952년부터 이 필름에 대해 주요 언론사 기자들 사이에 소문나 있었고 포넷은 미 공군 정보부Air Force Office of Information와 그 공개 여부를 놓고 씨름하고 있었다. 그런데 이 필름의 공개 일정이 확정된 직후 미 공군 수뇌부에서 공개 중단을 지시했다. 루펠트는 이 시점에 기자들과 미 국민을 설득하기엔 로버트슨 패널의 '갈매기 결론'이 너무 약하다고 자체 판단했기 때문이라고 생각했다. 하지만, 얼마 지나지 않아 이것이 CIA의 교묘한 기획에 따른 것임을 깨닫게 된다. 뉴 하우스 필름 뿐 아니라 CIA가 일반에게 공개해도 좋다고 했던 다른 UFO 자료도 이런저런 이유로 차단되었기 때문이다.

1953년 2월, 루펠트는 UFO와 무관한 그의 전문 분야에서 처리해야 할 임무를 부여받고 덴버로 파견되었다. 몇 달 후 그가 라이트 패터슨 공군기지로 복귀했을 때 프로젝트 블루북의 주요 임무를 맡고 있던 부하들이 다른 부서로 배치되었음을 확인했다. 이런 조치는 루펠트가 CIA에서 들은 후속 조치와는 정반대의 상황이었다. 그의 상사들은 루펠트에게 조직을 재정비하라는 명령을 내렸고 그는 자신이 부여받은 임무대로 조직을 재건하려고 노력했다. 하지만 그때마다 이런저런 이유로 충원이 좌절되었고 루펠트는 뭔가 잘못되어가고 있다는 확신을 갖게 되었다. 결국 그해 8월 루펠트는 프로젝트 블루북을 떠나서 원래의 위치였던 한국전쟁 이후의 보충역으로 돌아갔다. 그후 바로 전역하여 민간 기업으로 일자리를 옮겼다.

외계로부터 날아오는 비행접시들

1953년 말 루펠트의 방침에 적극적으로 동조했던 듀이 포넷이 펜타곤을 떠났다. 그의 사퇴는 1952년 백악관 상공 UFO 사건 직후 샘포드 장군의 기자회견 내용에서 비롯되었다고 해도 과언이 아니다. 이 기자회견에서 샘포드는 모든 UFO 목격 보고가 천문 기상 현상이나 기존 비행체의 착각에 불과하므로 미 공군이 보관하고 있는 관련 보고서들을 공개하지 못할 이유가 전혀 없다고 발표했다. 이 발언을 듣고 UFO에 많은 관심이 있던 예비역 육군 대령 도날드 키호Donald Keyhoe는 즉시 펜타곤의 대국민 정보 부서에 UFO 관련 자료 공개를 요구했다. 하지만, 이런저런 이유로 공개는 번번이 거부되기를 거듭했다.

펜타곤의 UFO 관련 대민 담당자 앨버트 촙은 이 당시 UFO 외계기원설 쪽으로 기울고 있었다. 그는 샘포드 기자회견을 근거로 UFO 관련 자료 요청을 요구하는 키호의 주장이 정당하다고 판단하고 포넷에게 도울 방법을 상의했다. 포넷 역시 UFO 외계기원설을 지지하고 있었기에 루펠트를 설득해 그 당시까지 수집했던 주요 UFO 목격 보고내용을 키호에게 제공했다. 키호는 이 자료들을 토대로 『외계로부터 날아오는 비행접시들Flying Saucers From Outer Space』이라는 책을 쓰기 시작했다. 그는 출간 전에 책의 주요 내용을 추려서 『룩』 10월호에 기고했다.

잡지사는 기고가 출간되기 전 이 내용에 대해 펜타곤의 의견을 물었다. 이 기고문에 의해 자칫 또 한 번의 대대적인 UFO 소동이 일어날 것을 두려워한 펜타곤은 『룩』 측에 그 내용은 비공식적인 것이며, 미 공군이 UFO가 자연현상이나 기존 비행체의 착각이 아니란 그 어떤 증거도 찾지 못했다고 부인하는 공식 입장을 그 기고문에 함께 싣도록 요구했다. 그뿐 아니라 키호 기고문의 주요 내용들을 반박하는 글이 문 10월호에 같이 실리도록 조치했다.

키호는 자기 기고문과 책의 진실이 미 공군에 의해 부정당하게 된 상황을 타개하기 위해 당시 펜타곤을 떠나있던 알 좁을 찾아가 그의 서명이 담긴 확인서를 받아냈다. 이 확인서를 들이대자 미 공군은 그의 기고문과 책에 실린 UFO 사례들이 모두 공군에서 작성된 것들을 토대로 작성된 것임을 인정하지 않을 수 없었다.[160] 이런 상황 전개는 듀이 포넷이 더 이상 펜타곤에 몸을 담고 있기 어렵게 했다.

---

160 Jacobs, David M. 1975. pp.99-100.

프로젝트 블루북의 유명무실화

루펠트와 포넷이 떠남으로써 프로젝트 블루북에서 외계 가설을 염두에 두고 UFO 조사분석을 추진하려던 원동력이 사실상 사라져 버리게 되었다. 이즈음 알렌 하이네크 박사는 UFO 문제가 단순히 천문기상 현상이 아니라는 생각을 갖게 되었다. 그래서 그 정체를 밝히기 위해 보다 체계적인 조사분석이 필요하다고 느꼈다. 하지만, 그는 민간인 신분의 자문역에 불과했다. 특히 당시 분위기로 그가 UFO 문제에 깊숙이 관여한다는 사실이 학계의 다른 동료들에게 웃음거리가 될 수 있다는 두려움에 소극적인 행보를 해야 했다.

1953년 말에 이르러 프로젝트 블루북은 어떤 뚜렷한 계획이나 목표가 없이 기계적으로 UFO 목격 사례를 수집하는 기구로 전락해버렸다. 아마도 이것이 CIA가 로버트슨 사문회를 열었던 궁극적인 목적이었을 것이다.

로버트슨 사문회 이후 미 공군의 UFO 비밀 정책

로버트슨 사문회 이후 미 공군의 비밀 정책은 UFO가 존재한다고 주장하는 이들을 미치광이나 사기꾼들로 만드는 것이었다. 이런 조류와 맞물려 당시 영향력 있던 UFO 민간 연구가들인 제임스 모즐리James Moseley와 레온 데이비슨Leon Davidson이 UFO가 사실은 미국의 비밀병기라는 주장을 매스컴에 나와서 했다. 1954년에 『소서 뉴스Saucer News』를 공동 창간한 모즐리는 UFO가 미 공군이 대기 중의 과도한 방사능을 제거하기 위해 제작한 비밀 비행체란 주장을 내세웠다.[161] 1950년대 중반 민간방위필터센터Civil Defense Filter Center

---
161 James W. Moseley. Wikipedia. Available at https://en.wikipedia.org/wiki/

라는 기구에서 뉴욕의 메트로폴리탄 지역을 지나는 비행체들 식별에 몰두했던 데이비슨은 처음에 UFO가 미 공군 비밀병기라는 주장을 하다가 나중엔 그것이 CIA와 관련 있다고 말을 바꿨다.[162]

어쨌든 그들의 주장은 UFO가 적대 국가나 외계에서 온 것이 아니라 미 공군 또는 CIA의 자작극에 불과하다는 것이었다. 1954년경 그들의 음모론이 대중적으로 먹히고 있었다.[163] 그리고 미 공군은 이런 음모론을 적극 해명하기보다는 사실상 방임하고 있었다. 미 국민이 미지의 위협에 직면해 있다고 믿는 것보다는 오히려 이런 음모론을 믿는 것이 그들에겐 여러모로 유리하다고 판단했기 때문이다.

축소된 프로젝트 블루북

CIA가 UFO 문제에 적극 개입하게 된 데에는 당시 극비 프로젝트였던 초고공 항공기 U-2 시험과 관련이 있었다. 1950년대 중반부터 시작된 U-2의 고고도 시험은 곧 예상치 못한 부작용으로 이어졌다. 이것과 연관된 듯한 UFO 보고가 발생하기 시작한 것이다. 1950년대 중반 대부분의 상업용 항공기는 10,000~20,000피트 고도에서 비행했고 B-47과 같은 군용기도 40,000피트 이하의 고도에서 운항했다. 하지만, 이보다 훨씬 높은 60,000피트 이상의 고도에서 U-2가 비행을 시작하자 항공 교통 관제사는 점점 더 많은 수의 UFO 목격 보고를 받기 시작했다. CIA는 이런 문제를

    James_W._Moseley

162 Leon Davidson. Wikipedia. Available at https://en.wikipedia.org/wiki/Leon_Davidson; Milano, Lou. 2021.

163 Jacobs, David M. 1975. p.133.

적극적으로 덮을 필요가 있었다.[164]

U-2의 정체를 전혀 모르던 프로젝트 블루북은 로버트슨 사문회 결론에 따라 조직을 최소화하고 그 활동을 매스컴에 노출하지 않는 방향으로 움직이고 있었다. 물론 UFO 숫자를 적극적으로 축소하는 것 또한 그들의 중요한 임무였다. 1954년 3월, 미 공군은 찰스 하딘Charles Hardin 대위를 프로젝트 블루북 팀장으로 임명했다. 1952년 미 전역에서 일어난 UFO 대량 출현 사태 이후 비록 그 보고량은 급격히 줄어들었지만 무시할 수 없는 수효의 사건 보고가 프로젝트 블루북으로 계속 접수되고 있었다. 그런데 조직 축소로 하딘이 실무에 투입할 수 있는 인원이 오직 두 명에 불과했다. 결국 UFO 목격 보고의 정리 및 분석은 항공 방위 사령부Air Defense Command의 다른 부서로 이관할 수밖에 없었다.

사실 루펠트가 팀장을 맡고 있을 때도 비슷한 시도를 했었는데 이것은 그들 업무의 일부를 다른 부서와 나눔으로써 UFO 조사연구를 확대하려는 의도였다. 하지만 하딘이 팀장을 맡고서 이와는 정반대로 사실상 대부분의 목격 보고를 내다 버리는 통로로 활용하는 것이 주목적이 되었다. 실제로 항공 방위사령부에서 UFO 사건 분석을 맡은 부서에서는 목격된 사례 대부분을 UFO가 아닌 걸로 만들기에 힘썼다. 1954년 8월까지 미확인으로 분류되었던 UFO 사례는 60%였다. 하지만, 1955년에는 5.9%로 줄었고, 1956년엔 0.4%까지 줄었다.[165]

---

164 U-2s, UFOs, and Project Blue Book, Naval History and Heritage Command. Available at https://www.history.navy.mil/browse-by-topic/disasters-and-phenomena/u2s-ufos-and-operation-blue-book.html

165 Jacobs, David M. 1975. p.133-136.

Chapter 14

1957년 UFO 웨이브

유명무실화된 프로젝트 블루북

1956년 4월, 프로젝트 블루북을 책임지고 있던 찰스 하딘 대위가 전보되고 그 후임으로 조지 그레고리George T. Gregory 대위가 팀장이 되었다. UFO에 대단히 부정적이었던 그는 팀장이 되자마자 UFO 문제가 순전히 언론의 부추김 때문에 일어나는 사회 심리적 현상이라는 자신의 신조를 그의 업무에 반영하기 시작했다. 그는 워싱턴 DC 사건을 비롯한 1952년의 UFO 소동이 모두 매스컴이나 이에 자극받은 민간 연구자들의 활동과 저술 작업 때문이라고 철석같이 믿고 있었다.

그레고리는 거의 상근하다시피 하며 UFO 조사 작업에 참여하고 있던 하이네크를 이런 그의 신조에 적절히 활용했다. 하이네크가 초창기에 기상이나 천체 현상으로 분류했던 사례들이 매우 좋은 예라고 그는 주장했다. 그리고 미 공군은 UFO에 대처하기 위해 비행기에 비데온 회절 그리드Videon diffraction grid와 레이더스코프 카메라radarscope camera를 이용하고 있다고도 홍보했다. 하지만, 실상 이런 기기들은 제대로 작동이 되지 않아 무용지물인 상황이었다. 그가 팀장이 되던 시기 그 이전에 UFO 조사에 관여했던 실무자들이 전원 교체되어 있었다. 그레고리와 그의 새 부하들은 이전에 UFO 조사가 어떻게 이루어졌는지조차 제대로 알지 못했다. 정확히 말하면 별로 알고 싶어 하지 않았다.[166]

한때 과학적 조사 필요성을 주장했던 하이네크 박사조차도 이제 애매한 그의 판별법을 통해 미 공군의 UFO 말살 정책에 수동적으로 협조하는 형편이었다. 당시 미 공군 내 관련 기관에서 UFO에 대해 사고하던 방식을 하이네크는 다음과 같이 표현했다. "그럴 수 없으니 그것은 아니다It can't be, therefore it isn't."[167]

1957년 UFO 웨이브

1956년 8월 13일에서 14일 밤 영국 동부의 라켄히스-벤트워터(Lakenheath-Bentwater) 공군기지 상공에서 UFO의 레이더-육안 목격 사건이 발생했다. 당시 이 기지 일부를 미군이 임대해서 핵 기지로 사용하고 있었기에 이 사건에는 영국 공군(RAF)과 미국 공군(USAF)이 모두 관여되었다. 군사적으로 민감한 지역에서 발생하였기에 당시 매스컴에는 알려지지 않았으나 미 공군에서는 이 사건을 매우 중요

---

166   Jacobs, David M. 1975. pp.142-143.
167   Jacobs, David M. 1975. p.143.

하게 생각했고, 프로젝트 블루북팀에서 상세하게 조사했다.[168] 미국에서 대중적으로 UFO에 관심이 폭증하게 된 것은 다음 해다.

1957년에 접어들면서 미국은 다시 UFO 소동에 휩싸였다. 1953 ~1955년 사이 프로젝트 블루북에 신고된 UFO 목격 보고는 연평균 500여 건을 밑돌았다. 그러던 것이 1956년에 700여 건으로 증가하더니 1957년에는 1,000건을 넘어섰다. 특히 연말에 최고조를 이루었는데, 1957년 상반기에 월평균 30여 건 정도였던 목격이 11, 12월 2개월 동안 500여 건으로 급증했다.[169] 이 시기에 주로 UFO가 목격되었던 곳은 애리조나주, 유타주, 뉴멕시코주, 콜로라도주, 텍사스주, 오클라호마주 그리고 캔자스주와 같은 미국의 남서부 지역이었다.

주로 민간인들로부터 보고된 많은 1957년 UFO 사건들의 특징은 가까이 접근한 UFO에 의해 차에 문제가 생겼다는 것이다. 차의 시동이 꺼진다거나 차의 헤드라이트 불빛이 어두워진다거나 차의 라디오 소리가 이상해지는 등의 사건이 미 남서부 여러 곳에서 동시다발적으로 일어났다. UFO가 점점 더 지상 가까이 접근하여 인간의 삶에 영향을 끼칠 수 있다는 사실이 이런 사건들을 통해 보도되면서 많은 미국인이 공포감을 느끼게 되었다. UFO 현상이 점점 진화하고 있는 것이 아니냐는 우려의 목소리도 나왔다. 그해 11월 초가 UFO 소동의 절정이었는데 그 대표적인 사례로 텍사스주 레벨랜드에서 11월 2일 밤에서 다음 날 아침 사이에 일어났던 일련의 사건들을 살펴보자.

---

168 Lakenheath-Bentwaters Incident, Wikipedia. Available at https://en.wikipedia.org/wiki/Lakenheath-Bentwaters_incident
169 Jacobs, David M. 1975. p.151.

텍사스주 레벨란드 UFO 사건

11월 2일 밤 10시 반쯤, 농부 패드로 소시도Padro Saucedo는 그의 친구와 함께 트럭에 타고 있었다. 그때 갑자기 노란 불빛이 트럭 왼쪽 하늘에서 비치더니 차의 헤드라이트와 엔진이 꺼져버렸다. 소시도는 차가 고장 난 줄 알고 차 밖으로 나왔다. 이때 회오리바람을 연상시키는 시가형 UFO가 굉음을 내며 그의 머리 위를 지나가면서 강한 열풍을 내뿜었다. 그런데 이상하게도 그 UFO가 멀어지니까 마치 요술처럼 차의 헤드라이트가 본래대로 켜지고 시동도 걸렸다. 10시 50분에 그는 이 목격 사실을 레벨란드Levelland 경찰서에 신고했다.

레벨란드 경찰서의 파울러A. J. Fowler 경관은 이 사건을 술에 취한 사람의 착각으로 여겨 별 관심을 두지 않았다. 하지만 1시간 후 짐 휠러Jim Wheeler라는 운전기사로부터 유사한 내용의 신고를 받자 뭔가 심상치 않은 일이 발생하고 있다는 사실을 깨달았다. 휠러는 11월 2일 11시 반경 레벨란드에서 동쪽으로 4킬로미터 떨어진 국도를 질주하고 있었다. 그런데 전방 도로 위에 커다란 계란형의 UFO가 가로막고 있는 것이 아닌가? 그는 충돌을 피하기 위해 사잇길로 빠져나가려고 했다. 그 순간 차의 엔진과 헤드라이트가 꺼졌다. 잠시 후 계란형 UFO가 수직으로 상승해서 점차 멀어지자 차의 시동이 걸리고 헤드라이트가 다시 들어왔다.

파울러 경관이 이 사건들에 대해서 깊이 생각할 여유도 없이 새로운 또 한 건의 신고가 들어왔다. 12시쯤 레벨란드에서 북쪽으로 16킬로미터 떨어진 지점에서 차를 몰고 가던 호세 앨바레스Jose Alvarez는 길 한가운데 놓여 있는 광구와 충돌할 뻔했다. 그 순간 차의 엔진과 헤드라이트가 꺼졌으며, 그 빛 덩어리가 이륙하자 원상태로 복구됐다.

앨바레스는 이 사건을 즉시 신고했다. 파울러 경관은 이 일련의 사건들의 심각성을 깨닫고 곧 보안관 위어 클렘Weir Clam에게 UFO 추격을 지시했다. 그런 와중에도 유사한 목격 보고는 계속됐다. 다음날 새벽 0시 15분, 운전기사 프랭크 윌리엄스Frank Williams가, 15분 뒤엔 트럭 운전사 로널드 마틴Ronald Martin이, 1시 30분에는 트럭 운전사 제임스 롱James Long이 앞에서 일어난 사건과 거의 비슷한 체험담을 신고했다.

클렘 보안관은 목격 보고가 있었던 장소를 추적하여 마침내 럭비공 모양의 UFO를 목격할 수 있었다. 그 물체는 빠르게 질주하며 사방을 마치 대낮처럼 환하게 밝히고 있었다. 그뿐 아니라 신고한 목격자는 8명에 불과했지만, 조사 결과 전체 목격자는 100여 명이 넘는 것으로 드러났다. 당시 레벨란드 지역은 비가 조금씩 내리는 안개 낀 날씨였으나 폭풍우나 번개는 치지 않았다.[170]

레벨란드에서의 UFO 사건을 보도한 1957년 11월 5일자 『뉴욕타임스』 기사

---

170 Hynek, J. Allen. 1972. pp.123-128.

레벨란드 사건은 그 지방의 주요 일간지 머리기사를 장식하면서 널리 알려졌다. 일반 여론은 프로젝트 블루북 팀에 이 사건을 조사하라고 독촉했다. 11월 5일 자 『뉴욕타임스』는 이 사건에 대한 기초 조사를 명령받았다는 한 공군 대변인의 말을 인용하여 보도했다. 그런데 기자가 이 사건의 중요성을 따져 물었을 때 대변인은 그걸 모두 조사할 계획은 없다고 응답했다. 알렌 하이네크에 의하면 당시 프로젝트 블루북에서 이 사건을 조사한 인원은 한 명이었으며, 사건이 발생한 지 며칠이 지나서 몇 명만 인터뷰하고서 그날 그곳에 번개가 쳤다는 엉터리 보고서를 작성했다.[171] 다시 한번 강조하지만 사건 당일 번개는 치지 않았다고 한다.

프로젝트 블루북 팀은 현지에 조사요원을 파견한 후 며칠 동안 9명의 목격자를 조사하고는 그날의 사건이 번개 때문이라고 보고했다. 여론은 이런 식의 결론에 대해 보다 엄밀한 논증을 요구했다. 그러자 공군은 하이네크 박사 등 공군과 관련 있는 몇 명의 명망 있는 과학자들의 이름을 내세워 레벨란드의 사건은 구전현상Ball Lightning 때문이라고 밝히면서 자동차의 엔진이 작동하지 않은 것은 전기회로가 물에 젖었기 때문이라고 설명했다.

소련의 스푸트니크호 발사

이런 상황에서 도널드 멘젤이 등장한다. 그는 소련의 스푸트니크 발사 시기가 UFO 목격 급증 시기와 일치함에 주목했다. 그리고 이런 문제를 공군에 조언했다. 미 공군은 1957년의 UFO 급증 사태가 소련의 스푸트니크 발사 때문이라고 발표했고 이런 설명은 여러

---

171 Associate Press. 1957.; Jacobs, David M. 1975. p.153.

언론에 설득력이 있었다.[172]

1957년 레벨란드 사건 이후 UFO에 관한 보도가 급격히 줄어들자, 공군은 그들이 정기적으로 제공하는 UFO 조사보고서에 언론사들이 만족하기 시작한 것이라고 분석했다. 1958년 2월, 당시 미국 최대의 민간 UFO 연구단체인 전미공중현상조사위원회(National Investigative Committee on Aerial Phenomena, NICAP)의 도널드 키호 회장은 CBS TV 토크쇼에 출연하여 미 공군이 3건의 UFO 관련 비밀문서를 공개하지 않고 있다고 주장했다. 그는 1947년 항공기술정보센터에서 UFO는 실재한다고 보고한 문서와 1948년 상황 평가서, 1953년 로버트슨 사문회 보고서를 언급했다. 이 방송의 프로듀서는 방송 심의에 저촉될 소지가 있다고 판단하여 문제의 내용이 방송될 때 키호의 음성을 꺼버렸다.[173]

미 공군의 하원 청문회 개최 저지 노력

UFO 문제를 다루는 미 하원 청문회 개최는 미 공군에게 가장 위협적인 요소였다. 이것은 명백히 UFO 출현이 실제로 중요한 국가안보 이슈로써 위정자들이 이 문제에 관심이 있음을 의미했기 때문이다. 만일 청문회가 열린다면 국회의원들은 미 공군이 숨기고 있는 UFO 파일들을 내놓으라고 할 것이고 이는 그동안 공개하지 않은 UFO 자료가 없다는 미 공군의 입장을 난처하게 할 것이 확실했다. 이처럼 청문회가 개최되면 그동안 미 공군이 일반인들을 향해 보여 왔던 태도를 더 이상 견지할 수 없게 되는 것이다.

---

172 Jacobs, David M. 1975. p.155.
173 Jacobs, David M. 1975. p.156.

CIA가 주최한 로버트슨 사문회 이후 언론은 비교적 미 공군의 설명을 신뢰하는 편이었다. 프로젝트 블루북은 이런 기회를 이용해 그들의 목격 보고 처리 방식이 UFO에 관한 관심을 잠재우는 쪽에 유리하도록 조정했다. 이런 노력의 결과로 1956년까지 UFO에 관한 조용한 기조가 유지되었다. 그런데 1957년에 또다시 UFO 목격 사례가 급증하면서 이런 분위기를 지속하기 힘들어졌다. 그러자 국회 청문회가 개최될지 모른다는 불안감이 미 공군 수뇌부를 엄습했다. 그래서 이때부터 미 공군은 하원 UFO 청문회를 저지하는데 총력을 기울이기 시작했다.[174]

미 공군, 청문회 위기를 모면하다.

프로젝트 블루북 책임자를 그만두고 공군을 퇴역한 에드워드 루펠트는 1956년부터 노드롭 항공사Northrop Aircraft Company에서 근무했다. 그해 그는 자신이 프로젝트 그러지와 프로젝트 블루북에서 일할 때 있었던 일들이 담긴 『UFO에 관한 보고서The Report on Unidentified Flying Objects』라는 책을 냈다. 비록 UFO 목격 사례가 급격히 줄어들고 있던 시기긴 했지만 여전히 대중적 관심이 지속되고 있었기 때문에 이 책은 당시 매스컴의 큰 주목을 받았다. 그런데 더 중요한 사실은 한 정치인이 이 책을 읽고 UFO에 관심을 보이게 되었다는 점이다.[175]

1957년 UFO 출현의 대표적인 사례가 텍사스주 레벨란드를 비롯한 미 서남부 지역이었지만 매스컴을 통해 미국의 다른 지역 정

---

174 Jacobs, David M. 1975. p.158.
175 Jacobs, David M. 1975. p.160.

치인들의 관심을 불러일으켰다. 오하이오주 하원의원 존 헨더슨John E. Henderson은 이 시기에 UFO 문제가 왜 일어나는지 궁금했고 루펠트의 관련 서적을 읽었다. 1958년 6월 그는 루펠트의 책을 읽으면서 파악한 문제점들을 목록으로 작성해 미 공군에 답을 요구했다. 하원 청문회에 대해 매우 민감했기에 프로젝트 블루북 팀은 헨더슨 의원과 이 문제에 관심이 있는 다른 의원들을 위해 특별한 브리핑을 준비했다. 이즈음 프로젝트 블루북은 UFO 사건이 더 이상 화젯거리가 되지 않는 여러 방법을 고안하고 있었으며, 특히 가장 확실한 증거로 받아들여질 수 있는 레이더 포착 사례를 멘젤의 기온역전 이론으로 완벽하게 설명하는 방법을 강구하고 있었다. 아무래도 천문 기상현상에 문외한일 수밖에 없는 정치인들은 이런 설명에 매우 흡족해했다. 그래서 헨더슨을 비롯해 이 특별 브리핑에 참석한 의원들은 UFO 문제를 갖고 국회 청문회를 여는 것은 현명하지 못한 일이라는 결론을 내렸다.[176]

그런데 이게 끝이 아니었다. 그해 8월 미 하원의 우주항행 및 우주탐사 특설 위원회House Select Committee on Astronautics and Space Exploration 산하 항공현상 소위원회House Subcommittee on Atmospheric Phenomena의 위원장인 존 맥코맥John McCormack이 미 공군에 UFO 브리핑을 요청해왔다. 이 브리핑은 프로젝트 블루북 팀장인 조지 그레고리 대위가 맡았다. 이 모임에는 미 공군 정보 장교들과 공보장교들도 배석했는데 존 맥코맥 의원의 요청에 따라 도널드 멘젤, 도널드 키호와 이젠 조직을 떠난 에드워드 루펠트도 함께했다.[177]

이 자리에서 그레고리는 UFO 소동이 전적으로 대중 매체에 기인

---

176 Jacobs, David M. 1975. p.160.
177 Jacobs, David M. 1975. p.161.

한다는 그의 지론을 설파했다. 그는 민간 단체에서 주장하듯 UFO가 국가 안보에 위협이 된다는 증거들을 감추거나 하는 행동을 하고 있지 않다고 설명했다. 이 브리핑은 매우 성공적이어서 존 맥코맥과 다른 위원들은 미 공군의 활동을 격려하면서 회의를 마쳤다.[178]

영국 켄트주 미 공군 제트기 출격 사건

1957년 미국에서 일어난 UFO 웨이브는 한 때 미 전역을 떠들썩하게 했으나 1953년 로버트슨 사문회 이후 CIA가 유지해온 정책 덕분에 잘 마무리되었던 것으로 보인다. 그렇다면 이 시점에서 CIA 스스로 UFO 문제가 미국의 국방에 전혀 문제가 되지 않는 단지 대중들의 집단 심리적 문제인 것으로 보고 있었을까? 그렇지 않았을 것이란 단서가 지난 2008년 영국에서 공개한 UFO 관련 문서에서 드러났다.

영국 정부가 공개한 문서 중에는 1957년 영국에 주둔하고 있던 미 공군 조종사들이 목격한 UFO 사례가 포함되어 있다. 그해 5월 영국 켄트주 만스톤 영국 공군기지에 UFO가 감지되었다. 냉전 시기였던 당시에 이 기지의 일부를 미 공군이 임대해서 사용하고 있었으며, 소련의 침략에 대비해 영국 공군과 긴밀한 협조 체제를 구축하고 있었다.

기지 관제소로부터 요격 명령을 받고 두 대의 F-86 D 사브레 Sabre 제트 요격기가 출격해 문제의 UFO에 접근했다. 그것은 항공기 수송기flying aircraft carrier처럼 매우 컸으며 공중에 가만히 떠 있었다. 기지에서 그 물체를 향해 로켓 발사를 하라고 명령했다. 당시

---

178   Jacobs, David M. 1975. p.162.

한 전투기의 조종사였던 밀턴 토레스Milton Torres는 그것이 너무 커서 락-온하는 것은 식은 죽 먹기였다고 회고했다. 그런데 24발의 로켓이 발사되기 수초 전 그 물체는 갑자기 속도를 내 이동했고 레이더와 조종사들의 시야에서 사라졌다. 토레스의 회고에 의하면 그 물체가 사라질 때 속도가 시속 12,000킬로미터 정도로 음속의 10배에 달했다고 한다.[179]

문제는 토레스 일행이 기지로 복귀하면서 발생했다. 이 이상한 체험을 하고 온 이들에게 마치 IBM의 정사원처럼 말끔한 복장을 한 이가 나타나서 이 문제에 대해 외부로 발설하지 말 것을 요구했다는 것이다.[180] 이런 UFO 문제를 덮으려고 하는 이들의 등장은 점차 소문이 나면서 '맨 인 블랙'으로 명명되었다. 그런데 누가 이런 요청을 했을까? 아마도 그는 CIA나 NSA의 요원이었을 것이다. 1957년에 이미 미 정보기관은 군과 관련한 여러 사건을 통해 UFO 문제의 심각성을 잘 알고 있었던 것으로 보인다.

---

179 Griffiths, Peter. 2008.
180 Newly released files contain UFO mysteries. New Scientist. 20 October 2008. Available at https://www.newscientist.com/article/dn14991-newly-released-files-contain-ufo-mysteries/

Part 04

SETI
칼 세이건
그리고 UFO

Chapter 15

화성인으로부터의 신호

외계 탐사에 대한 최초 아이디어들

1800년대 초중반 이후 SF 소설 붐이 일었다. 『프랑켄슈타인』과 같은 괴기 장르도 등장했으나 이 시기에 가장 인기를 끈 장르는 단연 우주를 지향하는 소재를 다룬 것이었다. 특히 외계로의 여행을 다루는 내용이 인기를 끌었는데 그 원조로 나중에 추리 소설가로 명성을 떨친 에드가 알렌 포우Edgar Allen Poe가 꼽힌다. 포우는 1835년에 미국의 월간 잡지 『서던 리터러리 메신저The Southern Literary Messenger』의 편집장으로 있으면서 SF 단편 「한스 팔의 기상천외 모험들The Unparalleled Adventures of One Hans Pfaal」을 직접 기고했다. 이 소설에서 그는 주인공이 열기구를 만들어 달까지 여행하는 것으로 묘사했다.[181]

181　Hayward, Philip. 1993.

프랑스 SF 소설가 쥘 베른은 1850년대부터 주로 기구여행에 관한 책들을 썼는데 1865년 '지구에서 달까지'라는 소설로 SF 작가로서의 명성을 떨치게 되었다. 그는 이 책에 열기구가 아니라 초대형 대포를 이용해 달로 유인 우주비행을 떠난다는 내용을 담았다. 로켓이 제대로 실용화되기도 전에 쓰인 것인데도, 그 작품 속에 나오는 유인 우주비행을 위한 여러 가지 이론은 나중에 아폴로 계획에서 나타난 이론들과 비교해 봐도 큰 차이가 나지 않을 정도로 엄밀한 과학 이론을 바탕으로 하고 있다.[182]

그후 전기, 전신 기술과 자동차 등 새로운 교통수단의 출현에 따라서 보다 진보한 기계장치와 동력원을 이용한 외계 여행 가능성에 대한 아이디어가 등장했다. H.G. 웰스는 1898년에 쓴 『우주전쟁』에서 첨단 무기를 장착한 세 발 달린 전투 기계를 탄 화성인들이 후기 빅토리아 시대의 영국을 침략하는 이야기를 그렸다. 이것은 최초로 외계 침공을 실감 나게 묘사한 소설이었다.[183] 비록 이 소설이 고도로 발달한 화성인들이 기계장치를 이용해 우주 공간을 날아와 지구를 침공한다는 내용을 담고 있지만 인류의 과학이 발달하면 반대로 기계장치를 이용해 다른 행성을 방문할 수 있다는 가능성을 보여주었다.

---

182 에드가 알렌 포우. 나무위키. Available at https://namu.wiki/w/%EC%A7%80%EA%B5%AC%EC%97%90%EC%84%9C%20%EB%8B%AC%EA%B9%8C%EC%A7%80
183 Lapointe, Grace. 2021.

화성 생명체에 대한 믿음의 탄생

1800년대 후반, 교류를 이용한 무선 전신 기술이 발명되면서 우리 태양계의 다른 행성의 존재들과 무선통신을 통해서 교류하자는 의견들이 제기되었다. 그런데, 이런 주장들은 우리 태양계, 특히 화성에 지적 생명체가 존재할 가능성을 보여주는 것과 같은 관측들이 이루어지면서 큰 호응을 얻게 되었다. 1877년 지오반니 쉬아파렐리Giovanni Schiaparelli라는 이탈리아 천문학자는 화성 표면에서 불규칙한 어두운 선들을 발견했다. 그는 이를 패인 자국으로 판단하고 '수로'라고 명명했다. 비록 그가 이것들이 인공적으로 만들어진 거라고 주장하지 않았지만, 다른 이들은 그것을 지적 존재들이 건설한 것이라고 보았다. H.G. 웰즈의 『우주전쟁』은 이런 견해에서 아이디어를 얻어 쓰인 것이다.

화성에 지적 생명체가 존재했거나 아직도 존재하고 있을 것이란 주장을 본격적으로 한 이는 미국 작가 퍼시발 로웰Percival Lowell이다. 그는 1895년에 쓴 『화성』, 1906년의 『화성과 그곳의 운하들Mars and Its Canals』, 그리고 1906년의 『생명 거주지로써의 화성Mars As the Abode of Life』를 통해 화성에 지적 존재가 살고 있을 것이란 생각을 대중적으로 널리 전파하는 데 성공했다.[184]

로웰의 아이디어를 좀더 구체화한 이는 미국의 SF 작가 에드가 버로우Edgar Rice Burroughs였다. 그는 화성에 거주했던 고대 문명이 죽어가는 화성을 운하 건설과 대기 이식을 통해 살려내려 애썼다는 내용의 저술을 통해 화성에 관심이 있던 이들이 화성의 지적생명체 존재를 확신하게 되는 큰 역할을 했다. 그런 믿음을 갖게 된 이들

---

184 Percival Lowell, Wikipedia. Available at https://en.wikipedia.org/wiki/Percival_Lowell

중에는 청년 시절의 칼 세이건도 있었다.[185]

화성으로부터의 신호에 대한 논란

1896년 니콜라 테슬라는 그가 발명한 무선 통신기기를 이용해 화성에 살고 있을지 모르는 지적 생명체와 교신을 할 수 있다고 주장했다.[186] 1899년에 테슬라는 미국 콜로라도 스프링스에 운영 중이던 그의 연구소에서 무선 전신 실험 중 밤하늘에서 날아오는 규칙적인 괴신호를 포착했다. 마침 그날 그쪽에 화성이 위치했으므로 그는 이 신호가 화성인들이 보내는 것일 수 있다고 생각했다.[187] 그런데 이런 관측은 테슬라뿐 아니라 당대 최고 과학자였던 영국의 켈빈 경에 의해서도 이루어졌다.[188] 그리고 20년 후 마르코니도 자신이 화성에서 오는 전파를 수신했다고 주장했다.[189]

무선 전신 초기에 이루어진 화성으로부터의 신호에 대해서는 아직도 학자들 사이에 논란이 이어지고 있다. 그것이 정말 화성의 지적 생명체가 보낸 거로 보이진 않지만, 이들 무선 전신의 개척자들이 당시 진짜 외계로부터의 특별한 신호를 수신했다는 사실을 부정하긴 어렵다는 견해가 제기되었다.

---

185   Mars Fever I: Mars Invades Earth. Erbzine. Available at https://www.erbzine.com/mag23/2321.html
186   Seifer, Marc J. 1996. p. 157.
187   Corum, Kenneth L. and Corum, James F. 2003.
188   Lord Kelvin believes Mars now signaling America. Philadelphia North American, May 18, 1902, Mag. Section V.
189   Messages from Mars scouted by experts: Merely radio "Undertones" lengthened by interference with other waves, say others. The New York Times, September 3, 1921, p.4.

화성으로부터 의미 있는 전파 신호가 발신되고 있다는 믿음은 결국 이를 통제된 환경에서 적극적으로 수신하려는 시도로 이어졌다. 1924년 8월 21일에서 23일까지의 기간은 80년 만에 화성이 지구에서 가장 가까워지는 시기였다. 이때 미국에서는 '국가 무선통신 금지일National Radio Silence Day'을 선포하고 화성으로부터의 신호를 수신하는 작업을 착수했다.

미 해군 관측소the United States Naval Observatory가 주도해 실시된 이 실험에는 3킬로미터 상공에서 작동하는 고감도 무선 탐지기가 사용되었다. 미 해군 장성 에드워드 에벌레Edward W. Eberle가 이 실험을 후원했는데, 실무자는 미국 천문학자 데이빗 토드David Peck Todd였다. 당시 이 문제가 얼마나 미국의 국가적 관심사였는지는 이 실험에 미 육군 수석 암호 해독가였던 윌리엄 프리드먼William F. Friedman이 혹시 있을지 모를 화성인들의 신호를 해독하기 위해 참여했다는 사실에서 알 수 있다. 하지만 이런 시도에서 유의미한 그 어떤 신호도 포착할 수 없었다.[190]

---

190 Dick, Steven J. 1999.

Chapter 16

외계의 지적 생명체 존재 가능성과 SETI의 출범

전파를 이용해 외계 지적 생명체 탐사를 시도하다

본격적으로 전파를 이용한 외계 신호 탐사가 착수된 것은 1950년대 말부터다. 1955년 『사이언티픽 아메리칸Scientific American』에 오하이오 주립대학교의 천문학자 존 크라우스John D. Kraus는 전파 망원경으로 우주에서 발생하는 자연적인 전파신호를 탐지하는 방법에 대한 글을 썼다. 그의 이런 아이디어로 2년 후에 국립과학재단으로부터 자금을 지원받아 학교는 오하이오주 델웨어에 '큰 귀Big Ear'라는 애칭으로 불리는 전파 망원경이 설치된 천문대를 건설했다. 이 천문대는 나중에 상시로 외계인 신호를 탐색하는 SETI 프로그램에 활용되지만 건설 당시엔 자연발생적 전파 신호를 포착하는 것이 목적이었다.[191]

---

191 Big Ear Memorial Website. Available at http://www.bigear.org/

1959년 MIT의 핵 물리학자 필립 모리슨Philip Morrison과 이탈리아 출신 물리학자로 당시 코넬 대학에서 연구하고 있던 기우세페 코코니Giuseppe Cocconi는 외계의 지적 생명체가 보내올지 모르는 마이크로 웨이브의 파장에 대한 논의가 담긴 논문을 썼다. 『네이처』에 실린 '항성 간 교신에 대한 모색Searching for Interstellar Communications'이라는 제목의 이 논문은 둘 사이에서 당시 코넬 대학교의 밥 월슨 Bob Wilson이 개발한 전자 가속기로 생산되는 고에너지 감마선의 통신 이용 가능성을 논의하는 과정에서 탄생하게 되었다. 그들은 고출력 감마선으로 우리은하를 관통하여 신호 전달이 가능할지에 대해 논의했다. 그러나 우주에 많은 수소에 의해 이런 장거리 통신은 가능하지 않다는 것이 그들의 결론이었다. 그렇다면 대안은 무엇일까? 그들은 당시 전신에 많이 사용하고 있는 장파장을 고려해보았다. 그것이 훨씬 유용함을 깨닫게 된 그들은 이를 논문으로 발표한 것이다.[192]

1950년대에 영화와 만화에서 UFO 목격과 묘사가 급증했지만, 외계인에 대한 주제는 과학자들 사이에서 비전문적인 걸로 간주되었다. 소수 전문가만이 외계 생명체의 가능성에 대해 추측했고 심지어 그들도 그것이 자신들의 연구의 작은 부분일 뿐이라고 생각했다.[193] 이와 같은 학자의 대표적 인물은 당시 막 하버드 대 천문학과에서 박사학위를 받고 웨스트버지니아주 그린 뱅크Green Bank의 국립 전파천문대(National Radio Astronomy Observatory; NRAO)에서 연구원으로 활동

---

192 Philip Morrison describes the origins of the paper that he co-wrote with Giuseppe Cocconi, "Searching for Interstellar Communications". AIP. Available at https://www.aip.org/history-programs/niels-bohr-library/oral-histories/audio/30591-1

193 Wenz, John. 2019.

하고 있던 프랭크 드레이크Frank Drake였다. 그는 1960년 전파를 이용한 최초의 '외계인 탐색 실험'을 하였다.

미국 웨스트 버지니아주 그린 뱅크에 설치된 전파 망원경
프랭크 드레이크가 최초의 SETI 실험을 했던 곳이다

'오즈마 프로젝트Project Ozma'라고 명명된 이 실험에 지름 26미터 인 전파 망원경이 사용되었다. 드레이크와 그의 동료들은 지구에서 비교적 가까이 있는 두 별인 타우 세티(Tau Ceti)와 엡실론 에리다니 Epsilon Eridani에 주파수를 맞추었다. 그들의 목표는 확고했다. 지적인 외계인이 보내는 무선통신을 수신하는 이른바 '외계인 사냥'을 하는 것이었다. 그 당시 외계인이란 용어는 바로 UFO를 연상시켰지만,

드레이크가 목표한 것은 지구에 오는 외계인의 UFO를 발견하는 것이 아니라 저 멀리 다른 세계에서 보내는 외계인의 무선 신호였다. 비록 유의미한 결과를 내놓지 못했지만, 이 실험은 최초의 SETI 실험으로 과학사에 기록되었다.[194]

지적인 외계 생명체 회의

1961년 초 국립과학아카데미National Academy of Sciences의 피터 페어맨J. Peter T. Pearman은 프랭크 드레이크에게 연락하여 우주과학위원회Space Science Board의 외계 지적 생명체 탐사에 관한 소규모 비공식 회의 개최 후원 의사를 전달했다. 드레이크는 이 제안을 받아들여 그해 11월 1, 2일 사이 국립 전파천문대의 그린 뱅크 관측소에서 개최된 '지적인 외계 생명체 컨퍼런스Conference on Intelligent Extraterrestrial Life'를 주도했다. 이 회의의 목적은 지구 이외의 다른 별에 살고 있을지 모를 지적인 존재들과 교신을 할 수 있는 가능성이 있는지를 정량적으로 어림해 보는 것이었다.[195]

회의에 초청된 이들은 주최 측의 2명을 포함해 모두 12명으로 당시 미국 천문학계와 우주과학계에서 활발한 활동을 하는 전문가들이었다. 면면을 살펴보면, 프랭크 드레이크와 앞에서 언급된 필립 모리슨과 기우세페 코코니가 이 회의에 참석했다. 또, NASA의 수슈 후앙Su-Shu Huang 박사, 휴렛패커드 사의 연구 책임자였던 버나드 올리버Bernard M. Oliver, 그리고 통신 연구원Communications Research Institute의 정신 분석학자 존 릴리John C. Lilly 등이 그들이다.

---

194 Wenz, John. 2018.
195 Salla, Michael E. 2008. Billings, Lee. 2013.

그런데 이 회의에 참석한 제일 젊은 과학자는 당시 27세였던 칼 세이건이었다.[196]

```
        NATIONAL RADIO ASTRONOMY OBSERVATORY
                  POST OFFICE BOX 2
              GREEN BANK, WEST VIRGINIA

                                        October 25, 1961

TO: Invitees,
    Conference on Extraterrestrial Intelligent Life

1.  We are pleased at the large number of you that will be able to attend
    the conference on November 1 and 2. We intend to start the program at
    about 10:30 A.M. on November 1, to allow time for those coming on the
    morning trains to reach Green Bank.

2.  The scientists we now expect to attend the conference are as follows:

        D. W. Atchley, Jr., Microwave Associates
        M. Calvin, University of California
        G. Cocconi, Cornell University
        F. D. Drake, National Radio Astronomy Observatory
        S. S. Huang, NASA
        J. Lederberg, Stanford University
        J. C. Lilly, Communications Research Institute
        P. M. Morrison, Cornell University
        B. M. Oliver, Hewlett-Packard Corporation
        J. P. T. Pearman, National Academy of Sciences
        C. Sagan, University of California
        O. Struve, National Radio Astronomy Observatory

    Replies have not yet been received from all invitees.

3.  Invitees have been somewhat reluctant to commit themselves to formal
    papers. However, some titles that have been received are:

        Latest Developments in Optical Masers (Oliver)

        Bimodal Weight Distribution and Evolution of Life (Morrison)

        Recent Research on the "Language" of the Bottlenose Dolphin (Lilly)

        The Range of Electromagnetic Communication Systems as a Function of
            Wavelength (Drake)

        Use of Cross-correlation to Increase the Probability of Detecting
            Civilizations (Drake).

    The program will follow the outline of subjects given in our original
    letter of invitation.

4.  We are looking forward to having you with us at the conference.

                                        Sincerely yours,

                                        Otto Struve
                                        O. Struve
```

1961년 10월 25일에 오토 스트루브가 '지적인 외계 생명체
컨퍼런스'에 초대된 과학자들에게 보낸 편지

---

196 Letter from Otto Struve to invitees, the Conference on Intelligent Extraterrestrial Life. October 25, 1961. Available at https://www.nrao.edu/archives/files/original/b1425a3e7b1dcefb2117d7724eafc504.pdf

드레이크 방정식

지적인 외계 생명체 컨퍼런스의 주목적은 지적인 외계인들이 우주에 얼마나 존재하는지를 정량적으로 가늠하는 것이었다. 이 자리에서 당시 30세였던 전파 천문학자 프랭크 드레이크는 외계 지적 생명체에 관한 발제를 준비했다. 그는 우리은하 안에 외계 지적생명체가 얼마나 있을지 질문을 설정하고 이를 해결하기 위한 논리 전개를 했다. 그리고 그 결과 만들어진 것이 바로 '드레이크 방정식'이다. 이 방정식은 당시 모인 과학자들의 토론을 위한 길잡이 역할을 했다. 당시, 그가 만든 방정식은 다음과 같다.

$$N = R^* \times f_p \times n_e \times f_l \times f_i \times f_c \times L$$

N: 우리은하 내에 존재하는 교신 가능한 문명의 수

R^*: 우리은하에서 매년 새로운 별들이 태어나는 비율

f_p: 항성 주변을 도는 평균 행성 수

n_e: 생물이 존재할 가능성이 있는 지구와 유사한 암석 행성 비율

f_l: 생물이 존재할 가능성이 있는 행성에서 실제로 스스로 번식이 가능한 생물로까지 탄생이 이루어질 확률

f_i: 탄생한 생물체가 지적인 생물로까지 진화될 확률

f_c: 지적 생물이 존재하는 행성 중에서 통신 기술을 지닌 문명인이 존재할 확률

L: 행성의 수명 가운데서 과학기술을 지닌 문명인이 존재하고 있을 기간

1961년 회의 기간에 과학자들이 이 수치들에 대해 어떤 합의 도출에 이르렀는지 알려진 바 없다. 아마도 자신들의 전공 분야에 따라 이 수치들에 대한 의견들이 제각각이었을 것이다. 어쨌든 1961년의 이 회의는 SETI의 출범을 알리는 신호탄이 되었고, 그후 관련 학자들은 이 문제를 놓고 활발한 연구를 하게 된다.[197]

---

197 Cabrol, Nathalie A. 2016.

Chapter 17

외계의 지적 생명체와 칼 세이건

행성들에 관한 물리학적 연구

1951년, 칼 세이건은 16세까지 조기 입학이 허용되었던 미시간대학교에 진학하여 유전학자 헤르만 뮬러Hermann. J. Muller의 조교로 연구를 시작했다. 그는 생명의 기원에 대한 학위 논문을 물리화학자 해럴드 우레이Harold Urey와 함께 썼으며, 1954년과 1955년에 걸쳐 두 개의 학사학위를 받았다. 1956년에 석사학위를 받은 그는 1960년에 '행성들에 관한 물리학적 연구Physical Studies of the Planets'라는 제목의 논문으로 천문 및 천체물리학과에서 박사학위를 받았다.[198]

비록 논문 제목에 위성이 빠져 있었지만, 이 학위 논문에서 그는 태양계 내의 위성들, 특히 달과 목성 위성 이오에 대해 언급했다. 세

---

198 Carl Sagan-website of the Massachusetts Institute of Technology. Available at https://www.mit.edu/people/thb/SAGAN.pdf

이건은 달에 존재할 유기물의 가능성, 달이 지구에 의해 오염될 가능성 등을 논의했고, 비록 목성이 암석 행성이 아니지만 그런 위성 중엔 암석 위성이 있으며 이런 곳에 생명체가 존재할 가능성이 있음을 지적했다. 따라서 이 논문에서 주로 논의된 부분은 우리 태양계 행성, 특히 암석 행성에 관한 것이었다. 오래전부터 SF 작가들의 관심을 받았던 화성에 대해 그는 논문의 상당 부분을 할애했다. 모든 측면에서 지구 바깥 세계에서 가장 생명체가 존재할 걸로 기대되는 곳이 바로 거기였기 때문이다.[199]

하지만, 이 논문에서 제일 중요한 논의가 이루어진 행성은 금성이었다. 1956년에 금성으로부터 마이크로웨이브가 발산된다는 사실이 밝혀졌으며 그 원인에 대한 논의가 관련 학자들 간에 있었다. 일부는 그것이 금성 대기의 전리층 때문이라고 보았고 다른 이들은 금성의 뜨거운 표면 때문이라고 보았다.[200]

당시 주류 천문학계에서 금성은 따뜻하고 촉촉한 대기(大氣)가 존재해 생명체가 살기 적합한 행성으로 믿어지고 있었다. 하지만, 이 학위 논문에서 세이건은 금성 대기 중의 높은 이산화탄소 밀도를 고려해 계산한 결과 그곳은 '온실 효과 폭주runawy green effect'로 인해 아주 뜨거운 곳이어서 금성 표면에 납을 가져다 놓으면 녹을 정도라는 사실을 밝혔다. 금성으로부터 발산되는 마이크로파는 바로 이런 고온에 기인하며 금성 표면에서 나온다는 것이 그의 결론이었다.[201]

---

199 Physical Studies of Planets. Sagan, Carl Edward. The University of Chicago ProQuest Dissertations & Theses, 1960. T-06061. Available at https://www.proquest.com/pagepdf/301918122?accountid=40937
200 Mayer, C. H. and McCullough, T. P. and Sloanaker, R. M. 1958.
201 나중에 금성 탐사에 나선 파이어니어호가 이런 사실을 증명해주었다. 46억 년 전쯤 태

상대론적 성간 우주 항해에 의한 은하 문명 간 직접 접촉

앞에서 언급했듯 1961년 칼 세이건이 '지적인 외계 생명체 컨퍼런스'에 참석했을 때 그는 참석자 중에서 가장 어렸다. 그랬음에도 불구하고 그는 컨퍼런스의 여러 주제에 대한 논의에 다른 거물급 전문가들과 공동 참여했다. 그가 관여한 주제는 인간형이든 아니든 지능적 생명체와 맞닥뜨릴 때의 생화학 및 생물학적 고려들, 천문학적인 통계, 기록 기술들에 대한 간략한 토론이었다.[202]

양계가 형성된 직후에는 암석형 행성인 금성, 지구, 화성에 모두 물이 존재했을 것으로 추정된다. 시간이 흐르며 지구는 생명체들의 낙원이 되었으나 금성은 지옥으로 변화했다. 30-40억년 경 금성에서 태양으로부터 우주로 다시 방출할 수 있는 것 이상의 에너지를 흡수하며 점점 더 뜨거워지다가 결국 행성의 바다가 끓어오른다. 이를 온실 효과 폭주라고 부른다. Carl Sagan and the Search for Life, American Museum of Natural History. Available at https://www.amnh.org/learn-teach/curriculum-collections/cosmic-horizons-book/carl-sagan-quest-for-life; A Biographical Memoir by David Morrison. 2014. 4 National Academy of Sciences. Available at https://www.nasonline.org/wp-content/uploads/2024/06/sagan-carl.pdf. 그럼에도 불구하고 칼 세이건은 금성 대기에 생명체가 존재할 가능성을 논의한 논문을 1967년에 네이처지에 투고했다. Sagan, Carl. 1967.

202 Program. Conference on Intelligent Extraterrestrial Life, National Radio Astronomy Observatory, November 1 and 2, 1961. Available at https://www.nrao.edu/archives/files/original/b1425a3e7b1dcefb2117d7724eafc504.pdf

```
                              PROGRAM
          Extraterrestrial Intelligent Life Conference, National Radio Astronomy
                          Observatory, November 1 and 2, 1961.

        Below is given the proposed program for the conference, to be adjusted as
    the participants see fit.  The names listed in connection with various parts of
    the program are meant as suggestions as to who we hope will play a leading role
    in the discussion, or present a paper, at that time.  Pleas of ignorance will be
    accepted.
                            November 1, A.M. - P.M.

    Tour of NRAO for early comers.

    Early lunch, 12:00 noon.

    About 1 P.M., commencement of conference.

        1) Welcome to Conference by Prof. Struve and Dr. Pearman.

        2) Introductory remarks and adjustments to program.  Drake.

        3) Experimental work already performed.  Calvin, Lilly, Drake.

        4) Biochemical and Biological considerations in incidence of intelligent
           life, humanoid and other.  Calvin, Lilly, Morrison, Sagan.

        5) Astronomical Statistics bearing on the subject.  Huang, Sagan, Struve.

        6) Longevity factor.
                            November 2, 9:00 A.M.

        7) General discussion of incidence of communicative intelligent civili-
           zations, based on data of November 1.

        8) Brief discussion of marking techniques.  Cocconi, Morrison, Sagan,
           Drake.

        9) Most efficient means of interstellar communication (rocketry, electro-
           magnetic waves).  Morrison.

       10) Approaches to electromagnetic communication.  Atchley, Cocconi, Morrison,
           Oliver, Drake.
                            November 2, 1:30 P.M.

       10) Continued.

       11) Conclusions as to what research should be supported and emphasized,
           and what by-products might be expected.  Recommendations to Space Science
           Board.  Pearman, Struve.
```

1961년 11월 1,2일에 진행된 '지적인 외계 생명체 컨퍼런스' 프로그램

 이 회의에 참석한 대부분 학자는 프랭크 드레이크가 시도한 전파 탐지를 통한 지적인 외계 생명체들과의 접촉에 관심이 있었다. 칼 세이건도 그런 시도에 대체로 동의하고 있었으나 그보다 더 확실한 다른 방법이 존재한다고 생각했다. 칼 세이건은 1960년부터 '상

대론적 성간 우주 항해에 의한 은하 문명 간 직접 접촉Direct contact among galactic civilizations by relativistic interstellar spaceflight'이라는 제목의 논문을 쓰기 시작했다. 그가 지적인 외계 생명체 컨퍼런스에 참석하던 무렵에 이 논문의 초고가 거의 완성된 상태였다.

세이건은 자신의 논문에 '드레이크 방정식'을 제시하면서 현재 우리 은하계에 지적인 외계 문명이 얼마나 존재할지 추정했다. 그는 드레이크의 식에 자신의 견해를 반영하여 우리은하에 약 백만 개의 고등 문명이 존재한다는 결론에 도달했다.[203]

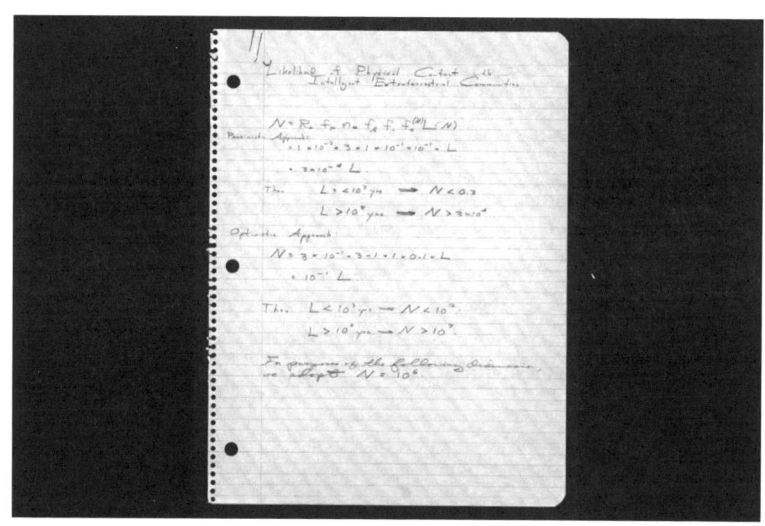

칼 세이건의 '상대론적 성간 우주 항해에 의한 은하 문명 간 직접 접촉' 논문 초고.

---

203 Sagan, Carl. 1963. p.489. 『코스모스』에서 칼 세이건은 R*의 값을 40으로 계산했고, fp는 태양계와 유사하게 항성의 1/3이 행성을 가질 걸로 추정하였으며 ne는 2개 정도로 가정해 계산했다. 그 결과 우리은하에 현 인류 문명과 동시에 존재하는 문명 수는 훨씬 줄어들었다.

그렇다면 이들 문명 간에 전파를 이용한 상호 통신이 가능할까? 드레이크는 학회에서 바로 이런 가능성을 제시하면서 전파를 사용한 SETI계획을 제안한 바 있었다. 그리고 세이건도 이 학회에서 이를 지지했던 한 사람이었다. 하지만, 이 논문에선 전파를 이용한 상호 의사전달이 생각보다 현실적이지 않음을 지적한다. 그리고 직접적인 성간 우주 비행이 훨씬 유리하다는 주장을 펼쳤다.

세이건은 어느 정도 발달한 문명이라면 핵융합이나 반물질로 추진하는 아광속 로켓 개발이 어렵지 않을 것으로 보았다. 그는 상대성 이론을 적용해 지구 표면에서의 중력 가속도인 1g를 유지하며 운행하는 우주선을 상정했다. 그의 계산에 따르면 이런 가속도와 감속도를 유지하면 지구에서 출발한 우주선이 우리은하 중심에 도달하기까지 불과 20년 정도밖에 걸리지 않는다. 이런 아광속 비행에서 엄청난 속도로 우주선을 향해 쇄도하는 하전입자들이 문제가 될 텐데 그는 이를 이른바 자기유체역학적 방법으로 해결 가능하다고 주장했다. 우주선 외장에 매우 강한 전자기력을 둘러싸서 하전입자들을 튕겨내거나 포획할 수 있다는 것이다. 세이건은 자신의 이와 같은 고찰 내용을 1962년 가을 미국 로켓 학회American Rocket Society에서 발표했고 1963년 겨울 행성・우주 과학Planetary and Space Science지에 논문으로 게재했다.[204]

---

[204] Carl Sagan, Direct contact among galactic civilizations by relativistic interstellar spaceflight: draft, 1960-1962, Library of Congress. Available at https://www.loc.gov/resource/mss85590.011/?st=gallery; Sagan, Carl. 1963.

우주의 지적 생명체

당시 소련의 천문학자들도 외계의 지적 생명체에 관심이 있었다. 1959년 구소련의 천체물리학자 이오소프 쉬클로프스키[Iosif Shklovsky]는 화성의 위성 포보스의 공전 궤도에 관한 연구를 통해 그것이 매우 낮은 밀도를 갖고 있다는 사실을 알아냈다. 그리고 그는 그 이유가 이 위성의 내부가 비어있기 때문이라는 결론에 도달했다. 어떻게 위성의 내부가 공동일 수 있을까? 그는 그 이유를 포보스가 자연적인 천체가 아니라 고대의 외계인들이 만들어낸 인공위성이기 때문이라고 추정했다.

칼 세이건의 '상대론적 성간 우주 항해에 의한 은하 문명 간 직접 접촉' 논문 초고

쉬클로프스키는 1957년부터 '우주, 생명, 지성Universe, Life, Intelligence'이라는 책을 쓰고 있었으며, 포보스에 관한 내용도 이 책에 소개되었다.[205] 자신과 공통의 관심사를 갖고 있다는 사실을 알고 있던 세이건은 쉬클로프스키에게 '상대론적 성간 우주 항해에 의한 은하 문명 간 직접 접촉' 초고를 보냈고, 1962년 그로부터 자신의 책에 세이건의 논문 내용을 싣고 싶다는 편지를 받았다. 결국 그의 러시아판 저술은 1963년에 처음 발간되었고, 영어판은 1966년에 칼 세이건의 의견이 첨가되어 '우주의 지적 생명체Intelligent Life in the Universe'라는 제목의 공저로 출간되었다.

칼 세이건(왼쪽)과 이오소프 쉬콜로프스키(오른쪽)

---

205 Shklovskii, I. S. and Sagan, Carl. 1966. pp.362-377.; Iosif Shklovsky, Wikipedia. Available at https://en.wikipedia.org/wiki/Iosif_Shklovsky

509페이지나 되는 이 책은 생명의 탄생에서부터 성간 여행, 그리고 화성 생명체부터 UFO까지 이 세상의 모든 흥미로운 주제를 담고 있었고, 대중적으로 세이건을 세계 최고의 젊은 과학자 반열에 올려놓았다.[206] 결국 이 책은 SETI 계획 주창자들의 바이블이 된다.[207]

드레이크 방정식을 설명하는 칼 세이건

---

206 Shklovskii, I. S. and Sagan, Carl. 1966. p.vii.; Davidson, Keay. 1999. p.196.
207 Davidson, Keay. 1999. p.198.

고대 외계인 가설의 등장

칼 세이건은 지구에 외계 문명의 방문이 있었을 확률을 계산해보고, 지난 5천 년 역사에서 외계인이 한 번 정도 지구를 방문했을 것이란 결론을 내린다. 이런 결론을 바탕으로 지금까지의 역사나 종교 기록에서 외계인 방문 증거를 찾을 수 있을 것이라는 가정을 한다. 그는 유력한 후보로 구약에 등장하는 선지자들이 목격한 신적 존재들이나 고대 메소포타미아 신화 속 문화영웅인 압칼루Apkallu들이 바로 외계인들일지 모른다고 언급했다.[208]

『우주의 지적 생명체』 p.457에 소개되어 있는 수메르 신화 속
문화영웅 오안네스. 압칼루의 우두머리이다

208　Shklovskii, I. S. and Sagan, Carl. 1966. pp.456-461.

칼 세이건이 이들 문화영웅에 관심을 가진 이유는 그들의 과학 수준이 근대에 버금가는 수준이라는 판단을 하였기 때문이다. 기원전 3천 년경 수메르 천문학은 우리 태양계에 대해 놀라운 지식을 갖고 있었다. 당시 천문학자들은 행성들이 태양 주변을 돌고 있다는 사실을 알고 있었다. 이 점에 대해서 세이건은 다음과 같이 지적하고 있다.

수메르 신들이 묘사된 이 부조의 위쪽에 항성 주변을 도는 행성들이 묘사되었다는 것이 칼 세이건의 지적이다.

"… 가운데 원은 광선에 의해 둘러싸여 있음을 알 수 있는데, 이는 명백히 태양 또는 항성이라고 볼 수 있다. 그렇다면 이들 항성을 둘러싼 물체들은 무엇일까? 그것들이 행성들을 표현했다는 것이 자연스러운 가정일 것이다. 비록 그것이 고대 그리스 학자들에 의해 언급되긴 했지만, 행성들이 태양이나 항성 주변을 돈다는 아이디어는 코페르니쿠스에 의해 최초로 제기되었다.… we see that the central circle is surrounded by rays and can quite clearly be identified as a sun or star. But what are we to make of the other objects surrounding each star? It is at least a natural assumption that they represent the planets."[209]

6천년 전 수메르인들은 우리의 태양계에 대한 놀라운 점토 지도를 제작했다. 이 초기 천문 도표는 중심에 있는 태양 주위를 행성들이 돌고 있는 것으로 묘사되어 우리 태양계에 대한 정확한 이해를 보여준다

---

209 Shklovskii, I. S. and Sagan, Carl. 1966. p.460.

이처럼 쉬클로프스키와 세이건이 공저자로 탄생한 책에는 원래 세이건이 그의 논문에서 언급했던 고대 신화 이야기가 좀더 자세하게 설명되었다. 그리고 그 논의에는 고대의 신들이 우주에 대한 해박한 지식을 갖춘 외계인일 가능성이 언급되었다. 이른바 '고대 외계 우주인 이론Ancient Astronaut Theory'을 하버드 대학교 교수가 아주 심각한 어조로 제기한 것이다. 이런 아이디어는 나중에 독일의 에리히 폰 데니켄Erich von Daniken과 같은 작가에 의해 확대 재생산되어 그의 책 『신들의 전차?Chariot of gods?』는 세계적인 초베스트 셀러가 된다.

Chapter 18

세이건과 멘젤, 그리고 UFO

하버드 대학교 조교수 칼 세이건

1962년 칼 세이건은 하버드 대학 천문학과 도널드 멘젤 교수로부터 임용 제의를 받았다. 멘젤은 원래 그를 전임 강사로 뽑으려고 했으나 세이건은 조교수가 되길 바랐다. 결국 1963년부터 세이건은 하버드 대학 천문학과 조교수로 근무하게 된다.[210] 초창기에 도널드 멘젤은 세이건에게 큰 기대를 하고 있었다. 세계 최고의 젊은 천문학자 중 하나라고 높이 평가하면서 그가 연구 기금을 받을 수 있도록 적극 추천하기까지 했다. 그는 추천서에서 세이건이 성격 좋고 자신의 학문 분야에 상당한 야심과 지식을 갖추고 있다고 그를 칭찬했다.[211]

---

210 Davidson, Keay. 1999. p.138.
211 "He also complimented Sagan's personality, and commented that he had impressive ambition and breadth of knowledge." Davidson, Keay. 1999.

하지만, 칼 세이건의 하버드 생활은 원활하지 못했다. 그의 자유분방하고 다소 적극적인 태도는 진중함과 엄숙함을 교수의 주요 덕목으로 생각하는 주변의 다른 교수들에게 괴리감을 주었다. 특히 1950년대 중반부터 그는 활발한 기고를 통해 언론의 관심을 끌고 있었으며, 다른 학자들에 비해 자신의 의견을 홍보할 기회가 많았다. 하버드 대학교 교수가 되면서 그의 인기가 급상승했다. 그런데 세이건 특유의 다소 과장되고 현학적 태도는 종종 기자들이 다른 이의 성과가 그의 것이라거나 그가 특정 사안에 대한 최초 제안자라는 착각이나 오해를 불러일으켜 기사화되는 일이 종종 있었다. 결국 이런 일들이 빈발하면서 그는 주변 동료로부터 경계와 질시의 대상이 되었다.[212]

칼 세이건은 매우 다양한 분야에 관심이 있었으며, 특히 화성을 비롯한 다른 천체에 상당히 진보한 생명체가 존재할 가능성이 있음을 믿었다. 이런 그의 생각은 고대 신화 속에서 나타난 여러 현상들의 다른 천체들과의 연관성을 굳게 믿고 있던 그의 상상력과 연관되어 있었다. 이런 그의 기상천외한 측면이 주변의 다른 과학자들에게 이상하게 비쳤다.[213]

---

p.167.
212 Davidson, Keay. 1999. pp.163-164.
213 Davidson, Keay. 1999. p.168.

도널드 맨젤과 칼 세이건

UFO 문제에 대해서 칼 세이건은 도널드 멘젤과 대척점에 서 있었다. 당시 하버드 대학 천문대Harvard College Observatory 대장과 스미소니언 천체물리 천문대Smithonian Astrophysical Observatory 석좌 연구원으로 활동하고 있던 도널드 멘젤은 1952년부터 미 공군 UFO 조사 분석팀 고문역을 맡고 있었다. 그는 UFO가 외계에서 온다는 주장 자체를 터무니없는 것으로 보았다. 이미 앞에서도 소개했듯 그는 UFO의 가장 결정적인 물리적 증거로 떠오르던 레이더 사례를 무력화시키는데 결정적인 이론을 제시했다. 그는 말하자면 UFO에 대한 대중적 미신을 타파하는데 선봉에 있었던 것이다.

1952년에 미국에서 UFO 대소동이 있었을 때 그는 『룩』에 '비행접시의 진실'이라는 글을 기고했다. 이 글에서 그는 대부분의 UFO가 기존 비행체나 대기 현상의 오인이나 착시라고 주장했다. 그는 결론부에서 수백만 마일의 우주여행을 통해 오는 외계 존재들이 사전에 조우 대상자들이 우호적인 존재들일 것이란 사실 확인을 하지 않고 무작정 온다는 것이 가당키나 한 발상인지 묻고 있다.[214]

당연히 멘젤은 세이건이 UFO에 관심이 있다는 사실이 못마땅했고 여기에 대해 힐책했다. 1960년대 초반까지도 세이건은 UFO 외계기원설의 열렬한 지지자였고, 이와 관련한 글들을 여기저기 발표했다. 하지만, 하버드 대학 교수진에 합류하면서 UFO에 대한 언급을

---

[214] "Can you imagine," he asked, "travelling millions ⋯ of miles through space without making some attempt to communicate with what are obviously friendly people?" Menzel, Donald H. 1952.; Gilleran, S. Warren. 2017.

자제하고 있었다. 그렇지만 당시 언론은 세이건을 UFO 외계 기원설의 열렬한 지지자로 자리매김하고 있었다. 멘젤이 젊은 시절 자신이 직접 쓴 글들을 읽어보지 않았을 것이란 사실을 알고 있던 세이건은 언론이 자신의 글이나 말을 왜곡한 것이라고 해명했다.[215]

칼 세이건, 옛사랑 UFO를 재발견하다

1960년대 초 미국은 UFO와 관련해 비교적 조용했다. 펜타곤 최고위층에서 UFO 출현이 이제 저절로 사라져 버리는 것이 아닌가 하는 기대를 할 정도로 조용했다. 하지만 이 기대는 1965년에 접어들면서 허물어졌다. 그리고 1966년에 미시간주를 중심으로 해서 대대적인 UFO 소동이 일어났다. 미 공군은 기자회견을 열고 이 문제를 늪지대의 가스 불꽃이라는 식으로 해명했다. 『뉴욕타임스』 등은 이런 해명을 수용하는 논조로 기사를 썼으나 미시간주의 지역 언론과 대부분의 유력 언론이 이런 해명을 받아들이기 어렵다는 반응을 보였다.

이처럼 대다수 매스컴이 UFO에 관심을 보이면서 이를 설명할 적절한 과학 전문가의 등장이 요구되었다. 칼 세이건은 곧 이런 수요를 충족시킬 모든 것을 갖춘 완벽한 존재로 부각되었다. 도널드 멘젤로부터의 주의를 받은 후 그는 UFO 외계 기원설에 대해 다소 비판적인 태도를 보이고 있었다. 그럼에도 칼 세이건은 여러 방송 매

---

215 "When Donald Menzel told Sagan how pro-UFO writers attributed sensational statements to him, Sagan lamented that he could not stop others from misquoting him." Davidson, Keay. 1999. pp.163-164.

체에서 외계 문명, 성간 우주여행, 화성 생명체 가능성, 금성의 대기 중에 부유하고 있을지 모르는 이른바 '풍선 생명체' 이야기를 UFO와 연관시켜 재미있게 설명했다. 칼 세이건의 전기 작가 키이 데이비드슨Keay Davidson의 표현을 빌리자면 그는 당시 옛사랑, UFO를 재발견하고 있었다.[216]

UFO 특별 위원회 위원, 칼 세이건

하버드 시절의 세이건은 대중적인 스타 과학자였지만, 대외적으로 매우 잘 나가는 자문이기도 했다. 그는 MIT의 계측기계 연구소(Instrumentation Laboratory), 코넬 대학교의 아레시보 이온권 관측소(Arecibo Ionospheric Observatory), NASA의 유인 우주비행부서(Office of Manned Space Flight), 그리고 미 항공성의 연구부서와 위원회에 자문으로 활동하고 있었다.

미 항공성과 관련해서 그는 싱크탱크인 RAND에 간여했고, 과학 자문 이사회Scientific Advisory Board의 지구 물리 분과 위원Geophysics Panel에서 활동했다. 1966년 초 미 공군 과학 자문 이사회에 UFO 특설 위원회(ad hoc committee)가 설치되면서 그는 위원에 위촉된다. 이 위원회는 미 공군 내 UFO 조사 분석팀 프로젝트 블루북의 활동을 점검하기 위해 특별히 조직된 것이었다.[217]

칼 세이건이 UFO 특설 위원회의 위원으로 활동하게 된 것은

---

216 "He would rediscover an old love: UFOs." Davidson, Keay. 1999. p. p.168.
217 Davidson, Keay. 1999. p. p.192.; Betts, Patrick. p.439.

1965년에서 1966년 사이 미국에서 UFO 목격 사례가 급증했기 때문이다. 1952년 워싱턴 DC 사건 이후 미 공군성의 민첩한 대처와 그럴듯한 설명, 그리고 CIA의 활동으로 미국 내에서 UFO 목격 사례가 급감하는 추세를 보였다. 그러다가 1957년에 또 한 차례 UFO 소동을 겪게 되었는데 이때에도 적절한 대응으로 무사히 넘어가게 되었다. 하지만, 1965년에 접어들면서 미국에서 UFO 목격이 급증하기 시작했고 상황은 해가 바뀌면서 오히려 더욱 악화하고 있었다. 미 공군성은 이 문제를 시급하게 해결하기 위해 전문가들의 도움이 필요했다.

UFO 특설 위원회에서 칼 세이건이 구체적으로 어떤 역할을 했는지는 알려진 바 없다. 그런데, 거기서 나온 보고서는 UFO가 외계와 관련 있다는 대중적 믿음을 부정하는 방향을 가리키고 있었다. 그 보고서는 'UFO가 국가 안보에 위협이 되지 않으며... 어떤 UFO 사례도 그것이 현재 문명보다 뛰어난 과학적 기술적 진보를 나타내는 징후를 찾아볼 수 없다UFO did not threaten the national security.... and that it could find no UFO case which represented technological or scientific advances outside of a terrestrial framework'고 지적하고 있다. 이런 전제 아래 최종적 결론은 미 공군 조사 분석 자체로는 미흡하니 민간 과학자들의 전문적 분석이 필요하다는 것이었다.[218]

---

218 United States Congress House. Committee on Foreign Affairs, Foreign Assistance Act of 1966: Hearings, Eighty-ninth Congress, Second Session, U.S. Government Printing Office, 1966, pp.339-342.; Special Report of the USAF Scientific Advisory Board Ad Hoc Committee to Review Project "BLUE BOOK", "O'Brien Committee". Available at https://www.cufon.org/cufon/obrien.htm; Studies in Intelligence, U.S. Central Intelligence Agency, 1997,

아무래도 위원회의 이런 UFO에 대한 부정적 결론은 기존에 갖고 있던 그의 UFO에 대한 긍정적 사고방식을 위축시키는 방향으로 작용했을 것이다. 하지만, 여전히 그는 대중 강연에서 UFO에 대한 경이로운 가능성의 끈을 놓지 않았다. 1967년 11월 그는 스미소니언 박물관 관련 프로그램으로 워싱턴에서 대중 강연을 했다. 이 강연에서 나온 첫 질문은 'UFO에 대해 어떻게 생각하느냐? 그것들은 실재하느냐?'였다. 이런 질문에 대해 그는 그것이 외계로부터의 우주선이란 증거는 없다는 식으로 다소 회의적인 척했으나 일부는 "다른 행성의 우주선일 수도 있다"는 가능성을 열어두며 모호하게 말했다.[219]

---

p.76. Available at https://books.google.co.kr/books?id=InkiSqkvduUC&dq=ufo+ad+hoc+committee,+carl+sagan,+1966&source=gbs_navlinkss

219 Achenbach, Joel. 2014.

Part 05
프로젝트 블루북의 종언

Chapter 19

1965~1966년 UFO 웨이브

1965년, UFO 논란 재점화

1957년의 UFO 대소동 이후 미국 국민은 UFO에 관한 관심이 잦아들었다. 언제 그랬냐는 듯 UFO 출현이 뜸해졌고, 언론사에서도 UFO 문제에 더 이상 신경을 쓰지 않게 되었다. 매스컴의 선동으로 대중들이 UFO에 관해 관심이 없으면 UFO 소동이 더 이상 일어나지 않을 것이라는 CIA의 전략이 유효해 보이는 듯했다. 미 공군의 프로젝트 블루북은 여전히 가동 중이었다. 최소한의 인력으로 일상적인 미확인 비행체에 대해 모니터링하고 있었으며 한동안 세인들의 관심에서 떠나있었다. 그런데 이런 한가한 상황이 종료될 거란 불길한 조짐을 알리는 사건이 1964년에 일어났다. 그해 봄 뉴멕시코주 소코로Socorro에서 한 경관이 지면에 착륙한 UFO와 외계인을 목격했다고 주장했다. 당시 이 사건은 프로젝트 블루북의 중요한 조사연구 사례가 되었다.[220] 그리고 이를 신호탄으로 해서 UFO 목격 사례가 증가하기 시작했다. 1963년 399건, 1964년 562건이었던 목격 보고가 1965년에 887건으로 증가하더니 1966년에는 1,112건에 이르게 된 것이다.

1965년 초반 프로젝트 블루북에 보고되는 월평균 UFO 목격 사례는 30~50건 정도였다. 그런데 1965년 7월에 135건으로 껑충 뛰더니 8월에는 262건이 보고되었다. 이런 UFO 목격 폭증은 다시 매스컴의 관심을 불러일으켰고 미 공군의 관련 프로그램에 대한 공격으로 이어졌다. 특히 그해 8월 텍사스주 일대에서 UFO가 연쇄적으로 목격되는 소동이 일어나면서 매스컴은 UFO 정체에 대한 의문을 다시 제기했다. 그 대표적인 언론은 『크리스천 사이언스 모니터』지였다. 이 신문의 8월 16일 자 사설은 텍사스 상공에서의 UFO 목격 사례들은 뭔가 이상한 것들이 실제로 하늘에 나타나고 있다는 명백한 증거라고 했다. 8월 21일자 『크리스천 사이언스 모니터』에는 과학 편집자 로버트 코웬Robert C. Cowen의 UFO 관련 기사가 실렸다. 그는 미 공군이 이상한 목격 보고들을 아주 간단한 방법으로 설명해내고 있지만 아직 설명하기 어려운 이상한 일들이 실제로 발생하고 있다고 주장했다.[221]

---

220 미 국가정보국 외. 2023. pp.138-143.
221 Jacobs, David M. 1975. p.195.

텍사스주 데이먼 UFO 사건

텍사스주에서 발생했던 일련의 UFO 목격 사례 중 가장 신뢰도가 높은 사건이 9월 3일 밤 11시 경 데이먼Damon에서 발생했다. 이 사건에는 텍사스주 브라조리아Brazoria의 수석 부보안관Chief Deputy Sheriff 빌리 맥코이Billy E. McCoy와 부보안관 밥 구드Bob Goode가 관련되었다. 그들은 웨스트 컬럼비아 지역의 36번 고속도로 순찰 중이었다. 둘은 남쪽으로 향하고 있었는데 구드가 운전대를 잡고 있었고 맥코이는 그의 오른쪽 자리에 앉아있었다. 이때 맥코이는 지평선 쪽에서 밝은 보라색 빛을 보았다. 그 불빛은 그들의 왼쪽에 있었고 시간이 조금 지나자 그 빛이 둥글고 밝은 모양임을 확인할 수 있었다. 맥코이는 이 물체를 주시하고 있었고 거기서 삼각형의 작은 파란 물체가 나오는 것을 확인했다. 이때까지 구드는 그것이 석유 시추탑 불빛들일 걸로 생각했다. 하지만, 곧 그런 생각을 바꿔야 했는데 이 두 불빛이 동시에 지평선 위쪽으로 상승했기 때문이다. 시추탑 빛이 공중으로 떠오를 수는 없기 때문이었다. 그것들은 두 부보안관이 탄 차량 근처로 다가왔다. 그들은 열기를 느꼈다.[222]

1965년 UFO 웨이브가 고조되자 미 공군은 이 문제에 다시 골머리를 썩이고 있었다. 여전히 공군의 UFO 과학 자문을 맡고 있던 하이네크는 이를 기회 삼아 UFO에 대한 과학적인 조사를 재개하려 시도했다. 그는 스폴딩 대령Colonel Spaulding에게 편지를 써서 UFO

---

222 Brazoria County UFO Files, Damon 1965. Available at https://brazoriacoghost.weebly.com/1965-ufo-sighting.html; Hall, Richard H. 2001. p.5.

현상의 과학적 조사 재개를 조언했다. 그는 이를 위해 민간인 과학자들로 구성된 패널을 만들어 UFO와 관련해 정말 어떤 문제가 존재하는지를 신중하게 검토해보자고 했다.[223]

미시간주 힐스데일 여학생 기숙사 UFO 사건

1965년 하반기를 뜨겁게 달구었던 UFO 출현은 해가 바뀌면서 수그러들기는커녕 오히려 그 빈도가 늘어나면서 미국에 큰 소동을 일으켰다. 그중에서도 1966년 3월 20일에 미시간주 힐스데일 대학교에서 발생한 UFO 목격 사례가 가장 크게 매스컴의 주목을 받았다. 그날 밤 기숙사에 기거했던 여학생 87명은 수백 야드 떨어진 소택지 쪽에서 풋볼 형태의 괴비행물체가 기숙사를 향해 날아오는 것을 목격했다. UFO는 기숙사 근처 상공에서 잠시 정지했다가 다시 소택지 쪽으로 되돌아갔다. 그런데 UFO가 기숙사 근처에 머무르는 동안 여학생들은 이상한 현상을 목격했다. UFO에 가까이 차들이 지나가면 UFO의 광채가 약해졌다가 차들이 그 지역을 벗어나면 다시 밝아지곤 했다는 것이다. UFO는 약 4시간 학생들의 시야에 머물렀다.[224]

3월 20~21일 이틀간 힐스데일에서 63마일 떨어진 덱스터 시에서도 2명의 경찰관을 포함한 수백 명의 사람들이 커다랗고 눈부신 광채를 발하는 UFO를 목격했다. 이런 집중적인 UFO 출현은 미시

223　Jacobs, David M. 1975. pp.197-198.
224　Butler, Jack. 2015.

간주 매스컴을 발칵 뒤집어놓았다. 이어서 『워싱턴타임스』 등 전국적인 주요 일간지들도 서둘러서 특파원을 파견하는 소동이 벌어졌다. 현지 취재를 통해 사건의 심각성을 깨달은 특파원들은 미 공군의 조속한 조사와 원인 규명을 촉구했다. 프로젝트 블루북은 알렌 하이네크 교수의 지휘 아래에 즉시 조사에 착수했다.[225]

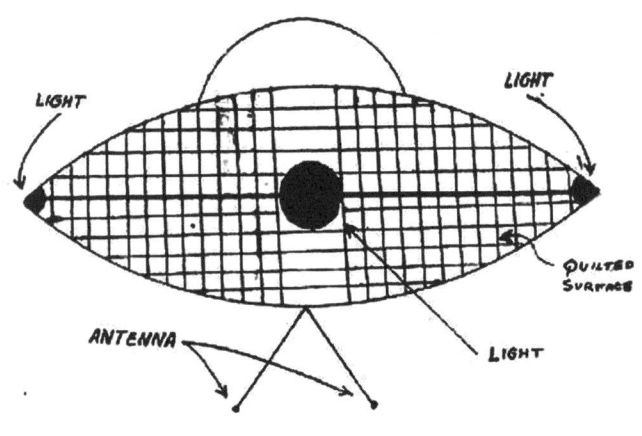

덱스터에서 목격된 UFO 이미지

늪 가스 불꽃 해명과 불어닥친 후폭풍

3월 25일, 조사 결과가 기자회견 형식으로 공표되었다. 이 회견은 디트로이트 프레스클럽이 창립된 이후 최대 규모로, 미시간주 사람들을 비롯한 많은 미국인의 관심을 끌었다. 당시 노스웨스턴대학교

---

225 Marrin, Doug. 2024.

천문학과 교수였던 하이네크 박사는 UFO는 늪지대 가스 불꽃일지도 모른다고 말했는데, 이 내용이 미국 전역에 빠르게 타전됐다.[226]

이 발표에 목격자들은 말할 것도 없고, 많은 미국인이 일종의 분노를 느꼈다. 이미 국민의 40% 이상이 UFO의 실재를 믿고 있는 상황에서 이러한 발표는 국민을 우롱하는 처사로 받아들여진 것이다. 또한 미시간주에서의 UFO 집중 출현 사건은 주민들 사이에 일종의 히스테리적인 반응을 불러일으켰다. 외계인들이 미시간주에 기착지를 두고 왕래할 거라는 소문까지 퍼지기 시작했다. 그 이후 'UFO, 늪지대 가스' 해명은 언론에 좋은 풍자 대상이 되었다. 3, 4월의 전국 신문잡지에 실린 많은 만화가 이것을 소재로 다루었다.

유력 대중 매체 『라이프』는 힐스데일 목격 사건과 그 전의 여러 UFO 사건을 8페이지짜리 4월호 특집으로 실었다. 이 특집에서 사건 당시 목격자들의 인터뷰 기사와 사진들로 늪지대 가스 이론을 강도 높게 반박했다.[227] 같은 달 『뉴요커』도 늪지대 가스 이론은 과학적으로 설명이 불충분하다고 밝혔다.[228] 한편 『타임』는 UFO 외계 가설을 조롱하며 늪지대 가스 설명을 지지했다. UFO 목격은 분명히 미국 신화학의 표본이라는 것이다.[229]

주요 일간지들 사이에서도 대립하는 주장이 나왔다. 『뉴욕타임

226　Jacobs, David M. 1975. p.201.
227　Well witnessed invasion by something, Life, LX, 1 April 1966, pp.24-31.
228　Notes and comment: The saucer flip. The New Yorker, April 9, 1966, p.33.
229　Fatuus season: Ann Arbor and Hillsdale sightings. Time Magazine, April 1, 1966, p.25B.

스』는 덱스터 목격자에 의해 그려진 그림을 싣고 이를 UFO 사기 극의 산물이라고 결론지었다. 또 사람들이 UFO 현상을 믿는 것은 TV와 SF 물의 영향 때문이라고 지적했다.[230] 하지만 『크리스천 사이언스 모니터』는 당시 미시간주 사태가 UFO 미스터리를 더욱 미궁에 빠트린다면서 이제는 과학계에서 설명되지 않는 이 현상을 본격적으로 조사할 때라고 주장했다.[231]

1966년 4월 초, 미시간 사태에 자극받은 CBS 뉴스는 미국 전역에 보도된 'UFO, 동지인가, 적인가, 환각인가?'라는 제목의 뉴스쇼에서 이 문제를 본격적으로 다루었다. 이 프로에서 도널드 멘젤 교수는 UFO가 드문 기상현상에 불과하다는 그의 이론을 되풀이했고, 헤럴드 브라운Harold Brown 미 공군성 장관은 공군이 UFO에 대한 정보를 감추고 있지 않다고 밝혔다. 칼 세이건은 이 방송에서 이른바 UFO 접촉자들을 겨냥한 '비행접시 숭배교인들'의 문제를 제기했다. 이 맥락에서 몇 년 전에 죽은 조지 아담스키의 생전 인터뷰 필름과 접촉자들 집회 장면이 자료화면으로 보도되었다.

한편 이런 부정적인 내용과 균형 맞추기 위해 공군이 증거를 숨기고 있다는 NICAP의 키호 회장 주장과 중립적인 태도를 보이는 하이네크 박사의 인터뷰도 내보냈다. 항공 역사가인 찰스 깁스 스미스는 UFO의 외계 도래설을 강력히 지지했다. 하지만 대체로 이 프로의 방향은 UFO의 실재를 반박하는 방향에 초점이 모아져 있는 것이 명백했다.[232]

---

230 The New York Times, 27 March, 1966, Pt.4, p.2 and p.61.
231 The Christian Science Monitor, 30 March, 1966, p.24.
232 Jacobs, David M. 1975. p.203.

Chapter 20
미국 최초의 미 하원 UFO 청문회 개최와 그 결과

미시간주 하원의원 제럴드 포드의 청문회 요청

1957년 미 남서부가 잇단 UFO 출현으로 난리가 나고 나서 이에 관심이 있는 하원의원들이 미 공군 브리핑을 받았었다. 이때 프로젝트 블루북은 대체로 잘 대응했고 관련 의원들은 오히려 미 공군의 노력을 치하하기까지 했다. 그들이 관련 위원회에 소속되어 있어 어느 정도 UFO 문제 관심을 가지면서도 좀더 심각하게 접근하지 않았던 건 어쩌면 그게 자신의 발등에 떨어진 불이 아니었기 때문이었는지 모른다. 그런데 1966년 미시간주에서 UFO 사건이 연달아 발생하자 이 문제는 미시간주를 지역구로 하는 국회의원들에겐 더 이상 강 건너 불구경하듯 할 문제가 아니었다.

1966년 당시 미시간주 제2지역구(앤 아버)의 민주당 소속 초선 하원의원 웨스턴 비비안Weston E. Vivian은 즉시 펜타곤과 공군에 이 문제에 대해 해명을 촉구했다. 그런데 미 공군에서 온 답신 내용은 그간 19년 동안 미 공군이 조사해서 내린 결론이 UFO가 자연현상이나 기존 비행체 오인이라는 것이었다.[233]

한편 미시간의 제5 지역구 (미시간 반도 아래 지역) 하원의원이었던 공화당의 제럴드 포드Gerald R. Ford는 당시 야당이었던 공화당 원내 총무로서 하원 군사위원회House Armed Service Committe에 속해 있었기 때문에 큰 영향력을 발휘할 수 있었다. 그는 3월 25일 위원장에게 연락해 즉시 청문회를 개최할 것을 촉구했다.[234]

미국 최초의 하원 UFO 청문회

포드의 요청으로 미 하원에서 이 문제가 심각하게 논의되고 있던 3월 말, 당시 미 국방장관 로버트 맥나마라Robert McNamara와 미 합참의장 얼레 휠러Earle Wheeler는 미 하원 외무 위원회House Foreign Affair Committee에 출석해서 UFO가 어떤 특정한 단일 현상이 아니며 그동

---

233 Jacobs, David M. 1975. p.204.; Weston Vivian, former Ann Arbor congressman and civil rights advocate, dies at 96. MLive.Com. Dec. 18, 2020, (Updated: Mar. 23, 2022). Available at https://www.mlive.com/news/ann-arbor/2020/12/weston-vivian-former-ann-arbor-congressman-and-civil-rights-advocate-dies-at-96.html

234 The original documents are located in Box D9, folder "Ford Press Releases – UFO, 1966" of the Ford Congressional Papers: Press Secretary and Speech File at the Gerald R. Ford Presidential Library. Available at https://www.fordlibrarymuseum.gov/library/document/0054/4525586.pdf

안 미 공군에서 진행한 조사 분석이 합당하다는 요지의 발언을 함으로써 청문회를 저지하려고 노력했다. 하지만, 결국 1966년 4월 5일, UFO 관련해서는 미국 역사상 최초로 공개 청문회가 하원에서 개최되었다. 이 청문회에는 미 공군성 장관 해럴드 브라운Harold D. Brown, 당시 프로젝트 블루북 책임자 헥터 퀸타넬라Hector Quintanilla, 그리고 알렌 하이네크 박사만 증인으로 참석했다.[235]

브라운은 증언을 통해 그동안 언론 발표, 내부 보고 자료들, 프로젝트 블루북 보고서들 등을 요약한 미 공군의 공식적인 입장을 밝혔다. 그 증언을 요약하자면 UFO가 국가 안보를 위협한다거나 외계로부터 날아온다는 사실을 증명할 증거가 전혀 존재하지 않는다는 것이었다.

그다음으로 이어진 하이네크 교수 증언은 자신의 '늪 가스' 설명에 대한 언론의 비판과 더 나아가 그가 미 공군의 꼭두각시라는 비아냥거림을 의식한 것이었다. 그는 자신의 결론은 미 공군이 적어준 대로 앵무새처럼 읽은 것이 아님을 주장했다. 하지만, 다른 한편 UFO에 대한 과학적 조사가 필요하다는 주장도 했다. 이것은 당시 미 공군의 입장과는 다른 것이었다. 그는 모든 UFO를 기존 현상으로 설명해낼 수 있다고 하는 것은 미지의 현상에 관한 과학적 연구에 방해가 될 수 있음을 경고했다. 이는 그 당시 프로젝트 블루북의 태도에 엄중 경고를 내린 셈이었다. 그는 민간인 과학자들이 미 공군에서 그간 조사한 내용을 비판적으로 검토하여 정말로 거기에

---

235 Jacobs, David M. 1975. p.204.

어떤 문제가 도사리고 있는지 결정해야 한다고 지적했다.

하이네크는 이즈음에 미 공군 의뢰로 세이건 등이 참여한 임시 위원회가 비슷한 결론을 내렸다는 사실을 알고 있었으며 그 또한 이런 결정이 그동안의 논란에 종지부를 찍을 수 있는 유일한 방법이라고 생각하고 있었다. 하지만, 자신들의 조사 결과를 다른 이들이 왈가왈부하면서 평가한다는 사실은 프로젝트 블루북을 책임지고 있었던 헥터 퀸타닐라Hector Quintanila에겐 별로 달갑지 않았을 것이다. 그래서 그랬는지 그는 증언자로 나서지 않았다.[236]

민간 UFO 조사 위원회 설립 결정

청문회 직후 그동안 딜레마에 빠졌던 미 공군의 UFO 조사 방향의 가닥이 잡혀가기 시작했다. 하이네크의 발언 덕분이었는지 청문회 분위기는 추가의 민간 조사 쪽으로 기울었다. 물론 그런 이유 때문만은 아니었을 것이다. 국회의원들이 이런 난제에 개입할 정도의 전문가들이 아니었기에 미국의 최고 관련 과학자들로 구성된 조사팀이 그동안의 미 공군 UFO 조사를 평가해야 한다는데 공감대가 형성된 것이다. 의외로 청문회의 결론이 쉽게 도출되었다. 비록 청문회에서 직접적으로 미 공군이 UFO 조사를 민간 전문가들에게 의뢰하라고 주문한 것은 아니었지만 전체적인 분위기가 그렇게 하는 것이 마땅한 것처럼 흘러갔던 것이다.

미 공군은 특별 위원회의 조언을 실행하기 위한 6인의 패널을 선

---

236 Jacobs, David M. 1975. pp.204-205.

출했다. 여기엔 특별 위원회에서 두 명, 미 공군 과학자문단에서 두 명, 그리고 공군에서 두 명이 포함되었다. 특히 특별 위원회에선 의장을 맡았던 오브라이언과 칼 세이건이 아닌 다른 한 명이 참여했다.

이 패널에선 처음에 미국의 유수한 대학교들이 참여해주길 바랐다. 그래서 25개 대학 명단을 만들고 여기에 국립과학아카데미가 조력하는 형태로 조사 위원회의 모양을 꾸몄다. 그리고 누구보다도 이 위원회에 알렌 하이네크와 도널드 멘젤이 참여해야 한다고 생각했다. 하지만, 이 모든 구상은 그들이 활동을 개시하던 초기부터 어긋나기 시작했다.

무엇보다도 하버드 대학, MIT, 캘리포니아 주립대학 등 미국 유수 대학 관련 교수들이 참여하는 걸 꺼렸다. 그 이유는 자칫 이 위원회 참여로 학교의 명예에 해를 끼치는 방향으로 대중적 관심을 받을 수 있고 또 조사해야 할 대상이 학문적으로 정통적이지 않다고 생각했기 때문이다. 또 하이네크와 멘젤은 대중적으로 이미 자신들의 견해를 매우 명백히 밝혔던 이력이 있기에 이들의 참여가 미 공군의 본의를 의심받을 소지가 있다고 보고 그들의 참여를 오히려 제한해야 한다고 결론지었다.[237]

콜로라도 주립대학교 UFO 조사 위원회 출범

결국 패널은 어느 한 대학이 총대를 메고 미 공군의 UFO 조사 결과를 과학적으로 점검하는 위원회를 구성하기로 방향 전환을

---

237 Jacobs, David M. 1975. p.206.

해야 했다. 그리고 그 후보로 콜로라도 주립대가 유력하게 부상했다. 미 공군은 UFO 관련 조사가 주로 심리학적인 문제에 집중되길 바랐다. 보고된 UFO가 목격자들의 지각과 인지능력의 한계와 관련 있다고 문제 제기하는 게 그들에게 유리했기 때문이다. 당시 콜로라도 대학 심리학과는 상당히 좋은 평가를 받고 있었으며 특히 미 공군이 필요한 지각과 인지 분야의 저명한 전문가들이 있었다. 미 공군에게 유리한 결론을 내려줄 수 있는 좋은 조건을 갖춘 대학이었다.[238]

그러나 이 위원회가 외형상으로는 물리적인 측면을 강조하는 것처럼 보여야 했다. 그래서 콜로라도 대학 교수 중 이런 측면을 담당해줄 인물이 요구되었다. 마침 그런 적합한 인물이 있었으니 바로 물리학과 학과장이었던 에드워드 콘던Edward U. Condon 교수였다. 그는 미국 표준연구원 원장을 역임한 바 있고 당시엔 전미 물리학회 회장이었다. 패널에선 그를 새 조사 위원회의 위원장으로 추천했다. 결국 1966년 10월 7일 미 공군은 민간 UFO 조사를 콜로라도 대학에서 맡기로 했고 그 책임자가 에드워드 콘던임을 공표했다.[239]

238　Jacobs, David M. 1975. p.208.
239　Jacobs, David M. 1975. pp.208-209.

Chapter 21
프로젝트 블루북의 종언과 그후의 논란

콘던 위원회 운영

1966년 10월 에드워드 콘던 박사의 지휘 아래 UFO 조사 위원회가 대학 내에 구성되었다. 일명 '콘던 위원회'라고 불린 이 조직은 정부가 지원한 연구비로 약 18개월 동안 프로젝트 블루북의 UFO 관련 기록 분석을 했다.

콜로라도 대학 UFO 조사팀은 콘돈 박사의 지휘 아래에 동 대학원 부학장인 로버트 로Robert J. Low가 실질적인 업무를 추진했다. 또한 천체지질학과의 프랭클린 로흐Franklin E. Roach 박사, 심리학과 과장 스튜어트 쿡Stuart W. Cook 교수, 정신측정학자 데이비드 사운더스David R. Sounders 박사가 동참했다. 그 밖에 사회 심리학자 윌리엄 스콧William A. Scott과 실험 심리학자 마이클 웨사이머Micheal W. Wertheimer 등이 연구를 도왔다.

이처럼 UFO 조사에 심리학자들이 대거 채용된 것은 프로젝트 블루북의 조사 과정에서 제기된 목격자의 증언이 얼마나 일관성 있으며 목격 보고서가 실제로 목격된 내용을 얼마나 정확하게 묘사하고 있는가 하는 프로젝트 수행상의 근본적인 문제를 명확히 해야 할 필요성 때문이었다. 물론 이런 필요성은 미 공군이 UFO를 순전히 심리적인 문제로 몰고 가려는 의도에서 요구되었다.

그밖에도 UFO 사진 분석이나 레이더 분석, 광학적인 문제들은 외부 기관에서 별도로 연구하였다. 특히 UFO 사진 분석은 애리조나 대학교의 천체지질 물리학자 윌리엄 하트만 William K. Hartmann이 맡았으며, 스탠포드 연구소에서는 광학적 신기루와 레이더 이상현상에 대한 조사 보고 자료를 제공했다. 그리고 UFO 프로젝트가 성공적으로 수행될 수 있도록 프로젝트 블루북 팀장인 헥터 퀸타닐라 소령과 자문역인 노스웨스턴 대학 천문학부 교수로 재직 중이던 알렌 하이네크 박사, 애리조나 대학 대기물리학자 제임스 맥도널드 박사, 노스웨스턴 대학의 컴퓨터 학자 자크 발레 박사 등이 자원해서 이 프로젝트를 지원했다. 당시 미국의 양대 민간 UFO 연구기관이었던 APRO(공중현상연구협회)와 NICAP도 적극적으로 지원하였다.[240]

---

240 Condon, Edward U. Summary of the study. In Gillmor, Daniel S. (Ed.) 1968. pp.9-71.

콘던 보고서

1967년 초부터 본격적으로 시작된 미국 콜로라도 대학 UFO 분석 프로젝트는 1968년 10월, 「UFO에 대한 과학적 연구의 최종보고서The Final Report of the Scientific Study of Unidentified Flying Objects」를 완성했다. 이 보고서는 일반적으로 '콘던 보고서'라 불리게 된다.

이 보고서 본문에는 프로젝트 블루북이 조사했던 몇몇 사건들이 기존의 방법으로는 설명이 불가능한 것임을 밝히고 있다. 예를 들어 1956년 벤트워터즈-레이큰히쓰 사건과 관련해 "그 명백히 이성적이고 지능적인 UFO 행동은 그것이 기원을 알 수 없는 기계적인 장치라는 설명을 가장 그럴듯하게 받아들여야 함을 가리킨다The apparently rational and intelligent behavior of the UFO suggests a mechanical device of unknown origin as the most probable explanation of this sighting"고 기술되어 있다.[241] 이처럼 '콘던 보고서' 본문을 세세히 살펴보면 UFO를 좀 더 과학적으로 연구해야 할 필요성을 담고 있는 내용들이 보인다.

하지만 콘던이 쓴 결론은 "UFO 현상이 주요한 과학적 발견을 추구하는 데 있어 실익이 있는 영역을 제공하지 않는다UFO phenomena do not offer a fruitful field in which to look for major scientific discoveries"고 단언하고 있다.[242] 프로젝트의 최종 보고서가 1,000여 페이지에 이르는 매우 방대한 분량이었기 때문에 매스컴에서는 콘던 박사의 결론 부분만을 대서특필했을 뿐 보고서의 다른 부분에 대해서는 아무런

---

241 Gillmor, Daniel S. (Ed.) 1969. p.164.
242 Gillmor, Daniel S. (Ed.) 1969. p.1.

언급을 하지 않았다.

이 보고서는 1969년 1월 밴텀 북스에서 단행본으로 출판되면서 일반에게 공개되었다. 이 책의 소개 글은 『뉴욕타임스』에서 월터 설리반Walter Sullvan이 기사로 썼던 내용을 그대로 옮겨서 맨 앞에 실었다. 여기에서 설리번은 멀쩡한 상태의 경찰, 항공기 조종사, 그리고 레이더 요원들이 특별한 상태에서 기존 비행체나 자연현상을 잘못 인식하게 되는 것으로 UFO 문제가 귀결된다는 식으로 쓰고 있다.[243] 미 공군에서 콜로라도 대학 심리학자들을 대거 동원해서 보고서 작성의 주도적 역할을 맡긴 효과가 톡톡히 나타났던 것이다.

콘던 보고서에 대한 재평가 논의

콘던 위원회가 활동하고 있던 시기에 과학계 일각에 UFO 문제를 좀더 많은 학자가 참여하는 토론의 장으로 끌고 나와야 한다고 하는 이들이 있었다. 그런 대표자가 바로 칼 세이건이었다. 이런 그와 의기투합한 이는 1953년에 로버트슨 사문회 멤버였던 손톤 페이지Thornton Page였다.[244] 영국 옥스퍼드대학에서 박사학위를 받은 그는 1958년부터 웨스레얀 대학Wesleyan University의 천문학과 교수로 재직하면서 미국 국방 분야의 항공기 관련 전문가로 활동하고 있었다. 그는 오랜 세월 동안 UFO 문제에 깊숙이 개입하고 있었으며 1968년 시점에서도 여전히 UFO에 대한 의문이 있었던 것 같다. 그

---

243 Gillmor, Daniel S. (Ed.) 1969. p.xiii.
244 Davidson, Keay. 1999. p.228.

는 물리적 실체라는 것의 적절한 증거가 무엇인가 하는 근본적인 의문을 제기하면서 UFO 목격이 우리가 아직 발명하지 못한 초첨단 재료와 에너지원을 보유한 외계 문명 가설에 맞아떨어지는 통계적 패턴을 보여주고 있을 수 있다고 보았다. 하지만, 여전히 좀더 많은 연구를 통해 그것이 사회 심리적 문제로 귀결될 수도 있다고 생각했다.[245]

칼 세이건과 쏜톤 페이지는 1968년 12월에 달라스에서 개최될 예정이었던 미국과학진보협회(American Association for Advancement of Science, AAAS) 심포지엄에서 UFO 문제를 다루길 원했다. 하지만, 당시엔 아직 콘던 보고서가 미 공군 내부에서 외부로 공개되지 않은 상황이었다. 그리고 그 보고서는 앞에서 언급했듯 1969년 1월에 일반에게 책으로 전문이 공개될 예정이었다. 당시 그들은 콘던 보고서의 대체적인 내용을 인지하고 있었지만, 이 보고서가 공개되기 전 심포지엄에서 논의한다는 것에 문제가 있었다.[246]

또 한편 1968년 AAAS 심포지엄에서 이 문제를 다루는 것을 콘던이 대놓고 반대했다. 자신이 주도한 프로젝트의 결론으로 UFO와 관련된 모든 것을 마무리하고 싶었던 그는 학계에서 이 문제를 재론함으로써 자신과 지신이 이끈 팀들의 권위가 추락하는 것을 경계했다. 그는 심포지엄을 열어봤자 저명한 학자들이 여기에 참여할 리 만무하다는 논리로 이를 반대했다.[247]

---

245 Page, Thornton Jr. 1969.
246 Sagan, Carl & Page, Thornton (eds.). 1972. pp. xi-xii.
247 Jacobs, David M. 1975. p.257.; Fowler, Raymond. 2001. Ufos: Interplanetary

하지만, 프로젝트에 참여했던 일부 학자들은 보고서가 완성되던 즈음 에드워드 콘던의 일방적인 결론에 크게 반발하고 있었다. 이런 문제를 제기한 대표적인 학자는 제임스 맥도날드James E. McDonald 교수였다. 그는 프로젝트 블루북에서 조사했던 사례 중 결코 무시할 수 없는 중요한 사례들에서 기존의 비행체나 자연현상으로 설명할 수 없으며 명백히 목격자들의 심리적 문제라고 볼 수 없는 것들이 존재한다고 믿고 있었다. 이런 관점과는 다소 차이는 있었지만, 알렌 하이네크 교수도 콘던의 결론에 반대했는데 그는 UFO가 충분히 과학적 연구 가치가 있다고 생각하고 있었기 때문이다. 이들 생각에 콘던 보고서의 결론만으로 미 공군이 프로젝트 블루북의 운명을 결정하는 것은 정당하지 않은 것이었다. 그래서 콘던 보고서의 세부 내용을 재평가하는 기회가 있어야 한다고 생각했다.

칼 세이건, 쏜톤 페이지, 제임스 맥도널드, 그리고 알렌 하이네크 교수 등은 콘던 보고서만으로 UFO 문제를 종결짓고 싶지 않았다. 에드워드 콘던이 이런 움직임을 극렬 저지했지만[248] 결국 이들은 1969년 12월 AAAS 심포지엄에서 이 문제를 다루는 것을 추진하였다.

프로젝트 블루북의 종언

학계의 심상치 않은 움직임에 미 공군은 UFO 연구에 사형 선고를 내린 콘던 보고서의 결론을 앞장세워 급히 이 이슈를 관속에 처

Visitors, iUniverse.
248 Holcombe, Larry. 2015. p.174.

넣고 못질할 필요가 있었다. AAAS 심포지엄이 예정된 날보다 열흘쯤 전인 1969년 12월 17일, 미 공군은 그때까지 진행되어 오던 UFO 연구조사의 종결을 선언했다. 공군 참모총장 존 라이언John D. Ryan에게 전달된 비망록에 "국가 안보적인 차원이나 과학적인 이득 면에서 더 이상 프로젝트 블루북을 지속할 아무런 정당성도 부여되지 않기 때문에 이런 결정을 내렸다"고 밝히고 있다.

1969년 말의 미 공군의 공식 UFO 조사연구 종결 선언은 이미 그해 3월에 예고되어 있었다. 그때 미 공군 참모본부에서 열린 회의에서 주요 쟁점은 어디에 프로젝트 블루북 파일들을 보관할 것이냐는 문제였으며, 그것의 종결이 엄연한 사실로 받아들여지고 있었다는 것이다.[249]

이처럼 미국 공군이 공식적인 UFO 조사의 종료를 서두른 것은, 군 내부에 UFO 전담반의 존재 자체가 일반인들에게 계속해서 UFO의 실재를 자각시켜주는 역할을 한다는 판단 때문이었다. 이런 시점에서 콜로라도 대학 프로젝트의 결론은 좋은 구실이 되었다. 프로젝트 블루북은 20여 년 동안 총 12,618건의 UFO 목격 사례를 수집했고, 그중에서 1969년 종료까지 미확인으로 남은 사건은 모두 701건이었다.[250]

---

249 Jacobs, David M. 1975. p.255.
250 Lawrence, Kerri. 2018.

미국과학진보협회의 UFO 심포지엄

1969년 12월 26일부터 31일까지 열린 '미국과학진보학회AAAS'에서는 UFO 문제를 놓고 관련 학자들을 모아 이틀에 걸친 심포지엄을 개최했으며, 칼 세이건은 이를 주관하는 측에 속해 있었다. UFO 조사 연구의 지속 여부와 관련해 심포지엄엔 입장이 서로 다른 세 부류의 발표자들이 등장했다.

첫 번째 부류에 속한 이들은 UFO가 이제껏 알려진 기존의 어떤 현상으로도 설명하기 어려우며, 좀더 과학적인 연구가 필요하다고 주장했다. 두 번째 부류에 속한 이들은 UFO 현상이 우리에게 익숙하지 않은 어떤 자연현상이거나 심리적 문제와 관련이 있다고 생각했으며, 그런 측면에서 좀더 연구가 필요하다는 의견을 제시했다. 세 번째 부류의 참가자들은 UFO 현상이 기존 과학으로 설명할 수 없는 것이 아니며, 따라서 여기에 더 이상 연구비를 사용할 필요가 없다고 주장했다.

발제자들의 면면

첫 번째 부류의 학자들 선봉에 애리조나 주립대 대기과학과 교수 제임스 맥도날드가 있었다.[251] 그의 주장은 매우 중요하므로 좀 뒤로 미루어 소개하겠다. UFO 실재론 진영의 감독급 역할을 맡았던 알렌 하이네크는 미 공군이 조사한 1만 2천여 건 중 비록

---

251 McDonald, James E. 1969.; Kopparapu, Ravi and Haqq-Misra, Jacob. 2021.

95% 정도의 사례가 기존의 비행체나 자연현상이라는 설명이 가능하나 5% 정도는 그렇지 않다고 지적했다. 그는 후자에 속한 사례가 지금까지 알려지지 않은 특별한 기상현상이거나 외계인의 우주선일 가능성이 있다고 역설했다.[252] 그가 이같이 두 가지 가능성을 모두 제시한 것은 주류 과학자들이 황당무계한 것으로 치부하는 외계인과의 관련성뿐 아니라 과학적 연구 가치를 보일 수 있는 미지의 대기 현상과의 관련성을 제기함으로써 어떻게든 정부 차원의 UFO 조사연구를 지속시키려고 하는 마음에서였을 것이다.

비교적 중립적인 입장이었던 두 번째 부류에 속하는 학자들은 그 안에서 둘로 나뉜다. 그 첫째는 이 회의를 주관한 쏜톤 페이지Thornton Page와 같은 천문학자들이다. 이들은 UFO가 외계인과 관련되었다는 주장에는 회의적이었으나 아직 우리가 이해할 수 없는 천문기상 현상이 존재할 수 있다는 생각이었다. 따라서 그 정체를 규명하기 위한 과학적 조사 연구가 필요할 수 있다고 생각했다.[253] 중립적인 입장의 두 번째 부류는 더글라스 프라이스-윌리엄스Duglas R. Price-Williams같은 심리학자였다. 이들은 UFO가 우리에게 알려지지 않은 어떤 현상인지 아닌지의 여부는 중요하지 않다고 생각했다. 그러함에도 그들은 UFO에 대한 체계적이고 과학적인 연구가 필요하다고 보았다. 그들은 30-40%의 미 국민이 UFO의 실재를 믿는다는 사실로부터 UFO 현상이 대중들에게 끼치는 영향이라는 측면

---

252 Page, Thornton. 1969.
253 Page, Thornton. Education and UFO Phenomenon. In Sagan, Carl and Page, Thornton (eds.). 1972. pp.3-10.

에서 충분히 과학적 연구 가치가 있다는 의견을 내놓았다.[254]

마지막 세 번째 부류의 학자들은 UFO가 기존의 비행체나 자연현상으로 모두 설명 가능하다는 주장을 견지했다. 따라서 UFO가 더 이상 과학적인 조사나 연구 대상일 필요가 없다는 것이었다. 그 선봉에는 도널드 멘젤이 있었다.

멘젤의 부정론

멘젤은 이 심포지엄에서 'UFO들: 현대적 신화'라는 제목으로 강연을 했다. 그는 그리스 로마 신화에 등장하는 신들이 번개나 폭풍과 같은 자연현상을 일으킨다고 고대인들이 믿었다는 사실을 환기시키며 이제 오늘날엔 좀 특별한 자연현상을 외계인들의 소행으로 보고 있다고 지적한다.[255] 그는 그때까지 전 세계적으로 경험된 UFO 사례들을 언급하면서 그것들이 자연현상의 한 측면으로 해석될 여지가 있음을 설파한다. 특히 가장 논란이 되었던 1952년의 워싱턴 DC 사건에 대해서는 레이더 신호는 기온 역전층 반사 신호로, 그리고 관제사들이나 조종사들 보았다는 불빛은 별빛이나 지상으로부터의 신기루, 유성 또는 망막에 나타난 잘못된 이미지라고 정리해버린다.[256] 그는 계속해서 맥도널드와 하이네크의 UFO에 대한 견

---

254 Price-Williams, Duglas R. Psychology and Epistemology of UFO Interpretations. In Sagan, Carl and Page, Thornton (eds.). 1972. p.224-232.
255 Menzel, Donald H. UFO's: The Modern Myth. In Sagan, Carl and Page, Thornton (eds.). 1972. p.123. 그는 논문을 냈으나 건강을 핑계로 회의장에는 나타나지 않았다.
256 Menzel, Donald H. UFO's: The Modern Myth. In Sagan, Carl and Page,

해를 하나하나 반박하기 시작한다. 그들이 주장하는 UFO의 특별한 관점은 잘못되었고 모든 UFO는 기존 비행체에 대한 착각, 특별한 자연현상의 오인, 그리고 생리적 문제로 귀결된다는 것이다. 그런데 초기 원고에 포함하지 않았지만, 그의 연설 내용이 책으로 편집될 때 비록 UFO에 대해 공군이 해왔던 식의 연구조사는 반대하지만 몇몇 UFO 사례에서 나타나 보이는 듯한 특별한 자연현상 연구조사를 할 수 있다고 본다는 그의 견해를 추가했다.[257]

드레이크의 UFO 목격자 문제점

당시 세티 계획을 주도하고 있던 프랭크 드레이크가 UFO 심포지엄의 UFO 부정론자 측에 서서 연설한 것은 이례적이었다. 그것도 그의 전공 분야인 천문학과 무관해 보이는 UFO 목격자의 관측 오류에 초점을 맞춰 논의했다는 것도 좀 낯설었다. 드레이크라면 당연히 그의 방정식을 들고나와 외계인들이 지구로 찾아올 확률이 거의 없다고 강연했어야 하지 않을까? 이런 기대와 달리 그의 강연 제목은 'UFO나 유사 현상에 대한 목격자들의 능력과 한계에 대하여'였다.

그는 자신이 국립전파천문관측소National Radio Astronomy Observatory에 속해 있는 천문학자의 일원으로 유성을 목격했다는 사람들을 조사하면서 그들의 기억이 아주 빠르게 사라지며 왜곡된다는 사실

Thornton (eds.). 1972. p.129.
257 Menzel, Donald H. UFO's: The Modern Myth. In Sagan, Carl and Page, Thornton (eds.). 1972. p.146.

을 발견했다면서 UFO 조사자들이 이런 점을 간과하고 있을 것이라고 지적한다.[258] 그밖에도 그는 목격자들이 목격한 물체의 색상에 대해 헷갈려 하는 점을 지적했다. 그리고 목격자들이 목격 지점에 대해서도 나중에 잘못 기억하고 있다는 점들을 강조하면서 지금까지 아주 그럴듯하게 알려진 UFO 이야기들이 모두 이런 오인과 착각, 그리고 잘못된 기억에 기인할 것이라고 결론짓는다.[259]

칼 세이건의 외계 가설 비판

드레이크가 자신의 방정식을 갖고 강연하지 않은 것은 세이건을 위한 배려였던 것으로 보인다. 칼 세이건은 'UFO: 외계 가설 및 기타 가설들'이라는 제목의 강연에서 드레이크 방정식으로 외계인의 지구 방문이 얼마나 어려운가를 설명했다.

그는 우리가 외계인들의 지구 방문에 대해 스스로 속이는 극단적인 두 가지 반응을 보인다고 말한다. 그 첫째는 우리가 그것을 원하기 때문에 아주 미미한 증거에도 쉽사리 그것을 믿고 싶어 한다는 것이다. 둘째는 그것을 원하지 않기 때문에 충분한 증거가 없다는 점을 핑계 삼아 아예 그럴 가능성 자체를 부정해버린다는 것이다. 그는 이 두 가지 극단적인 태도 모두 UFO를 과학적으로 연구하려는데 큰 장애 요소가 된다고 지적한다.

---

258 Menzel, Donald H. UFO's: The Modern Myth. In Sagan, Carl and Page, Thornton (eds.). 1972. p.254.
259 Menzel, Donald H. UFO's: The Modern Myth. In Sagan, Carl and Page, Thornton (eds.). 1972. p.256-257.

세이건은 자신이 좀더 합리적인 자세로 외계인 가설을 살펴보겠다고 하면서 외계인들이 지구를 방문할 확률을 계산한다. 그는 지구상에서 연중 목격되는 UFO 숫자를 들이대며 그 각각이 서로 다른 외계의 별에서 온다고 가정할 때 이는 마치 산타클로스가 크리스마스 이브날 밤 동안 지구상의 모든 가정을 방문하는 것처럼 비현실적이라고 지적한다. 그의 계산에 의하면 산타클로스는 하룻밤 사이 1억 가정 이상을 돌아야 하는데 이는 초광속으로 움직여도 불가능한 일이라는 것이다.[260]

그는 연중 목격되는 UFO가 사실은 레스터 그린스푼 등 심리학자들이 좋아하는 시가형의 모선들에서 오는 것이라고 해도 '산타클로스 가설'에서 크게 벗어나지 않는다고 하면서 그래봐야 1/100 정도로 줄어들 뿐 자신의 계산엔 큰 영향이 없다는 것이다.[261] 그는 UFO를 항성 간 비행 우주선이라고 보는 관점은 극도로 가능해보이지 않는다고 하면서도 그렇다고 항성 간 우주비행이 불가능하다고 하는 것도 큰 잘못일 것이라고 한다. 그는 전파를 통한 항성 간 문명들의 교신이 직접적인 우주여행에 의한 접촉보다 경제적이라는 주장을 소개하면서 하지만, 직접 여행이 더 경제적일 가능성을 배제할 수는 없다고 한다. 하지만, 그런 방문 가능성은 매우 작다고 못 박는다.[262]

---

260 Sagan, Carl. UFO's: The extraterrestrial and the other hypothesis. In Sagan, Carl and Page, Thornton (eds.). 1972. p.266.
261 Sagan, Carl. UFO's: The extraterrestrial and the other hypothesis. In Sagan, Carl and Page, Thornton (eds.). 1972. p.269.
262 Sagan, Carl. UFO's: The extraterrestrial and the other hypothesis. In Sagan, Carl and Page, Thornton (eds.). 1972. p.271.

칼 세이건은 1963년의 논문과 1966년의 저술에서 외계인들이 지구 역사상, 즉 지난 5 천년 간 지구에 1번은 도달했을 것으로 가정했었다. 그의 이런 주장은 많은 이들을 고대 외계인 가설 추종자로 이끌었다. 그런데 불과 몇 년이 지나지 않아서 이제 외계인이 지구에 올 가능성이 '매우 작다'고 했다. 이 짧은 세월 동안 무엇이 그의 생각을 크게 바꿔놓은 것일까? 주류 학계에 시건방지게 도전하는 듯했던 기존의 자세에 대한 반성이 있었기 때문일까?

그나마 그가 젊은 시절에 추구했던 직접적인 우주여행에 대한 미련을 완전히 접진 않은 듯하다. 그러함에도 이런 그의 주장이 어떻게든 UFO와 연관 짓는 것은 사뭇 경계했다. 결론적으로 그는 다음과 같이 말한다.

"나는 과학과 사회 둘 다를 위해 외계 생명체를 찾는 것이 매우 중요하다고 생각합니다. 이보다 더 중요한 과학적 의문은 존재하지 않는다고 생각합니다. 하지만, 나는 UFO를 통해 이런 주제를 조사하는 것이 제일 효율적인 방법이라고 믿지 않습니다."[263]

---

263 Menzel, Donald H. UFO's: The Modern Myth. In Sagan, Carl and Page, Thornton (eds.). 1972. p.274.

제임스 맥도널드가 제시한 UFO 실재 증거

제임스 맥도널드는 이 심포지엄에서 1956년 영국 서포크Suffolk의 벤트워터즈Bentwaters UFO 사건을 UFO 실재 증거로 제시했다. 그해 8월 어느 날 밤 영국 공군기지 관제탑 레이다에 UFO가 동쪽에서 접근해 서쪽으로 이동하는 것이 포착되었다. 이때 기지에 있던 군인들이 밝은 빛을 목격했다. 또한 인근을 지나던 C-47기 조종사가 밝은 빛 덩어리가 자신의 비행기 아래로 지나갔다고 보고했다. 벤드워터즈 관제탑 요원은 거기서 북서쪽으로 40마일 떨어진 레이큰히쓰Lakeheath 기지에 연락해 괴비행체가 접근하는가를 확인했다. 이 기지는 당시 미 공군이 임대해서 사용하고 있었다. 그곳의 지상 요원들은 여러 개의 빛 덩어리들이 그곳에 나타난 것을 목격했다. 그런데 특이하게도 그중에서 두 개가 이동 방향을 크게 바꾸더니 서로 합쳐졌다.[264] 맥도널드는 이처럼 레이더에도 포착되고 동시에 비행기와 지상 여러 곳에서 확인된 이 사례를 UFO 실재의 강력한 증거로 꼽았다.[265]

또 하나의 UFO 실재를 증명하는 사례로 맥도날드는 1957년에 미 공군 RB-47기 조종사와 탑승자들이 목격한 UFO를 거론했다. 모두 6명의 장교가 타고 있던 이 비행기는 미시시피주에서 출발해 루이지애나주와 텍사스주를 거쳐 오클라호마주로 진입하고 있었다. 이 사건에서 강렬한 빛 덩어리가 그 비행기를 7백 마일이나 뒤쫓아 왔는

---

264 Lakenheath-Bentwaters incident, Wikipedia. Available at https://en.wikipedia.org/wiki/Lakenheath-Bentwaters_incident
265 Sturrock, Peter A. 1973.

데 조종사들이 직접 눈으로 확인했을 뿐 아니라 지상 레이다에 감지되었고 또, 비행기에 탑재되어있던 '방해전파(electronic counter measure; ECM)' 감지 장치로 확인할 수 있었다. 중요한 점은 UFO가 출몰할 때 이 세 가지 방법으로 측정되는 바가 모두 일치했다는 사실이다.[266]

사건 직후 미 공군은 이를 비밀로 해오다가 몇 년 후 공표했는데 그때 RB-47기 목격자들이 인근을 지나던 다른 비행기를 착각한 것이라고 했다. 이런 주장에 대해 '콘던 위원회'에 참가해 이 사건을 조사했던 물리학자 고든 데이어Gordon David Thayer는 "문자 그대로 웃기는literally ridiculous" 주장이라고 지적했다.[267]

이와 같은 주장은 매우 합리적이고 충분한 논의의 여지가 있었지만 도널드 멘젤을 비롯한 UFO 허구론을 주장하는 상대 진영에 있던 학자들은 이런 증거들을 무시하고 자신들이 주로 관심 가진 대다수 '노이즈' 사건에 대한 기존의 주장을 반복했다. '노이즈'가 압도적으로 크기 때문에 '시그널'은 의미가 없다는 것이었다.

1969년 말의 미 과학진보협회 UFO 심포지엄에서 찬반 양 진영의 논리가 팽팽히 맞서며 어떤 결론에도 도달하지 못했다. 그리고 설령 그 자리에서 UFO의 과학적 연구 필요성을 지지하는 이들의 논리가 설득력을 얻었다고 하더라도 그 심포지엄 개최는 때늦은 감이 있었다.

266　McDonald, James E. 1970.
267　UFO Subcommittee of the AIAA. 1971.; The RB-47 UFO Encounter. Howstuffswork. Updated: April 16, 2024. Available at https://science.howstuffworks.com/space/aliens-ufos/rb-47-ufo.htm

Part 06

1973년 UFO 웨이브와 카터의 UFO 파일 공개

Chapter 22

1973년 UFO 웨이브와
카터의 UFO 관련 대선 공약

UFO는 존재한다!

콘던 보고서의 영향력은 매우 컸다. 1970년대 초 대다수 주요 미국 언론은 UFO 문제를 더 이상 거론하지 않았다. 그래서 NICAP이나 APRO와 같은 민간 UFO 단체들은 재정난에 시달릴 정도였다.[268] 이런 와중에 관련 학계에서 놀라운 결론을 내놨다.

1970년 11월 미 항공·우주 운항 연구협회The American Institute of Aeronautics and Astronautics에서 UFO 관련 보고서가 나왔다. 휴즈 항공사, 맥도넬 더글라스 미사일 및 우주 시스템사, 미 항공우주국 고다드 우주비행센터, 미 육군 전자 사령부U.S. Army Electronics Command 등 미국 항공·우주 관련 전문가 11명으로 구성된 UFO 소

---

268 Jacobs, David M. 1975. p.258.

위원회에서 작성한 이 보고서는 비록 대부분의 UFO 사례를 기존 비행체이거나 특별한 기상 천체 현상의 오인으로 분류할 수 있으나 비록 그 숫자가 적지만 설명 불가능한 사례들이 존재한다는 것이었다. 모든 정황이 완벽하기에 그것을 결코 무시하기 어려우며, 따라서 UFO 논쟁의 핵심에 도사리고 있는 이 부분을 좀더 과학적으로 연구해 볼 가치가 있다는 것이 그들의 결론이었다.[269]

그들이 주목했던 아주 중요한 사례들은 제임스 맥도널드가 1969년 12월 AAAS 심포지엄에서 지적했던 두 사건이었다. 이 소위원회는 이 두 가지 매우 중요한 UFO 사례들을 1971년 7월과 9월에 협회에서 발행하는 저널인 『항공·우주 운항Aeronautics and Astronautics』에 소개했다.[270] 미 공군이 의도한 대로 비록 대중적인 UFO 관심은 식고 있었으나 전문가들 사이에서는 여전히 UFO 문제의 심각성이 논의되고 있었다.

1972년 하이네크는 『UFO 체험: 과학적 탐구The UFO Experience: A Scientific Enquiry』라는 책을 냈다. 그는 이 책에서 그간 자신이 미 공군 UFO 프로젝트와 관련해 경험했던 사실들을 기록하면서 프로젝트 블루북이 UFO의 진실을 파헤치려는데 몰두한 것이 아니라 그것을 설명해버리려고 애썼다고 토로했다.[271]

---

269 Jacobs, David M. 1975. p.259.
270 McDonald, James E. 1971.; Thayer, Gordon D. 1971.
271 Lewis-Kraus, Gideon. 2021.

휴머노이드 외계인의 대거 출현

미국에서 공식적으로 조사 활동의 종료를 발표했음에도 불구하고, UFO는 그후에도 여전히 미국 영토에 출현하고 있었다. 하지만 대중들이나 매스컴들은 이를 더 이상 심각하게 생각하지 않았다. 그렇게 1970년대 초가 흘러가고 있었다. 그러다가 1973년에 접어들면서 미국에 또 한 번의 UFO 대소동이 일어났다.

그런데 이때의 UFO 소동은 1947년, 1952년, 1957년, 1966년과는 다른 특징이 있었다. 이른바 3종 근접 조우 사건들, 즉 지면에 착륙한 UFO와 그 근처에서 휴머노이드들을 동시에 목격했다는 사건들이 두드러지게 발생했다. 그해 10월 1일, 3명의 남자가 계란형 UFO 근처에서 키가 큰 휴머노이드형 로봇이 걸어 다니는 모습을 목격했다. 그로부터 3일 후 캘리포니아주 지미 밸리에서 한 목격자가 삼각형 UFO가 먼지구름 사이에 떠 있는 것을 목격했다. 그것의 꼭대기에는 투명한 돔이 있었는데 그 안에 은빛 잠수복을 입은 휴머노이드형 탑승자가 타고 있었다. 그 존재는 목격자의 존재를 알아채자 곧 사라졌고, 돔이 빠르게 회전하면서 아래쪽 삼각형 본체 안에 들어갔다. 이때 UFO에서 나온 안개가 UFO 주변을 감쌌고, 잠시 후 그것은 감쪽같이 사라져버렸다.[272]

파스카골라 UFO 외계인 피랍 사건

같은 해 10월 11일, 미시시피주 파스카골라Pascagoula에서 낚시를 하던 찰스 힉슨Charles Hickson과 갤빈 파커Calvin Parker는 선착장 근처

---
272 Randle, Kevin D. 1989. p.140.

에 나타난 파란 불빛을 목격했다. 그들이 가까이 가보니 지면에서 1미터쯤 높이에 떠 있는 UFO가 있었다. 거기서 붕 하는 소리가 났고 섬뜩한 느낌이 든 둘은 거기서 도망치려고 했다. 그때 UFO 해치가 열리며 3명의 탑승자가 나왔고 그들을 향해 날아오기 시작했다. 그들은 코와 귀가 있어야 할 자리에 원뿔 같은 것이 돋아 있었으며 다리는 마치 통나무처럼 일자형이었다.

찰스 힉슨과 캘빈 파커가 목격했다고 하는 UFO 탑승자 이미지

파커는 공포에 질려 거의 넋을 잃고 꼼짝할 수 없었었고, 힉슨은

히스테리 증세를 보였다. 그들은 반쯤 의식이 없는 상태에서 공중에 떠올랐고 외계인들에 의해 UFO 내부로 옮겨졌다. 다시 의식을 되찾았을 때 UFO는 이미 사라지고 없었지만 그들은 너무나도 끔찍한 체험에 한동안 쇼크 상태에 빠져 있었다.

이 사건을 조사한 보안관과 경찰은 진위를 확인하기 위해 도청장치를 설치한 방에 그들만을 두고 지켜보았다. 그들은 서로에게 그날의 악몽 같은 체험을 되새기며 전율할 뿐이었다. 그후 알렌 하이네크 박사를 비롯한 5명의 과학자가 이들에게 정신분석과 최면요법, 거짓말탐지기 검사를 시도했지만 모든 경우에서 이들이 온전한 정신 상태에서 사실적인 체험을 했다는 판명이 났다.[273]

힉슨과 파커의 피랍사건 6일 후인 10월 17일, 앨라배마주 포크빌Falkville의 경찰관 제프 그린호우Jeff Greenhaw는 UFO 착륙을 목격했다는 한 여인의 신고를 받고 출동했다. 그는 은빛 우주복 같은 걸 입은 존재를 현장에서 발견하고서 폴라로이드 사진기로 촬영했다. 그러자 그 존재는 달아나기 시작했다. 그린호우가 쫓아갔으나 놓쳐버렸다.[274]

미 육군 헬기 UFO 조우 사건

1973년 10월 중순, UFO 집중 출몰사건을 언급할 때 빼놓을 수 없는 대표적인 사건이 발생했다. 미 육군 소속 헬기가 운행 도중 UFO와 거의 충돌할 뻔했던 이 사건은 하이네크가 조직한 민간 UFO 단체인 CUFOS에서 집중적으로 조사했다. 이때의 조사를 맡

---

273 Jacobs, David M. 1975. pp.277-279.
274 Good, Timothy. 1988. pp.301-302.

은 이들은 자크 발레, 데이비드 사운더즈, 리처드 지그지문드Richard Sigsimund 등이었고, 제보자들은 육군 소속의 로렌스 코인Lawrence Coyne 대위, 아리고 제찌Arrigo Jezzi 중위, 존 힐리John Healey 상사, 로버트 야나체크Robert Yanacsek 상사 등 4명이었다.

매우 맑았던 10월 18일 밤 11시경, 그들은 오하이오주 맨스필드 2,500피트 상공을 비행하고 있었다. 이때 그들은 서쪽에서 남쪽으로 움직이는 빨간 불빛이 나타난 것을 목격했다. 곧 그 불빛은 헬기를 향해 빠른 속도로 돌진해왔다. 코인 대위는 깜짝 놀라 헬기를 급하강시키면서 지상 관제탑에 자신들의 헬기를 향해 오고 있는 물체의 정체 확인을 요청했다. 하지만 채 응답이 오기도 전에 헬기의 UHF와 VHF가 모두 작동을 멈췄다. 빨간 불빛은 점점 더 커지면서 헬기를 향해 다가오더니 헬기 정면에서 약 10초 동안 멈췄다. 그것은 앞쪽에 작은 돔이 있는 회색빛 시가형이었다. 물체 주변은 백광으로 둘러싸여 있었고, 아래쪽에는 녹색 광선이 쏟아지고 있었다. 곧 헬기 전체가 녹색 광선속에 휩싸였다. 그들은 모두 공포에 떨었는데 잠시 후 UFO는 급히 가속해서 그들 시야에서 사라져버렸다.

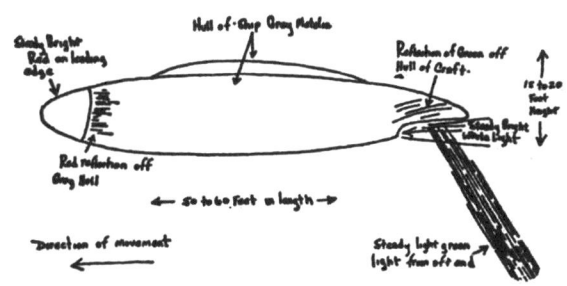

로렌스 코인 대위가 직접 그린 UFO 이미지

가까스로 정신을 수습한 코인 대위는 분당 600미터 속도로 하강하도록 조작했는데도 불구하고 헬기가 분당 300미터 속도로 상승 중이라는 사실을 알고 소스라치게 놀랐다. 헬기는 지상 1.1킬로미터 상공까지 상승한 후 다시 정상을 되찾았다.[275]

UFO가 동물과 인간에게 끼치는 생리적 영향

1973년에는 UFO와 관련된 휴머노이드형 탑승자 목격 이외에 몇 가지 새로운 특징들이 나타났다. UFO가 동물과 인간에게 미치는 영향이 다수 보고되었는데, 특히 개들은 UFO가 출현할 때 끙끙거리거나 꼬리를 감추는 등 불안한 행동을 했고, 사람의 경우는 UFO 가까이 접근하면 피부가 따끔거리고 뜨겁거나 차가운 느낌이 들었다고 한다. 가끔 사람들이 UFO의 강렬한 광선으로 인해 피부와 눈에 화상을 입었다는 보고가 있었고, 정신적인 영향을 받았다는 사례도 다수 보고되었다. 비록 그 증거를 객관적으로 확보할 수는 없지만 연구가들은 이 문제를 심각하게 검토했다.[276] 1970년대의 새로운 유형으로 진화한 UFO 웨이브는 점점 UFO가 우리 곁으로 다가와 영향을 끼치고 있다는 생각을 대중들에게 심어주기에 충분했다.

---

275 Zeidman, Jennie. 1976.
276 Jacobs, David M. 1975. pp.270-271.

돌아온 UFO에 대한 미국 매스컴의 관심

미국 매스컴은 UFO 대거 출현 사태를 대대적으로 보도했다. 이번에는 UFO 웨이브가 관심 대상이었다. 공군이 조사를 종결함으로써 다시는 대규모의 UFO 출현 사태를 예상하지 않았는데 왜 아직도 이런 현상이 발생하는 것일까? 몇몇 신문은 이 문제를 전 세계가 근본적으로 지닌 비교적 재미있고 무해한 형태의 병적인 증상일 것으로 추측했다. 또 몇몇 신문은 이번의 웨이브는 다분히 복고풍이라는 주장도 했다. 하지만 다른 신문들은 UFO 현상이 일부 과학자들이 주장하는 것처럼 외계 문명에 의한 것일 수 있다는 의견을 제시했다.

1973년 11월, 갤럽조사에서 놀랍게도 미국 성인의 51%가 UFO의 실재를 믿고 있으며 11%는 직접 목격했다고 응답했다. 더욱 놀라운 일은 조사 대상자의 95%가 UFO에 대해 들어본 적이 있다고 대답함으로써 그때까지 모든 부문에 걸친 갤럽조사 중에서 최고의 기록을 갱신했다는 사실이다. 공군의 공식적인 조사가 종결된 지 3년이 지났지만, UFO에 대한 국민들의 관심은 결코 사그라지지 않았다.[277]

세이건과 하이네크의 래리 코인쇼 패널 참여

1974년 초 칼 세이건과 알렌 하이네크는 '딕 캐벳 쇼The Dick Cavett Show'에 패널로 참여했다. 이 쇼에는 1973년에 피랍 체험을 했던 찰리 힉슨과 캘빈 파커와 시가형 UFO를 목격한 헬기 조종사 래

---

277   Jacobs, David M. 1975. pp.296.

리 코인 대위가 게스트로 초청되었다.[278] 이 쇼에서 세이건은 게스트들이 환각 체험을 했다거나 거짓말을 하는 것으로 의심된다는 식으로 몰아갔다. 쇼가 막바지에 다다랐을 때 하이네크는 자신이 UFO를 과학적으로 연구할 조직을 설립할 것이라고 말했다. '근접 조우자: 어떻게 한 사람이 이 세상 사람들에게 UFO 존재를 믿도록 했는가The Close Encounters Man: How One Man Made the World Believe in UFOs.' 라는 제목의 하이네크 전기를 쓴 마크 오코넬Mark O'Connell은 하이네크의 이 발언은 시청자들을 향해서 했다기보다 세이건에게 했다고 봐야 한다는 견해를 피력했다.[279]

1975년 미국 핵기지 근처 사건

1973년의 UFO 웨이브는 미 공군 당국을 곤혹스럽게 했다. 프로젝트 블루북을 종결함으로써 UFO라는 망령을 확실히 죽여서 관속에 넣고 못질해 땅속에 깊숙이 묻었다고 생각했던 그들의 판단이 잘못되었음이 드러났기 때문이다. 하지만, 더 이상 미 공군, 나아가서 펜타곤이 이 문제에 관여하는 것은 용납될 수 없었다. 오직 침묵만이 이 사태를 조용히 잠재울 수 있다는 사실을 그들은 지난 수십 년간의 경험으로 잘 알고 있었기 때문이다. 하지만, 정치인들 입장에 이것은 그냥 묵과할 성질의 문제가 아니었다. 특히 민주당의 대선주자급 인사들은 이 문제가 국민의 알 권리와 관련된다는 인식이 있었다. 결국 1977년 민주당 대선 후보로 나선 지

---

278 Willson, Colin. 2010.
279 Vitali, Marc. 2017.

미 카터가 자신이 대통령이 되면 UFO 기밀을 해제한다고 공약하게 된다. 그런데 이런 그의 정치적 행위가 있기 전 미국에서 군사적으로 중요한 UFO 사건이 발생했다.

1975년 10월, 11월, 그리고 12월에 믿을 만한 미 육군 장교들에 의해 메인주에 있는 로링 공군기지Loring Air Force Base, 미시간주의 워트스미스 공군기지Wurtsmith AFB, 몬태나주의 맘스트롬 공군기지Malmstrom AFB, 노스다코타주의 미노트 공군기지Minot AFB, 그리고 온타리오주의 캐나다 공군기지Canadian Air Forces Station에서 UFO가 목격되었다. UFO가 주로 출현한 지역은 핵무기 저장고, 민간 비행 제한구역aircraft alert areas, 그리고 핵미사일기지Nuclear missile control facilities 등이었다.[280] 이 사건들은 공군 정보기관에서 세밀히 조사되었는데 군사기밀로 감추었다. 하지만, 카터 행정부 때 공개가 되어 『뉴욕타임스』 등 주요 언론에서 문제 삼았다.[281]

이와 같은 군사적으로 민감한 시설 주변의 UFO 출현은 1947년 이래 반복적으로 지속되었다. 미 공군이 당시 UFO 전담팀을 운영했던 이유가 바로 여기에 있었다. 그런데 미 공군에서 공식적인 UFO 조사를 마무리하고 그 군사적 중요성을 부인한 상황에서 미국 영토에 가장 군사적으로 민감한 시설 주변을 UFO가 배회하고 있었던 것이다.

---

280   Gersten, Peter. 1981a.
281   Huyghe, Patrick. 1979.

Chapter 23

지미 카터 대통령과 UFO 파일 공개

제럴드 포드 대통령과 UFO

프로젝트 블루북 종료 후 미국에서 다시 UFO 출몰이 문제가 되기 시작하던 1973년 미국은 정치적으로도 대혼란 상태였다. 1972년 대선에서 공화당의 리처드 닉슨Richard Nixon이 대통령 재선에 성공했고, 그의 러닝메이트였던 제럴드 포드는 부통령이 되었다. 이 대선에서 UFO는 전혀 이슈가 아니었다. 1972년은 UFO 문제가 대중적 관심을 떠나있었던 시기였기 때문이다.

그런데 미국에서 UFO 문제가 심각한 이슈로 떠오르던 1973년 10월경 이른바 워터게이트 사건이 터졌다. 대선 캠페인 기간 중이었던 1972년 6월 민주당전국위원회(DNC)가 입주해있던 워싱턴 D.C. 워터게이트 호텔에 도청한 것이 문제가 되었는데 그것을 사주한 장본인이 닉슨인 것으로 드러났기 때문이다. 결국 닉슨은 탄핵 직전까지 몰렸고 1974년 8월 중도 사퇴하게 되었다.

닉슨이 낙마하면서 그의 잔여 임기는 제럴드 포드가 이어받게 되었다. 1966년 미국 최초로 하원에서 UFO 청문회가 개최되도록 했던 그가 대통령이 되면서 UFO에 관한 어떤 특별한 조치를 했을까? 비록 정치적으로 매우 어수선하긴 했지만, 그가 부통령을 맡고 있었던 시기에 미국 전역에서 UFO 목격이 쇄도했고 매스컴이 이를 크게 다뤘다. 만일 그가 이 문제를 여전히 심각하게 생각하고 있었다면 대통령으로서 어떤 조치든 취했을 것이다. 그런데 아무리 찾아봐도 그가 대통령 시절 UFO 문제를 언급했다는 기록을 찾아보기 어렵다.

그런데 사실은 그가 UFO 문제에 지속적인 관심을 보이고 있었다는 증거가 드러났다. 그가 국회의원 시절이나 부통령 시절, 그리고 대통령이 되어서까지 줄기차게 관련 정보기관에 UFO 정보요청을 했으나 그들로부터 의미 있는 그 어떤 내용도 보고 받지 못했다고 한다.[282]

지미 카터 대통령과 UFO

포드 후임으로 대통령이 된 지미 카터Jimmy Carter는 아예 대선 캠페인 때 그의 공약으로 UFO 기밀을 해제하고 국민에게 모두 밝힐 것을 천명했다. 실제로 1977년 대통령이 된 카터는 정보 자유화법을 따

---

282 Cameron, Grant. 2009.: 맹성렬. 2017. p.77.

라 제기된 정보공개 청구를 정보기관들이 쉽게 거부하던 그때까지의 관행을 깨고, 그들이 구체적으로 공익에 반한다는 증거 제시를 하지 못할 때 법원이 정보공개를 허용하도록 판결할 수 있게 했다.[283]

이에 따라 그의 재임 시 FBI, CIA, DIA(국방정보국), NSA(국가안보국) 등 주요 정보 부서의 UFO 비밀문서 상당수가 기밀 해제됐다. 이 문서들은 미국 정부가 공식적으로는 UFO 조사 분석팀을 해체했지만, 이후에도 UFO 문제에 관심이 있었다는 사실을 확인해주는 증거였다. 특히 DIA에서 수집한 정보 중에는 1976년 이란의 테헤란 상공에 출현한 UFO에 관한 것이 있었는데, 이란 공군 요격기들이 출격해서 조준하자 계기판이 오작동을 일으켰다는 내용이 담겨 있었다.[284]

---

283 Funk, William. 2009.
284 The Iranian History Article: UFO In Tehran Skies Available at http://www.fouman.com/Y/Get_Iranian_History_Today.php?artid=1344; Teheran UFO 1976. Wikipedia. Available at https://en.wikipedia.org/wiki/File:Tehran_ufo_1976_1.jpg

CONFIDENTIAL

NOW YOU SEE IT, NOW YOU DON'T! (U)

Captain Henry S. Shields, HQ USAFE/INOMP

Sometime in his career, each pilot can expect to encounter strange, unusual happenings which will never be adequately or entirely explained by logic or subsequent investigation. The following article recounts just such an episode as reported by two F-4 Phantom crews of the Imperial Iranian Air Force during late 1976. No additional information or explanation of the strange events has been forthcoming; the story will be filed away and probably forgotten, but it makes interesting, and possibly disturbing, reading.

* * * * *

Until 0030 on a clear autumn morning, it had been an entirely routine night watch for the Imperial Iranian Air Force's command post in the Tehran area. In quick succession, four calls arrived from one of the city's suburbs reporting a series of strange airborne objects. These Unidentified Flying Objects (UFOs) were described as 'bird-like', or as brightly-lit helicopters (although none were airborne at the time). Unable to convince the callers that they were only seeing stars, a senior officer went outside to see for himself. Observing an object to the north like a star, only larger and brighter, he immediately scrambled an IIAF F-4 to investigate.

Approaching the city, the F-4 pilot reported that the brilliant object was easily visible 70 miles away. When approximately 25 NM distant, the interceptor lost all instrumentation and UHF/Intercom communications. Upon breaking off the intercept and turning towards his home base, all systems returned to normal, as if the strange object no longer regarded the aircraft as a threat.

DECLASSIFY

32

CONFIDENTIAL

1976년 이란 수도 테헤란 UFO 사건을 정리한 DIA 보고서

1978년 NSA가 공개한 문건 중에는 1968년 NSA 요원이 작성한 보고서 'UFO 가설과 생존 문제UFO Hypothesis and Survival Questions'이 있

었다. 이 문서에는 UFO가 외계인과 관련이 있는 경우 인류 생존을 위해 우리가 어떤 행동을 취해야 하는지에 대한 계획이 적혀 있었다.[285]

1968년 NSA 요원이 작성한 'UFO 가설과 생존 문제'

---

285 UFO Hypothesis and Survival Questions. National Security Agency/Central Security Service. Available at https://media.defense.gov/2021/Jul/13/2002761377/-1/-1/0/UFO_HYPOTHESIS.PDF

NSA의 UFO 비밀문서 공개

1980년 CAUS(Citizens Against UFO Secrecy, UFO 비밀 정책에 반대하는 시민들)는 NSA에 더 많은 관련 문서 공개를 요구했다. 그러나 NSA는 국가 안보를 이유로 추가 문서 공개를 거부했다. 다만 135건의 UFO 관련 문서가 존재한다는 사실을 인정했다. 결국 CAUS는 NSA를 상대로 소송을 걸었고 1981년까지 워싱턴지방재판소에서 재판이 진행됐다. CAUS는 이 재판에서 패소했다. NSA 측은 공개를 거부한 이유가 담긴 21쪽의 선서 진술서를 열람할 수 있었는데 중요 부분은 까맣게 칠해져 있어 그 내용을 확인할 수 없었다.[286]

UFO와 관련해서 포드나 카터의 경우를 볼 때 미국의 정보 부서들은 대통령에게조차도 UFO 관련 정보를 제대로 제공하지 않고 있다는 인상을 준다. 그 이유는 무엇일까? 음모론자들은 미국 정보 부처들이 UFO와 외계인에 대한 중요한 정보를 대통령에게까지 감추고 있다고 주장한다. 그런데 실제로 이런 음모론에는 상당한 근거가 있다. 미국 예수회 본부 총괄 법률 고문을 역임했던 대니얼 시언Daniel Sheehan은 지미 카터가 대통령이 된 직후 당시 CIA 수장이던 아버지 부시George Herbert Walker Bush에게 UFO 관련 정보를 달라고 했는데 부시가 이를 거부했다는 사실을 밝힌 바 있다.[287]

---

286 NSA Affidavit on UFO Records (Redacted). Available at http://fas.org/irp/nsa/yeates-ufo.pdf
287 ZNN. 2013.

Part 07
행성학자 칼 세이건과 웜홀 이론

Chapter 24

행성 전문가 칼 세이건

터전으로써의 행성들

칼 세이건은 하버드에서 조교수를 하던 1963년부터 "행성들은 (삶의) 터전이다Planets are Places"란 제목으로 대중 강연을 했다.[288] 이런 강연을 한다는 것은 당시로썬 아주 파격적이었다. 왜냐하면 그 누구도 다른 행성들 지질과 대기에 대해서 그렇게 심각하게 고민하고 있지 않았기 때문이다. 특히 세이건의 강연은 생명체의 관점에서 이루어졌기에 이 강연을 들으러 오는 사람들에겐 지구 바깥에 인간이 살 수도 있는 세계가 존재할 가능성에 대한 상상력을 불러일으켰다. 또 한편으로 이런 바깥세상의 환경 연구를 통해 지구의 운명에 대해서도 예측을 할 수 있게 되었다. 실제로 이때 이미 세이건은 지구의 이산화탄소 농도 증가로 인한 온실 효과를 예측했다.[289]

---

288 Morrison, David. 2014, p.4.
289 Sagan, Carl. The atmosphere of Venus. In Brancazio, Peter J. and Cameron, A. G. W. (eds.) 1964. p.279.

이 시기는 미국을 중심으로 우리 태양계 탐사가 막 이루어지던 시기였다. 칼 세이건은 당시 캘리포니아주 파사데나Pasadena에 소재한 미 항공우주국의 제트추진연구소Jet Propulsion Laboratory에서 매우 친숙한 인물이 되어 있었다. 그곳에서 그는 금성과 화성 근처를 지나면서 탐사하는 마리너 계획, 화성 착륙을 목표로하는 바이킹 계획, 그리고 우리 태양계의 외행성들을 탐사하는 파이어니어와 보이저 계획에 있어서 주축 멤버 중 하나였다.[290]

화성 미스터리를 풀다

1967년에 세이건은 그의 제자였던 제임스 폴락James Pollack과 함께 화성의 미스터리를 설명하는 가설을 내놨다. 그 미스터리는 주기적으로 화성의 표면 밝기가 바뀌는 것이었는데 이전까지 화성에 식물이 자라고 있어서 계절에 따라 표면 밝기에 영향을 주는 것이 아니냐는 주장이 우세했었다. 하지만, 세이건은 계절별로 부는 바람이 화성 표면의 어두운 부분에 비교적 밝은 먼지를 덮었다 제거했다 한다는 가설을 제기했다. 이 가설은 나중에 바이킹호가 화성 궤도를 돌면서 관측한 사실과 일치했다.[291]

이와 같은 세이건의 예측은 금성에 대한 그의 예측과 함께 우리 태양계 안의 행성에 대한 인류의 이해도를 제고하는 데 크게 이바지한 것이다. 만일 UFO와 외계인과 관련된 구설수에 휩싸이지 않았다

---

290 Morrison, David. 2014. p.5.
291 Carl Sagan and the search for life, American Museum of Natural History. Available at https://www.amnh.org/learn-teach/curriculum-collections/cosmic-horizons-book/carl-sagan-quest-for-life

면 그는 아마도 당대의 하버드 대 천문학과를 대표하는 천문학자로서 큰 명성을 떨쳤을 것이다.

UFO와 선긋기를 하는 칼 세이건

1966년경부터 세이건은 UFO와 거리를 두기 시작했다. 멘젤로부터의 경고가 있었으며, 그는 주변에서 그의 이런 활동에 대해 감시하고 있다는 사실을 깨달았기 때문이다. 심지어 그가 1963년에 쓴 논문도 문제가 되었다. 그 논문이 비록 UFO와 직접적인 관련은 없었으나 지적 외계인들이 생각보다 쉽고 빠르게 우리에게 올 수 있다는 논문 속 그의 주장은 주변 학자에게 그가 외계인의 지구 방문에 대해 매우 낙관적이라는 인상을 심어주었다. 그뿐 아니라 그 논문의 후반에 기술해 놓은 고대 신화와 외계인 관련 내용은 이런 의구심을 확고히 하기에 충분했다.[292]

미시간주에서 UFO 사건이 잇따르고 하원에서 청문회가 열리던 시기에 그는 매스컴으로부터 인터뷰와 방송 출연 요청을 받았다. 『US 뉴스 앤드 월드 리포트』와 인터뷰했고 'CBS 레포츠' 쇼에 출연해서 그는 당시 UFO 소동에 대해 비판적인 태도를 보였다. 특히 인터뷰에서 세이건은 UFO가 "다른 행성들로부터의 존재들이 지구를 방문하고 있다고 볼 그 어떤 증거도 없다There's not the slightest bit of evidence to convince us the earth has been visited by creatures from other planets"고 단언했다. 이는 멘젤에게 자신이 더 이상 UFO에 우호적이지 않다는 사실을 증명해 보이기 위한 것이었다.[293] 하지만, 그는 이런 매

---

292 Davidson, Keay. 1999. p.227.
293 Davidson, Keay. 1999. p.225.

스컴과의 접촉 자체를 거부하는 편이 좋았다. 하버드 대 천문학과에 재직 중인 동료들은 그가 UFO를 지지하는 것을 싫어하는 것보다 그가 나대는 것을 훨씬 더 싫어했기 때문이다.

하버드에서 칼 세이건의 테뉴어십을 거부하다

멘젤은 첫 번째 경고 후에 1967년 초에 재차 UFO에 관한 세이건 견해를 물었다. 여전히 그에 대한 의구심을 거두고 있지 않았던 것이다. 그 시기는 세이건의 테뉴어 심사 시기가 임박했던 때였으므로 이 질문에 대한 그의 답은 매우 신중해야 했다. 멘젤은 세이건에게 쓴 메모에서 자신이 여전히 그가 UFO의 존재에 우호적인 주장을 하고 다닌다는 소문을 들었다고 하면서 그의 최신 입장이 무엇인지 밝힐 것을 촉구했다. 세이건은 자신의 UFO에 대한 비판적인 입장이 확고하다고 대답했다.

그리고 거기에 덧붙여 현재 제임스 맥도널드의 UFO 관련 견해를 살펴보고 있으며, 그의 견해를 어떻게 생각하는지 물었다. 멘젤은 맥도널드가 '멍청이'라고 답했다.[294] 세이건은 여기서 자신의 견해만 밝혔어야 했다. 결과적으로 그의 맥도널드에 관한 언급은 멘젤이 의구심을 거두도록 하는데 도움이 되지 못했다. 콘던 위원회가 가동되고 있던 시기인 1968년, 칼 세이건은 하버드 대학 천문학과 테뉴어십 획득에 실패했다.

---

294 Davidson, Keay. 1999. p.227.

코넬 대학의 칼 세이건

세이건은 하버드 대 천문학과에서 퇴출된 후 프랭크 드레이크가 있는 코넬 대학 천문학과로 옮겼다. 그가 하버드 대학에 정착할 수 없었던 이유 중 하나는 그의 대중적 명성에 대한 집착이었다. 보수적인 학풍의 하버드 대학 동료들에게서 그런 그의 행보는 좋은 평판을 받을 수 없었다. 하지만, 코넬 대학은 대중적으로 스타성이 있는 학자를 원했고 세이건이 바로 그런 적임자였다.[295] 그곳에서 그는 연구소를 운영하면서 대중적인 강연과 태양계 행성 관련 학회지인 『이카루스Icarus』 발행, 그리고 활발한 연구를 통해 책과 논문을 쓴다.

생명현상의 보편성에 대한 세이건의 확신

1970년대에 세이건은 코넬 대학에 재직하면서 모의실험을 통해 우리 태양계의 행성들과 위성들 그리고 혜성들의 대기와 표면에서 일어날 수 있는 화학작용에 대해 고찰했다. 그 결과 매우 광범위한 조건들에서 우리 태양계 안의 에너지가 생명체에 존재하는 화합물들을 포함해 복잡한 유기물질들을 상당히 높은 효율로 만들어내고 있음을 그는 확인할 수 있었다. 그 당시 그의 이런 결론은 상당한 비판에 직면했었다. 하지만, 오늘날에는 우리 태양계 뿐 아니라 우리 태양계 바깥의 성간 물질에도 그런 것들이 존재한다는 증거들을 찾아내고 있다. 자신의 모의실험 결과로부터 세이건은 생명체를 이루는 물질은 우주에 아주 흔하며, 따라서 생명 그 자체가 우주에서 아주 보편적인 것이라는 결론에 도달했다.[296]

---

295 Morrison, David. Carl Sagan: The People's Astronomer. Available at https://ejournals.library.vanderbilt.edu/index.php/ameriquests/article/view/84/92

296 Carl Sagan and the search for life, American Museum of Natural History.

Chapter 25

슈퍼스타 칼 세이건

세티 계획에의 참여와 국제적 청원

우주에서 생명현상이 보편적이라고 할 때 지적인 생명체가 존재할 가능성은 얼마나 될까? 그리고 아주 발달한 문명 세계의 존재 가능성은? 1980년대 세이건의 관심은 여전히 1961년 첫 모임이 있었던 SETI의 추구했던 바와 일치해 있었다. 그가 코넬 대학에 안착하게 된 것도 어쩌면 그의 이런 지향점과 맞닿아 있었을 것이다.

이 문제와 관련해 세이건에게 있어서 한 가지는 분명했다. 다른 조건들이 모두 같다면, 발달한 문명의 숫자는 그 문명의 평균 수명과 비례할 것이다. 만일 그 평균 수명이 수백 년에 불과하다면 어떤 시점에서 우주에 공존하는 문명들의 개수는 많지 않을 것이다. 하지만, 한번 형성된 문명 세계가 수백만 년을 지속한다면 한 시점에 공존하는 문명 세계는 훨씬 많을 것이다. 만일 후자의 경우라면 현재 우리에게서 멀지 않은 곳에 문명이 존재할 확률이 높고 전파 망원경으로 그들의 존재를 확인할 수 있지 않을까? 이 경우 단지 할 일은 관측하면서 기다리는 것뿐이었다. 이런 생각으로 세이건은 몇몇 SETI 프로젝트들의 대중적 지지와 관련 기관들로부터의 지원을 이끌어내는데 적극적으로 참여하게 되었다.[297]

1983년 세이건의 주도하에 국제적인 SETI 청원이 이루어졌다. 여기에 참여한 과학자들은 모두 68명이었는데 그중에는 스티븐 호킹, 프레드 호일 그리고 킵 손Kip Thorne과 같은 저명한 천체 물리학자도 포함되어 있었다.[298]

코스모스

칼 세이건을 세계적인 유명 인사로 만들어 준 건 1980년에 출간된 그의 저서 『코스모스Cosmos』다. PBS TV의 미니 시리즈물과 동시 기획된 이 책은 인류의 역사와 시대별 과학 발전과 문명의 상호관계, 우주와 이를 탐사하려는 무인 탐사선, 생물의 세포 내 활동과 이를 조절하는 DNA의 역할, 그리고 핵전쟁의 위험성 등 인류와 우주 삼라만상의 일들을 맛깔나게 버무려서 당시 전 세계인들을 매료시켰다.

---

297 Carl Sagan and the search for life, American Museum of Natural History.
298 Sagan, Carl. 1983.; Macfarlane, Alan. 2021. p.20.; Petition advocates international SETI. Physics Today, Vol.36, Issue 4, 1983. p.53. Available at https://physicstoday.scitation.org/doi/abs/10.1063/1.2915579?journalCode=pto

칼 세이건의 『코스모스』 초판 표지

　세이건은 TV가 세계에서 발명된 그 어떤 것보다도 효과적인 교육 수단이라는 확신을 갖고 있었다. 따라서 『코스모스』가 자신을 주인공으로 기획된 미니 시리즈물로 전 세계를 향해 전파를 타는 것이 아주 좋은 기회라고 판단했다. 그는 학자뿐 아니라 과학 커뮤니케이터로서 인생의 정점에 오르게 되었다.[299] 자신의 TV 시리즈가 대대적인 성공을 거두면서 그의 책은 『뉴욕타임스』 집계 베스트셀러 목록에 70주나 오르면서 그때까지 출판된 가장 많이 팔린 과학 서적이 되었다. 1981년에 『코스모스』는 휴고상Hugo Award의 최고 논-픽션 부

299　Falk, Dan. 2022.

문에 선정된다.[300] 이로써 세이건은 당대의 가장 영향력이 있는 과학자의 한 사람으로 발돋움하게 되었다. 그리고 이 책은 SETI 계획을 추진하는 이들에게 또 다른 바이블과 같은 위상을 갖게 되었다.

소설 『컨택트』의 대성공

칼 세이건은 주로 논-픽션 책을 썼으나 자신이 꿈꾸던 외계의 지적 존재와의 만남에 대한 픽션을 쓰고 싶었다. 『코스모스』 성공은 그의 이런 꿈을 현실로 만들어 주었다. 1981년 세계적인 대형 출판사인 사이먼 앤 슈스터Simon & Schuster사는 세이건에게 선인세 2백만 달러를 제시하고 외계인과의 조우에 대한 소설을 써줄 것을 의뢰했다. 이 정도 액수의 선인세는 당시 초유의 거액이었다. 1985년에 나온 그의 소설 『컨택트Contact』는 초판을 무려 26만 5천 권 찍었으며, 그해 미국에서 판매된 책 중에서 베스트 셀러 종합 7위를 기록했다. 과학 서적이 이 정도 순위까지 기록한 것은 오늘날도 그렇지만 당시로서는 아주 획기적인 일이었다. 이 책은 2년간 무려 1백 7십만 부가 팔렸다.[301]

그런데 이 소설이 완성되기까지 숨은 조력자가 있었다. 그는 2017년에 중력파 검출 기여로 노벨 물리학상을 공동 수상한 칼텍의 천체물리학자 킵 손Kip Thorn 교수였다. 칼 세이건은 이 소설에서 자신이 1960년대에 가능성을 주장했던 아광속 비행을 도입하지 않고

---

300 Cosmos (Sagan book). Wikipedia. Available at https://en.wikipedia.org/wiki/Cosmos_(Sagan_book)
301 Spence, Jennifer. 2006.

그보다 더 혁신적인 우주 이동 수단을 제시했다. 웜홀을 이용한 여행이 바로 그것이었다. 처음 그는 블랙홀을 통한 우주여행을 생각했다. 그런데 세이건은 행성 전문가이지 불랙홀 전문가는 아니었다. 그래서 천체 물리학자의 도움이 필요했다. 킵 손은 세이건에게 웜홀을 이용한 신속한 우주여행 아이디어를 제안했다.[302]

302　Falk, Dan, 2022.

Chapter 26

웜홀 여행

소설 『컨택트』와 웜홀

세이건의 소설은 어린 나이에 아버지를 잃은 여성 과학자 엘리너 애로웨이Eleanor Arroway 박사를 주인공으로 하고 있다. 하버드 대학에서 학사학위를 받고서 그녀는 칼텍Caltech에서 천문학 박사학위를 받는다. 그녀는 '프로젝트 아르구스Project Argus'의 책임자가 되어 뉴멕시코주의 전파 망원경들을 활용한 SETI 계획을 진행하게 되는데 어느 날 26광년 떨어진 베가 성단에서 오는 유의미한 전파 신호를 받게 된다. 그 전파 신호를 분석한 결과 그것은 외계인들이 지구인을 자신들의 별로 초대하기 위해 만든 기계장치의 설계도라는 사실이 밝혀졌다. 이 전파 신호를 해독한 미국과 소련은 그것을 바탕으로 외계 여행을 하는 기계장치 제작을 추진한다. 소련은 중간에 실패하고 미국에서도 극단주의 종교단체의 방해 폭탄 테러로 기계장치 제작이 중단된다.

칼 세이건의 소설 『컨택트』 초판 표지

　여기서부터 소설은 극적인 반전으로 접어든다. 애로웨이는 일찍이 미국의 외계 탐험 프로젝트에 우주인으로 응모했다가 퇴짜를 맞았던 경험이 있었다. 하지만 그녀는 자신의 우주여행 꿈을 접을 수 없었다. 그런데 미국의 프로젝트가 중단되던 시점에 억만장자 해든S. R. Hadden이 그녀를 소환하면서 그녀의 꿈을 이룰 기회가 생겼다. 애로웨이가 전파 신호해독에 도움을 준 바 있었던 그는 미국과 소련 몰래 일본에 제3의 우주여행 기계장치를 제작 중이었다. 마침내 그 장치가 완성되고 애로웨이는 다른 4명의 동승자와 함께 메시지를 보낸 외계인들을 만나러 떠난다.

　여러 개의 웜홀을 지나 우리은하 중심 근처에 존재하는 곳에 마련된 접촉 장소에 도달한 일행은 거기서 지구의 해변과 동일한 환경이 조성되어 있음을 깨닫게 된다. 그들은 과연 어떤 모습의 외계인을 만났을까? 그들이 각각 격리된 상태로 만난 외계인의 모습은 모두 그들이 지구에 있을 때 그리워하던 존재들 모습을 하고 있었다. 특히 애로웨이에게 나타난 존재는 어린 시절 세상을 뜬 그녀의 아버지였다. 외계인은 그녀에게 여러 과학적인 지식을 전달해주었다. 그런데 놀랍게도 웜홀 시스템은 그들이 건설한 것이 아니라 훨씬 이전에 누군가가 이미 만들어놓은 것이라고 했다.

애로웨이와 그의 동료들은 자신들이 체험한 모든 것을 비디오 장치로 녹화했고 다시 지구로 돌아왔을 때 그것을 증거로 제시했다. 하지만, 거기엔 아무런 영상도 담겨 있지 않았다. 아마도 웜홀을 통과할 때 강한 자기장이 비디오테이프를 지웠는지 모른다. 애로웨이와 다른 일행은 몇 시간 동안 우주여행을 했다고 생각했는데 지구에서는 사실상 시간이 전혀 흐르지 않았다는 사실에 그들은 모두 당혹감을 느꼈다.

한편 그들이 지구에 돌아와 닥친 현실은 엄혹했다. 그들의 우주여행을 가능하게 해준 억만장자는 사망했고, 미국 정부는 이들의 증언을 청취한 후 좀더 명확한 증거가 나올 때까지 침묵할 것을 요구했다.[303]

---

303 Carl Sagan, Contact: a novel: draft. Available at https://tile.loc.gov/storage-services/service/mss/mss85590/022/022.pdf; Contact (novel). Wikipedia. Available at https://www.wikiwand.com/en/Contact_(novel)

웜홀 여행

칼 세이건은 1960년대 초 아광속 비행으로 수십 년 안에 우리 은하계의 한쪽 끝에서 다른 쪽 끝까지 성간 비행이 가능함을 주장한 바 있었다. 그런데 그가 거액의 선인세를 받고 SF 소설 집필을 제안받았을 때 외계인과의 조우가 좀더 극적일 필요가 있음을 깨달았다. 아무래도 수십 년이 걸리는 우주여행은 극도로 발달한 외계인과의 조우라는 개념에서 좀 뒤떨어진 감이 있었다. 그래서 그는 아광속 비행보다 훨씬 빠른 우주여행 방법을 고려해야 했다. 그것은 바로 웜홀을 이용한 우주여행이었다.

공간을 가로지르는 긴 경로(화살표로 연결된 선) 대신 웜홀은 공간과 시간을 가로지르는 지름길(깔때기)을 제공한다

웜홀 아이디어는 1916년 알베르트 아인슈타인과 네이선 로젠Nathan Rosen에 의해 처음 제안되었다. 하지만 당시 그것은 단지 수학적인 계산 결과에 불과했다. 거기에 어떤 물리적 의미를 부여한다는 것은 생각할 수 없었다.[304] 세이건의 SF 소설은 바로 이런 수학적 구상을 현실 세계로 끌어내는 것을 전제로 하고 있었다.

웜홀은 블랙홀과 블랙홀이 연결된 통로쯤으로 볼 수 있다. 따라서 우주의 한쪽 블랙홀에서 멀리 떨어진 다른 블랙홀까지 이런 통로가 존재한다면 이를 이용해서 여행이 가능할 수도 있다고 생각할 수 있다. 그리고 이런 이동은 시간을 엄청나게 절약할 수도 있다. 웜홀 안에서 시간이 거의 흐르지 않거나 심지어는 시간 역행도 가능하기 때문이다. 물론 이와 같은 여행이 이루어지려면 몇 가지 까다로운 조건이 필요하긴 하다. 우리가 알고 있는 자연발생적인 블랙홀은 대부분 그곳으로 빨려 들어가는 물질을 산산조각으로 부수어버린다. 따라서 웜홀을 통해 우주여행의 시간 절약이 가능하다고 해도 우주선이 부서지지 않을 특별한 블랙홀이 존재할 필요가 있다.

킵 손의 여행 가능한 웜홀

1985년 봄 칼 세이건은 그의 SF소설 『컨택트』 초고를 친분이 있던 킵 손Kip Thorne에게 주면서 자문해주길 요청했다.[305] 칼 세이건이 당시 행성학의 최고 권위자이긴 했지만, 블랙홀과 같은 분야에선 문외한이나 마찬가지였기 때문이다. 중력과 천체물리 전공자였

---

304 카쿠, M. 2018. pp.359-363.
305 Wolchover, Natalie. 2017.

던 킵손은 칼텍Caltec 물리학과 교수로 재직 중이었으며 스티븐 호킹과도 긴밀히 교류하던 당대 최고의 블랙홀 전문가였다. 세이건은 그의 초고에서 애로웨이가 베가성으로 가는 통로가 블랙홀인 것으로 묘사했다. 하지만, 천체 물리학자인 킵 손은 그것이 성간 여행에 적합한 통로가 아니라는 사실을 지적했고 그 대신 웜홀을 채용할 것으로 조언했다.[306]

엄밀히 말해서 웜홀 여행은 단지 공간이동이 아니라 시간여행까지 포괄한 시공간 여행이었다. 킵 손은 세이건 부탁이 있기 전까지 시간여행에 대해서 별로 관심이 없었다. 하지만 그의 원고를 검토하면서 이 문제 큰 흥미를 갖게 되었다.

웜홀을 통한 시공간 여행이 현실적으로 가능하기 위해선 우주선이 블랙홀의 조력tidal force에 의해 갈가리 찢겨나가지 않아야 하고, 웜홀의 입구가 여행 도중 갑자기 닫히지 않을 정도로 충분히 안정적이어야 하며, 웜홀을 통한 왕복 여행이 수백만 년 걸리지 않고 1년 안팎에 이루어져야 한다.

이런 시공간 여행이 가능한 웜홀 해를 킵 손은 1985년 초에 발견했다. 그에 의해 횡단 가능 웜홀transversable wormhole이라고 명명된 이 웜홀은 킵 손 자신이 보아도 신기할 정도로 너무나도 간단한 수식으로 기술되었다. 이 내용은 세이건에게 전달되었으며 그의 소설에 부분적으로 인용되었다.[307]

1990년대 중반 칼 세이건은 한 인터뷰에서 이 과정에 대해 다음

---

306 Glez, Montero. 2023.
307 카쿠, M. 2018. p.395.

과 같이 언급한 바 있다.

"… 만일 우리가 엄청나게 기술적으로 발달한 문명을 상정한다면 그런 웜홀이 물리법칙에 어긋나지는 않는다는 사실을 킵 손이 발견했습니다. 물론 우리 스스로 그런 웜홀을 만들 수 있다고 말하는 것과는 매우 다릅니다. 그것을 만드는 방법에 대한 기본적인 아이디어 중 하나는 양자 수준에서 항상 형성되고 붕괴하는 환상적으로 작은 웜홀들이 있다는 것이고, 여기서 아이디어는 그들 중 하나를 잡아서 영구히 열어두는 것입니다. 우리의 고에너지 입자 가속기는 그 규모에서 발생하는 현상을 감지할 만큼의 에너지를 만들 수 없으며, 웜홀을 열어두는 것과 같은 일을 할 수 없습니다. 하지만 원칙적으로는 가능해 보였기 때문에 나는 책을 재구성하여 엘리너 애로웨이가 웜홀을 통해 은하계 중심을 성공적으로 통과하도록 했습니다."[308]

웜홀을 통해 외계인이 이미 지구에 와 있을 가능성

칼 세이건이 1963년에 『행성·우주 과학』에 투고했던 '상대론적 성간 우주 항해에 의한 은하 문명 간 직접 접촉'은 아광속 비행에 관한 것이었다. 핵융합이나 반물질로 추진하는 아광속 로켓 개발은 현재 우리 문명을 기준으로 보아도 그리 먼 미래의 일이 아니다. 이

---

308 Carl Sagan ponders time travel: Is it possible? See what Sagan had to say about wormholes, the grandfather paradox, and the nature of time itself. PBS. October 12, 1999. Available at https://www.pbs.org/wgbh/nova/article/Sagan-Time-Travel/

런 비행을 통해 우리 은하계의 특정한 별에서 다른 별까지 이동하는데 수십 년 정도밖에 걸리지 않는다는 게 그의 주장이었다.

1971년 『행성·우주 과학』에 버금가는 저널인 『항공·우주 운항』에 두 차례에 걸쳐 결코 무시할 수 없는 UFO 사례에 대한 분석 논문이 실린 바 있다. 이 저널은 어쩌면 칼 세이건이 1963년 기고하려 했던 논문에 더 적합한 것이었을 수 있다. 그가 우주 운항 전문가가 아닌 행성 전문가였기 때문에 상대론적 아광속 여행이 핵심 키워드인 이 논문이 『행성·우주 과학』에 실렸던 것으로 추정된다.

그렇다면, 칼 세이건은 1971년에 UFO 운행 특성이 논의된 문제의 논문들을 보았을까? UFO에 누구보다도 관심이 많던 그가 이 논문들을 보았을 것이 거의 확실하다. 그리고 아마도 그가 킵 손의 도움으로 웜홀이 핵심 키워드인 소설을 쓰던 시점에 UFO 문제는 그의 어린 시절 꿈꾸었던 상상의 세계를 다시 한번 그 앞으로 소환해 왔을 것이다.

1985년에 세상에 나온 그의 소설 속에서 세이건은 외계인의 입을 통해 그들도 모르는 더 오래된 외계인들이 우주에 웜홀 통로들을 구축해 놓았다고 말한다. 결국 우리 우주가 아주 오래전부터 외계인들에 의해 식민지화되어 있다는 사상이 반영된 내용이다. 그가 소설을 쓰던 당시 세이건의 마음 한구석에 아마도 이처럼 우리은하에 고도의 문명을 구가하는 외계인의 만든 네트워크 존재에 대한 믿음이 자리하고 있지 않았을까?

칼 세이건과 알렌 하이네크의 숨겨진 대화?

프로젝트 블루북이 종료되던 시점에 알렌 하이네크 박사는 UFO에 대한 과학적 접근을 주장하면서 회의론자의 입장에서 긍정론자로 바뀌었다. 하지만 이와 달리 어린 시절 UFO에 긍정적이었던 칼 세이건 입장은 부정적으로 바뀐 상태였다. 하이네크와 마찬가지로 그것의 과학적 연구 필요성을 주장하기는 했지만, 부정론자에 가까운 행보를 보인 것이다. 적어도 그가 공식적으로 한 언행으로는 그것이 진실처럼 보인다. 그런데 그가 사실은 UFO 문제를 심각하게 생각하고 있었으면서도 주류 학계로부터 질타받거나 미 정부로부터 지원을 못 받을까 우려되어 자신의 진심을 숨겼다는 주장이 제기되었다.

미 공군 프로젝트가 끝나고도 대중적인 UFO에 관한 관심이 줄어들지 않자 세이건과 하이네크는 미국의 대중적 토크쇼에 함께 출연할 기회가 있었다. 이런 공식 토크쇼에서 하이네크는 UFO 현상의 물리적 실재에 대한 옹호 발언을 했지만 칼 세이건은 진정한 의미의 UFO는 그 실체가 없다는 부정론을 피력하곤 했다. 20여 년 가까운 UFO 조사 자문을 맡으면서 하이네크는 초기의 회의론자에서 UFO 실재의 옹호론자로 바뀌어 있었기에 함께 미 공군 주요 자료를 검토했던 칼 세이건이 그토록 강한 부정론을 제기하는 것이 의아했다.

하이네크의 기억에 의하면 1984년 「쟈니 카슨 투나잇 쇼Johnny Carson Tonight Show」에 칼 세이건과 함께 출연한 적이 있었다. 쇼가 시작되기 전에 무대 뒤에서 함께 대기하고 있던 하이네크는 세이건에게 왜 그토록 UFO 실재를 강하게 부정하는지를 물었다. 그러자, 세이건은 "나는 UFO가 실재한다는 사실을 알고 있다. 하지만, 당신처럼 이 사실을 대중 앞에서 공식적으로 인정함으로써 정부로부터의 연구비가 끊길지도 모를 모험을 할 수 없다 I know UFOs are real, but I would not risk my research (College) funding, as you do, to talk openly about them in public"라고 말했다고 한다. 이 사실은 2010년에 파올라 레오피찌-해리스 Paola Leopizzi-Harris에 의해 공개되었다.[309]

알렌 하이네크 박사와 파올라 레오피찌-해리스(오른쪽)

---

309   Zabel, Bryce. 2021.

알렌 하이네크 교수는 1986년에 타계했으며, 칼 세이건 교수는 그로부터 10년 후에 타계했으니 이 사실은 칼 세이건이 죽고서도 10년이 넘어서 세상에 알려진 것이다. 레오피찌-해리스는 1980년부터 하이네크 교수가 타계하기 직전까지 그와 긴밀한 연구조사 활동을 했다.[310] 그녀의 말이 사실이라면 세이건은 비록 그가 학자로서 명성을 얻던 시기부터 외부에 숨겼지만, 초지일관 자신의 UFO에 대한 믿음을 지켰던 게 된다. 그가 자신의 책 『우주의 지적 생명체』가 출간되던 1966년까지 집착했던 외계인 지구 방문설이나 1985년에 자신의 신조가 반영된 듯 보이는 소설 『컨택트』에서 펼친 전지전능한 외계인에 대한 환타지를 고려해볼 때 아마도 레오피찌-해리스의 주장이 세이건 본심을 제대로 반영하고 있다고 판단된다.

---

310 Pearse, Steve. 2011. p.274.; Lupino, Antonello and Leopizzi-Harris, Paola. 2008.

Part 08
악령이 출몰하는 세상

Chapter 27

다양한 UFO 신드롬

UFO 신드롬

지금까지는 주로 펜타곤 중심으로 항공기 조종사나 관제요원들의 증언에 바탕을 둔 UFO 목격이나 증언을 다루었다. 하지만, 이런 것들이 UFO 현상의 전부가 아니다. 여기에는 과학적이고 논리적인 접근이 비교적 쉬워 보이는 부분과 함께 비과학적이고 비논리적 측면이 도사리고 있으며, 후자가 사실 대중적으로 전파력이 크다. 말하자면 오늘날 우리는 초 첨단 우주과학적 취향의 UFO 신화시대를 맞이하고 있다. 이런 부분은 가히 UFO 신드롬이라 일컬을 수 있을 만큼 매우 이상한 측면을 노정露呈하고 있으며 과학과 유사과학의 경계면을 넘나든다. UFO 신드롬의 범주에 포함할 수 있는 현상은 대체로 접촉contact, 피랍abduction, 미스터리 서클crop circle 형성, 그리고 가축 도살cattle mutilation의 4가지 범주로 분류할 수 있다.

접촉

UFO의 정체와 목적 등에 대해서 지금까지 믿을 만한 목격자들에게 전달된 정보는 지극히 제한적이다. 이런 부분을 메꾸어주는 역할을 자처하고 나선 이를 이르는 용어가 있으니 바로 접촉자 contactee다. 접촉자들은 UFO가 사회 문제로 대두되던 1950년대부터 UFO를 타고 오는 신비한 존재들로부터 인류 구원의 메시지를 받았다고 주장하고 나서기 시작했다. 이들은 자신의 접촉 사실을 주변에 알리고 이를 믿는 사람들을 모아 종교 운동을 일으킨다.[311] 그렇다면 이들이 보여주는 공통적인 행동 특성은 무엇일까?

자크 발레는 저서 『기만의 전령들 Messengers of Deception』에서 ① 불가사의한 물리 현상을 목격하고 ② 그 기원이 지성적인 존재와 관련 있으며 ③ 그 존재와 관계를 맺고 그로부터 특별한 운명을 부여받았다고 생각하는 사람들을 접촉자로 분류했다.[312]

접촉자들의 양상은 조금씩 다르지만 대체로 종교적 신비주의 성향을 띤다. 이들은 대체로 어렸을 때 외계인들과 첫 접촉이 있었고, 그후 텔레파시나 자동필기 등의 간접적인 방법으로 신비주의적인 교육을 받는다. 그들은 성인이 된 후에 자신의 UFO 접촉 증거 사진을 제시하고 자신들의 우주여행을 책으로 펴냄으로써 외계인과의 직접적인 접촉을 세상에 널리 알린다.

그렇다면 이들이 주장하는 체험은 무엇인가? 그들은 우주 저 멀리서 날아온 전지전능한 외계인들에게 선택되었다고 한다. 그들

---

311 Bader, Chris. 1995.
312 Vallee, Jacques. 1979. p.57.

과의 정기적 만남에서 스스로가 특별한 존재임을 깨닫는다. 그리고 종종 그들의 UFO를 타고 금성, 목성, 토성 및 다른 은하계까지 자유자재로 여행한다. 또한 그들은 외계인들로부터 지구와 인류를 구원하라는 사명을 부여받았으며, 이를 위해 연설을 하고 책을 써서 널리 홍보하고 다니며, 종국에는 이들의 활동은 숭배교cult로 발전하게 된다.

하지만 그들이 내세우는 증거들은 현재 과학 패러다임에서 받아들이기 어려운 측면을 보여주고 있어 주류 과학계로부터 배척받는다. 이들 접촉자에게 전달되는 외계인의 메시지는 때로는 모호하고 그 진정성을 의심하게 하는데 궁극적으로 인류 문명의 멸망을 예고하고 있다. 접촉자들은 이런 외계인의 경고를 전달하는 예언자들인 셈이다.[313]

피랍

접촉 체험은 대체로 영적인 측면의 고취를 지향하는 성뽈스런 성격을 띤다. 그런데 UFO로부터의 존재들에게 납치되어 정신적 고통을 당하는 경우가 있으니 이런 체험을 한 이를 피랍자abductee라 부른다.

피랍자들은 외계인들에게 납치되어 끔찍한 체험을 겪었다고 주장한다. 이들의 피랍 기억은 잠재되어 있다가 불면이나 그 밖의 정신적 고통에 시달리다가 정신과 의사로부터 역행 최면을 받으면서 드러나는 것이 보통이다.[314] 피랍자들은 외계인들이 수술했다는 피부에 찍

---

313 맹성렬. 2011. pp.332-341.
314 Bullard, Thomas E. 1989a.

힌 상처나 몸속에 주입된 이물질들을 증거로 내세우나 이런 것들이 진짜 외계인에 의해서 만들어졌다는 결정적 단서를 찾기 힘들다.[315] 종종 이들이 납치되던 장면을 목격했다는 제3의 증인들이 등장하기도 하는데 이 또한 주류 학자들에게 대체로 의심받는다.[316]

피랍이 성인이 되어 우연히 일어난 것처럼 보이지만 세밀한 역행 최면을 통해 많은 피랍자가 아주 어린 시절부터 반복적으로 피랍이 이루어지고 있다는 사실이 알려져 있다. 이는 정신과 의사가 그런 트라우마의 원인이 어렸을 때의 성적 학대인지를 확인하는 과정에서 드러난다. 또 한 가계에서 집중적으로 피랍사건이 일어났던 경우도 있다. 피랍 체험은 차를 운전하던 중이나 침실에서 잠을 자던 중에, 또는 다른 사람들과 어울리던 와중에 선택적으로 일어난다.

자동차에서의 피랍 체험은 UFO 단순 목격으로부터 시작된다. 한적한 고속도로를 달리고 있던 차량 밖으로 이상하게 밝은 빛의 별이 나타난다. 처음엔 그것이 별인 줄 아는데 시간이 지나면서 이상함을 느낀다. 종종 자동차 엔진과 헤드라이트가 꺼지기도 한다. 그리고 곧 아주 가까이 다가온 UFO를 본다. 피랍자들은 자신의 의지와 무관하게 스스로 착륙한 UFO 안으로 걸어 들어가거나 UFO로부터 빛을 받은 후 자동차 지붕을 뚫고 공중에 떠 있는 UFO에 빨려 들어갔다고 하는 사례도 있다. 이런 상황은 차 안에 타고 있는 모두에게 일어날 수도, 아니면 선택적으로 일어날 수도 있다. 잠시 후 피랍자들은 자신들이 UFO 안에 있음을 깨닫는다.[317]

---

315 맹성렬. 2011. pp.283-284.
316 맹성렬. 2011. p.295.
317 맹성렬. 2011. p.259-260.

침실에서 피랍이 일어날 때 피랍자들은 창문을 통해 강한 빛을 본다. 그리고 외계인의 방문을 받게 되는데, 그들은 밀폐된 공간을 자유로이 침투한다. 외계인들이 밀폐된 방 안으로 들어오는 방법은 크게 2가지다. 첫 번째 방법은 창문을 통해 빛의 형태로 들어오는 것이고, 두 번째 방법은 아무 흔적도 남기지 않고 벽이나 문을 뚫고 들어오는 것이다.

첫 번째 방법을 구체적으로 설명하면, 침실 방문 초기에 납치자들은 닫힌 침실 창문으로 광구의 형태를 띠고 스며들듯 들어온다. 어떻게 빛이 물질을 변형시키고 운반하는가에 대해서는 알려진 바는 없다. 빛 덩어리가 휴머노이드의 형태로 바뀌면서 피랍자를 쳐다보는 순간 곧 침착을 되찾게 된다.[318]

두 번째 방법은 외계인들이 갑자기 벽을 통해 방 안에 나타나는 것이다. 이때 창문 밖에서는 마치 서치라이트 같은 것이 비치고 있다. 그런데 방해자가 방 안으로 들어오면, 이들은 다시 벽 속으로 숨었다가 방해자가 사라지면 다시 나타나서 납치한다.[319]

외계인들에 의한 납치는 피랍자가 공중 부양 후 벽이나 창을 뚫고 날아가는 것으로 진행된다. 빛과 함께 등장한 외계인은 피랍자의 신체를 만지고, 곧 피랍자는 공중으로 떠올라 침대에서 이탈하고 있음을 느낀다. 피랍자는 빛 덩어리에 다가서서 곧 거기에 휩싸이게 된다. 이때 납치자가 그와 동행한다. 이들 일행은 곧 닫힌 창문을 통과해서 밖으로 나가고 이때 피랍자는 어떤 물리적인 느낌

---

318 Jacobs, David M. 1992. p.51.
319 Mack, John E. 1994. p.33.

도 받지 않는다. 공중 부양할 때 체험자는 종종 불안, 공포, 구토와 현기증을 느낀다고 한다. 그들이 나무나 지붕보다 높게 날아오르면 하늘에 별들이 보이기 시작하는데 이와 같은 비행 중에 피랍자는 자신 몸에 대해서 거의 느끼지 못하거나 아예 몸을 볼 수 없다고 한다. 피랍자와 그를 안내하는 납치자들은 곧 UFO에 다가가서 그 안으로 스며든다.[320]

여러 명이 있는 중에서 선택적인 납치가 일어날 경우, 대체로 소규모의 사람들이 함께 어울리는 동안 발생한다. UFO 외계인들은 납치 대상 이외의 사람들이 정신을 차릴 수 없게 하거나 잠시 다른 물체에 신경을 쓰도록 해놓고 대상자를 납치한다. 이때 피랍자는 어느 곳으로든 가고 싶은 충동에 사로잡혀 납치될 장소까지 스스로 가서 납치된다. 그러나 다른 사람들은 미처 그의 이탈을 눈치채지 못한다. 피랍자가 UFO 안에서 검사를 마치고 다시 원래의 자리로 돌아오면 다른 이들은 비로소 정신이 정상으로 회복하지만, 그의 동료인 피랍자에게 어떤 일이 발생했는지는 전혀 기억하지 못한다.[321]

그러나 피랍이 항상 은밀하게만 이루어지는 것은 아니다. UFO가 여러 사람 앞에 나타나서 그중 한 명을 납치하는 경우도 있다. 다른 이들도 UFO 출현을 목격하지만 피랍되는 이는 한 명인 것이다. 은밀히 이루어지는 대부분의 피랍 사례는 그것이 매우 주관적인 체험이라 객관성을 인정받기 어렵다. 하지만, 이런 경우엔 다수의 공동 UFO 목격자가 있어서 특정인의 실종이 UFO와 직접 연관되었다고

---

320 Jocobs, David M. 1992. p.52.
321 Jocobs, David M. 1992. pp.73-74.

볼 충분한 다수의 증인이 존재하게 된다.[322]

미스터리 서클 형성

미스터리 서클은 주로 여름에 영국 남부 스톤헨지 주변 고대 유적지의 들판에 나타나는 원형 무늬들을 일컫는다. 처음엔 단순한 형태의 원들이 무리를 지어 나타나다가 시간이 지나면서 그 형태가 복잡해지는 양상을 보여 왔다. 대부분의 것들이 인간이 장난으로 만든 것으로 여겨지지만, 일부의 경우 그 복잡성과 상징성, 그리고 제작된 방법 등에서 나무막대와 줄, 그리고 널빤지로 만든 것이 아니라고 확신할 수 있다.

1970년대부터 영국 윌트셔와 햄프셔 지역에서 밀밭에 둥근 자국이 한두 개씩 발견되더니 1980년대부터는 서너 개의 둥근 자국이 한 곳에 집중되어 형성되는 현상들이 보고되었다. 그후 숫자가 조금씩 늘어나서 1980년 중반에는 수십에서 수백 개의 미스터리 서클이 나타났다. 그리고, 1990년대 초에는 매년 천 개가 넘는 미스터리 서클이 윌트셔주의 에이브베리 환형 인공 구릉環形 人工 丘陵 유적지를 비롯해 선사시대 유적지에서 집중적으로 발견되어 전세계적으로 한바탕 소동을 불러일으켰다. 여름 석 달 동안 이렇게 많은 미스터리 서클이 생겨났다는 것은 하루 평균 10개 이상씩 만들어졌다는 것을 의미한다. 게다가 영국은 위도가 높아 여름 동안 밤 길이가 겨우 4-5시간 정도밖에 되지 않는데 사람들의 눈에 띄지 않고 누군가 이런 엄청난 작업을 했다는 것은 정말 믿기 어려운 사실이다.

---

322 Lorenzen, Coral E. Walton Abduction. In Story, Ronald ed. 1980. pp.386-387.

맨 처음 이 미스터리 서클은 단순한 원이나 고리 모양이었다. 하지만, 1990년 이후로 원과 선이 결합된 복잡한 형태들이 나타나기 시작하더니 1991년에는 거의 모든 자국들이 대여섯 개의 원형이나 고리가 선으로 연결된 픽토그램pictogram 형태로 나타났다. 그리고, 1995년과 1996년에는 수십에서 백여 개를 넘는 원들이 또 다른 원형을 이루거나 이중 나선 형태, 카오스 이론을 나타내는 듯한 나선형 등으로 배열되어있는 매우 복잡한 형태로까지 발전하기에 이르렀다.[323]

미스터리 서클을 UFO 신드롬의 한 유형으로 보는 것은 이런 것들이 만들어지는 시기 그 지역에서 광구 형태의 괴비행체들이 다수 목격되기 때문이다. 영국 남부의 선사시대 거석 유적지가 모여 있는 월트셔 주의 '스톤헨지-에이브베리-글래스톤베리 마의 삼각지대 Stonehenge-Avebury-Glastonbury Magic Triangle 중심부에 위치한 워민스터 Warminster와 그 인근 지역에서 언제부터인가 이상한 비행체와 불빛이 자주 목격되었다.

1960년대 중반 미국에서 한참 UFO로 떠들썩할 때 이곳 워민스터에서도 괴비행체 소동이 급증했고, 지역신문에서는 자연스럽게 이것들을 UFO라고 명명했다. 워민스터에서의 UFO 소동은 1964년 크리스마스 이브, 이 지역 우체국장 로저 럼프Roger Rump가 이상한 소음에 잠을 깨면서 시작되었다. 그는 지붕의 타일이 무엇인가에 의해 벗겨져 날아갔다고 생각했고, 그의 진술은 후일 이곳의 유일한 일간신문인 워민스터 저널Warminster Journal 편집장 어써 셔틀우드Arthur Shuttlewood에게 보고되었다. 그로부터 2주일 후 인근에 사는 다른

---

323 맹성렬. 2012. pp.116-127.

다양한 형태의 미스터리 서클

사람들이 벽에서 석탄 덩어리가 굴러떨어지는 듯한 소리를 들었다. 또, 공군 비행기 조종사의 부인인 라켈 아트웰Rachel Artwell은 잠을 자다가 굉음轟音에 잠을 깼다. 그녀는 창밖에 밝은 빛을 내는 시가 형태의 비행체가 조용히 떠 있는 것을 목격했다. 이 사건 역시 어써 셔틀우드에게 보고되었다.[324]

UFO 소동은 1965년 중반까지 계속되었다. 그해 9월, 어써 셔틀우드는 직접 UFO를 목격했다. 그것은 거대한 시가 형태로서 백색과 옅은 호박색을 띠었고, 오른쪽에서 왼쪽으로 하늘을 유유히 가로질러갔다. 이 사건 이후로 셔틀우드는 UFO에 크게 매료되어 본격적으로 인근 지역 주민의 UFO 목격담을 수집하기 시작했다. 그 결과 1965년 9월까지 200여 명의 주민들이 UFO를 목격했음을 알았다. 그후로도 이곳의 UFO 소동은 계속되었고, 1970년대에 접어들어서도 영국의 매스컴에 자주 오르내리는 영국 최대의 UFO 메카가 되었다.

워민스터 지역에서 미스터리 서클이 최초로 출현한 것이 보도된 때는 1970년대 접어들어서다. 1972년 3월 22일 밤, 미국 언론인 브라이스 본드Bryce Bond는 워민스터 저널 편집장 어써 셔틀우드의 안내로 UFO 출현을 목격하기 위해 스타 힐Starr Hill 정상을 향하고 있었다. 그때 하늘 저 멀리에서 오색찬란한 빛을 발산하는 삼각형 비행체가 그들 쪽으로 다가오는 것을 보았다. 둘은 그것이 UFO라고 생각했다. 몇 분쯤 후엔가 두 번째 물체가 백광을 작렬하며 하늘에서 춤추듯 나타났다.

---

324 Goodman, Kevin. 2010.; 'Warminster Thing' marked in 50th anniversary UFO mural, BBC News, 2 June 2015. Available at https://www.bbc.com/news/uk-england-wiltshire-32972518

마침내 불빛이 두 사람 머리 위로 날아왔을 때 보이지 않는 무엇인가가 땅 쪽을 누르는 것처럼 그들 주위의 밀들이 바닥으로 눕기 시작했다. 잠시 후 밝은 달빛이 구름 사이로 나타났을 때, 그들 주위의 밀밭에 커다란 자국이 그 모습을 드러냈다. 대략 크기가 7미터 가량 되어 보이는 삼각형이었고, 그 안의 밀들은 시계 방향으로 누워 있었다. 이런 사건이 진행되는 동안 그들을 둘러싼 공기가 정전기로 대전된 것 같았다. 두 사람은 갑자기 일어난 변화에 넋을 잃고 한동안 서 있었다.[325]

본드가 미국에 돌아와서 자신의 체험을 라디오 방송으로 보도했을 때만 해도 영국 사람들조차 이런 현상에 별로 관심이 없었다. 비록 워민스터 지역에서 이상한 불빛 소동이 일어나고는 있었지만, 밀밭에 기하학적 무늬가 새겨지는 것은 그때까지만 해도 그곳 주민들에게조차 생소한 일이었기 때문이다. 하지만, 이 에피소드가 당시에 라디오 방송을 들은 몇몇 사람들의 뇌리에서 거의 희미해지던 1980년대 중반에 이르러 윌트서 지역을 중심으로 여름마다 생겨나기 시작한 밀밭의 둥근 무늬는 영국을 온통 뒤흔드는 센세이셔널한 소동으로 발전해버렸다.

가축 도살

UFO 신드롬의 범주에 포함할 수 있는 또 다른 현상으로 가축 도살cattle mutilation을 꼽을 수 있다. 가축 도살은 주로 미국 중부 유타주와 네바다주를 중심으로 주로 소들이 사라지거나 도축된 채

---

325 Anderhub, Werner & Roth, Hans Peter. 2002. p.23.; Old Crop Circles. Available at https://oldcropcircles.weebly.com/uk-1971-warminster.html

발견되는 사건을 말한다. 이때 소의 장기가 기술적으로 적출되고 사체에서 피가 완전히 제거되는 매우 이상한 현상이 발견된다. 가축 도살을 UFO와 연관시키는 이유는 그 전후에 UFO 목격이 보고되고 있고 또 주변에서 광구가 다수 목격되기 때문이다. 아직 이런 사건이 UFO와 직접 관련이 있다는 결정적인 증거는 나오고 있지 않아서 UFO를 둘러싼 '환시적 소문'으로 분류할 수 있다.

1970년대에 미국 콜로라도주에서 백여 마리, 그리고 미네소타주에서 수십 마리 소들의 의문스러운 도살 보고가 있었다. 그밖에 네브래스카주, 캔자스주, 아이오와주 등 미 전역의 목축업이 발달한 지역들 목장에서 미스터리한 소들의 도살이 일어났다. 1975년 콜로라도주의 AP통신은 그 해 가장 화제의 사건으로 의문스러운 소 도살 사건을 꼽았을 정도였다. 이런 사건들이 화제가 되자 그 원인에 대한 여러 가지 추측이 난무했다. 그중에서도 미 정부 관여설이 가장 보편적으로 믿어졌다. 이런 추측이 있었던 것은 가축 도살이 일어나던 지역 인근에서 괴 헬리콥터들이 종종 목격되었기 때문이다. 그리고 이런 비행기들이 가축들을 쫓거나 심지어 쏴 죽였다는 주장도 제기되었다. 그러자 목장주들은 이런 헬리콥터들을 소 도살의 원흉으로 꼽기 시작했다. 그들은 헬기 관측조를 구성해 목장 근처에 출현하는 괴상한 헬기들을 추적했다. 정부에서 왜 이런 일을 획책하는지 의문스러웠지만 목장을 운영하는 이들은 정부가 뭔가 음모를 비밀리에 획책하고 있다고 믿었고 그런 공격에서 자신들의 가축들과 가족을 지켜야 한다고 생각했다.[326] 당시 콜로라도 상원의

---

326 Ellis, Bill. Cattle mutilation: Contemporary legends and contemporary mythologies. In Smith, Paul. (Ed.). 1991. pp. 57-61.

원이었던 플로이드 해스켈Floyd Haskell은 FBI에 편지를 써서 조사를 의뢰했다. 한 목장주가 전기시설을 점검 중이던 주 정부 헬기에 총을 쏘는 사건이 발생할 정도로 당시 상황이 심각했기 때문이다. 이런 문제가 발생하자 미 국무부 토지 관리국Bureau of Land Management은 목장이 많은 콜로라도주 동부에서의 항공 측량 업무를 일시 중단시켰다. 그리고 네브래스카주 방위군은 헬기 조종사들에게 평상시보다 천 피트 더 높게 비행하도록 조치했다.[327]

비록 1968년 미국 정부가 실수로 독가스를 유출해 인근 목장의 양들 떼죽음을 일으킨 사건이 유타주에서 발생하긴 했지만[328] 어떤 비밀 정부 조직이 전국적으로 소 떼들을 죽이고 있다는 가설을 지식인들이 받아들이기엔 너무 황당무계하다는 판단이 있었다. 지식층에서는 당시 목장 운영에 있어서 많은 제한을 두거나 간섭하던 주 정부나 연방 정부에 대한 적개심에서 집단 히스테리가 발생했거나 평범한 현상을 과장한 것이라는 식의 해석이 제기되었다. 이 시기 미국 경제는 요동치고 있었으며 미 정부의 목축 산업 정책을 펼치면서 중부 목장 지대의 작은 목장들에 대한 규제가 심했다. 이에 대한 목장주들의 크고 작은 공포와 불안이 가축 도살이란 현상을 통해 투사되어 나타났다는 것이다.[329] 그래서 흔히 발생하는 들짐승들한테 공격당해 죽은 가축들이 아주 인위적으로 죽은 것처럼 포장된 걸로 생각했다.

하지만 이 현상에 대해 그런 합리적인 판단을 하기엔 뭔가 문

---

327 Monroe, Rachel. 2023.
328 Cianciosi, Scott. 2008.
329 Goleman, Michael J. 2011.

제가 있었다. 우선 그렇게 도살된 소들은 들짐승이 뜯어 먹은 양상과는 사뭇 달랐다. 뭔가 예리한 수술 도구로 장기가 적출된 것처럼 보였다.[330] 단지 목장주들이 집단 히스테리를 일으켰다고 보기 어려운 측면이 실제로 도사리고 있었다. 그래서, 등장한 또 다른 설명은 그것이 사탄을 숭배하는 사교 조직에 의해 자행되었다는 것이다. 짐승들을 죽여서 그 피를 제단에 바치는 의식은 오래전부터 서구권의 사탄 의식으로 암암리에 거행되었다. 이런 피 의식을 중요시하는 신흥 종교 집단이 1970년대부터 발생해 미 중부 지역을 중심으로 확산했고 그렇게 세력을 확산하면서 당시 웨이브가 있었다는 것이다.[331]

그런데 1970년대에 이 현상을 전문적으로 연구하던 이들은 도살된 가축 근처에서 풀이 둥글게 눌린 자국을 발견하거나[332] 마치 무엇인가가 공중으로 들어 올렸다가 놓아서 떨어지며 발목이 부러진 가축들이 발견되었다는 사실[333]을 근거로 UFO가 이런 가축 도살의 원인일 것이라는 주장을 제기하기 시작했다. 그 대표적인 인물로 미네소타 대학과 계약을 맺고 이 문제를 조사하던 테렌스 미첼Terrence Mitchell을 꼽을 수 있다.[334]

---

330 "cows drained of blood, their body parts—typically eyes, tongues, cheeks, and sex organs—removed with surgical precision." Monroe, Rachel. 2023.

331 Root, Chris. 2020.; Ellis, Bill. Cattle mutilation: Contemporary legends and contemporary mythologies. In Smith, Paul. (Ed.). 1991. pp. 53-57.

332 Ibid. p.61.

333 Monroe, Rachel. 2023.

334 Ellis, Bill. Cattle mutilation: Contemporary legends and contemporary mythologies. In Smith, Paul. (Ed.). 1991. p.61.

UFO, Cattle Deaths Linked

PORTLAND, Ore. (UPI) — A UFO lecturer who works through the speakers' bureau at the University of Minnesota says there have been links between reported UFO phenomena and cattle mutilations since at least 1897, the Oregon Journal reported today.

Terrence Mitchell, the UFO lecturer, said he has collected material on approximately 3,000 cattle mutilation cases in the United States since 1969. He disclosed the odd links between some of those cases and alleged UFO reports while making inquirings at the Lincoln County sheriff's office about the current UFO story and 20 missing people from Oregon. The missing apparently believe they are headed for a higher plane of life beyond this planet, with the help of UFOs.

There have been a rash of cattle mutilation reports in the West, from Colorado to Oregon in recent weeks, and the strange thing about those mutilations were no tell-tale footprints, or marks of any kind were left behind.

Mail from some of the missing Oregon 20 has been received by friends or relatives from Colorado.

Mitchell, a former Minneapolis television reporter, said he became intrigued by coincidental UFO reports and cattle mutilations while doing a documentary on UFOs for KSTP in Minneapolis.

"We took some aerial pictures of some of the strangest things I've ever seen," Mitchell told the Journal. "Within an eighth of a mile of a mutilated cow you can see a perfect circle melted in the snow. No footprints, but every indication that humans were involved in the deaths of these animals."

He cited as "evidence," the paper said, the apparent surgical removal of lips, tongues, udders or sex organs, the anus and, in many cases, the right ear. In every known case, Mitchell said, the animal had been almost completely drained of blood.

Lt. Everett chapman of the Oregon State Police confirmed Mitchell's general description was was very similar to about 12 cattle mutilation cases in Oregon recently, including the detail that most or all the animals were discovered lying on their left sides with their "hooves extended and their tails straight out.

"I don't know anybody who has any concrete evidence that UFOs exist," Mitchell said. "But my definite impression of the Minnesota cases is that aircraft were used.

Death Causes Sought

Coroner Carl Hargis has two deaths under investigation today and ordered post mortem examinations in both.

Susan Cromwell, 21, of 2064 Neill Way was found in bed in a coma about 4:10 p.m. Wednesday when her husband Steve returned home. He started giving her mouth-to-mouth resuscitation, which was continued by police when they arrived and until she was taken to Sacred Heart Hospital where she was pronounced dead on arrival.

The young woman apparently died of an overdose from an assortment of prescribed medications, but Hargis said a final determination will not be made until results of blood tests are known.

The victim, the former Susan Luick, and Cromwell had been married only about a month, authorities learned. She is a granddaughter of Mr. and Mrs. Aubrey Hickey.

Funeral arrangements are pending at People's Funeral Chapel.

An autopsy also was scheduled today for Arthur W. Knittle, 44, of 1865 N. Redington St., whose wife Grace discovered him dead on the floor of the bedroom when she returned home from work at 4 p.m. Wednesday. There appeared to be no foul play involved, though Mrs. Knittle told officers she sensed something was wrong when she noticed bits of foam rubber on the floor of the den, cushions on a front room couch in disarray, the bathroom light on and her husband failed to answer her call.

Knittle was a chief petty officer stationed at Lemoore NAS, according to authorities.

Funeral arrangements for him also are pending at People's Funeral Chapel.

Funerals

Ada Hoag

Services for Ada C. Hoag were held in the People's Funeral Chapel Wednesday.

The Lucerne Chapter 127 Order of the Eastern Star officiated. Those participating were Worth Matron, Lorraine Egger; Worth Patron, Paul Davidson; Adah, Eleanor

UFO와 가축 도살의 연관성을 다룬 미 캘리포니아주 한포드의 1975년 10월 9일자 『한포드 센티널』

1980년에 접어들면서 덴버 TV, KMGH에서 저널리스트로 활동하던 린다 몰튼 휴Linda Moulton Howe가 이 문제를 본격적으로 다룬 다큐멘터리 제작을 시작했다. 그녀는 원래 물과 대기 오염 등 환경 문제를 다루는 다큐멘터리 전문가였다. 그녀의 기존 다큐멘터리들은 철저히 사실에 기반해 환경 문제의 심각성을 진지하게 접근했었다. 1970년대에 가축 도살 사건이 미 전역을 강타하자 이 문제의 심각성을 깨닫고 그녀는 「이상한 추수A strange harvest」라는 제목의 다큐멘터리를 제작했다.

린다 몰튼 휴가 제작한 '가축 도살'을 다룬
다큐멘터리 영상물 「이상한 추수」의 표지

당시 그녀의 작업에 관심을 가져온 이들은 이 다큐멘터리 또한 상식적인 결론을 이끌 걸로 기대했다. 하지만 놀랍게도 이 방영물에서 그녀는 가축을 도살하는 이들이 정부 요원이나 사탄주의자들이 아니라 바로 외계인일 가능성이 높다는 잠정적 결론을 내렸다.[335] 이 다큐멘터리에는 소가 도살된 인근에서 밝은 빛 덩어리를 목격했다는 한 소녀의 최면 장면이 소개되었다. 그녀는 최면을 통해 괴비행체에서 내리쬐는 부드러운 노란빛이 소를 공중으로 끌어올리는 장면을 묘사했다.[336]

'가축 도살' 사건이 UFO와 관련 있다고 생각하는 이들은
UFO에 의한 가축들의 피랍을 주장한다

---

335 Howe, Linda Moulton. 1988.
336 Howe, Linda Moulton. 1989. pp.50-55.

Chapter 28

접촉

조지 아담스키

조지 아담스키는 1891년 폴란드에서 태어났다. 그가 어렸을 때 일가족은 미국 이민을 했다. 정규 교육을 받은 적이 없는 그는 젊은 시절 티벳의 마스터로부터 텔레파시로 교육받았다고 한다. 아담스키는 1930년대 티벳의 특급 수도원Royal Order of Tibet이라는 오컬트 교단을 설립했다. 1930년대 후반까지 그는 수백 명에 달하는 추종자들에게 '우주 법칙Universal Law'을 강의했다.

하지만 신비주의자로서 그다지 큰 명성을 얻지 못하자 1940년대에는 천체 관측과 사진 촬영에 몰두했으며, 1946년에 최초로 UFO를 목격했다.[337] 그는 이 체험 후에 영감을 받아 별나라 여행을 그린 공상과학 소설 『우주의 선구자들Pioneers of Space』을 썼다.[338]

---

337 Bader, Chris. 1995. p.76.
338 Zinsstag, Lou. 1990. p.17.

아담스키는 1952년 11월 20일, 그의 제자 6명과 함께 캘리포니아 사막지대를 지나다가 도로에서 1마일쯤 떨어진 곳에 UFO가 착륙하는 것을 목격했다. 그는 일행을 차 안에 있도록 지시하고, UFO 쪽으로 가까이 다가가자 자신을 오손Orthon이라고 밝힌 존재가 나와 텔레파시로 말을 걸어왔다고 한다. 자신이 금성에서 왔다고 밝힌 그는 부드러운 피부에 맑은 눈, 키가 170센티미터 정도인 지구인과 똑같은 모습을 하고 있었다. 그는 아담스키에게 원자 폭탄에 의해 인류가 멸절되는 것과 다른 행성들이 방사능에 오염되는 것을 방지하기 위해 지구에 왔다고 말했다.[339] 이 사건은 칼 융의 사촌으로 UFO 연구자인 루 친스타크Lou Zinsstag의 관심을 끌었다. 그녀는 아담스키 및 그와 동반했던 이들을 개별 조사하고 그들이 정말로 은빛의 UFO를 목격했다는 결론을 내렸다.[340]

아담스키는 금성인만 만난 것이 아니었다. 그는 1953년에 화성인 퍼콘Firkon과 토성인 라무Ramu를 만났다. 그들은 지구를 제외한 태양계의 전 행성이 연합으로 구성되어 있으며, 우주선을 공동사용하고 있다고 했다.[341] 아담스키는 우주 연합의 우주선에 초대되어 성자Master와 우주의 상태, 우주 안에서 지구가 차지하는 위치에 관한 대화를 나누었다고 한다. 그들에 의하면 우주의 다른 모든 행성에도 진화에 따른 지구 인류와 비슷한 모습의 생명체들이 살고

---

339 Lago, Don. 2015.; Bader, Chris. 1995. p.77.
340 Zinsstag, Lou. 1990. p.24. 여섯 명의 일행은 소리 없이 날아가서 1킬로미터쯤 떨어진 곳에 높이 떠 있는 은빛 시가를 목격했다고 진술했다. 루 친스타크 여사는 그들이 사진기를 갖고 있었는데도 UFO를 찍지 않았을 리 없다고 말하며 만일 그것이 시중에 나오면 그 가치가 매우 클 것이라고 언급하였다. 하지만 그들이 찍은 사진은 아직까지 나타나지 않고 있다.
341 조지 아담스키. 1987. p.80.; Bader, Chris. 1995. p.77.

있다. 우주에 있는 모든 태양계는 항상 12개의 행성을 갖고 있으며, 이런 태양계가 중핵을 중심으로 12개가 모여 섬 우주를 이루고, 다시 12개의 섬 우주가 모여 더 광대한 통일체를 이루고 있다.

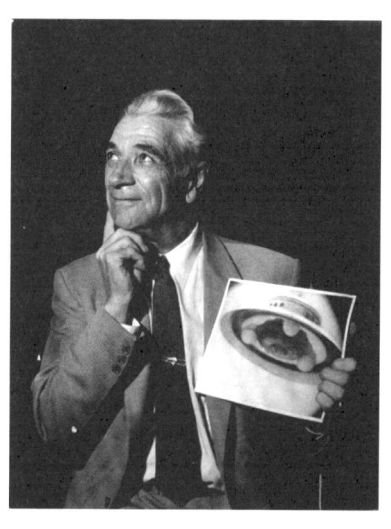

자신이 직접 촬영했다고 주장하는 UFO 사진을 들고 포즈를 취한 조지 아담스키

우리 태양계의 다른 행성들에서는 지구보다 높은 문화 수준을 누리고 있다. 이처럼 지구의 문명단계가 낮아서 오래전 다른 행성에서 지원자들이 개척 선단을 이루어 지구에 왔다. 하지만 곧 지구에 천재지변이 생겨 생존조건이 나빠져서 이들은 다른 행성으로 이주해야 했다. 그후 지구는 정상을 되찾았고, 이때부터는 지구를 태양계의 유배지로 사용했다. 이기적인 범죄자들이 지구에 입식되었고, 이

들은 후세에 타락한 천사들이라 일컫게 되었다. 이처럼 지구에서 범죄자들에 의해 문명이 건설됐기 때문에 범죄와 악이 판을 치고 있고, 따라서 우주 연합에서는 주기적으로 구세주를 보내 지구인들을 교화하고 있다는 것이다.[342]

아담스키는 우주인들이 지구에 사는 그 누구보다도 더 기독교적이라고 주장한다.[343] 그에 의하면 우주인들이 지구인들에게 메시지를 전할 몇몇 사람들을 선출했는데 예수 그리스도가 바로 그런 이 중 대표적인 인물이었다는 것이다. 그리고 그 자신도 예수와 똑같은 임무를 띠고 있다고 말했다. 예전에 예수가 그랬던 것처럼 지구인들에게 메시지를 전달해야 하는 자신은 세인들의 조롱과 시기를 참고 견뎌야 한다는 것이다.[344]

오르페오 안젤루치

칼 융이 그의 저서 『비행접시들』에서 대표적인 UFO 접촉자로 꼽은 이가 있으니 그의 이름은 오르페오 안젤루치Orfeo Angelucci 다. 그는 이탈리아계 미국인으로 1912년 뉴저지에서 태어나 그곳에서 성장했다. 그는 학력은 중졸이다. 그후로 그는 신비학에 몰두했으며, 특히 무한대 존재의 특성에 대한 신학적인 논문을 썼다.[345]

안젤루치는 외계인들을 직접 만나지는 못하고, 스크린 같은 영상

---

342 아담스키, G. 1987. p.101.
343 Mencken, F. Carson & Bader, Christopher D. and Kim, Ye Jung. 2009.
344 아담스키, G. 1987. p.180.
345 Jung, Carl G. 1987. pp.146-147.

을 통해서 보았다고 한다. 그의 눈앞에 나타난 점멸하는 두 원반은 약 1미터의 간격을 두고 떨어져 있었고 이들 사이에서 은은한 녹색 빛이 감돌더니 아름다운 남녀의 삼차원 영상이 나타났다. 그들은 매우 크고 빛나는 눈을 갖고 있었으며 말 그대로 완벽한 존재들이었다. 그들은 오르페오에게 매우 친숙한 느낌을 주었다.[346]

안젤루치는, 우리 우주가 아닌 전적으로 다른 차원 세계에서 외계인이 오고 있다고 주장했다. 그는 유체 이탈의 방법으로 그들 행성에 간 일이 있는데, 그곳에서 넵튜운Neptune이라는 외계인과 그의 동료인 여성 외계인 리라Lyra를 만났다. 그곳은 그야말로 천국이었으며 셀 수 없이 많은 꽃과 아름다운 색깔, 향기로운 냄새, 신들의 술인 앰브로사가 있었으며, 영적인 고귀한 존재들과 어울릴 수 있었다. 그는 리라로부터 에로틱한 느낌을 받았는데 이와 같은 물질적인 욕구를 극복하고 천국에 사는 사람들로부터 축복받았다.[347]

안젤루치는 외계인들이 지난 역사를 통해 보호 천사처럼 행동해왔다고 말했다. 비록 인류의 역사 속에 끼어들어 직접적인 도움을 줄 수는 없지만, 초월적 소원 성취의 방법으로 간접적으로 인류를 도왔다는 것이다. 그들은 지구상의 모든 남녀노소를 수정 원반에 빠짐없이 기록해왔기 때문에 우리 자신도 잘 모르는 부분까지 속속들이 알고 있다고 했다. 한편, 그들은 우리에게 진한 형제애를 느끼는데 그 이유는 비록 그들이 다른 차원의 우주에 속해 있지만 그들의 먼 조상과 지구인의 조상이 혈연관계에 있기 때문이라는 것이다.[348]

---

346 Jung, Carl G. 1987. p.156.
347 Jung, Carl G. 1987. pp.161-162.
348 Jung, Carl G. 1987. p.156.

오르페오 안젤루치(왼쪽)와 그의 책 〈비행접시의 비밀〉의 표지 (오른쪽)

안젤루치는 지구의 뛰어난 아름다움으로도 알 수 있듯이 지구는 지적인 생명체가 진화한 모든 행성 중에서 특별히 정화된 세계라고 했다. 그런데 증오와 이기심, 그리고 잔학성이 마치 검은 안개처럼 지구 곳곳에서 피어오르고 있다는 것이다. 인류는 기술적인 발전에 비해 윤리적·심리적 발전이 보조를 맞추지 못하고 있어 위기 상태에 빠져 있으며 다른 행성의 거주민들이 지구인들에게 이와 같은 상태를 점차 이해시키기 위해 노력 중이라고 한다. 특히 그들은 질병 치유 기술로써 인류를 도우려고 하는 것이다.[349]

안젤루치는 외계인들이 그를 예수 그리스도와 동등한 위치로 추

---

349 Jung, Carl G. 1987. p.158.

대했다고 말했다. 예수가 불꽃의 주인, 태양의 무한대한 존재이며, 지구에서 태어난 분이 아닐 뿐만 아니라 태양의 정령으로서 인류를 위해 자신을 희생해 세계령과 인류의 대신령의 한 부분이 되었으며, 이런 점에서 그는 다른 우주적 스승들과 구별된다는 것이다.[350]

하워드 멘저

미국 동부 태생의 하워드 멘저는 열 살 때인 1932년 첫 번째 접촉을 했다. 그때 그는 집 근처 숲속에서 바위 위에 앉아있는 금발의 여인과 만났다. 그녀는 멘저의 눈에 더할 나위 없이 아름다운 여인으로 비쳤다. 햇빛에 반짝이는 금발은 얼굴과 어깨 근처에서 찰랑거렸으며, 아름다운 몸매는 반투명한 옷으로부터 뚜렷한 윤곽을 나타내고 있었다.[351] 그녀는 그를 만나기 위해서 먼 길을 왔는데, 그가 그들과 같은 종족이기 때문이라고 했다. 그녀는 멘저가 그들의 가르침을 제대로 이해할 수 있게 돼 우주인들의 전령으로서 무엇을 해야 할지 알 정도로 충분히 성장했을 때 다시 찾아오겠다고 약속하고 떠났다.[352]

하워드 멘저는 처음 접촉 후 14년이 지난 1950년 가을, 그가 우주 여인을 조우했던 곳으로 찾아가고 싶은 강한 충동을 느끼고서 그곳으로 갔다. 잠시 후 그는 하늘에서 밝은 섬광을 보았고, 목덜미에서 강한 열기를 느꼈다. 그는 하늘에서 빠르게 움직이는 커

---

350 Jung, Carl G. 1987. p.159.
351 Clark, Jerome. 1990. p.145.
352 Clark, Jerome. 1990. p.166.

다란 불덩어리를 목격했다. 그것은 마치 회전하는 태양 같았다. 그것은 점멸하는 오색 광선을 내쏘았으며, 점점 광채가 사라지자 은빛 금속 비행체로 보였다. UFO는 멘저가 서 있는 근처에 착륙했고, 그 속에서 전과 똑같은 모습의 아름다운 우주 여인이 나타났다. 그녀는 맨 처음 조우 때 이미 500세가 넘었지만 14년이 지났는데도 결코 더 늙어 보이지 않았다.[353]

외계인으로부터 전수한 지식을 설명하고 있는 하워드 멘저

---

353 Clark, Jerome. 1992. p.143.

그는 금성에서 온 정찰 우주선에 탑승하여 금성을 여행했다. 캘리포니아의 도시 외곽 지역을 닮았지만, 그보다 훨씬 더 아름다운 곳을 방문했고, 자신이 접촉하고 있는 우주인들이 금성, 화성, 목성, 그리고 토성에서 왔다고 주장했다.[354]

멘저의 외계인 접촉을 확인시켜주는 정황 증거가 있다. 그의 이웃들은 종종 멘저의 농장에서 이상한 불빛을 목격했다. 뉴저지주 정신분석학자 베르톨트 슈바르츠Berthold E. Schwarz가 그의 사례를 조사한 일이 있는데, 이때 멘저의 이웃들은 실제로 그의 농장 상공에서 점멸하면서 점차 하얗게 변하는 막대 모양의 광원을 목격했다고 진술했다. 그중 몇 명은 빛나는 유니폼을 입은 4명의 외계인이 농장을 배회하는 것을 목격했다고도 했다.

슈바르츠 박사는 더욱 신빙성 있는 증인으로 멘저 이웃집 부부를 지목했다. 멘저의 아들이 암으로 죽었는데, 그때 그의 침대 머리맡에서 막대 형태의 밝은 광선을 목격했다고 그들이 증언했던 것이다. 그런데 이상한 점은 멘저의 아들이 숨을 거둘 때 오리온좌에서 온 외계인들이 자신을 데리러 왔다고 말했다는 사실이다. 그의 아버지가 한 번도 태양계 밖의 외계인에 대해서 언급한 적이 없었는데도 말이다. 멘저의 부인도 1950년대 중반 농장에서 톡톡 튀어 다니는 빛나는 이상한 존재들과 UFO를 목격했다고 고백했다. 나중에 그녀는 멘저와 이혼하며 그를 사기꾼으로 매도했는데 그런 상황에서도 자신의 이 특별한 체험은 끝까지 사실이며 자신도 의아하게 생각했다고 말했다.[355]

---

354 Clark, Jerome. 1990. p.145.
355 Schwarz, Berthold E. 1972.

빌리 마이어

스위스의 접촉자 빌리 마이어는 그가 다섯 살 되던 1942년 여름, 스위스의 브라하 근처 작은 마을에서 아버지와 함께 접시 모양의 UFO를 처음 보았다. 2개월 후 그가 혼자 초원에 서 있는데, 은빛 UFO가 접근해오다가 방향을 바꿔 멀리 날아가 버렸다. 이때 그의 머릿속에서 이상한 소리가 들려오기 시작했다. 그 소리는 며칠 동안 마이어를 괴롭히더니 어느 날 갑자기 들리지 않게 됐다.

그가 일곱 살 되던 1944년 나직하고 또렷한 목소리가 자신에게 전해지는 지식을 익히라고 일러줬다. 그후로 그 목소리는 그를 가르쳤다. 그해 9월에는 외계인이 그를 직접 만나러 찾아왔다. 서양 배 모양의 UFO를 타고 나타난 그 외계인은 엄숙하게 생긴 교회 장로처럼 느껴지는 노인이었다. 마이어는 UFO에 탑승하여 하늘을 날면서 스파쓰Sfath라고 자신을 소개하는 그 노인과 직접 이야기를 나눴다. 그는 마이어가 특별한 사명을 수행할 적임자로 선택됐지만 그것을 깨달으려면 앞으로 수십 년이 지나야 할 거라고 말했다.[356]

그는 12세 때 결핵 요양소에서 8개월을 보냈고, 14세 때는 소년원에 수용됐다. 그는 소년원에서 3차례나 탈출한 끝에 부모에게 되돌아가 초등학교 6학년 과정을 수료하기 전에 자퇴했다. 그후 어린 나이에 막노동하면서 전전하다가 절도죄로 감옥에 갔고, 탈옥해서 프랑스로 도망가 외인부대에 입대했다. 훈련이 끝날 무렵 그는 다시 이곳을 나와 스위스로 돌아왔고 다시 감옥에 갔다. 그런데 그가 이처럼 혼란스러운 유·청년기를 겪는 동안에도 외계인 스파쓰와의 교

---

356 Kinder, Gary. 1987. pp.75-82.

류는 지속되었다고 한다. 다른 차원에서 온 마스터인 그는 마이어에게 우주의 신비한 지식을 가르쳤다. 그 목소리는 그가 범죄와 방탕으로 떠돌던 시절 항상 그의 귓속에 속삭여댔다.[357]

빌리 마이어는 감옥에서 풀려나와 1958년부터 중동에서 떠돌이 생활을 했다. 1950년대 중반부터 1960년대 중반인 이 시기에 그는 평행우주로부터 온 아스케트Asket 라는 존재와 텔레파시 교신을 했다. 그후 10여 년의 공백기를 가진 다음 1975년 1월 어느 날, 마이어는 스위스 그의 목장에서 원반 착륙을 목격했다. 그것은 금과 은이 섞인 듯한 빛을 냈는데, 그가 다가가려 하자 그의 몸이 보이지 않는 장애물에 의해 방해받는 것을 느꼈다. 잠시 후 UFO 안에서 원피스 비행복을 입은 여인이 나타났다. 그녀는 플레아데스 성단의 에라Erra 라는 행성으로부터 온 셈야제Semjase라고 자신을 소개했다.[358]

그녀는 완벽한 독일어로 마이어와 대화했다.[359] 그녀의 두 눈은 창백한 푸른빛을 띠었고, 노란 호박색 머리카락은 가운데에서 갈라 빗어 허리까지 내려왔으며, 작은 코와 묘하게 생긴 입과 이상하게 높은 광대뼈가 있었다. 대체로 지구인과 같은 얼굴이었는데 2가지 다른 특징이 있었다. 그녀는 귓불이 뾰족했고 살결이 창백할 정도로 희어서 마치 광채가 나는 것 같았다.[360]

빌리 마이어는 1976년 3월 8일, 3명의 일행과 함께 숲 근처를 거닐다가 갑자기 접촉해야겠다며 숲속으로 사라졌다. 웬델 스티븐스

---

357 Kinder, Gary. 1987. p.79.
358 Kinder, Gary. 1987. pp.75-85.
359 Kinder, Gary. 1987. pp.95-104.
360 Kinder, Gary. 1987. pp.82-85.

Wendele Stevens의 조사에 의하면, 남겨진 일행은 숲속에서 마치 영계에서 들리는 듯한 아름다운 소리가 들려오는 것을 들었다고 한다. 이런 식의 접촉은 같은 해 6월 13일 밤에도 있었다. 이때에도 마이어는 동행을 기다리게 하고 혼자서 접촉 장소로 갔다. 접촉이 이루어지는 동안 나머지 일행은 노란빛의 덩어리를 멀리서 목격했다. 일행 중 1명은 이 빛을 촬영했다. 접촉을 마치고 돌아온 마이어는 아주 행복한 듯 얼굴에 웃음이 가득했고, 보슬비가 내리고 있었음에도 그의 옷은 젖어 있지 않았다.[361]

마이어는 지구 인류가 리라Lyra 성단에 속한 한 행성에서 비롯됐다고 주장한다. 약 2천만 년 전 고도로 발달한 이 행성의 과학자들인 '야훼Ihwh'들은 외계로 진출해 수많은 문명을 식민지로 만들어 그 위에 군림했다. 그러던 어느 날 한 식민지에서 반란이 일어났고, 이를 틈타서 아자엘Asael이라는 과학자가 몇몇 무리를 이끌고 이탈해 우리 태양계로 오게 됐다. 그는 지구, 말로나Malona, 화성을 택해 생명체와 인류를 수차례 걸쳐 입식했다고 한다. 약 10만 년 전 말로나는 폭발했고, 화성이 이 자리에 대신 정착했다. 한편 이즈음 태양계는 펠레곤Pelegon이 통치하고 있었는데 폭정을 일삼다 자멸했다. 이때 몇몇 생존자들이 다른 곳으로 이주했다가 약 33,000년 전 아틀란트Atlant가 이끄는 무리가 태양계로 돌아와 지구에 아틀란티스와 '무'라는 도시를 건설했다. 그리고 약 15,000년경 주민들이 반란을 일으켜 권력자와 과학자들이 추방됐다. 2,000년이 지난 후 추방자들의 후손들은 새로운 지배자 야훼 아루스Ihwah Arus의 지휘 아래 지구를 침공했으며, 이 과정에서 아틀란티스와 무 문명은 멸

361　Stevens, W. C. ed. 1993. pp.14-46.

망했다. 야훼 아루스의 부하들은 지구 인류와 교접해서 아담들과 이브들을 탄생시켰다. 야훼 아루스의 장기 집권 후 그의 아들 예호바Jehova가 3,400년 전에 지도자의 지위를 계승했다. 예호바는 다소 난폭했으나 그의 승계자들은 차츰 인도적으로 되어갔으며, 예수의 탄생을 전후한 2,000년 전쯤 이 우주인들 집단은 지구를 철수해 플레이아데스성단으로 돌아갔다.[362]

빌리 마이어(왼쪽)와 그가 직접 촬영한 UFO 동영상 스틸컷

---

362 Stevens, W. C. ed. 1993. pp.249-263.

마이어는 자신이 전생에 구약 시절의 이스라엘 예언자였으며 지금 이 특별한 시대에 그가 태어난 것은 또다시 예언자의 역할을 하기 위해서라고 주장했다. 그는 과거로 시간 여행을 해서 예수를 만났으며, 그로부터 14번째 제자로 임명됐다고 한다.[363] 마이어는 자신의 노력으로 지구의 멸망이 뒤로 미루어졌다고 주장했다. 그는 49단계의 진화를 거친 프탈레 영역의 순수령과 대화한 결과 1998년 4월 25일 3차 세계대전이 일어날 것이라고 예언했다. 그런데 자신이 설득한 결과 프레탈 영역에 준하는 순수령인 아테르사타Arahat Athersata 들이 지구 평화를 위한 상념 집중을 했으며, 그 결과 멸망의 날이 몇 년 뒤로 미루어졌다는 것이다. 앞으로도 인류의 태도에 따라 3차 세계대전이 연기될 수 있다고 한다.[364]

빌리 마이어가 직접 촬영한 UFO 동영상 스틸 컷

363　Talk:Billy Meier/Archive 2. Wikipedia. Available at https://en.wikipedia.org/wiki/Talk%3ABilly_Meier%2FArchive_2; 라시드, I. 1994.

364　Kinder, Gary. 1987. pp.184~185.

마이어는 UFO 사진과 동영상을 찍어서 세상에 공개해 큰 화제가 되었다.[365] 그의 외계인 접촉 증거들에 대해선 논란이 많이 되고 있는데, 그 중엔 그가 받았다는 금속이 포함된다. 이 '외계 금속'은 웬델 스티븐스Wendell Stevens를 통해 IBM에 근무하던 마셀 보겔Marcel Vogel박사에게 전달되었고 보겔은 그것을 분석해보고 뭔가 이상하다고 판단했다. 그는 UFO 연구자로 활동하고 있던 NASA 과학자 리차드 헤인즈Richard F. Haines박사에게 이 샘플을 보여주기로 했는데 그날 그 샘플이 어디론가 사라져버렸다고 한다.[366] UFO와 관련해서 이런 초정상적 현상들이 종종 발생한다고 알려져 있다.

빌리 마이어가 직접 촬영한 UFO 동영상 스틸 컷

---

365 Talk:Billy Meier Archive 2. Wikipedia.; The truth is out there? Billy Meier's UFO images. BBC. December 3, 2019. Available at https://www.bbc.com/news/in-pictures-50634120
366 Korff, Kal K. 1995. pp.278-280.

유리 겔러

유리 겔러는 초능력자의 대명사로 알려진 이스라엘인이다. 비록 1973년에 당시 세계적으로 제일 잘 나가던 '쟈니 카슨의 투나잇쇼 The Tonight Show With Johnny Carson'에 나와서 그의 초능력을 보여주는 데엔 실패했지만, 그는 당시 CIA에서 능력을 인정받고 있었다고 한다.[367] 그의 초능력은 학계에서도 큰 관심을 보였다. 1974년에 러셀 타그Russell Targ와 헤럴드 퍼토프Harold Puthoff가 『네이처』에 기고한 논문 '감각 차단 조건에서의 정보 전달Information transmission under conditions of sensory shielding'은 바로 겔러의 초감각 지각 실험에 관한 것이었다.[368] 그런데 겔러가 처음에 탁월한 능력을 보인 분야는 초감각 지각보다는 염력이었다. 이런 능력을 갖게 된 것은 그가 세 살 때부터라고 한다.

유리 겔러는 세 살이던 1949년 12월 어느 날, 그는 집 앞 정원에서 놀다가 하늘로부터 고음의 찢어지는 듯한 소리를 들었다. 다른 소리가 일시에 들리지 않았고 마치 시간이 멈춘 듯 주변 물체들이 정지된 것처럼 느꼈다. 바람이 부는데도 나뭇가지는 꼼짝도 하지 않았다. 그때 하늘에서 은빛 둥근 빛 덩어리가 보였다. 그는 태양이 이상하다고 생각했지만, 그것은 태양이 아니었다. 그 현란한 빛 덩어리는 겔러 쪽으로 다가왔다. 순간 그는 뒤로 넘어지면서 이마에 격심한 통증을 느끼며 기절했다. 겔러는 깨어나자마자 집으로 달려가 이 사실을 어머니에게 알렸다. 하지만 그녀는 이런 주장을 무시해버렸다.[369]

빛의 구체와 이상한 만남을 한 지 며칠 후, 겔러는 어머니와 주방

---

367 Jayanti, Vikram. 2013.
368 Targ, Russell and Puthoff, Harold. 1974.
369 Geller, Uri. 1975. pp. 95-96.

토크쇼에 출연해 자신이 UFO와 교류하고 있음을 밝히고 있는 유리 겔러

테이블에서 수프를 먹고 있었다. 그런데 그의 금속제 숟가락 손잡이가 축 처지면서 거기 담긴 뜨거운 액체가 무릎으로 흘렀다. 어머니는 숟가락을 살펴보고서 금속 손잡이가 느슨해져서 그렇다고 판단했다. 하지만, 비록 세 살이었지만 겔러는 그것이 이상하다고 생각했다. 겔러가 기억하는 최초의 초능력 체험이었다. 그 후 그가 성장해서 초등학교에 다니게 되었을 때 그는 자신이 시계를 느리게 가거나 심지어 거꾸로 가게 할 수 있음을 깨달았다. 그 이후 그는 초능력자로써의 삶을 살게 되었다. 겔러가 성인이 됐을 때 그는 유명한 초능력자가 되어 여러 곳에서 시범을 보였다. 그러던 중 1971년 미국에서 안드리야 푸리히치Andrija Purihichi라는 심리학자로부터 역행 최면을 받게 된다. 이 과정에서 그는 세 살 때 사건의 구체적인 부분을 확인하게 된다. 최면 상태에서 겔러는 자신이 목격한 빛을 크고 빛나는 그릇으로 묘사했고, 그 그릇에서 광채를 발하는 구체적인 형상을 알 수 없는 인물을 보았다고 했다. 그 인물은 머리 위로 팔을 들어 태양을 붙잡고 있는 것처럼 보였고, 너무 밝아서 겔러가 기절했다고 한다.[370]

---

370 Margolis, Jonathan. 2017.

역행 최면 과정에서 세 살 때 겔러가 조우한 존재의 정체가 드러나기 시작했다. 그는 자신이 세 살 때 겔러에 영향을 끼친 존재이며, 겔러가 중동 지역에서의 전쟁이 3차 세계대전으로 확대되지 않도록 하는 에너지를 보내도록 일하게끔 프로그램했다고 말했다. 그리고 그런 에너지의 근원은 수천 광년 떨어진 우주에서 온 스펙트라Spectra라 부르는 우주선이라고 알려주었다.[371]

접촉자로서의 유리 겔러의 지위를 증명해주는 듯 보이는 사건이 1971년 12월 7일에 발생했다. 그날 유리 겔러는 두 명의 일행과 함께 이스라엘 텔 아비브 근교에서 스토브 불빛 같은 UFO를 목격했다. UFO 안에서 마치 컴퓨터로 합성한 듯한 금속성 소음이 들려왔다. 그는 일행을 그 자리에 있게 하고, UFO 쪽으로 다가갔다. 그 빛 속에는 구조물이 있는 것 같았다. 그는 UFO에 다가갈수록 점점 더 깊은 최면 상태에 빠졌다. 그는 그 안에서 몇 개의 패널 같은 것을 봤다. 그 때 검은 존재가 그에게 무엇인가를 건네줬다. 그 순간 그는 자신이 UFO 바깥에 있다는 걸 깨달았고, 겁에 질려 일행 쪽으로 달려왔다. 그리고 자신이 UFO 안에서 받은 것을 살펴보니 그것은 며칠 전 자신의 비물질화 실험에서 사라진 볼펜 카트리지였다. 이 체험에서 겔러 일행은 이상한 소리와 불빛을 목격했다.[372]

접촉자 유리 겔러의 세 살 때의 체험과 관련한 유력한 목격자가 2007년에 나타났다. 은퇴한 이스라엘 예비역 공군 대위 야코브 아브라하미Ya'akov Avrahami는 어린 시절 유리 겔러 집 인근에 살고 있었다. 그는 1949년 크리스마스 날 예후다 할레비 대로Yehuda Halevi Boulevard에 있는 버스 정류장으로 걸어가고 있었다. 그는 앞에서 빛

---

371 Geller, Uri. 1975. pp. 216-220.
372 Ibid. pp.222-223.

덩어리가 움직이는 걸 보았다. 그것은 지름이 1미터쯤 되는 공 모양으로 밝고 눈부셨다. 그는 왼쪽 건물에서 하얀 셔츠와 검은색 바지를 입은 어린아이가 나오는 것을 보았다. 빛이 멈춘 후 마치 감각이 있는 듯 순식간에 아이에게 다가갔고 그를 품었다. 그러자 그 소년은 놀라서 아파트 건물로 달려갔고, 빛이 그를 따라갔다. 그가 문을 통과했을 때, 빛이 건물 옆면에서 폭발하여 검은색 잔여물을 남겼다고 한다. 아브라하미는 유리 겔러의 일대기를 다룬 TV 다큐멘터리를 보다가 당시 자신이 본 상황이 겔러 체험과 일치한다는 사실을 깨달았다. 그를 만난 겔러는 어머니가 어린 시절 강박적으로 하얀 셔츠와 검은 바지를 입혔음을 회고하면서 다음과 같이 말했다.

"오랫동안 나는 그것이 상상이거나 환각이라는 식의 말만 들어왔는데, 이 남자가 나서 준 것은 나에게 매우 감동적인 일이었습니다.After being told all these years that it was my imagination or that I was hallucinating, for this man to come forward was a very emotional thing for me."[373]

클로드 보리롱

프랑스의 시골 유태인 가정에서 태어난 클로드 보리롱Claude Vorilhon은 15살 때 다니던 기숙학교를 때려치고 파리로 도망가서 여러 직업을 전전했다. 그러다가 1970년대 초, 작은 카 레이스 잡지사를 운영하고 있었다.[374] 그러던 중이던 1973년, 그는 야훼라는 외계인과 조우하게 된다. 그 앞에 나타난 UFO에서 사다리가 내려

---

373 Margolis, Jonathan. 2017.
374 Raël, Wikipedia. Available at https://en.wikipedia.org/wiki/Ra%C3%ABl

오더니 아몬드형 눈에 어린아이 같은 키의 탑승자가 나타났다. 그는 미소를 띠었으며, 그의 몸 주위에서 빛이 나고 있었다. UFO와 외계인의 유니폼에는 만자(卍字)와 다비드 별이 휘장으로 그려져 있었다.[375] 이런 조우 이후부터 그는 라에리안 운동을 이끄는 UFO 종교 교주로 활동하게 되었다.

보리룽은 우리가 하나님으로 알고 있는 『구약성서』의 엘로힘은 신이 아니라 우리 태양계에서 1광년 떨어진 곳에 사는 우주인들이라고 주장한다. 불사불멸의 존재인 야훼라는 지도자가 이끄는 이 우주인들은 오래전 실험실에서 생명체 합성에 성공했다. 하지만 윤리적인 문제 때문에 사탄이라는 지도자가 이끄는 그룹에서 이 실험을 반대했고, 생명 창조는 다른 행성에서만 하도록 허용됐다.

집회를 주재하고 있는 끌로느 보리통

---

375 라엘, C. V. 1988. pp.19-26.

그런 행성 중에 지구도 포함됐는데, 어느 날 지구의 한 유전공학 실험실 책임자 루시퍼와 그의 부하들이 야훼의 방침을 어기고 제멋대로 지구에 그들과 똑같은 모습과 지적인 능력을 갖춘 인류를 창조한 다음 그들과 결혼했다. 이런 사실을 안 불사회의 회장 야훼는 그들을 지구에 유배시켰지만, 곧 지구 인류를 멸종시키겠다는 다짐을 받고 사면했다. 곧 지구에 대홍수로 인한 절멸의 시기가 닥쳤으며, 루시퍼는 우주선으로 인간 몇 명을 포함한 자신의 창작품들을 보존했다. 한편, 이즈음 야훼는 자기 조상도 우주인의 실험실에서 창조됐다는 사실을 알고 생명 창조를 전면 허용했다. 그리고 루시퍼가 보존한 지구 생명체는 지구에서 다시 번성하게 됐다.[376]

이와 같은 교리를 믿고 있는 보리롱은 과학계에서 최근 체세포를 이용한 동물 복제가 성공하는 것을 보고 이제 인류도 복제를 통해 스스로 신처럼 될 시기에 이르렀다고 주장하면서 클로네이 드((Clonaid)라는 인간 복제 전문 회사를 설립하고 인류 최초의 복제아기를 탄생시켰다고 발표했다. 하지만 현재 그 진행 여부는 밝혀지고 있지 않다.[377]

보리롱은 외계인들이 인류의 행복과 발전을 도모하기 위해 지금까지 여러 명의 메신저를 지구에 파견했는데 여기에는 모세, 예수, 석가, 마호메트, 요셉 스미스, 그리고 마지막으로 자신이 선택됐다고 한다. 그들의 지도자인 불사 회의 의장 야훼는 첨단 기술을 이용해서 지구에서 살다 간 예언자들과 위대한 일을 하고 간 사람들을 재생시켜 불사 회의 임원으로 임명한다는 것이다. 야훼는 예수 그리스

---

376 Lael, Claud Vorhion. 1987. pp.85-101.
377 클레노이드 사 '복제인간 증거' 수일 내 발표, 연합뉴스, 2003년 3월 17일.

도와 클로드 보리롱 모두 자기 아들이며, 예수의 탄생이 준비됐던 것과 마찬가지로 클로드 보리롱의 탄생도 미리 준비됐으며 엘로힘의 대사라는 자격으로 지구상에 태어났다고 설명하였다.[378]

보리롱은 조만간 세계의 종말이 있겠지만 그것은 지구가 재난에 빠지는 게 아니라 교회 체계가 붕괴하는 사건을 말한다고 주장했다. 그에 의하면, 현대 과학 시대에서 기성종교는 더 이상 발붙일 곳이 없으며 머지않아 지구상에서 흔적도 없이 사라지게 된다는 것이다. 이와 같은 일은 1946년부터 카운트다운에 들어갔으며 실질적으로 거의 2,000년 간 세계의 정치, 경제, 문화에 군림해온 교회의 붕괴는 전 세계적으로 매우 큰 파장을 드리울 거라고 예측했다.[379]

그 밖의 접촉자들

앞에서 소개한 접촉자들 이외에도 접촉자들이 더 많이 존재한다. 다니엘 프라이Daniel Fry, 조지 반 타실George Van Tassil, 트루먼 베쓰룸 Truman Bethurum, 조지 킹George King 등이 그들인데 이들은 모두 UFO 접촉자들의 전성시대였던 1950년대에 활동했다.

다니엘 프라이는 1940년대부터 1950년대까지 뉴 멕시코주에 소재한 화이트 샌즈 실험기지White Sands Proving Ground에서 테크니션으로 일했다. 그가 UFO와 그 탑승자들을 만난 것은 1949년 7월이었다. 그날 저녁에 인근 도시 라스 크루세스Las Cruces에서 있는 축제에 가려 했으나 마지막 버스를 놓쳤다. 동료들 대부분은 이미 휴일을 즐기기 위해 숙소를 떠났다. 프라이는 숙소가 너무 더워 사막

---

378   Lael, Claud Vorhion. 1987. pp.102-106.
379   Lael, Claud Vorhion. 1987. pp.213-215.

쪽으로 걸어 나갔다. 다니던 길이 아닌 새로운 길로 접어들었는데 거기서 그는 직경이 10여 미터에 높이가 5미터쯤 되는 둥근 UFO가 착륙해 있는 것을 보았다. 거기에는 알란Alan이라는 외계인이 타고 있었는데 그와 텔레파시로 대화를 나누었고 그의 도움으로 지구 1천4백 킬로미터 상공에 떠 있는 모선의 지휘관과도 이야기를 나눌 수 있었다. 알란은 UFO로 그를 뉴욕에 데려갔다 다시 원래 자리로 데려왔는데 그때 걸린 시간은 30분에 불과했다. 알란은 그에게 물리학과 지구의 잊혀진 역사, 그리고 인류의 기원에 대해 놀라운 사실을 이야기해주었다.[380]

반 타실은 1952년 1월 명상수련 중에 루트분Lutbunn이라는 외계인 대표와 영적으로 접촉한 후 아쉬타르Ashtar, 클라투Clatu, 록토파르Locktopar, 싱바Singba, 그리고 Totalmon토탈몬이라는 외계인들과 텔레파시 대화를 나누었다는 것이다. 그러던 중 1953년 8월 솔곤다Solgonda라 불리는 '일곱 빛의 위원회Council of the Seven Lights' 멤버의 초대를 받아 자이언트 록 인근 모선에 탑승했다고 한다. 1964년의 TV 인터뷰에서 그는 지구상에서 벌어지는 핵실험에 대한 경고를 받았다고 한다. 반 타실은 그의 외계인 접촉이 이루어진 자이언트 록에서 그후 십여 년간 외계인과의 교신을 시도하는 모임을 개최했다.[381]

1950년대 초 캘리포니아 사막지대에서 진행 중이던 도로 건설 현장에서 트럭 운전사 겸 정비공으로 일하던 트루먼 베쓰룸은 1952년 7월 이후 모자브 사막Mojave Desert에 착륙해 있는 UFO의 함장인 아

---

380 The White Sands Incident, Daniel Fry Dot Com. Available at https://danielfry.com/daniels-writings/white-sands-incident/
381 Stringfellow, Kim. 2018.

름답고 풍만한 여성 외계인 오라 라네스Aura Rhanes의 방문을 받았다. 우리 태양의 다른 쪽에 존재한다는 미지의 별 클라리온clarion에서 왔다고 하는 그녀와 승무원들은 매우 유창한 영어를 구사했다.[382]

조지 킹은 1954년 5월 외계인과 처음 접촉했다. 그는 "네 자신을 준비하라. 너는 행성 간 의회의 대변자가 될 것이다Prepare yourself. You are to become the voice of Interplanetary Parliament"라는 이라는 텔레파시를 받았다. 그는 이전까지 UFO에 대한 책도 읽어 본 적이 없었고, 외로움이나 좌절을 겪어본 적도 없는 무난하고 평범한 삶을 살고 있었기에 이런 갑작스러운 소리에 처음엔 당혹했다고 한다. 그로부터 며칠 후에 그는 마치 인도의 영적 지도자처럼 보이는 하얀 예복을 걸친 존재의 방문을 받았다. 그는 킹에게 "네가 선택받을 가치가 있는지를 스스로 판단할 일이 아니다, 아들아It is not for you to judge whether you are worthy to be chosen, my son."라는 말을 했다. 그리고서 그는 닫힌 문을 통해서 나갔다! 그후 그는 외계인의 메시지 전달자로 포교에 나섰는데 온갖 조소와 비아냥 등 고난에 시달리게 되었다. 그는 이를 극복하고 아테리우스 소사이어티Aetherius Society라는 교단을 세우고 적극 포교에 나섰다. 이 교단은 킹에 의해 전해진 자신들의 교리가 그 어느 기성 교단들의 교리보다 뛰어나다고 주장하는데 그 이유는 부처나 예수도 원래 우주적 연합체에 속해있던 이들로 지구에 파견되어 사역했기 때문이라는 것이다. 그렇기 때문에그들이 옛날 사람들 수준에 맞춰 전했던 교리보다 우주 시대에 살고 있는 우리들에게 맞추어 자신이 내놓는 교리가 더 적합하다는 것이다. 이 교단은 오늘날까지도 존속하여 선교하고 있다.[383]

---

382 Tumminia, Diana G. ed. 2007. p. 27.
383 Saliba, John A. 1999. p.3.

Chapter 29
피랍

바니와 베티 힐 부부

1961년 9월 19일 밤 미 동부 뉴햄프셔 베드햄튼에 사는 40대 부부인 바니와 베티힐은 캐나다에서 휴가를 보내고 집으로 자동차를 몰고 돌아가는 중이었다. 그들이 거의 자정 무렵 화이트 마운틴의 한적한 다니엘 웹스터Daniel Webster 고속도로를 달리고 있는데 달과 별 모양의 커다란 빛 덩어리가 자동차 뒤를 따라오는 것을 목격하게 되었다. 바니는 쌍안경으로 그 물체를 자세히 관찰했는데 그것은 적색과 황갈색 초록색의 빛을 띠는 팬 케이크 모양의 UFO였다. 더 자세히 살펴보기 위해 차를 멈춘 순간 광점은 아무 소리 없이 그들에게 가까이 접근해왔다. UFO는 차의 왼쪽 상공에 멈췄는데 그 모습은 원반형이었다. 바니와 베티 힐은 UFO 옆면에 난 커다란 창을 통해 안쪽을 자세히 들여다볼 수 있었다. 그 안에는 빛나는 검은색 유니폼에 뾰족 모자를 쓴 대여섯 명의 난쟁이 휴머노이드들이 바쁘게 움직이고 있었다.

자신들이 목격했다고 생각하는 팬 케이크 모양의
UFO 그림을 설명하고 있는 바니와 베티 힐 부부

집으로 돌아온 부부는 자신들이 예정 시간보다 2시간 이상 늦게 집에 도착했음을 깨닫게 되었다. 그들 기억엔 UFO를 잠깐 관찰한 것이 전부인데 도대체 2시간이나 시간 공백이 생긴 것은 무엇 때문일까? 둘은 이 잃어버린 시간에 대해 의아하게 생각했지만 더 이상 알 도리가 없어서 곧 평상 생활로 돌아갔다. 그런데 그 뒤 10여 일 동안 바니와 베티는 팬케이크 모양의 UFO안에 끌려가 강제로 생체실험을 당하는 생생한 꿈을 꾸게 된다. 각자의 꿈속에서 둘은 누군가에게 생체 실험을 당하는 공포 체험을 하게 되었는데 서로에게 확인해본 결과 그 환경이 너무나도 유사했다.

이들은 불면증과 신경쇠약에 걸릴 정도로 시달리다가 주치의 소개로 던칸 스티븐스Duncan Stephens라는 정신과 전문의로부터 1년간 치료를 받게 되었다. 하지만, 치료가 전혀 효과가 없었다. 결국 이 부부는 보스턴에 거주하는 저명한 정신병리학자이자 최면요법 전문가인 벤자민 사이먼Benjamin Simon박사로부터 치료받았다. 6개월여간 역행 최면을 통해 사이먼은 이들 부부가 외계인에게 납치되었다는 사실을 털어놓고 있다는 사실을 깨닫게 되었다.[384]

최면 상태에서 진술한 그들 각각의 체험을 소개하면 다음과 같다. 바니 힐은 UFO 안에서의 신체검사를 다음과 같이 묘사했다.

"그들이 손으로 나를 검사하는 것을 느꼈다. 내 등을 관찰하며 피부를 만졌다. 마치 그들이 나의 척추뼈 수를 세는 것 같다. 그들이 다시 검사하는 듯 입이 벌려졌다가 다시 2개의 손가락에 의해 닫혔다. 무엇인가가 내 피부를 살짝 긁었다. 왼팔을 막대로 긁는 것 같다."

그의 부인 베티 힐도 비슷한 체험을 묘사했다.

"나는 방으로 인도됐다. 1명이 들어왔다. 나는 그가 의사라고 생각했다. 그들이 현미경 같은 기계를 가지고 온 걸 보니 내 피부 사진을 찍을 거라고 생각했다. 다음에 그들은 칼과 비슷한 것으로 팔을 긁었고, 셀로판지 비슷한 것으로 추출물을 쌌다."

---

384 Ross, W. 2020.

베티 힐은 그 밖에 혈액과 난자를 채취당했다.[385] 이들의 체험이 단지 끔찍한 악몽과 같은 것이었을까? 그렇지 않다는 점이 드러났다. 베티 힐은 그녀의 체험이 매우 끔찍했음에도 불구하고 외계인들과 헤어질 때 그들에게 다시 돌아와 주기를 바란다고 말했다.[386]

이런 내용을 한 언론사가 부적절하게 공론화하면서 힐 부부는 이를 공정하게 다루어줄 작가를 찾게 되었다. 그리고 이들 이야기가 존 풀러(John Fuller)에 의해 『침해된 여행The Interupted Journey』이라는 책으로 소개되었다. 이 이야기가 매스컴을 통해 미국과 세계 전역에 알려지게 되면서 힐 부부는 UFO 피랍사건의 효시가 되었다.

바니와 베티 힐은 당시 40대 부부였으며 각각 우체국 직원과 사회복지사 일을 하고 있었다. 흑인에 대해 평등권이 부여되지 않던 그 시절, 백인인 베티와 결혼한 흑인 남편 바니는 흑인 지위 향상 협회의 열성 회원으로 활동 중이었다. 이런 상황을 파악한 사이먼 박사는 이들의 문제가 다른 인종 간의 결혼에 대한 사회적 압박에 기인한 심리적인 문제로 생각했다. 그러나 그들의 증언이 너무나도 일치한다는 사실은 단지 이런 식으로 설명하기엔 부족했다. 결국 그는 이들의 증상이 일종의 공유된 환상shared fantasy이라고 결론지었다.[387]

그후 정신 분석가들이 사이먼 박사의 가설들을 채용해서 이 문제를 설명하려 했다. 여기에 더하여 당시 TV에서 크게 유행하던 외계인 지구 침공 영화를 두 사람이 본 적이 있었기에 그들이 외계인에 대한 악몽을 꾸게 된 것이라는 설명도 등장했다. 이 사건은 1966년

---

385 Evans, Hilary. 1989.
386 Evans, Hilary. 1987. p.158.
387 Bryan, Frederick Clark. 1998. p.14.

에 칼 세이건이 사이먼 박사 조사과정을 세밀히 조사했던 유일한 피랍사례였다. 이 시점에서 세이건은 몇십 년 후 그의 친한 동료였던 하버드 의대 존 맥 교수가 이 문제에 매우 우호적인 관심을 보일 것이라고는 상상조차 하지 못했을 것이다.[388]

베티 엔드리슨

1967년 1월 25일, 미국 매사추세츠주 남애쉬번햄South Ashburnham에 사는 베티 앤드리슨Betty Andreasson 부인은 저녁을 준비하고 있었다. 거실에는 아이들 7명과 친정 부모가 저녁 식사를 기다리고 있었다. 오후 6시 35분경, 갑자기 불이 꺼지며 밖에서 점멸하는 붉은 오렌지 불빛이 부엌 창문으로 비쳤다. 그녀가 무서워하는 아이들을 진정시키는 동안 그녀의 아버지가 밖을 내다보았다. 그는 집을 향해 뛰어오는 헬로윈 괴물 같은 난쟁이들을 목격하고 의식을 잃었다. 그녀는 휴머노이드들 5명이 문을 통과해서 집 안으로 들어오는 것을 목격했다. 그녀는 너무 당황했으나 그들이 천사라고 생각했다. 이들이 방 안에 나타나자마자 그녀를 제외한 전 가족이 동시에 넋이 나간 상태가 되었다.[389]

난쟁이들은 앤드리슨에게 텔레파시로 의사를 전달하기 시작했다. 그들은 150센티미터 정도의 작은 키에 마치 서양 배와 같은 모양의 머리와 커다란 눈을 갖고 있었다. 그들은 파란색의 일체복을 입고 있었는데 커다란 허리띠를 매고 있었다. 외계인들은 그녀를 뒤

---

388 Davidson, Keay, p.225-226.
389 Fowler, Ramond E. 1980. p.13.

뜰에 착륙해 있는 우주선 안으로 데려갔다. 우주선은 지름이 6미터쯤 되었는데 TV에서 본 전형적인 UFO 모습을 하고 있었다.

그 우주선은 일종의 소형 연락선으로 앤드리슨과 외계인 일행을 싣고 좀더 큰 시가 형태의 모선을 향해 날아갔다. 모선에서 그녀는 신체검사를 받았다. 그다음 불사조를 암시하는 듯한 영상 체험을 했다. 새가 불 속으로 뛰어들더니 재가 되어버렸는데, 거기서 마치 진흙으로 빚은 듯한 벌레가 기어나와 시야에서 미끄러지듯 사라지더라는 것이다. 이런 영상을 지켜보면서 그녀는 황홀경에 빠졌다.[390]

대략 4시간 정도의 납치 체험이 끝나자 앤드리슨은 두 명의 외계인에 이끌려 집으로 다시 돌아왔는데 그동안 나머지 식구들은 넋이 나간 상태에서 있었다고 한다. 외계인들은 가족들의 트랜스와 같은 상태를 풀어주더니 집을 떠났다. 그녀는 나중에 그 외계인들이 특정한 시기가 될 때까지 피랍에 대한 기억이 사라지도록 최면을 걸었다고 밝혔다. 그래서 최면요법을 사용하기 전까지 그녀는 전기가 나가고, 붉은빛이 부엌 창문을 통해 비치고, 외계인들이 부엌문을 통과해 들어오는 장면까지 밖에 기억하지 못했다. 그런 이상한 사건을 겪기 전까지 그녀는 독실한 기독교인으로서 UFO 관련 이야기를 들어본 일도 없고 관심을 가져 본 적도 없었다고 한다. 따라서, 그녀는 그 체험을 종교적인 것으로 받아들였다. 하지만, 나중에 그녀는 그것이 외계인과 관련이 있다고 믿게 되었다고 한다.

사건이 있고 나서 7년쯤 지난 후에 미 공군에서 다년간 UFO 연구 자문을 맡았던 알렌 하이네크 박사가 설립한 CUFOS에서 실시

---

390 맹성렬. 2011. pp.280-282.

한 설문조사에 앤드리슨이 자신의 체험을 보고했는데, 맨 처음에는 그 내용이 너무 황당무계해서 별로 중요하게 취급되지 않았다. 한동안 그녀 사건이 방치되다가 1977년 이 보고서에 관심을 보인 CUFOS 연구자 레이먼드 파울러Ramond Fowler가 조사에 나섬으로써 UFO 연구가들의 주목을 받게 되었다. 천체 물리학자, 전자 공학자, 우주항공 공학자, 통신 전문가, 최면요법 전문가, 정신분석 의학자 그리고 UFO연구가들이 팀을 이뤄 이 사건을 1년 동안 면밀히 조사하였다.

앤드리슨은 성격 분석character-reference check, 두 차례의 거짓말탐지기 조사, 정신분석 면담, 그리고, 14차례의 역행 최면을 받았다. 조사 결과는 500여 페이지 분량의 보고서로 정리되었다. 이 내용은 파울러에 의해 재편집되어『앤드리슨 사건: 한 여성이 UFO에 납치된 사례 조사보고서The Andreasson Affair: The Documented Investigation of a Woman's Abduction Aboard a UFO』라는 제목의 책으로 출판되었다.

그후 계속된 조사 결과 많은 접촉자가 어렸을 때부터 외계인들과 만났듯이 그녀도 열세 살 때부터 이미 외계인들과의 조우가 있었음이 밝혀졌다. 그런데, 그때 그가 만난 외계인들은 눈과 머리통이 큰 난쟁이 외계인들이 아니라 키가 2미터 남짓 되고 하얀 망토를 걸친 흰 피부와 금발 또는 백발을 한 존재들이었다. 이런 모습은 전형적인 기독교에서의 천사 모습인데 그녀는 이들을 '원로들the Elders'이라고 불렀다. 초기엔 이런 천사 같은 존재들이 그녀를 납치했지만 1967년부터 난쟁이 외계인들에 의한 납치가 이루어졌다고 한다. 그

우주선은 '원로'들이 거주하며, 난쟁이들은 그들의 하수인이었다.[391]

이 원로들은 자신들이 종교적 기적을 일으키는 중재 역할을 맡고 있다는 사실을 앤드리슨에게 알려주었다. 그녀가 아주 어렸을 때 교회에서 간증하고 자신이 하느님의 쓰임을 받을 수 있게 해달라고 기도했었다. 그때, 갑자기 목사가 방언하기 시작했고, 목사 부인이 깜짝 놀라 뛰어나온 후 그녀에게 다가와서 머리에 손을 얹자 그녀도 방언하기 시작했다. 원로들은 자신들이 눈에 보이지 않게 이 방언 사건을 일으켰다고 밝혔다.[392]

앤드리슨 체험 중 클라이맥스는 가장 위대한 분을 만나러 가는 것이었다. 그녀와 '원로' 그리고 난쟁이 외계인들은 비행접시를 타고 빛으로 가득 찬 장소로 진입했다. 그들의 위쪽에 빛의 근원으로 향하는 거대한 문이 보였다. 그들은 모두 이 빛의 근원을 향해 나아갔다. 그들이 순수한 빛의 세계로 진입하면서 발걸음이 점점 빨라졌다. 이 장면에서 역행 최면 상태이던 그녀는 황홀경에 빠졌으며, 이를 지켜보던 입회자들은 그녀의 놀라운 변화에 깊은 인상을 받았다. 이때 일행은 모두 빛의 몸으로 변화했다. 그녀는 다음과 같이 감격을 못 이기고 울부짖었다.

"오! 너무나도 큰 사랑이, 너무나도 큰 평화가 충만해요. 나는 빛에 감싸여서 그것과 섞이고 있어요. 오! 이것이 모든 것, 모든 것이에요 … 이 모든 경이, 아름다움, 사랑, 그리고 평화를 뭐라고 표현할 길이 없네요

391　맹성렬. 2012, pp.46-47.
392　Fowler, Raymond E. 1995. pp.119-120.

… 빛이 사방에 있어요 … 너무 멋져요. 이루 말할 수 없는 놀라움, 아름다움, 사랑, 그리고 평안을 설명할 수 없네요 … 오 영광, 영광, 영광, 영광 …. 나는 돌아가야 해요. (거의 울부짖으며) 다른 사람들에게도 이것을 보여주기 위해 돌아가야 해요."[393]

앤드리슨에게 일어난 피랍의 물질적 증거는 존재하지 않는다. 그래서 그것이 순전히 심리적 체험이라는 논란이 있다. 그런데 최소한 거기엔 심리학적 이상의 문제가 연관되어 있다. 초심리 현상이 그것이다. 파울러는 처음에는 그녀 주변에 일어나는 초상현상에 별로 관심을 두지 않았다. 하지만 그녀가 이런 이상한 일들에 대해 계속 이야기하자 이를 심각하게 받아들이고, 그녀에 대한 후반 저술인 『앤드리슨 사건: 제2막 The Andreasson Affair: Phase Two』과 『앤드리슨의 유산 The Andreasson Legacy』에서 이 문제를 심각하게 다루었다. 그의 조사에 의하면 앤드리슨 부인과 그녀의 가족들에게 폴터가이스트 현상, 유체 이탈 체험, 유령 체험, 초능력 체험, 예지적인 꿈 체험, 그리고 광구 체험 등이 수시로 일어나고 있었다.

예를 들면, 1979년 가을에 그녀가 파울러에게 보낸 편지들엔 방에서 갑자기 큰 소리가 난다거나 누군가가 방안을 엿보는 듯한 기척을 느껴서 불을 켜보면 아무도 없다는 등의 체험이 기록되어 있다. 또, 계단에서 누군가 올라오는 소리가 나서 쳐다보니 아무도 없었다는 내용도 있다. 그리고 무엇보다도 흥미 있는 현상은 그녀가 남편과 함께 밤에 차를 타고 이동하는데 앞 차창 위 5센티미터 정도 위로 작은 오렌지빛 광구들 2개가 나타나 보였다는 사실이다.

---

393 Fowler, Raymond E. 1995. pp.143-144.

그들은 나중에 구름 시가 형태가 약 10분 동안 하늘에 떠 있는 것도 목격했다고 한다.[394]

휘틀리 스트리버

1987년 봄, 미국의 인기 소설가 휘틀리 스트리버Whitley Strieber의 『교감(Communion)』이란 책은 『뉴욕타임스』 비소설 부문에서 10주간 1위에 올랐다. 저자 자신이 UFO를 타고 온 외계인에게 납치되었다는 충격적인 내용으로 인해 독자들로부터 큰 반응을 얻었다. 1985년 겨울 어느 날 잠을 자던 스트리버는 난쟁이들에게 납치되었다. 다음날 그는 지난밤에 있었던 일을 전혀 기억하지 못했으나 곧 자신이 이상한 체험을 했다는 사실을 깨닫고 역행최면요법을 받았다. 그 결과 이미 어린 시절부터 외계인들에 의해 수시로 납치되었다는 사실이 밝혀졌다는 게 그 요지다. 그런데 그의 체험 중에서 성적인 내용이 드러났다. 외계인들이 그에게 성적인 흥분 상태를 유발하려 했다는 것이다. 이 대목을 스트라이버는 그의 책에서 다음과 같이 묘사하고 있다.

스트리버: 너희가 수술을 하도록 내버려둘 수 없어.

여성 외계인: 당신을 다치게 하지 않겠다.

스트리버: 너희가 나를 수술할 권한은 없어.

여성: 우리는 그런 권한을 갖고 있다. 너는 우리에게 선택됐다. 네 성기를 더 딱딱하게 할 수 없는가?

---

394 Fowler, Raymond E. 1982. pp.3-8.

스트리버: 맙소사! 네가 여기에 머물러 있는 한 그것은 불가능해.

여성: 내가 어떻게 해주었으면 하는가?

스트리버: 너희가 꿈이었으면 좋겠다. 그것이 내가 바라는 거야.

여성: 그럴 수 없다.[395]

이처럼 휘틀리 스트리버도 힐 부부처럼 성적인 체험을 했다. 그런데 그는 이런 체험이 훨씬 복잡하며, 거기에 두려움과 고뇌뿐 아니라 심지어는 사랑의 감정까지 있었다는 것이다. 그녀는 명백히 매력을 느끼게 했고 이 존재를 사랑해야 한다고까지 생각했다. 그녀에 대해 느끼는 양가적 감적인 공포심과 매혹감은 마치 무의식의 심층부에서 꿰뚫어 보고 있는 존재에 대한 느낌 같았다는 것이다.[396] 무의식의 심층부에 침잠시켜 자신을 어쩔 수 없게 하는 그런 존재와의 조우, 이는 명백히 절대 타자, 곧 신의 체험이다. 스트리버는 이런 느낌을 다음과 같이 기술했다.

"이는 마치 나의 모든 것을 그 존재가 속속들이 아는 것 같았다. 이 세상의 그 누구도 다른 사람의 마음속을 그렇게 잘 알 수 없다. 또한 그 누구도 타인의 눈을 그렇게 깊숙이 들여다볼 수 없다. 실제로 타인이 내 안에 들어와 있음을 느꼈다. 나는 그녀에게서 매우 오래됐다는 뚜렷한 느낌을 받았다. 노인처럼 단지 나이 든 느낌이 아니라 정말로 오래되었다는 느낌이었다. 내가 왜 이런 느낌을 받았을까? … 내가 만난 존재의 이미지는 현대의 SF영화에서 묘사되고 있는 외계인에서 찾아볼 수 있는 그런 것

---

395 Streiber, Whitley. 1987. pp.76-77.
396 Streiber, Whitley. 1987. pp.97-101.

이 아니라 고대의 이시타르 여신의 빛나는 얼굴을 연상시킨다. 짙고 검은 눈의 그 존재는 내 마음속에 그려져 있는 고대의 끔찍한 존재, 지혜를 가져다준 존재, 무자비한 탐구자다.[397]

이와 같은 스트리버의 체험은 결국 그것이 종교적인 과정이라는 최종 판단을 하게 한다. 그는 자신의 피랍 체험이 인생에 커다란 변화를 일으켰다고 믿고 있으며, 이런 문제를 연구하는 단체를 조직했다. 1988년에 저술한 『변용; 도약(Transformation: The Breakthrough)』에서 그는 난쟁이 납치자들이 한때 공포의 존재였고 자신의 인생을 방해하긴 했지만 궁극적으로 그의 정신적 발전에 도움이 되었다고 고백했다. 그는 로즈웰 UFO 사건을 소재로 한 소설『마제스틱 Majestic』에서 UFO 탑승자들을 '천사들'이라고 표현하였다.[398]

데비 조단

1983년 6월 30일, 미국 인디애나Indiana 주 카플리 우즈Copley Woods에서 두 아들과 부모와 함께 살고 있던 데비 조단Debbie Jordan은 이웃집에서 아르바이트하던 중 어머니로부터 전화를 받았다. 창고에 무언가가 있다는 것이었다. 그렇지 않아도 그녀는 아르바이트하러 오기 전 부엌에서 창고 쪽에 이상한 빛을 보았다.

집으로 달려간 조단은 엽총을 들고 개를 데리고 함께 창고 쪽으로 다가갔다. 창고 내부를 살폈으나 이상한 점을 발견하지 못했다.

---

397 Streiber, Whitley. 1987. pp.101-123.
398 Streiber, Whitly. 2011. p.29.

하던 일을 마저 하기 위해 다시 돌아갔더니 이웃집 사람들이 깜짝 놀라면서 어디를 그렇게 오랫동안 갔었느냐고 물었다. 그들은 그녀가 아무 언질도 없이 오랫동안 자리를 비워 실종 신고를 하려던 참이었다고 말했다. 그녀는 자신이 잠깐 집에 갔다 왔는데 무슨 소리냐고 물었다. 그러자 그들은 그녀가 자그마치 2시간 동안 사라졌었다고 알려주었다. 잃어버린 시간이 존재했던 것이다.

다음날 조단의 눈은 퉁퉁 부어올라 앞을 볼 수 없을 정도가 되어버렸다. 그래서 의사를 찾아갔더니 의사는 그녀가 용접하는 것이나 태양을 정면으로 본 것 같다고 말했다. 그 뒤로 그녀의 증세는 수 주일간 지속되었다. 그런데 그날 창고에 데리고 갔던 개도 시름시름 앓기 시작했다. 그 개를 본 수의사는 개가 암에 걸렸다고 판정했다. 증세가 극도로 빠르게 진행되어서 전혀 손을 쓸 수가 없다는 것이었다. 어쩔 수 없이 개를 안락사시켜야 했다.

사건 일주일 후 조단의 어머니는 사건 당시 농구공만 한 빛 덩어리가 떠다니던 것을 기억해냈다. 그녀는 빛 덩어리가 점점 작아지더니 사라져버렸다고 했다. 비슷한 얘기는 몇몇 이웃에게서도 들을 수 있었다. 그들은 사건 당일에 하얗게 빛나며 근처 숲속을 떠다니는 농구공 크기의 빛 덩어리 수백 개를 보았다고 증언했다. 그 빛은 일종의 구전(球電, 번개나 천둥에 의한 방전 현상으로 생기는 빛 덩어리)이었을까? 조단과 그녀의 개는 강한 전하를 띤 구전에 감전되었고, 그래서 심한 상처를 받았던 것일까?

조단 사건은 좀더 복잡한 양상을 띠고 있었다. 사건이 나던 날 그녀의 집 뜰에 이상한 둥근 자국이 나타났던 것이다. 사건 후 아무도 관심을 기울이지 않고 있었는데 일주일쯤 지나 일가친척들을 불러 뜰에서 바비큐 파티를 하려고 하던 중 조카가 그것을 발견했다. 자국은 이중으로 형성되어 있었다. 중심에 지름 2.5m가량의 뚜렷한 자국이 나 있고, 지름 6m의 커다란 다소 희미한 자국이 겹쳐져 있었다. 이는 마치 지름이 2.5m인 에너지를 내뿜는 둥근 물체가 내려앉아 바로 아래쪽의 잔디를 태웠고 방사되는 에너지가 퍼져 주변 잔디에도 영향을 준 듯한 모습이었다. 이를 본 조단의 어머니는 "이건 UFO가 착륙한 자국이야!"라고 소리쳤다. 그러자 조단에게 곧 그날의 기억들이 되살아나면서 공포가 엄습했다.

시간이 지나자 조단은 점차 잃어버렸던 기억을 회복했다. 사건 당일 점검을 마치고 창고에서 나오려던 그녀는 갑자기 화끈거림을 느꼈다. 그녀는 너무 놀라 허겁지겁 창고 밖으로 나왔는데, 이번엔 매우 밝은 무언가가 그녀의 어깨에 부딪혔다. 그녀는 순간 벼락을 맞으면 이런 느낌일 거라는 생각을 했다. 어깨에 받은 충격이 배와 사지, 그리고 머리로 전달되었다. 그녀는 온몸이 심하게 떨리는 것을 느꼈다. 그녀는 꼼짝할 수가 없었고, 죽게 된다는 공포를 느꼈다. 잠시 후 떨림이 가라앉았으나 그녀는 여전히 움직일 수 없었고, 마치 카메라 플래시를 보고 있는 듯 눈앞이 잘 보이지 않았다. 이 순간 앞에 누군가가 그녀에게 "고통을 느끼게 해서 유감이다"라고 말한 것을 기억해냈다.

조단 앞에는 농구공만 한 빛 덩어리가 그녀 키 높이에서 두둥실 떠 있었다. 잠시 후 그 빛 덩어리는 뜰 한편에 착륙해 있던 약 3m 높이의 계란 모양을 한 우주선 안으로 사라졌다. 그때 그녀는 6명의 휴머노이드를 보았다. 그들은 난쟁이들이었는데 머리가 유난히 컸다. 여기까지가 조단이 되찾은 그날 있었던 기억이다. 그녀가 체험한 2시간 중 약 15분에 해당한다.

조단은 이 끔찍한 체험 이후 몇 년간이나 악몽에 시달렸다. 그녀는 자다 말고 일어나 잠든 아이들을 지켜보면서 누군가를 기다렸다. 하지만 자기가 도대체 누구를 기다렸던 것인지는 그녀 자신도 기억해낼 수 없었다. 그녀는 이런 생활을 수년간 지속하다가 결국 UFO의 외계인들에게 납치당한 사람들을 전문적으로 연구해 명성을 떨치고 있던 뉴욕의 전위 미술가 버드 홉킨스Budd Hopkins에게 도움을 청하기로 했다.[399]

홉킨스는 그녀에게 정밀 의료 검사를 받도록 했고, 역행 최면으로 그녀가 기억해내지 못한 1시간 45분 동안에 무슨 일이 일어났는지 확인해보았다. 그 결과, 그녀에게 피랍이 일어난 것이 1983년이 최초가 아니라는 사실이 밝혀졌다. 그녀가 10대였을 때 난쟁이 외계인들에게 끌려가 우주선 안의 둥근 방에서 신체검사를 받은 후 외계인에 의해 강간당해 임신에 이른 충격적인 사건이 있었다는 것이다! 몇 개월 후 외계인들은 그녀를 다시 납치해서 혼혈 유아를 자궁에서 빼내어 갔다.

실제로 조단은 10대 후반에 그녀의 담당 의사가 자신에게 임신했다고 말했다가 얼마 후에 더 이상 임신 상태가 아니라고 한 사실을 기억하고 있었다. 그녀는 당시 이 사건을 이상하게 생각하면서도 무심코 지나쳤었다. 외계인이 태아를 빼앗는 장면에 이르자 그녀는 최면 상태에서 내 아기를 데려가지 말라고 울부짖었다.[400]

---

399 맹성렬. 2012. pp.35-43.
400 Hopkins, Budd. 1987. pp.54-56.

그녀는 이처럼 이상한 유산流産을 경험하긴 했지만, 그후 평범한 가정을 이루고 두 아들의 어머니가 되어 정상적인 삶을 살고 있었다. 그러다 1983년에 또다시 외계인들에게 납치되었는데, 최면요법으로 밝혀진 바에 의하면 그때 그들이 그녀를 전에 잃어버렸던 아기와 만나게 해주었다. 그녀는 최면 상태에서 당시 상황을 이렇게 묘사했다.

"… 어린 소녀가 2명의 난쟁이에게 이끌려 방 안으로 들어왔다 …. 그들과는 닮지 않았지만 우리와도 다르다. 아주 크고 푸른 눈에 귀엽고 작은 코, 잘생긴 작은 입… 핑크빛 입술과 파란 눈을 제외하면 온몸이 새하얗다. 아주 예쁜 아이다. 그들은 아이를 내 앞으로 데려왔다. 나는 그 아이를 너무 안고 싶어 울면서 호소했다. 아이를 데려오고 싶었으나 그들은 그 아이가 우리의 세계에서 살 수 없을 거라고 말했다."

그녀는 결코 자신의 아이를 안아볼 수 없었다. 대신 작고 주름진 다른 아기가 안겨졌다. 이 아기는 유난히 똑똑한 것처럼 보였다. 그녀는 본능적으로 이 아기를 가슴에 안았다. 그동안 외계인들은 그녀의 행동을 주시하고 있었다.[401]

홉킨스는 조단이 외계인의 혼혈 실험 대상이었다고 해석했다. 그가 조사한 다른 수십 건의 피랍 사례에서 정자나 난자를 채취당하는 체험이 보고되었으며, 피랍자들은 종종 특수 보육시설에 여러 명의 혼혈 유아들이 가지런히 놓여 있는 것을 목격했다고 털어놓았기

---

401 Hopkins, Budd. 1987. p.67.

때문이다. 또한 조단의 경우처럼 임신한 줄 알고 있었는데 다시 조사해보니 아니었다는 보고도 다수 있었다. 홉킨스는 이런 체험들은 외계인이 지구에서 인간을 대상으로 유전적인 실험을 하고 있다는 증거라고 주장했다.[402]

원래 홉킨스가 1987년에 조단에 관한 책을 쓸 때 그는 '캐시 Kathie'라는 가명을 사용했다. 1995년 조단은 그의 동생 캐시 미첼과 함께 『피랍되다! 침입자들의 이야기가 계속되다 Abducted! The Story of the Intruders Continues』라는 제목의 책을 직접 썼다. 그런데 이 책에서 그들은 외계인에 의한 납치 이야기 이외에도 그들에게 일어났던 폴터가이스트 현상이나 채널링, 공중 부양, 텔레파시 체험, 유령과 같은 존재들의 출현, 환생, 그리고 임사체험 등을 기술하고 있다.[403]

버드 홉킨스의 피랍자 네트워크

1980년대 후반에 버드 홉킨스는 피랍자들을 선별하기 위한 최면 요법을 시행하고 관련 사례에 대한 기록을 구축할 수 있는 UFO 전문가 및 정신 건강 전문가의 공식 네트워크를 구축하기 시작했다. 홉킨스의 피랍 연구 모임에는 필라델피아 템플 대학의 역사학 교수 데이비드 제이콥스David Jacobs와 하버드 대 정신과 교수 존 맥John Mack과 같은 학자들이 포함되었다.[404]

데이비드 제이콥스는 『미국에서의 UFO 논란UFO Controversies in

---

402 Hopkins, Budd. 1988.
403 Jordan, Debbie & Mitchell. Kathy. 1995.
404 Schnabel, Jim. 1994.

Ameirica』이라는 저술로 최초의 UFO 역사학자로 기록될 만한 기여를 했다. 이 책 내용의 대부분은 사실 그가 박사학위 논문으로 쓴 내용으로 UFO 문제를 최초로 역사적 관점에서 접근했다는 점에서 큰 평가를 받을 만하다. 그런데 그는 1980년대 접어들어 UFO 피랍 문제가 대두되자 역행 최면을 공부하여 직접 UFO 피랍자를 조사하기 시작했다. 그는 1992년에 자신의 조사연구 결과를 담은 책 『비밀 인생: UFO 피랍자들의 직접적인 진술Secret Lif: Firsthand Accounts of UFO Abudctees』을 내놓았다. 역사학자로서 그가 썼던 전작은 철저히 역사적인 관점에서 이 문제를 다루었다. 하지만, 피랍 체험을 다룬 책은 사실 UFO 민담 또는 신화를 담고 있었다. 존 맥 교수가 서문을 써준 이 책에서 그는 피랍 현상을 설명하려 하는 기존의 여러 가설들을 살펴보고는 현재까지 알려진 그 어떤 설명도 적절치 못하다는 잠정적 결론을 내리고 있다.[405]

하버드 의대 교수, 피랍 사례들을 조사하다.

1994년 UFO 피랍에 관한 책이 미국의 저명 교수에 의해 저술되어 한바탕 논란을 불러일으켰다. 아라비아의 로렌스에 대한 정신분석 전기로 1975년 퓰리처상을 수상한 하버드 의과대학 존 맥 John E. Mack 교수는 『피랍Abduction』에서 단호한 어조로 UFO 외계인의 실재를 인정해야 한다고 주장했다. 그는 이런 현상이 매우 실제적이며 성적인 관심이 UFO 외계인에 의한 피랍 체험을 특징 지워 준다고 언급했다.

---

405 Jacobs, David M. 1992. pp.283-318.

『뉴욕타임스』는 서두에 "나는 불과 몇 달 전만 해도 내가 외계인들과 섹스하고 있다는 사실을 몰랐어요I didn't realize that I was having sex with aliens until just a few months ago"라는 맥 교수의 책에 등장하는 피랍자의 다소 선정적인 증언을 소개했다. 물론 이것은 분명 우호적인 태도는 아니었다. 이 신문은 그가 1977년에 아라비아의 로렌스 전기로 퓰리처상을 수상한 사실과 1983년에 예일대의 로버트 리프턴Robert J. Lifton 교수와 '핵 시대의 심리학 연구 센터Center for Psychological Studies in the Nuclear Age'를 함께 설립하는 등의 공적을 나열하며 그동안 그가 정신분석학계에서 이루어낸 업적을 소개했다. 그리고 이 책이 어쩌면 그가 과거에 쌓은 명성을 지울지도 모른다는 우려를 하고 있다.[406]

존 맥 교수는 처음엔 피랍자들이 정신적으로 뭔가 문제가 있어서 이런 이상한 체험을 하는 걸로 생각했다고 한다. 하지만, 수십 명의 피랍자들을 인터뷰하면서 그는 40여 년간 자신이 정신과 의사 경력을 쌓으면서 결코 마주하지 못했던 뭔가가 거기에 존재한다는 사실을 깨닫게 되었다. 그는 그 현상이 정신병에 의한 것이 아닐 뿐 아니라 우리 문명을 지탱하고 있는 서구적 과학관으로도 설명하기 어렵다는 확신을 갖게 되었다. 그는 이런 상황에 맞닥뜨리고서 그 현상을 현재 심리학의 경계를 넓히고 심리학적으로 설명이 되지 않는 측면들을 무시하거나 아니면 우리가 실재reality에 대해 지금까지 합의해왔던 틀을 벗어나는 두 가지 선택지 중 하나를 택해야 하는 상황에 직면하게 되었다. 그리고 그의 결정은 후자였다.

---

406 Rae, Stephen. 1994.

존 맥 교수는 피랍 체험자들을 조사하는 과정에서 그들의 실체를 인정할 수밖에 없었다. 피랍자들은 매우 다양한 연령대와 직업을 갖고 있었으며, 공통으로 난쟁이 외계인들에 의해 납치되었다고 주장했다. 외계인들은 자유자재로 벽을 뚫고 다니고, 형태를 바꾸어 인간의 의식을 조절하는 등 매우 놀라운 능력을 지녔다. 그리고 피랍자를 공포에 떨게 했다.[407]

여기까지의 주장은 버드 홉킨스와 비슷하나 UFO 피랍이 외계인들에 의한 일방적인 약탈 행위는 아니라는 것이 존 맥 교수의 결론이다. 대부분 체험자는 정신적 변화를 느끼며, 지구의 환경 문제나 인류의 미래에 지대한 관심을 보일 뿐 아니라 인류의 미래에 대한 중요한 비전을 제시하는 선생으로 나서길 원한다는 것이다.[408] 결국 피랍자들도 고통스러운 체험 부분만 제외한다면 접촉자들과 유사한 메시지를 전달하고 있다는 것이다. 그는 피랍자들이 우리의 물리적 세계와는 동떨어진 이야기를 한다고 해서 이를 전면 부정하지 말아야 한다고 생각한다. 그는 자신의 책에 담긴 자체적으로 견고한 체계를 갖춘 듯 보이는 초물리적 내용들로부터 우리가 더 이상 뉴턴과 아인슈타인의 물리 세계에 갖혀서 편협한 우주관을 견지하기보다는 열린 마음으로 새로운 패러다임을 받아들일 준비를 해야 할 것이라고 주장한다.[409]

---

407 Mack, John M. 1994b.
408 맹성렬. 2011. p.125.; Mack, John M. 1994a. pp.380-383.
409 Mack, John M. 1994a. p.385.

Chapter 30

미스터리 서클

두 노인의 장난?

맨 처음 미스터리 서클이 세상에 알려졌을 때는 비교적 그 모양이 단순했기 때문에 회오리바람 등 자연 현상으로 설명하려고 했다. 그러다가 1990년대 접어들어 미스터리 서클이 자연현상으로는 설명하기 어려운 대칭성이나 상징성 등을 두드러지게 나타내면서 그것이 인간의 작품일 것으로 추정하게 되었다.

1991년 도우 바우어Doug Bower와 데이빗 촐리David Chorley라는 노인들이 매스컴에 등장했다. 이들은 자신들이 1978년부터 판자와 끈, 막대, 그리고 철사토막이 달린 모자를 이용해 그동안 200여 개의 미스터리 서클을 만들었다고 밝혔다. 전직 화가 출신인 그 노인들은 미술적 상상력을 총동원하여 여름철만 되면 그들의 부인도 모르게 살며시 집을 빠져나와 세상 사람들을 깜짝 놀라게 해줄 창작

품을 밀밭에 만들어놓았다고 했다. 그들이 이렇게 장난을 즐기는 동안 뒤를 따라서 다른 사람들도 흉내를 내기 시작했다는 것이 그들의 주장이었다. 『뉴욕타임스』는 "유쾌한 두 협잡꾼들이 영국의 미스터리 서클의 미스터리를 제거해주었다"는 제목의 기사를 내보내서 이들이 그때까지 만들어진 그럴듯한 미스터리 서클 제조자들임을 선언했다.[410] 도우와 데이브의 주장이 전세계적인 매스컴을 타면서 이 모든 소동이 한낱 사기극으로 끝나는 듯했다.

하지만 두 노인이 주장에는 몇 가지 문제가 있었다. 이들은 에이브베리 근처에서 미스터리 서클을 만든 일이 없다고 진술했기 때문이다. 그렇다면, 도대체 누가 이 지역에 집중적으로 미스터리 서클을 만드는 것인가? 또 그들이 했다는 식으로 널빤지를 이용해 미스터리 서클을 만들면 작물의 밑동이 기계적으로 꺾인다. 그런데 실제로 미스터리 서클들의 밑동은 기계적으로 꺾인 것이 아니라 뭔가 강한 열에 의해 눌린 것처럼 마디가 불거지면서 꺾인 후 다시 아문 것처럼 되어 있다. 널판지로 눌러서는 도저히 이런 형태가 될 수 없다.

미스터리 서클을 연구한 윌리엄 레벤굿William Levengood이나 낸시 탤보트Nancy Talbott는 진짜 미스터리 서클들이 롤러나 널빤지나 발로 밟아서 기계적으로 꺾인 것이 아니라고 말한다. 그들은 매우 빠른 공기 이동과 극도로 높은 전기장 형성, 아주 순간적인 고열에의 노출 등의 조건 아래에서 이런 꺾임 현상이 가능하다고 말한다. 그리고 자연 상태에서 그런 조건을 찾는다면 번개와 유사한 이온 플라스마 보텍스ion plasma vortex라고 지적한다.[411] 게다가 두 노인이 방송

---

410 Schmidt, William E. 1991.
411 Levengood, W. C. & Talbott, Nancy P. 1999.; Anderhub, Werner & Roth, Hans

에 나와서 간단한 미스터리 서클들을 만드는 자신들의 작업 모습을 시범 삼아 보여준 이후 이를 비웃기라도 하듯 미스터리 서클의 형태가 아주 복잡해지기 시작했다.

올드 매너 팜의 이중 나선 미스터리 서클

1996년 6월 17일, 윌트셔주 에이브베리Avebury에서 불과 몇 마일 떨어지지 않은 알톤 반스Alton Barns의 작은 마을 올드 매너 팜Old Manor Farm의 보리밭에 거대한 규모의 미스터리 서클이 발견되었다. 마치 DNA 구조를 연상시키는 이것에 대해 영국 신문 데일리 메일은 대서특필했다. 크고 작은 90여 개의 원들이 마치 목걸이처럼 길게 배열된 이 미스터리 서클의 총길이는 무려 200여 미터가 넘었다.

이 무늬를 처음 발견한 사람은 농장주 팀 카슨Tim Carson과 그의 부인 폴리 카슨Polly Carson이었다. 그 서클들이 가짜로 조작되었을 가능성을 묻는 기자에게 폴리는 다음과 같이 대답했다.

"그것이 인간에 의해 조작된 가짜일 가능성은 전혀 없어요. 저와 제 남편은 자정까지만 해도 거기에 그런 무늬가 없다는 사실을 확인했었죠. 그런데, 동이 트는 4시경에 보니 갑자기 거기에 그런 무늬가 새겨져 있었어요. 따라서 인간이 그렇게 거대한 스케일로 그곳에 무늬를 만들 충분한 시간은 없었다고 봐요."[412]

Peter. 2002, pp.107-111.; Hartman, Ellen R. 2016. Crop Circles: Windows of Perception written by Lucy Pringle. June 24, 2016. Available at https://forty-five.com/papers/crop-circles-windows-of-perception

412 Mouland, Bill. 1996.

미스터리 서클 발견 소식이 알려지면서 많은 사람들이 이 밀밭을 찾기 시작했다. 카슨 부부는 여기에 착안해 니산Nissan과 같은 회사들에게 홍보용으로 자신의 농장에 미스터리 서클을 만들어 보라고 제안했다. 하지만, 관련 기술자들은 기본 문양을 만드는 데에만 낮 시간으로 12시간이 필요하다는 답을 했다고 한다. 이것은 가짜로 만드는 사람들이 짧은 여름밤 동안 그것들을 만들었다는 주장을 무색하게 하는 것이다.[413]

위도가 한국보다 훨씬 높은 영국에서 6월 중순에 해가 지는 시간은 11시경이고, 자정까지도 어렴풋이 사물을 분간할 수 있을 정도로 밝다. 따라서 카슨 부부가 완전히 어두워지지 않을 때까지 바깥에서 일을 하고 있었다면, 보리밭에 일어나는 변화를 충분히 발견할 수 있었을 것이다.

스톤 헨지의 프랙탈 미스터리 서클

1996년 7월 7일, 오후 6시 15분경, 한 민간인 조종사가 경비행기를 조종하고 스톤헨지 근처 상공을 지나다가 백여 개의 크고 작은 미스터리 서클이 모여서 소용돌이 형태 무늬를 형성하고 있는 것을 목격했다. 그는 오후 5시 30분에 엑스터Exeter를 이륙해서 스럭스턴Thruxton까지 날아갔다가 다시 엑스터로 돌아가던 중이었다. 그가 처음 스톤헨지 상공을 날아갈 땐 거기에 그 어떤 무늬도 없었다. 즉, 1시간도 채 되지 않은 사이에 이런 장관이 펼쳐진 것이다.[414] 지금까

---

413 Stables, Daniel. 2021.
414 Glickman, Michael. 2009. p.58.

지 미스터리 서클은 한밤중에만 형성되는 것으로 알려져 있었다. 하지만, 이번 것은 대낮에 만들어진 것이 분명했다. 그것도 항상 많은 관광객으로 붐비는 스톤헨지 바로 옆에서. 미스터리 서클이 발견된 정확한 장소는 스톤헨지 옆의 A303 도로에 접해 있는 밀밭이었다.

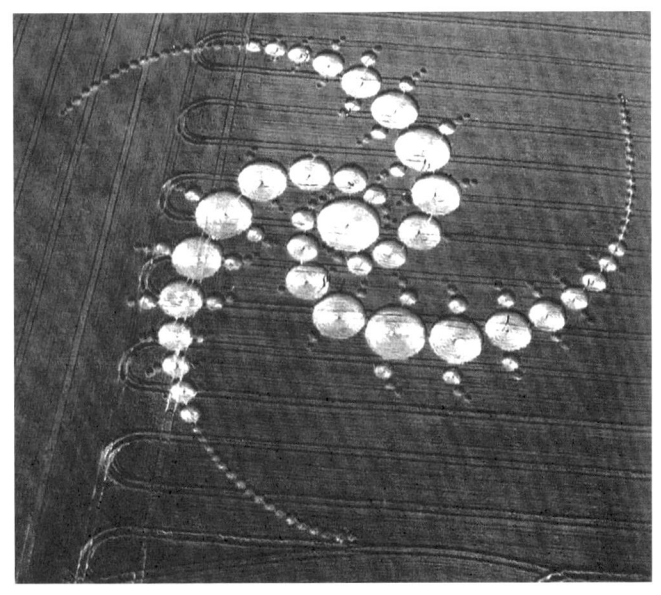

스톤헨지 근처에서 발견된 프랙탈 형태의 미스터리 서클

이 미스터리 서클이 전날 밤에 만들어지지 않았다는 사실은 다른 증언자들에 의해서도 밝혀졌다. 당일 오전 그곳에서 일했던 인부는 자신이 일하던 무렵에 서클은 존재하지 않았다고 말했다. 또한 스톤헨지를 지키는 경비원들도 그날 오후 늦게야 서클을 발견했다고 증언했다. 서클이 만들어진 곳이 스톤헨지보다 지형이 낮아 자연스럽게 감시원들의 눈길이 자주 가는 곳이라는 점을 감안하면 이들의 증언에는 큰 무게가 실린다.[415]

이 거대한 미스터리 서클엔 '줄리아 세트'란 이름이 붙여졌다. 줄리아 세트는 프랙탈 이론에 등장하는 도형의 이름이다. 프랙탈은 작은 구조가 전체 구조와 비슷한 형태로 끝없이 되풀이 되는 구조로 최근에 알려진 비유클리드 기하학 이론에 등장한다. 유클리드 기하학은 자와 컴퍼스로 대부분의 도형을 그릴 수 있지만 프랙탈은 그것이 불가능하다. 도우와 촐리의 방식으로 막대와 줄, 그리고 널빤지만 가지고는 만들 수 없다는 얘기다.

수학도들의 장난?

최초로 프랙탈형 미스터리 서클이 발견된 것은 1991년이다. 영국 케임브리지셔에서 이런 모양이 발견되었는데 '만델브로트 세트 Mandelbrot set'라는 이름이 붙여졌다. 당장 인근 케임브리지 대학 수리물리학과 학생들이 용의선상에 떠올랐다. 그러나 피터 란데쇼프 Peter Landeshoff 케임브리지 대학 교수는 이런 혐의를 일축했다. 컴퓨터와 프린터 이외의 다른 어떤 도구로도 만델브로트 세트를 그릴 수 없었기 때문이다. 종이가 아닌 넓은 들판에 이를 구현한 것은 기막힌 일이었다. 당시 케임브리지 대학에서 연구하고 있던 만델브로트도 그것이 대학과 어떤 연관이 있다는 사실을 부인했다.

---

415 맹성렬. 2012. pp.159-160. 필자가 KBS 다큐멘터리 팀과 함께 1996년 여름에 스톤헨지를 방문했을 때 한 경비원으로부터 직접 증언을 들었다.

이처럼 케임브리지 대학에서 카오스 이론을 전공하는 이론 수학자들은 만델브로트 세트를 만드는 것이 사실상 불가능하다고 밝혔다. 영국 과학지 『뉴 사이언티스트』는 세상에서 가장 수학적인 장난꾼들이 수학에서 가장 복잡한 형태인 만델브로트 세트를 서클로 구현한 사실에 놀라움을 표시했다.[416] 이런 경이로운 반응은 미국 오리건 대학 물질과학 연구소(Material Sciences Institute) 소장인 리차드 테일러Richard Taylor에게서도 나왔다. 그는 『피직스 월드Physics world』에 기고한 글에서 미스터리 서클에 대한 학계의 논란을 소개한 후 '이 논쟁은 그 누구든 간에 제작자가 분명히 과학에 정통했다는 사실로 인해 복잡해졌다This debate was complicated by the fact that the creators (whoever they were) were clearly science-savvy'고 지적하고 있다.[417] 도대체 누가 이런 미스터리 서클을 만드는 것일까?

에이브베리 정체 불명 불빛

1988년 7월 13일 밤 11시경, 에이브베리에서 차를 몰고 A361 도로를 따라 말보로를 향해 가고 있던 메리 프리만Mary Freeman은 실베리 힐 쪽 상공에서 짙은 구름을 뚫고 황금빛을 내는 빛 덩어리가 내려오는 것을 목격했다. 그것은 아무 소리도 내지 않고 매우 천천히 아래로 유영하듯 내려오더니 실베리 힐 쪽으로 가는 광선

---

416 Corn circle of the chaotic kind. New Scientist, August 24, 1991. p.16. Available at https://www.newscientist.com/article/mg13117832-100-corn-circle-of-the-chaotic-kind/

417 Taylor, Richard. 2011. Coming soon to a field near you. Physics World, August 4, 2011. Available at https://physicsworld.com/a/coming-soon-to-a-field-near-you/

을 내리 쪼기 시작했다. 잠시 후 그녀의 차 속에서 이상한 변화가 일어났다. 마치 어떤 에너지가 영향을 끼치는 듯 계기반 위에 올려 놨던 물건들이 그녀의 무릎 위로 일시에 쏟아져 내렸다. 그녀는 천천히 괴 발광체 쪽으로 접근해서 실베리 힐 바로 앞을 지나는 A4 도로로 진입했다. 이제 그 불빛 덩어리는 그녀의 차에서 매우 가까이 있었다. 그녀가 실베리 힐을 배경으로 밝게 빛나는 그 물체를 수십 초 간 지켜보다가 잠시 눈길을 돌린 사이 그 물체는 감쪽같이 사라져버렸다.[418]

1980년대부터 1990년대 사이에 에이브베리 인근에 자주 나타나 앞에서 예로 든 괴 발광체에 '에이브베리 정체불명 불빛Avebury Mystery Lights'이라는 이름이 붙었다. 앞에서도 강조했듯 에이브베리와 그 인근 지역은 미스터리 서클이 자주 나타나는 곳이다. 그렇다면 '에이브베리 정체불명의 불빛'과 미스터리 서클이 어떤 관계가 있는 것일까?

에이브베리 정체 불명 불빛 촬영

1991년 6월 22일 밤, 비디오카메라를 들고 에이브베리 위쪽의 밀크 힐Milk Hill에 모여있던 미스터리 서클 제작 감시 및 관측자들 앞에 밝은 오렌지색 구체가 나타났다. 이 '에이브베리 정체불명의 불빛'은 그곳에 모인 이들에 의해 촬영되었다. 관측 팀에 합류했다가 처음으로 이 오렌지 광구光球를 발견한 존 홀먼John Holman은 당시 상황을 다음과 같이 회고하고 있다.

---

418 Hesemann, Michael. 1996. pp.70-71.

"그날 우리는 매우 커다란 오렌지빛 공을 비디오로 촬영했습니다. 그것은 잠시 후 곧 사라져버렸지만, 적어도 5초 동안은 매우 밝고 선명한 빛을 발산하고 있었습니다. 그것은 반달 정도의 크기였고, 아주 밝은 오렌지빛 덩어리였습니다."

홀먼은 그가 촬영한 오렌지 공이 담긴 비디오테이프를 영국 국방성에 전달해 검토를 의뢰했고, 몇 달 후 그것이 민간 또는 군 비행기나 기구나 시험용 비행기가 아니라는 통지를 받았다. 이 비디오테이프는 다시 광학 전문가들의 분석을 거쳤으며, 오렌지 공의 직경이 20미터가 넘는 것으로 판정받았다. 비디오를 프레임별로 분석해본 결과 다섯 프레임이 찍힐 동안 광구의 크기가 절반으로 줄어들었다가 다시 다음 다섯 프레임 동안 원래 크기로 돌아오기를 반복했음을 알았다. 이렇게 빠른 주기로 명멸하기 위해서는 그 광원이 무엇이든 매우 강력한 에너지원임이 틀림없었다.[419]

1970년대부터 미스터리 서클이 본격적으로 등장하기 시작했는데 그것보다 먼저 문제가 되었던 것은 UFO였다. 따라서 미스터리 서클을 UFO나 외계인과 관련시키는 이들이 있다. 실제로 미스터리 서클이 만들어지던 순간에 UFO 출현이 목격된 경우가 종종 있었다.

에이브베리 정체 불명 불빛은 UFO?

1960년대에 윌트셔주 워민스터 상공에서 이상한 불빛이 자주 목격되었는데 당시만 해도 이 지역에서 미스터리 서클 소동이 일어나기

---

419 Michaels, Susan H. 1996. pp.99-100.

전이라 단지 UFO 빈출 지역으로 손꼽혔다. 이제 1990년대에 접어들어서는 단연 에이브베리 지역에 이상한 불빛이 자주 나타나기 시작했고, 이미 이 지역은 미스터리 서클이 자주 나타나는 곳으로 알려져서 오히려 정체불명의 불빛은 부수적인 현상으로 인식되고 있었다. 하지만, 에이브베리 지역 주민들은 오래전부터 그들이 사는 동네 상공에서 이상한 일들이 일어나왔다는 사실을 알고 있었다. 고대의 유적을 고스란히 간직한 이 작은 마을에서 이상한 광구가 목격된 기록은 17세기에까지 거슬러 올라간다. 이제 이 지역에서 영국 전역에 나타나는 미스터리 서클의 90% 이상이 집중적으로 나타나면서 이 현상의 원인을 찾는 연구가들이 정체불명 불빛의 급격한 증가와의 연관성을 제기했고, 많은 UFO 연구자가 이 정체불명의 불빛이 일종의 UFO인 것으로 생각하게 되었다.[420]

"그것들은 오렌지빛의 공처럼 생겼어요. 그 형태는 마치 버섯과도 같았는데 회전하면서 오렌지 불빛을 아래쪽으로 내뿜고 있었죠."

존 홀먼과 함께 비디오로 정체불명의 불빛을 찍었던 UFO 연구가 톰 블로워Tom Blower의 설명이다. 에이브베리 정체불명의 불빛이 자연현상에 의해 생기는 것이 아닌 인공적인 물체라고 해도 그것이 기존의 비행체나 기구, 라디오 탑에서 나오는 빛이 아님은 분명하다.

1993년 그 불빛을 직접 목격한 항공 운항 전문가 앤디 버클리Andy

---

420 Crop circles explained. Campus Writing Program, University of Missouri. Aug. 22, 2015. Available at https://artifactsjournal.missouri.edu/2015/08/crop-circles-explained/

Buckley는 그 불빛에서 인간이 만든 장치임을 나타내는 표식을 찾으려고 노력했지만 헛수고였다. 그는 당시 상황을 다음과 같이 회고한다.

"나는 남쪽에서 북쪽으로 움직이는 밝은 불빛을 감지했어요. 그것은 기존의 비행기가 달고 있는 운항 조명등이나 날개등을 달고 있지 않았죠. 그것은 구형이거나 달걀 형태였고, 은빛이 나는 하얀색에 오렌지빛이 감돌았습니다. 그리고, 무엇보다도 소리를 거의 내지 않는다는 점에서 기존의 비행체와 구분되었죠."[421]

미스터리 서클과 UFO의 상관 관계

정체불명 불빛의 정체를 규명하기 위해서 모여든 연구자들은 에이브베리에서 집중적으로 발생하고 있는 미스터리 서클과 이 불빛의 상관관계에 대해서 주목하기 시작했다. 미스터리 서클이 에이브베리 주변에 집중적으로 나타나기 시작한 1990년부터 정체불명 불빛의 목격 횟수도 급증했기 때문이다. 이런 점에 맨 처음 주목한 사람은 대표적인 미스터리 서클 연구가인 콜린 앤드류스였다. 그는 미스터리 서클을 조사하는 과정에서 그것들이 생겨난 지역에 백광을 발하는 작은 빛 덩어리가 자주 목격된다는 사실을 깨달았다. 그는 자신이 수집한 이런 보고내용들을 정리한 다음 "우리는 70여 건의 이런 보고를 받았습니다. 그중에는 비디오 테이프에 찍힌 경우도 많지요. 특히 한 경우에 이상한 작은 광구가 이미 만들어져 있던 한 미

---

421 Michaels, Susan H. 1996. pp.100-101.

스터리 서클에서 다른 미스터리 서클로 이동하는 것이 비디오 테이프에 담겨 있어요. 나는 이 빛 덩어리가 미스터리 서클과 깊은 관계가 있다고 믿습니다"라고 말했다.

에이브베리에 거주하는 UFO 연구가 레그 프레슬리Reg Presley 또한 이들 둘 사이에 연관이 있다고 생각한다. 그는 에이브베리 지구를 둘러싼 원형 언덕에서 여러 번 UFO를 목격하고 사진까지 찍은 바 있다. 그는 정체불명의 불빛과 미스터리 서클이 관련 있어 보이는 사건을 우드베리 힐Woodbury Hill에서 목격하고는 다음과 같이 당시 상황을 설명했다.

"나는 별빛 정도 밝기의 불빛을 목격했습니다. 하지만, 그것은 별보다 훨씬 빠르게 점멸했고, 아래위로 움직였기 때문에 별이 아니라는 사실을 곧 깨달았죠. 그리고서 그것이 천천히 계곡을 따라 움직이더니 땅으로 내려와서는 시야에서 사라져버렸어요. 그리고, 잠시 후에 그것은 하늘로 다시 떠올랐는데 이번에는 별빛보다 너더댓 배 이상 밝아졌다가 곧 오렌지색으로 바뀌었어요."

그 다음날, 레그 프레슬리는 광구가 땅으로 내려갔던 지점을 조사해보고 거기서 미스터리 서클을 발견했다.

"그것이 땅으로 내려가서 삼분 여 동안 머물렀던 바로 그곳에 미스터리 서클이 형성되어 있었어요. 그것이 우연의 일치일 수 있다고 말할지 모르겠지만, 그런 것을 목격한 것이 나 혼자만은 아니랍니다."[422]

---

422 Michaels, Susan H. 1996. p.101.

에이브베리 정체불명 불빛은 원반형?

1990년 7월 26일 낮, 스티브 알렉산더Steve Alexander는 비디오카메라를 들고 밀크 힐에서 에이브베리 쪽을 내려다보고 있었다. 이때 그는 밀밭에 작은 빛 덩어리가 맴돌고 있는 것을 비디오테이프 영상에 담았다. 대낮에 이런 것을 촬영했기 때문에 매우 획기적인 사건이었다. 그는 당시 상황을 다음과 같이 회고했다.

"나와 내 아내가 그곳을 막 떠날 참이었는데 밀밭 쪽에서 섬광이 번쩍이는 것을 보았어요. 그래서, 나는 그것을 비디오로 찍기 시작했죠. 그것은 번쩍거리면서 단속적으로 빛을 발산했는데 둥글게 커브를 그리더니 밀밭 속에 들어가서 잠시 동안 모습을 감추었어요. 그리고 그것은 밀들 사이에서 움직이기 시작했죠. 그것은 매우 강렬한 에너지원이었어요. 그것은 몇 분간 밀밭에 머물더니 갑자기 매우 빠른 속도로 날아가버렸습니다."

스티브는 그가 찍은 비디오테이프를 콜린 앤드류스에게 가져가서 분석을 의뢰했다. 콜린 앤드류스는 컴퓨터 보강기법으로 매우 놀라운 사실을 발견했다. 그가 빛의 휘도를 줄이자 그것은 구체가 아니라 원반 형태의 모습을 띠었다. 그것이 발산하는 빛이 너무 강렬해서 그동안 구체로 나타나 보였던 것이다. 그것은 또 단지 덩어리가 아니라 내부에는 딱딱한 물체가 존재함이 분명했다.[423]

---

423 Michaels, Susan H. 1996. pp.102-104.

분열하는 에이브베리 정체 불명 불빛

정체불명 불빛이 그것을 찍기 위해 모여든 관측자들에 의해서만 목격되고 촬영되는 것은 아니다. 이상한 현상에 관심이 없는 지극히 평범한 사람들에 의해 아주 우연한 기회에 촬영되는 경우도 종종 있다. 네딜란드 사진작가 포케 쿠체Foeke Kootje는 1993년 여름 영국의 전원풍경을 카메라에 담기 위해 밀크 힐에서 행글라이더를 타고 에이브베리 쪽으로 날아가고 있었다. 이때 그의 정면에 무엇인가 떠 있는 것이 보였다. 그것은 마치 나를 찍으러 오라는 듯 가만히 공중에 정지해 있었다. 그는 즉시 카메라 셔터를 눌렀다. 포케는 당시 상황을 다음과 같이 회상한다.

"그것은 정말로 이상했어요. 나는 아무 소리도 듣지 못했어요. 맨 처음 그 곳에 한 개의 불빛만 있었어요. 그러다가 세 개로 변했는데 마치 삼각형 모양을 하고 있었죠. 나는 너무나도 놀랐어요. 내가 무엇을 찍었는지 도저히 설명할 수 없군요."[424]

영국 공군이 에이브베리 정체 불명 불빛을 관찰하다.

콜린 앤드류스는 영국 공군에서 이 불빛에 관심 갖고 예의주시하고 있다는 결정적인 증거를 제시했다. 그가 찍은 비디오 필름에는 영국군 헬기가 정체불명 불빛을 추격하는 장면이 생생히 담겨 있다.

---

424 Michaels, Susan H. 1996. pp.104-105.

그는 당시를 다음과 같이 회상한다.

"우리가 정체불명의 불빛을 지켜보고 있는데 두 대의 군용 헬기가 나타났어요, 이 중에서 한 대는 우리가 그것을 관찰하는 것을 노골적으로 방해했죠. 헬기가 그렇게까지 가까이 접근했던 건 처음이에요. 그러는 동안 다른 한 대는 밀밭을 가로질러 정체불명의 불빛 쪽으로 다가갔어요. 내가 찍은 비디오 테이프에 있는 장면을 보면 알겠지만, 단속적으로 점멸하는 그 불빛은 스티브 알렉산더가 찍은 것과 똑같고, 포케 쿠체의 사진과도 매우 비슷해요. 그 불빛에 다가간 헬기는 그것을 지나쳐서 날아갔고, 비디오 필름에서 볼 수 있듯이 다시 되돌아서 그 아래쪽에 있는 불빛을 자세히 관찰했어요."[425]

외계인만이 미스터리 서클을 그릴 수 있다?

미스터리 서클 근처에서 UFO를 봤다는 목격자들이 다수 있다. 그것이 동영상으로도 찍혀 증거로 제시되고 있다. 미스터리 서클이 사람에 의해 만들어졌다는 것보다 그 정체는 모르지만 에너지를 방출하는 발광체에 의해 만들어졌다는 주장이 더 설득력이 있어 보인다. 실제로 윌리엄 레벤굿은 작물에 영향을 미친 정도를 노출된 에너지 밀도를 근거로 계산해보고는 에너지를 방출하는 광구가 서클 형성과 직접적으로 관계있어 보인다는 주장을 학술 전문지에 싣기도 했다.[426]

---

425 The Colin Andrews folder the military menace: Army helicopters chase UFO, UFO Reality, Iss. 2. June/July 1996, pp. 52-56.
426 Levengood, W. C. 1994.

비정상적 체험을 전공한 심리학자 체트 스노Chet Snow는 에이브베리 정체불명의 불빛 현상을 조사하고는 다음과 같이 말했다.

"종종 미스터리 서클과 관련 있어 보이는 불빛 현상은 배구공에서 피자 크기 정도의 매우 작은 밝은 흰색을 발하는 물체입니다. 그것은 지나가는 차량의 헤드라이트나 대기 중에 나타나는 성 앨모의 불과 같은 자연 현상과는 분명히 구분됩니다. 그것은 하늘에서 거의 수직으로 하강하며, 직각으로 회전할 수 있고 극단적으로 빠른 속도로 움직일 수도 있으며, 순간적으로 나타나거나 사라집니다."[427]

비록 정체불명의 불빛이 외계인이 보내는 우주선이라고 가정할지라도 그것의 크기로 봐서 그 속에 누군가가 타고 있을 것처럼 보이지는 않는다. 아마도 일종의 무인 탐측선과 같은 것일까? 이런 사실을 보강해주는 듯한 증거가 최근 제시되었다. 스티븐 트렌치Stephen Trench라는 UFO 연구가가 찍은 비디오테이프 영상에는 마치 모선 UFO로부터 초소형의 광구형 UFO가 튀어나오는 듯한 장면이 담겨있다. 이런 현상은 전형적인 UFO 현상에서도 종종 보고되고 있다.[428]

『뉴 사이언티스트』는 케임브리지셔에서 발견되어 만델브로트 세트라고 명명된 서클과 관련해 "정말로 지능이 매우 뛰어난 외계인만이 그리는 방법을 알 것이다"라고 했다.[429] 물론 그 잡지의 편집자가 정말로 그것을 외계인이 만들었다고 생각한 건 아닐 것이다. 서클의

---

427 Michaels, Susan H. 1996. p.103.; Thomas, Hilary. 1999.
428 Michaels, Susan H. 1996. p.103.
429 Corn Circle of the Chaotic Kind. New Scientist, 24 August, 1991, p.16.

제작자를 외계인에 비유함으로써 그런 서클을 만드는 게 얼마나 어려운 일인지 간접적으로 표현한 것임에 틀림없다. 하지만 미스터리 서클 형성과 외계인을 연결하는 의혹은 여전히 유효하다. 아직 모든 가능성은 열려 있다.

Chapter 31
악령이 출몰하는 세상

과학과 사이비 과학

칼 세이건은 1995년 『악령이 출몰하는 세상 The Demon-Haunted World』이라는 책을 출간했다. 이 책은 과학과 사이비 과학을 구분하여 설명하면서 오늘날과 같은 첨단 과학 시대에도 널리 믿어지고 있는 사이비 과학들을 공격하고 있다. 그는 다음과 같이 말한다.

"만일 버뮤다 깊은 바닷속에 선박이나 항공기를 잡아먹는 UFO가 숨어 있다면 또는 죽은 사람이 우리의 손을 조종해서 우리에게 메시지를 쓰게 할 수 있다면, 정말 이 세상은 훨씬 흥미진진한 곳이 될 것이다. 단지 생각만으로 전화 수화기를 튀어 오르게 할 수 있다면 또는 우리의 꿈이 우연이나 세상에 대한 지식으로 설명할 수 있는 것보다 훨씬 더 정확하게 미래를 예언할 수 있다면 정말 황홀할 것이다."[430]

---

430 Sagan, Carl. 1995. p.13.

칼 세이건의 유작이 된 『악령이 출몰하는 세상』 표지

칼 세이건의 책에 쓰인 이 대목은 버뮤다 삼각지대, UFO, 자동 기술auto writing, 염력PK, 예지를 사이비 과학의 예로 든 것이다. 그는 이런 것들이 과학적 잣대를 들이대서 엄밀한 검증을 통과할 수 없으며 따라서, 사이비 과학이라는 것이다.

UFO에 관한 어린 시절 믿음에 대한 성찰

칼 세이건은 그의 책에서 어린 시절 자신의 UFO에 대한 믿음을 고백한다. 자신이 고등학교에 들어갈 때 비행접시 소동이 있었으며, 그때 자신은 우리보다 오래되고 현명한 다른 존재들이 우리 별로 얼마든지 여행을 올 수 있다는 신념을 가졌음을 실토한다. 그리고 그런 UFO 소동이 일어난 것이 2차 세계대전 말 일본에 원자폭탄이 떨어지고 얼마 되지 않은 시점이기에 UFO 탑승자들이 지구에 무슨 일이 일어나고 있는지 걱정해서 왔었다고 생각했던 점도 밝힌다.[431]

그는 비행접시 이야기를 듣기 훨씬 전 어릴 때부터 자신이 외계 생명체의 가능성에 관심이 있었음을 밝힌다. 그리고 과학자로서 사이비 과학 감별에 이력이 생긴 이후 UFO에 대한 초기 열정이 수그러든 이후에도 외계 생명체 존재와 그들의 방문에 대해 오랫동안 자신에게 매력으로 남아있었다고 말한다. 하지만, 그는 여기서 다음과 같이 선을 긋는다.

"그렇게 중요한 문제에는 증거에 빈틈이 있어서는 안 된다. 그것이 참이기를 바라는 마음이 클수록 우리는 더욱더 신중해져야 한다. 목격자가 그렇게 말했다는 것만으로는 충분하지 않다."[432]

이처럼 언뜻 볼 때 세이건에게 있어 사이비 과학의 대표적 사례 중 하나가 UFO와 외계인 관련된 주장인 것처럼 보인다. 하지만, 그의 논지를 자세히 살펴보면 UFO 현상 그 자체를 비과학적인 것으로 보는 것이 아니라 그 현상에 접근하는 어린 시절 자신을 포함한 대다수 사람의 태도를 문제 삼는 것이다. 예를 들어 1957년 10월 스푸트니크 발사 때를 전후하여 UFO 목격이 급격히 늘어난 것

---

431 Sagan, Carl. 1995. p.66.
432 Sagan, Carl. 1995. p.69.

은 그 발사가 어떤 식이든 UFO 보고에 원인을 제공했을 것이라는 식의 과학적 분석이 필요하다는 식이다. 그러함에도 그는 UFO 그 자체에 대해선 다소 열린 태도를 보인다. 사람들이 스푸트니크호 때문에 좀더 하늘을 자주 쳐다보면서 이해하기 어려운 자연현상을 더 보게 된 것이 UFO 소동의 원인일 수도 있으며, 한편 언제가 하늘에 자주 떠다니는 외계인 우주선을 더 많이 올려다보아 발견했을 가능성도 있다는 것이다.[433]

이처럼 UFO 그 자체에 관한 한 세이건의 비교적 중립적이었다. 단지 세인들이 그 현상에 대해 바라보는 시각을 건설적으로 비판한 것이다. 그런데 비교적 믿을 만한 조종사, 관측 요원, 경찰들의 UFO 목격에 대해서 가치중립적 태도를 견지하려 했던 그는 접촉이나 피랍 사례와 관련해서는 매우 단호하게 비판적 태도를 보인다.

접촉에 대한 칼 세이건의 비판적 견해

칼 세이건은 UFO 접촉자들에게 매우 비판적인 태도를 보였다. 그는 종종 외계인과 '접촉'하고 있다는 사람들에게 편지를 받았다고 하면서 그때마다 '무엇이든 물어보라'고 요청한다고 했다. 그런 경우 인습적인 도덕 판단과 관련된 모호한 질문들에 대해선 기꺼이 장황하게 설명하려는 경향이 있다고 그는 지적한다. 하지만, 실제로 외계인들이 대부분 사람이 알고 있는 상식적인 것을 넘어선 무언가를 알고 있는지 밝혀낼 수 있는 실마리와 관련된 특별한 질문을 던지면 침묵으로 일관한다고 꼬집는다.

---

433 Sagan, Carl. 1995. p.72.

특히 세이건은 대부분의 접촉자 메시지가 핵전쟁이나 환경오염, 에이즈와 같은 질병 문제를 경고하는 것에 집중되어 있다는 사실을 지적한다. 그런데 그는 왜 이런 메시지가 그것이 이미 큰 사회 문제가 되고서야 전달되는가 하고 질문한다. 정말로 인류를 아끼고 도우려는 외계인들이 경고하고 싶었다면 그것이 만연하기 전에 사전적인 경고를 해서 실질적으로 도움이 되도록 해야 한다고 말한다. 또한 왜 그들이 정말로 지구에 위중한 위험이 도사리고 있어 이를 경고하는 것이라면 왜 별로 영향력이 없는 소수 접촉자들에게 그런 메시지를 전달하려 하는가 하는 의문을 제기한다.[434] 만일 그들이 수광년을 날아온 외계인들이라면 텔레비전망이나 유엔안전보장이사회 앞에서 생생한 시청각 경고 자료를 보여줌으로써 널리 경고하는 것이 어렵지 않을 것이라는 게 그의 주장이다.[435]

칼 세이건이 대표적인 접촉자로 꼽은 이는 조지 아담스키다. 그가 캘리포니아주 팔로마산 중턱 자기 집 뜰에 작은 망원경을 설치해놓고는 마치 그 산 정상의 세계적인 천문대에서 자신이 근무하는 것처럼 자신을 '팔로마산 관측소의 아담스키 교수'라고 소개하고 다녔다는 사실을 지적하면서 세이건은 그가 사기꾼이었을 가능성을 지적한다. 또 아담스키가 금발 머리의 흰색 원피스를 입은 금성인이 자신에게 핵전쟁 위험을 경고했다는 사실을 떠벌리고 다녔다는 사실을 언급한다. 그러면서 세이건은 자신이 세계 최초로 세상에 알린 그곳의 온실 효과를 제시하여 금성에 금성인이 살고 있다는 아담스

434　미국 대통령을 역임한 로널드 레이건의 경우엔 그가 접촉자였을 가능성이 있다. 맹성렬. 2017. pp.83-92. 참소. 이런 게 사실이라면 세이건이 (보질깃없는) 소수에게민 접촉을 시도했다는 주장은 사실이 아닐 수 있다.

435　Sagan, Carl. 1995. pp.100-101.

키 주장의 허구성을 꼬집는다.[436]

피랍에 대한 칼 세이건의 비판적 견해

"몸이 완전히 마비되었음을 발견한다. … 소리내어 울려고 하지만 울 수가 없다. 120센티미터도 채 안되는 키작은 회색 존재들 여럿이 침대 발치에 서있다. … 그들은 너를 들어올리고 불가사의하게도 그들과 함께 침실 벽을 미끄러지듯이 뚫고 나갔다. 공중으로 둥둥 뜬다. … 우주선 안에서는 호위를 받으며 의학실험실로 끌려간다. …"[437]

칼 세이건이 묘사한 피랍 체험의 묘사다. 앞에서 분류한 것들 중 침실에서의 피랍에 해당한다. 칼 세이건은 미국인들을 대상으로 한 조사에서 이런 피랍 체험을 한 미국인이 전체 인구의 2%에 달한다는 1992년의 로퍼 보고서의 과학적 근거가 취약함을 지적한다. 그리고 다음과 같이 계속된 질문을 퍼붓는다.

"도대체 지구에 무슨 일이 일어나고 있는 걸까? 자칭 피랍자들과 이야기하면 그들 대부분은 감정이 격앙되어 있긴 하지만 매우 진지해 보인다. 그들을 검사한 적이 있는 정신과 의사들 중에 일부는 그들에게서 정상인에서 발견되는 것 이상의 정신병리학적 증거를 찾을 수 없다고 말한다. 아무 일도 일어나지 않았다면, 왜 사람들은 외계 존재들에 의해 납치된

436　Sagan, Carl. 1995. p.101.
437　Sagan, Carl. 1995. p763.

적이 있다고 주장하는가? … 그 많은 사람들의 분별력에 의문을 제기하는 것조차도 오만하고 무례한 것인가?"[438]

그러고는 많은 피랍자가 주장하는 외계인과의 유전자 조작 문제에 대해 의문을 제기한다. 외계인들이 우주 공간을 상상할 수 없을 만큼 빠른 속도로 이동하거나 심지어 벽을 뚫고 다닐 정도의 과학 수준이라면 피랍자들이 주장하는 상대적으로 미개해 보이는 방식의 유전자 조작을 한다는 게 격에 맞지 않다는 것이다. 그런 정도는 이미 우리 인류가 하고 있으니 말이다.[439]

미스터리 서클에 대한 칼 세이건의 비판적 견해

칼 세이건은 미스터리 서클에 대해서도 비판적인 견해를 보였다. 그는 1970년대 중반부터 영국 남부의 밀, 귀리, 보리밭 등에 단순한 형태의 원들이 새겨지기 시작했다고 지적한다. 그러다가 1990년대 초에 이르러서는 원들이 축으로 연결되거나 끝이 축 늘어진 평행선 형태이거나 곤충 형태를 띠는 등 아주 복잡한 무늬가 형성되었음에 주목한다.

아마도 초기의 단순한 형태는 회오리바람이나 구전체 등이 그 원인이었을 것으로 추정하는 학자들의 견해를 소개하고 그것을 실험실 안에서 구현하려 했던 일본의 플라스마 물리학자들의 시도를 소개한다. 그렇다면 보다 복잡한 구조들은 어떻게 설명할까? 세이건은 복

---

438 Sagan, Carl. 1995. p.64.
439 Sagan, Carl. 1995. p.65.

잡한 형태들의 출현이 신비주의자들을 끌어들였고 그들은 그것이 회오리바람이나 구전체 등 자연현상 때문이 아니라 UFO나 악마 등의 소행일 것으로 보았다고 지적한다. 그래서 뉴에이지 관광객들이 몰려들어 미스터리 서클 안에서 온갖 주술적 행위를 했다고 꼬집는다.

이어서 누가 그런 것을 만드는지 궁금해하는 아마추어 학자들이 밤을 새워가며 비디오카메라와 녹음기로 현장을 지켰던 상황을 소개한다. 하지만, 그들이 UFO나 그 어떤 증거도 확보하지 못했다는 것이다. 결국 그는 1991년 도우 바우어와 데이빗 촐리 사건에 대하여 언급하며 미술적 감각이 뛰어났던 그들이 정교한 미스터리 서클의 주범이었다는 결론을 내린다. 그리고 다른 여러 가지 것들은 그들의 행위를 모방한 다른 이들의 행위라고 설명할 수 있다고도 했다.[440]

세이건의 『악령이 출몰하는 세상』이 탈고되던 시점엔 1996년의 프랙털 미스터리 서클의 존재가 알려지기 전이었다. 따라서, 그의 책에서 이처럼 수학적으로 복잡하고 난해하여 널빤지와 끈, 그리고 막대만 가지고 바우어와 촐리가 만든 방식으로 그런 걸 만들 수 있는지에 대한 논의를 찾아볼 수 없다.

그런데, 이미 앞에서 살펴보았듯 세이건이 이 책을 쓰고 있던 시기에 이미 많은 이들이 미스터리 서클 근처에서 광구형 UFO를 목격하고 동영상을 촬영하여 증거를 제시하고 있었다. 하지만, 세이건은 이런 사실을 일절 언급하지 않았다. 그는 단지 짐 슈나벨Jim Schunabell이 쓴 『서클들 안에서Round in Circles』[441]라는 책 한 권(!)을 읽고 그 내용

440　Sagan, Carl. 1995. p.75.
441　go round in circles는 진전없이 제자리에서 빙빙돈다는 뜻이고 run round in circles는 별 소득없이 부산만 떤다는 뜻이다. crop circles(미스터리 서클)를 다룬 이 책에서

을 요약 소개했을 뿐이다.[442] 당연히 그의 책에서는 미스터리 서클과 UFO 관련된 이야기들이 제대로 소개되어 있지 않다.

또, 미스터리 서클 내부의 식물들이 꺾인 형태에 대한 고찰도 이 책에 담겨 있지도 않다. 상당수의 미스터리 서클은 그것을 만들기 위해 동원된 기구가 널빤지, 끈, 그리고 막대가 아님을 명백히 보여준다. 밀이나 보리 줄기가 꺾인 상태는 매우 높은 에너지 밀도를 갖는 에너지빔에 지극히 짧은 순간 노출되어 만들어진 것 같은 특성을 보이기 때문이다. 이런 사실을 알리는 레벤굿W.C. Levegood의 논문이 학술지에 게재된 시기는 1994년 10월로 세이건의 책이 출간되기 전이다.[443] 미스터리 서클과 관련해서 인용한 책이 고작 『서클들 안에서』인 걸로 보면 세이건이 다른 좀더 심각한 내용을 담은 책을 읽었을 가능성도 없을 테니 이런 논문까지 찾아 읽을 겨를은 더더욱 없었을 것이다.

더욱 중요한 점은 『악령이 출몰하는 세상』을 칼 세이건이 전부 쓴 것이 아니란 사실이다. 그 책에서 마지막 부분에 해당하는 네 개의 장이 그의 부인인 앤 드루얀Ann Druyan과 공동 저술되었다. 하지만, 필자가 보기에 그 책의 더 많은 부분이 어떤 식으로든 드루얀의 영향 아래서 정리되었을 것이 명백해 보인다. 이 책이 쓰이던 시기에 세이건은 골수암으로 투병 생활 중이었다. 그 책의 방대한 자료들은 대부분 부인에 의해 정리 요약된 후 세이건의 견해를 첨부해 그의 저술로 발표되었다고 봐도 무방하다. 아마도 앤 드루얀의 자료 취사선택에서 저술 방향에 부합되지 않은 자료들은 의

---

circles를 집어넣어 별 의미없는 뉘앙스를 갖는 패러디성의 책 제목을 지은 것이다.
442 Sagan, Carl. 1995. p.76.
443 Levengood, W. C. 1994.

도적으로 빼버린 것처럼 보인다.

『악령이 출몰하는 세상』에는 가축 도살에 대한 언급을 찾아볼 수 없다. 이 현상이 세이건과 드루얀의 관심 밖이었기 때문이었을 것이다. 앞에서 지적했듯 지식인층에서는 당시 이 문제를 정치·사회적 문제이거나 사탄주의와 연결된 것으로 보는 견해가 우세했기 때문에 논외로 했을 수 있다. 하지만 그들이 이 책의 마지막 부분을 쓰고 있던 즈음 미국 유타주의 한 농장에서는 가축 도살, 괴이한 광구 출현 및 풀밭에 둥근 자국이 발생하는 일이 발생하고 있었다. 그리고 이런 일련의 사건들은 2000년대에 펜타곤과 미 상·하원을 '격변의 장'으로 몰아가게 된다.

Part 09
스킨워커와 UFO

Chapter 32

유타주 목장에 악령이 출몰하다!

아메리카 인디언 전설 속의 악령 스킨워커

북미 유타주의 남동부, 뉴멕시코주의 서북부, 그리고 애리조나주의 동북부 지역에 나바호 인디언들이 살고 있다. 그들에게는 여러 동물로 모습을 바꿀 수 있는 악령 '스킨워커skinwalker'에 대한 전설이 있다. 이 악령은 늑대, 코요테, 곰, 새 등 그가 원하는 동물 모습대로 형태를 바꿀 수 있다고 알려졌다. 그들에 의하면 이 악령은 인간의 마음을 조종해 스스로 자해하거나 심지어 자살에 이르도록 한다. 그 존재는 자동차보다도 더 빨리 움직일 수 있고 높은 언덕도 뛰어넘을 수 있다고 나바호 인디언들은 믿고 있다.[444]

이런 믿음은 단지 나바호족만의 것이 아니다. 북미 남서부 지역에 사는 다른 인디언 원주민들도 유사한 믿음을 갖고 있다. 그런데 스

---

444 Kelleher, Colm A. and Knapp, George. 2005. pp.35-36.

킨워커라는 악령은 단지 오래된 전설 속에서만 전해오는 것이 아니라 오늘날에도 그들 삶에 실재하는 존재로 각인되어 있다. 이 지역의 인디언 원주민들을 연구하는 라스베가스 소재 네바다 대학교 인류학자 댄 베니쉑Dan Benyshek은 스킨워커가 매우 사악한 존재로 알려져 있다고 말한다. 그들은 온갖 끔찍한 일들을 저질러 사람들을 공포에 떨게 한다고 지적한다. 그런 체험 중에는 물건들을 훔치거나 종종 사람을 납치하기도 한다는 것이다.[445]

물론 베니쉑과 다른 인류학자들이 인디언들의 주장을 곧이곧대로 받아들이는 것은 아니다. 하지만 최소한 그들의 아주 생생한 체험담이 단지 상상에 의한 것이라고만 보지 않는다. 물론 일부 종교학자들은 그들의 마약 환각 체험으로 이를 설명하려 한다. 인디언들의 종교 행사에 마약류를 사용하기 때문이다.[446] 그런데 이런 이상한 체험은 단지 마약으로 종교 체험을 하는 인디언 부족들만의 문제가 아니다. 이 지역 대부분은 오늘날 농장을 운영하는 이주민들에 의해 점유되었다. 그리고 이런 이상한 체험이 그들에게도 일어나고 있다. 이 때문에 이것이 그 지역 특성에 따른 집단환각일 가능성도 제기되었다.[447] 아마도 이런 식의 설명이 가장 합리적인 것이리라. 하지만, 단지 그것이 환각에 의한 게 아닐 여지가 있다. 1994년 유타주의 인디언 보호구역 인근 목장으로 새로이 이사 온 한 일가족들이 겪은 일련의 일들은 매우 체계적으로 기록되었고, 따라서 이로부터 과연 그런 현상이 어떤 종류인지 살펴볼 수 있다.

---

445 Kelleher, Colm A. and Knapp, George. 2005. p.38.
446 de Aragon, Ray John. 2022. p.36.
447 Burns, Ryan. 2011.

가축도살사건

1970년대부터 북미 중서부 지역 목장에서 가축들이 도살된 상태로 발견되는 사건들이 빈번하게 일어나기 시작했다. 이런 소동은 처음엔 집단 히스테리나 과장된 보고 등으로 평가절하되었으나 실제 피해당한 있는 많은 목장주가 주 정부의 지나치게 무마하려는 태도나 소문이 나지 않게 쉬쉬하는 정책에 분개하면서 불똥이 중앙정부까지 튀게 되었다.

가축 도살 현상엔 특이한 점이 있었다. 가축의 귀, 눈, 젖통, 항문, 성기 및 혀는 날카롭고 정교한 도구로 깔끔하게 제거되었다. 또한 사체에는 피가 한 방울도 남아있지 않았다. 근처에서 흔적이나 발자국이 발견되지 않았으며 일반적으로 꼬이는 사체 청소부들도 얼씬거리지 않았다. 비록 이 문제가 1970년대에 표면화되어 나타나기 시작하긴 했지만 그런 현상은 이 지역에서 이미 17세기부터 존재해왔다는 사실이 인디언들의 전설을 통해 알려졌다.[448]

이런 가축 도살 사건은 현재 진행형이기도 하다. 2019년 10월 오리건주 동부의 한 목장에서 무게가 2천 파운드나 나가는 암소가 도살된 채 발견되었다. 이 소에서 단 한 방울의 피도 발견되지 않았다. 목장주는 이 사건에 대한 정보를 제공하거나 문제를 해결하는 이에게 2만5천 달러의 현상금을 내걸었다.[449]

2022년 8월에는 유타주의 레반Levan과 밀스Mills에서 3건의 가축 도살 사건이 발생했다. 여기서도 역시 죽은 가축들은 앞에서 소개

---

448   Janos, Adam. 2021.
449   King, Anna. 2019.

한 것처럼 매우 기괴한 상태에 놓여 있었다. 현재 이 지역 가축 조사관은 2만 달러의 현상금을 걸고 가축 도살 범인을 찾고 있다.[450]

유타주 가축 조사관의 2만 달러 현상금이 걸린 가축 도살 범인 수배 포스터

UFO 출몰지, 미국 유타주 유인타 분지

유타주 북동부 유인타 분지Uinta Basin는 최근 유정이 발견되기 전까지 한적한 목장 지대였다. 그런데 원래부터 그곳은 UFO가 자주 목격된다고 정평이 나 있었다. 1950년대부터 이곳에서 수천 건의

---

450 Schwanitz, Cary. 2022.

UFO 목격이 보고되었으며, 미국에서도 대표적인 UFO 핫스팟으로 꼽힌다. 이곳 주민 중 절반이 넘는 이들이 UFO를 목격했다는 통계 자료가 있을 정도다.

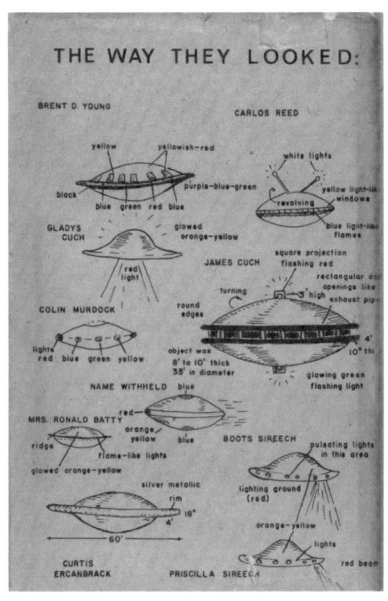

프랭크 솔즈베리가 쓴 『유타 UFO 출현』의 뒷표지

이런 현상에 관심을 갖고 조사를 한 이들 중에 유타 대학의 식물과학과 교수 프랭크 샐리즈베리Frank Salisbury가 있었다. 그는 1974년 이곳의 UFO목격 사례를 담은 책 『유타 UFO 출현The Utah UFO Display』을 저술하기도 했다.[451] 기록에 의하면 이 지역에 UFO가 출현

---

451 Kelleher, Colm A. and Knapp, George. 2005. p.12.

하기 시작한 것은 18세기로 거슬러 올라간다. 한 신부가 이곳을 지나다 야영을 하게 되었는데 이상한 화구fireball가 그의 야영장 위로 날아와 머물렀다는 것이다.[452]

그런데 이곳도 다른 지역과 마찬가지로 1960년대부터 가축 도살 사건들이 발생하기 시작했다. 그리고 오늘날에도 여전히 그런 사건들이 발생해 현상금이 걸리지만 누가 이런 일을 저지르는지 미제로 남아있다.[453] 일부 사람들은 UFO 출현과 가축 도살 사건을 연관 짓기도 한다. 하지만, 이 두 가지 사건이 깊숙이 관련되어있다는 결정적인 단서는 아직 드러나지 않았다.

스킨워커 목장 인근의 괴물 출현

1994년 가을 뉴멕시코주에서 한 일가족이 목장을 사 유타주로 이사를 왔다(이 목장의 이름은 따로 있으나 나중에 스킨워커 목장이라고 불리게 된다). 주인이 내놓은 지 7년째 되어 가격이 많이 하락한 그 목장은 일가족의 마음에 쏙 들었다. 이전 거주 환경에 신물이 나 있었기 때문이다. 폐쇄적이고 복잡한 일상에서 벗어나 유유자적한 목장 생활을 꿈꾸고 있었는데 480에이커의 이 목장이 딱 그런 조건에 맞아떨어졌다. 왜 이렇게 좋은 목장이 7년 동안 주인을 만나지 못했을까? 이런 의문이 들 법도 했지만 새 환경에 너무 흡족했던 그들은 이런 기본적인 질문을 할 겨를이 없었다. 그런데 이들이 이주한 지 몇 주일이 지나지 않아 그들의 안락한 생활에 뭔가 불안한 기운이 감돌기

---

452 Ibid. p.14.
453 Ibid. pp.17-18.

시작했다. 유인타 분지 한가운데 자리 잡고 있던 그 목장 안팎에서 이상한 일들이 벌어졌던 것이다.

스킨워커 목장의 일부 장면

그들이 맨 처음 겪은 사건은 이상한 짐승의 출현과 관련되었다. 이곳에서 오래전부터 벌어지고 있던 사건들에 대해 전혀 모르고 있던 가족들은 늦가을 초저녁에 목장 인근 숲에서 한가한 시간을 보내고 있었다. 그러다가 그들은 숲속에서 늑대 같은 짐승을 목격했다. 하지만, 늑대라고 하기엔 그것의 몸집이 너무 컸다. 목장주, 즉 그 가족의 가장이 총으로 그 짐승을 여러 차례 쐈으나 그것은 전혀 영향을 받는 것처럼 보이지 않았다. 어느 순간 그 짐승이 도망치기 시작했고 추격이 시작되었다. 그곳의 지면은 축축했기 때문에 그 짐승의 발자국을 따라갈 수 있었다. 그런데 어느 지점에서 그 발자국이 사라져버렸다. 마치 그 짐승이 하늘로 솟아오른 것처럼![454]

스킨워커 목장에 나타난 삼각형 괴비행체

1994년 겨울이 다가오면서 스킨워커 목장에 입주한 일가족은 뉴멕시코의 온화한 겨울과는 전혀 다른 혹독한 추위를 겪어야 했다. 하지만, 그들의 이주 결정을 후회할 만큼은 아니었다. 그때까지 가을에 보았던 괴물에 대한 찝찝한 느낌은 있었지만 좀 이상하다고 생각했을 뿐 곧 새로운 생활에 적응하기 위한 바쁜 나날을 보내면서 그 사건은 잊히고 있었다. 그런데 겨울이 점점 깊어지면서 그들의 결정이 잘못되었음을 피부로 느끼게 되었다.

어느 날 목장주는 밤중에 이상한 비행체가 그의 목장 주위를 배회하는 것을 보았다. 그것은 갑자기 순식간에 어디선가 나타났다. 그 비행체는 F-117기와 B-2기를 섞어놓은 모양을 한 30~40피트 길이의 축소 모델처럼 보였다. 그런데 그것은 낮게 날고 있었음에도 전혀 소음을 내지 않았다. 그런데 단지 소음이 나지 않는 것이 문제가 아니었다. 그것이 출현할 때 목장주는 소름 끼치는 정적이 감돌고 있음을 깨달았다.

그 비행체는 지상에서 불과 15~20피트(약 5~7미터) 높이로 날아서

---

454 Kelleher, Colm A. and Knapp, George. 2005. pp.6-8.

천천히 그에게로 다가오고 있었다. 오색찬란한 불빛이 그 비행체 아래 지상에 쌓인 눈을 비추고 있었다. 분명히 그 비행체에서 방사되는 불빛이라고 생각되었지만 어떻게 그런 빛이 동체로부터 나오고 있는 것인지 설명할 수가 없었다. 그것은 이제 백 미터 정도까지 접근했다. 그것은 마치 무중력 상태에 놓여 있는 것처럼 공중에 떠 있었다. 가까이서 본 그것의 이미지는 TV에서 본 적이 있는 스텔스기를 매우 닮아있었다. 하지만, 그것이 스텔스기일 수 없었다. 그가 아는 한 스텔스기가 그렇게 가까이 접근하면 엄청난 소음이 발생할 것이다. 하지만, 그것은 아무런 소리도 내지 않고 낮은 높이로 두둥실 떠있었다. 잠시 후 그것은 조용히 그로부터 멀어지더니 능선 너머로 사라져 버렸다.

그런 괴비행체를 본 것은 목장주인 뿐 아니었다. 몇 주 후 그의 아내도 그런 삼각형 형태의 비행체가 낮게 떠다니는 걸 보았다. 그 시간대는 6시경 초저녁이었다. 그녀가 바깥일을 보고 목장으로 돌아와 대문을 닫으려고 차에 내렸는데 하늘에서 검은 그림자가 드리워졌다. 그것은 차 위로 대략 20~30피트 정도 상공에 떠있었다. 그것은 마치 검은 구름 같았는데 하지만, 그날은 청명하여 하늘에 구름 한 점 없었다. 다시 차에 올라탄 그녀가 집을 향해 운전해 간 약 400미터 정도 되는 거리를 그 비행체는 천천히 날아왔다. 그러는 동안 주변 땅에 오색찬란한 작은 빛 알갱이들이 아른 거리는 것이 보였다. 그녀가 집 앞에 주차하자 그것은 집 위를 날아서 가던 방향으로 사라졌다.[455]

---

455   Kelleher, Colm A. and Knapp, George. 2005. pp.50-52.

두 부부는 그 한적한 시골 목장에서 도대체 누가 이런 신형 비행체를 날리고 있는지 무척 궁금했으나 그것이 아주 터무니없는 사건도 아니었고 그들의 생활을 크게 불편하게 한 것도 아니었으므로 그냥 묵과하고 지나갔다.

스킨워커 목장 상공에 나타난 오렌지 광구

무엇보다도 스킨워커 목장에서 일어난 이상한 사건 중에서 가장 흔한 것은 오렌지빛을 내뿜는 작은 비행체들의 출몰이었다. 납작하거나 길거나 종종 완벽한 구체 형태를 한 커다란 오렌지빛이 목장에서 1마일쯤 떨어진 곳의 나무 꼭대기 근처에 나타났다. 주로 밤에 나타났던 이런 물체들은 일정 지점에 머물렀다. 목장 주인은 그것을 망원경으로 관찰했는데 놀랍게도 광구 한가운데엔 파란 하늘이 보였다. 마치 그 광구는 대낮인 다른 곳으로 나 있는 창인 것 같은 느낌이 들었다고 한다. 이 때문에 그는 이 비행체가 다른 차원으로 연결된 통로라고 생각하게 되었다.

이런 일은 여러 차례 반복되었고, 어느 날 목장주는 거의 동일한 지점에 나타난 그 오렌지빛 속에서 검은 비행체가 나와 그를 향해 날아오는 것을 보았다. 그것은 삼각형 모양이었고 지난번에 본 그 스텔스기처럼 보였다. 수초 사이에 그것은 매우 커졌는데 이는 그의 시야에서 매우 가까워졌음을 의미했다. 목장주가 놀라는 순간 그 비행체는 방향을 틀어 밤하늘로 사라져 버렸다. 이 사건이 있고나서 목장주는 밤하늘에 나타나는 오렌지빛이 어떤 물체라기보다는 다

른 세계와 연결된 통로라는 확신을 굳히게 되었다.[456]

이때까지만 해도 부부를 비롯한 그들의 자녀들은 그곳에서 뭔가 신기한 일들이 벌어지고 있다는 사실에 경이감을 보이고 있었으나 그들에게 어떤 해를 끼치지는 않았기에 다소 방관적인 태도를 유지하고 있었다. 하지만, 좀더 깊은 겨울에 접어들자 드디어 그들의 생계에 직접적인 영향을 끼치는 아주 심각한 사건이 발생했다.

사라진 씨암소

1995년 초 눈보라가 치는 날, 목장 주인은 소들을 단속하고 있었다. 그는 밤을 새워가며 목장을 돌면서 소들의 숫자를 세었다. 특히 앙구스종 씨암소들은 가격이 아주 비싸서 확실히 챙겨야 했다. 그런데 다음 날 아침 눈이 그치고 나서 확인해보니 특별 관리하던 구역에 있어야 할 씨암소 중에 한 마리가 사라지고 없었다. 눈보라가 몰아치던 밤에 어디론가 가버린 것이었다. 그는 이 암소가 눈이 수북이 쌓인 목초지를 헤매다가 어딘가 구덩이에 빠져 허우적거리고 있을 걸로 생각했다. 하지만, 그의 판단이 완전히 틀렸다는 사실을 깨닫는 데에는 오랜 시간이 걸리지 않았다.

목장 주인은 곧 무리에서 이탈해 걸어 나간 그 씨암소의 발자국을 찾아냈다. 12인치(약 30센티미터) 깊이의 눈 위에 찍힌 선명한 자국이라 이제 암소의 행방을 찾는 것은 시간문제라고 그는 생각했다. 그런데 발자국을 쫓던 중 그는 어느 순간 놀라운 점을 발견했다. 그 암소가 갑자기 뛰어서 달아났다는 정황을 감지했기 때문이다. 수

---

456 Kelleher, Colm A. and Knapp, George. 2005. pp.82-85.

십 년간의 경험상 이것은 매우 이상한 일이었다. 눈보라가 치는 밤에 소가 뛰어가는 일을 그때까지 본 일이 없었다. 도대체 무엇이 이 암소를 뛰어 달아나도록 만들었을까? 늑대가 나타났던 걸까? 암소가 뛰어가면서 주변의 관목이나 잡초들이 부러져 있는 흔적은 매우 선명했다. 하지만, 주변 어디를 둘러봐도 천적이 나타나 달려든 흔적은 보이지 않았다(눈보라 치는 날은 웬만해선 맹수들이 사냥을 나서지 않는다).

더욱 이상한 일은 그다음에 벌어졌다. 목장 주인은 암소가 관목과 수풀을 헤치고 맹렬한 속도로 달려서 지름 50야드(약 50미터) 정도의 소개지로 나왔다는 사실을 확인했다. 그런데 소개지 가운데에서 소의 발자국이 뚝 끊겨 있었다. 이는 1994년 가을에 추격하던 괴짐승 발자국이 뚝 끊겨 있던 것과 같았다. 맹렬히 달려가던 천 파운드나 나가는 거구의 암소가 하늘로 사라진 것이다.[457]

도살된 송아지

그런데 이것은 시작에 불과했다. 그 사건이 있고서 석 달 동안 4마리의 소들이 더 사라져 버린 것이다. 추운 겨울이 지나고 따뜻한 봄이 왔으나 평소처럼 즐거운 봄맞이를 할 상황이 아니었다. 목장주의 스트레스는 극에 달했다.

1995년 4월 비가 이틀 동안 연이어 내리던 어느 날 목장주는 아들과 함께 말을 타고 목장의 소들을 돌보고 있었다. 목장 내 개울물이 불어나면 종종 송아지들이 빠져서 허우적거리는 경우가 있기에 이런 위험이 있는 곳을 확인해야 했다. 아버지와 잠시 헤어져 문제가

---

457 Kelleher, Colm A. and Knapp, George. 2005. pp.66-67.

될 만한 곳을 조사하던 아들은 송아지 한 마리가 수로에 빠져나오려고 발버둥 치는 걸 보았다. 깊진 않았으나 주변 흙이 미끄러워 송아지가 올라오지 못하고 계속 미끄러지고 있었다. 아들은 돌보던 다른 송아지를 어미 소에게 보내고 다시 돌아와 이 송아지를 구하려고 했다. 그런데 이상하게도 그 소는 수로 안에 쓰러져 꼼짝을 하지 않고 있었다. 수로를 흐르고 있던 물이 얕아서 송아지가 익사할 정도는 아니었다. 그렇다면 도대체 20 여분 사이에 이 가축에게 어떤 일이 일어난 것일까?

아들은 그 송아지의 상태를 확인하려고 말에서 내려 수로로 내려갔다. 그리고 아주 놀라운 사실을 목격했다. 송아지의 뒷부분이 뭔가로 도려낸 듯 사라져 버린 것이었다. 깜짝 놀란 아들은 목장주에게 소리를 질러 그가 이 현장을 확인하도록 했다. 목장주는 송아지 엉덩이 쪽에 직경 6인치(약 15센티미터)의 동그란 구멍이 나있고 뭔가로 내부를 쭉 빨아낸 상태를 확인했다. 이런 과정에서 피는 전혀 외부로 흘러나오지 않았고 수로에 흐르는 물에 핏물이 전혀 보이지 않았다.[458] 도대체 누가 잠시 자리를 비운 20 여분 동안 이런 작업을 했던 것일까?

이어지는 가축 도살

목장주는 예전에 가축 도살 얘기를 들은 바 있었다. 하지만 그는 이것이 심심한 카우보이들이 지어낸 가십거리 정도로 치부했다. 하지만, 이제 가축 도살이 그의 삶을 파고들어 생계를 위협할 수

---

458 Kelleher, Colm A. and Knapp, George. 2005. pp.68-69.

있는 사건일 가능성이 대두되었다. 그런데 그의 이런 우려는 3달 후 현실이 되었다. 그날도 목장주는 이른 아침부터 말을 타고 소들을 돌보고 있었다. 그러다가 그는 수풀 근처에 쓰러져 있는 심멘탈종 암소Simmental cow를 발견했다. 그의 뇌리에는 순간 불길한 생각이 스쳐 지나갔다. 그 전날 밤 이곳에 몇 개의 이상한 밝은 노란 불빛들이 낮게 떠서 소들 사이를 돌아다니는 것을 목격했기 때문이다. 이즈음 목장 안에서 낮게 떠다니는 이런 불빛들이 자주 목격되었으며 가족들을 불안하게 하고 있었다. 그리고 그날 드디어 그런 불안감은 현실이 되었다.

쓰러져 있는 4년생 암소의 성기 부분과 궁둥이를 누군가가 날카로운 도구로 말끔하게 베어 챙겨가 버린 것이다. 목장주는 지난밤에 보았던 불빛이 가축 도살자들의 플래쉬 불빛이며 이들이 이런 못된 짓을 했다고 판단했다. 그는 범인들을 반드시 잡아 배상받아내야겠다고 결심했다. 하지만 아무런 성과도 얻지 못하고 시간만 흘러갔다.

1996년 초까지 그 목장에선 두 마리의 소가 미지의 도축자들에 의해 추가로 도살되었다. 그런데 도축된 소들에게서 공통으로 이상한 점이 발견되었다. 병이나 사고로 죽은 소들보다 미지의 존재에 의해 도축된 소들의 사체 부패 속도가 훨씬 느리다는 점이었다. 아마도 도축 과정에서 어떤 특수 약품처리를 했을지 모른다. 목장주는 이런 일을 벌이는 자들이 일반 잡범들이 아니라 특수 훈련을 받은 군인들일 것이란 추정을 하게 되었다. 그의 목장이 사전 허락 없이 어떤 특수부대의 비밀 훈련장으로 사용되고 있던 것일까?[459]

---

459 Kelleher, Colm A. and Knapp, George. 2005. pp.70-71.

파란 구체의 접근에 의한 공포심 유발

1996년 봄이 지나고 있었다. 목장주와 그의 부인은 어느 날 저녁 서쪽 하늘을 보고 있었다. 아직 어둠이 짙게 깔리기 전 그들 눈앞에는 그들의 소들과 말들이 한가로이 거닐고 있는 것이 보였다. 그런데 어느 순간 이들이 꼼짝하지 않고 있다는 사실을 발견했다. 이를 이상하게 생각하고 있는데 남쪽으로부터 강렬한 파란 빛을 비추는 구체가 그들을 향해 날아오는 것을 보았다. 그것은 말들이 있는 쪽으로 다가가서 그 중 한 마리의 머리 위에서 멈추었다. 파란 광채가 그 말의 앞부분을 밝게 비추었다. 말도 그 광구의 존재를 인지하고 있는 듯했다.

잠시 후 그 광구는 말들에게서 벗어나 부부를 향해 엄청난 속도로 날아오기 시작했다. 그것은 갑자기 그들로부터 20피트 정도(약 6미터) 앞에서 멈추었다. 지상으로부터 높이는 15피트 정도(약 4.5미터) 되어 보였다. 그것은 농구공 두 세배 정도 크기였고 마치 질량이 없는 듯 공중에 가만히 떠 있었다. 그 안에서 푸른빛이 요동치고 있었고 전기 방전할 때 나는 듯한 낮은 소리가 들렸다. 목장주는 머리카락이 서는 듯한 공포를 느꼈다. 오래전 들짐승의 공격을 받아 아주 위험한 상황에 빠진 적이 있었지만, 그때 느꼈던 공포감보다 훨씬 압도적인 공포감이 그를 덮쳐왔다.

옆에서 이를 지켜보고 있던 부인이 공포감을 견디지 못하고 손전등을 켜서 그 물체를 비추었다. 그러자 놀랍게도 그 구체는 잽싸게 이동하여 담장 쪽으로 날아갔다. 그것은 마치 손전등 빛을 피하려고 하는 것처럼 행동했다. 명백히 그것은 매우 지능적인 행동을 하고 있었다. 긴장이 풀린 부인은 무릎을 꿇고 울기 시작했다. 남편도 후들거리는 다리로 자신의 체중을 겨우 지탱하고 있었다. 그들에게 엄습했던 공포감은 마치 스위치를 끄듯 순식간에 사라졌다.[460]

목장을 떠날 결심

1996년 4월 어느 날 저녁 목장주는 세 마리의 개들과 함께 휴식을 취하고 있었다. 그와 그의 가족에게 이 개들은 큰 위안이 되었다. 그들에게는 복종했으나 외지인들의 접근에 대해선 사나운 기세로 대응했다. 이 개들은 가족을 외부의 위협으로부터 지켜주는 수호신과 같았다. 평온한 휴식은 오렌지빛 물체가 멀리서 나타나면서 깨어졌다. 잠시 후 거기로부터 파란 구체가 튀어나왔다. 목장주는 바짝 긴장하였다. 개들도 경계 태세를 갖추고 낮은 톤으로 으르렁거리고 있었다. 그것이 3백 야드 거리까지 날아왔다. 지상으로부터의 높이는 10피트가 채 되지 않아 보였다. 그것이 남쪽 울타리 쪽으로 이동하다 갑자기 방향을 바꿔 목장주가 있는 쪽으로 날아오기 시작했다. 그것의 모양은 완벽한 구체였고 은은한 푸른 빛을 내고 있었다. 목장주는 왠지 모를 공포심에 바짝 긴장해 있었다. 개들도 공포를 느꼈는지 짖기 시작했다. 이제 그것은 일행으로부터 백 야드 거리까지 다가와 있었다. 잠시 후 그것은 진행 방향을 바꿔 북쪽으로 날아가기 시작했다. 목장주는 부지불식간에 개들을 풀어놓았다. 보통 때는 그런 것들이 나타나면 개들이 그를 지키도록 줄을 잡고 있었다. 하지만 그날은 엉겹결에 줄을 놓아버렸다. 개들은 파란 구

---

460 Kelleher, Colm A. and Knapp, George. 2005. pp.78-80.

체 쪽으로 전속력 질주해 다가갔다. 그 물체는 개들이 근접하기 전까지 별 반응을 보이지 않았다. 하지만 충분한 거리에 도달하자 그것은 기다렸다는 듯이 지상 가까이 내려와 그들을 맞이했다. 개들은 그 구체를 향해 달려들었고 그때마다 그것은 마치 게임을 즐기듯 피해 다녔다.

이렇게 개들을 조련하는 듯하던 그 광구는 속도를 내서 움직이더니 목장주의 시야를 가리는 관목 뒤로 사라졌다. 개들은 그것을 쫓아서 함께 관목 뒤쪽으로 사라졌다. 그러자 곧 개들은 고통을 못 이기고 큰소리를 냈다. 그리고 정적이 감돌았다. 목장주는 개들이 무사히 돌아오기를 바랐으나 끝내 그들은 돌아오지 않았다. 불안에 휩싸인 그는 다음 날 아침에 개들을 찾아보기로 하고 집으로 돌아갔다. 다음 날 아침 현장을 찾아간 목장주는 그의 개들이 타 죽어 있는 것을 발견했다. 개들 주변 둥근 영역의 풀들도 타 있었다. 목장주는 흐르는 눈물을 억제할 수 없었다. 집으로 돌아오자마자 그는 가족회의를 소집해 그 전날 있었던 일들을 이야기하고 목장을 팔자고 제안했다. 가족들도 그들에게 닥친 위험을 깨닫고 목장주의 제안에 동의했다. 1996년 6월 이들은 목장을 떠났다.

이 가족의 이야기는 매스컴을 통해 널리 알려졌다. 주변 사람들뿐 아니라 미국 전역의 사람들이 이 목장 사건을 알게 된 것이다. 그런 이들 중엔 유타주에 이웃한 네바다주의 부동산 재벌도 있었다. 그의 이름은 로버트 비겔로우Robert Begelow였다. 이 목장 사건에 흥미를 느낀 그는 목장을 사기로 마음먹었다.[461]

---

461   Kelleher, Colm A. and Knapp, George. 2005. pp.84-88.

Chapter 33

로버트 비겔로우의 스킨워커 목장 조사

사후의 생에 대한 연구 지원을 하는 억만장자

로버트 비겔로우는 젊은 시절 네바다주에서 부동산 투자 사업을 벌여 많은 재산을 모였다. 그런데 물질적인 삶을 추구하던 그에게 뜻하지 않은 시련이 다가왔다. 1992년 당시 25살이던 그의 아들이 자살을 한 것이다. 그 사건 이후 그는 죽음 후의 삶에 대해 관심을 갖게 되었다. 1997년, 초심리학과 사후의 생을 연구하는 학자들을 지원하기 위해 그와 그의 부인은 라스베가스에 소재한 네바다주립 대학(University of Nevada, Las Vegas, UNLV)에 석좌교수자리를 만들었다. 비겔로우는 그해 유명한 초심리학자 찰스 타트Charles Tart를 석좌교수로 초빙했다.[462]

---

462 UNLV Hires Consciousness Studies Chair, University of Nevada, Las Vegas. Available at https://www.unlv.edu/news/release/unlv-hires-consciousness-studies-chair

타트는 MIT에서 전기공학을 공부하다가 듀크 대학으로 전입하여 조지프 라인J. B. Rhine이 학과장으로 있던 심리학과에서 학부를 마쳤다. 라인은 초심리학이라는 학문 분야를 개척한 인물이다. 졸업 후 타트는 채펠 힐 소재 노스캐롤라이나 대학교에서 심리학 박사학위를 받았다. 그후 데이비스 소재 캘리포니아주립대학교University of California에서 28년간 심리학과 교수로 재직한 후 은퇴했다. 그리고 네바다주립대학교에서 석좌교수를 하기 전까지 캘리포니아주 팔로알토 소재 자아 초월 심리학 연구원Institute of Transpersonal Psychology의 핵심 멤버로 활동하고 있었다. 그는 학생들에게 꿈, 명상, 최면, 유체이탈 체험out-of-body experiences, 텔레파시, 그리고 약물에 의한 의식 전환 상태 유도drug-induced altered states of consciousness를 가르쳤다.[463]

비겔로우는 비록 타트가 뛰어난 초심리학자이긴 했지만, 사후 생에 대한 직접적인 증거를 찾아내는데 정통하지 않다는 사실을 깨닫고 이듬해 새로운 석좌교수를 초빙한다. 그는 레이먼드 무디Raymond Moody였다.[464] 무디는 버지니아 대학에 다니고 있던 학부 시절 조지 리치George Ritchie라는 정신과 의사가 해준 죽었다 살아난 경험담을 듣고서 사후의 삶에 관심을 가졌다. 그후 그는 죽었다가 살아난 이들에 대한 기록을 조사하였고 이를 통해 그들이 상당히 공통적인 체험을 했다는 사실을 깨닫게 되었다. 예를 들면 죽고 나서 자기 육체에서 이탈하여 터널을 통한 여행을 하고 죽은 친지를 만나며 밝은 빛의 영역을 체험한다는 것이다. 그는 이런 자료들을 토대

---

463 Charles Tart, The Skeptic's Dictionary. Available at https://www.genpaku.org/skepticj/tart.html
464 Kenyon, J. Douglas. 2017.

로 1975년에 '생 다음의 생Life After Life'이라는 책을 냈는데 이 책이 세계적인 베스트셀러가 되었다. 이 책에서 그는 세계 최초로 '임사체험Near Death Experience'이라는 용어를 사용했다.[465]

1998년 5월 무디는 타트의 뒤를 이어 석좌교수가 되었다. 그는 네바다주립대학교에서 신체적으로 죽은 후 의식적 삶이 유지된다는 사실을 학생들과 함께 연구할 수 있게 되었다는 사실에 매우 고무되어 있었다. 그는 자신의 임사체험 연구뿐 아니라 재직 기간동안 역행 최면으로 전생을 체험할 수 있도록 하는 전문가인 브라이언 와이스Brian Weiss와 유령을 나타나게 할 수 있는 능력자인 다니엘 아칸젤Dianne Arcangel 등을 초빙하여 저승의 존재를 확인하는 여러 가지 시도를 하였다. 이렇게 다방면으로 사후의 생을 증명하는 작업을 실행했으나 비겔로우 부부를 만족시킬만한 결정적인 증거를 내놓지는 못했다. 결국 비겔로우는 4년 동안 이를 지켜보다가 석좌교수직을 폐지 시켰다.[466]

로버트 비겔로우와 UFO

이처럼 비겔로우가 인간의 의식과 영혼 문제에 천착하게 된 것은 비교적 그의 생에서 나중의 일이다. 그가 어렸을 때부터 관심 있었

---

465 Orlando, Alex. 2021.
466 Raymond Moody, The Skeptic's Dictionary. Available at https://www.skepdic.com/moody.html; MacGregor, Rob and MacGregor, Trish. 2022.; 2020년 부인이 골수암으로 세상을 떠나자 비겔로우는 본격적으로 사후의 생에 관한 연구를 지원하게 된다. 그해 비겔로우 의식연구소 Bigelow Institute of Consciousness Studies를 만들고 사후의 생에 대한 의미 있는 연구를 한 학자들을 대상으로 한 거액의 연구 지원금을 내걸었다. Tressoldi, Patrizio et al. 2022 참조.

던 분야는 바로 UFO였다. 그가 UFO에 관심이 있었던 데에는 그의 외조부모가 특별한 UFO 체험을 했기 때문이다. 비겔로우가 3살이던 1947년 5월 밤 외조부와 외조모는 차를 몰고 네바다 라스베가스 인근 산악지대로부터 집으로 돌아오고 있었다. 그러던 중 하늘에서 밝게 빛나는 물체가 차를 향해 다가오는 것을 목격했다. 그것은 차 앞창을 환하게 밝혔으며 잠시 그렇게 머물다 쏜살같이 사라졌다. 그런 체험을 하는 동안 부부는 너무 무서워서 혼비백산했다. 어찌나 그때 상황이 무서웠는지 비겔로우의 외조부는 한동안 운전을 할 수 없었다고 한다.

그런데 그들의 이 체험에는 중대한 문제가 있었다. 그들이 판단하기에 UFO는 잠시 그들 차위에 머물렀던 것뿐인데 집에 와보니 예정 도착시간보다 몇 시간이 지나있었다! 즉, 그들에게 잃어버린 시간이 있었던 것이다. 29장에서 살펴보았듯 이런 체험은 피랍 체험과 깊은 관련이 있다. 어려서부터 비겔로우는 가족 모임에서 이 이야기를 반복해서 들었고 그가 UFO에 깊은 관심을 가진 중요한 계기가 되었다.[467]

로버트 비겔로우, 스킨워커 목장을 인수하다.

비겔로우는 1990년대에 자신의 사재私財로 UFO 조사연구를 지원하였으며 그 결과 UFO가 외계인이 지구에 와 있다는 유력한 증거라는 믿음을 갖게 되었다.[468] 1995년 그는 초상현상을 연구하는

---

467 Blumenthal, Ralph. 2021.
468 Blumenthal, Ralph. 2021.

전미발견과학연구소(National Institute for Discovery Science; NIDS)를 설립했다. 이 연구소는 대외적으로 주로 UFO를 연구한 것으로 알려졌는데 사실은 좀더 광범위한 초상현상을 포괄적으로 연구했다. 예를 들어 이들의 연구 범위에는 가축 도살도 포함되어 있었다. 이 연구소가 설립된 후 첫 번째로 중요했던 과제는 스킨워커 목장에 대한 조사였다.

1996년 라스베가스에서 활동하던 저널리스트 조지 냅George Knapp이 스킨워커 목장 사건에 대한 글을 썼다. 그는 이미 1994년에 '미확인 비행물체들: 최고의 증거UFOs: The Best Evidence'라는 다큐멘터리 영화를 제작한 바 있는 이 분야의 전문가였다.[469] 그의 글이 신문에 실리고 스킨워커 목장이 유명세를 치르자 비겔로우는 NIDS가 그 목장을 사들이도록 했다.[470] 그리고 거기서 일어난 사건 조사를 NDIS 부소장 콤 켈러허Colm Kelleher가 주도하게 되었다.[471]

NIDS의 스킨워커 목장 조사

NDIS가 스킨워커 목장을 사들였으나 그들이 직접 목장을 운영할 순 없었다. 그래서 전 목장주를 관리인으로 임명하고 거기서 일어나는 일들을 보고하도록 했다. 스킨워커 목장에서 가축 도살이

---

469 George Knapp, IMDb. Available at https://www.imdb.com/name/nm3247345/
470 Nevada millionaire buys 'UFO Ranch' in Utah. Las Vegas Sun, October 23, 1996. Retrieved June 17, 2021. Available at https://lasvegassun.com/news/1996/oct/23/nevada-millionaire-buys-ufo-ranch-in-utah/; Knapp, George. 2007.; Scoles, Sarah. 2018.
471 Whiting, Lezlee E. 2007.

나 UFO 출현이 발생하면 관리인이 네바다주에 본부가 있는 NIDS로 연락하고, 그러면 대기하고 있던 조사팀이 비겔로우의 전용기를 타고 즉시 목장으로 출동하는 방식으로 조사가 이루어졌다.

1996년 10월부터 NIDS 팀은 문제의 목장 인근 주민들을 인터뷰하여 상황들을 점검했다. 특히 유타주에 살고 있는 인디언들은 이 팀의 조사에 매우 협조적이었다. 그들을 조사한 결과 몇몇 부족들이 수십 년 동안 하늘에 떠다니는 이상한 비행체를 목격한 것으로 드러났다. UFO 출현은 단지 목장 안에 국한되었던 것이 아니라 그 일대에서 자주 일어났음을 알게 되었다. 스킨워커 목장 주변에 사는 인디언이 아닌 주민들은 처음엔 UFO 문제를 꺼내는 것을 주저했으나 NIDS 팀이 여러 차례 찾아가자 그들이 겪은 이상한 현상들을 털어놓기 시작했다. 특히 그들은 가축 실종에 대한 문제를 거론했는데 종종 소들이 목장 내부가 아닌 바깥의 엉뚱한 장소에서 발견되었다는 것이다. 그런데 목장 담장은 전혀 손상되지 않아 매우 의아하게 생각했던 적이 여러 번 있었다고 했다. 한편 이 시기에 조를 짜서 번갈아 가며 목장에서 야간 감시를 했다. 하지만 11월 초까지 UFO가 나타나지 않아 팀은 일단 철수했다.[472]

472　Kelleher, Colm A. and Knapp, George. 2005. pp.102-104.

스킨워커 목장의 한 건물을 조사하고 있는 콤 켈러허

스킨워커 목장에 나타난 노란 광구 UFO

1996년 11월 10일, 목장 관리인이 네바다주 본부에 있던 콤 켈러허에게 전화해 UFO 출현을 알렸다. 다음날 팀은 스킨워커 목장으로 날아가서 야간 감시를 재개했다. 11월 13일 새벽 1시 반 경, 조사팀 일행은 드디어 UFO를 목격하게 되었다. 그들이 몇 시간 동안 하늘을 주시하던 중 갑자기 어디선가 밝은 노란 빛 덩어리가 나타났다. 그것은 제트기처럼 빠른 속도로 날았으나 아무런 소리를 내지 않았다. 그것은 일행에게 가까이 다가와 360도로 원을 그리며 비행하더니 다시 원래 나타났던 쪽으로 날아갔다. 일행은 너무 놀라서 멍하니 있었는데 그것이 사라질 무렵 켈러허가 정신을 차리고 두 장

의 사진을 찍었다.[473]

다음날 눈이 내렸고 NIDS 팀원들은 큰 기대감으로 야간 관찰을 계속했다. 하지만 11월이 끝나갈 때까지 더 이상 UFO는 나타나지 않았다. 그들은 할 수 없이 네바다의 본부로 철수해야 했다. 12월에도 아무 일 없이 지나갔다. 목장이 있는 유타주는 매우 추운 날씨가 이어졌다.[474]

사지가 찢긴 송아지

1997년 3월 10일, 켈러허는 라스베이거스의 중심가에서 일하고 있다 목장 관리인의 전화를 받았다. 그는 매우 흥분해 있었다. 그는 낳은 지 얼마 되지 않은 검정 앵거스 송아지가 조금 전에 무엇인가에 의해 도륙되었다고 말했다. 그 송아지 근처에 자신이 있었는데 아무런 기척도 느끼지 못하는 사이에 일어난 일이라고 했다.

켈러허는 팀원들을 소집해 전용 제트기를 타고 그곳으로 향했다. 전화를 받은 지 5시간 후에 그들은 도륙된 송아지 시신 앞에 도착했다. 살해당한 송아지의 상태는 소름이 끼칠 정도로 끔찍했다. 무언가가 강력한 힘으로 송아지의 사지를 절단하고 내장을 깨끗이 제거해버린 것이다. 그런데 여기에 뭔가 묘한 구석이 도사리고 있었다. 절단된 사지는 몸통에서부터 가지런하게 세밀한 주의를 기울여 배치되어 있었다. 그런데 놀랍게도 사체 주변에 핏자국이 전혀 없었다. 마치 초강력 진공청소기로 빨아낸 것 같은 상태였다. 주변의 풀잎이

---

473 Kelleher, Colm A. and Knapp, George. 2005. pp.104-105.
474 Kelleher, Colm A. and Knapp, George. 2005. p.105.

나 송아지 가죽에서조차 핏자국을 전혀 발견할 수 없었다. 팀원들은 주변 일대에 단서가 될 만한 것이 없는지 샅샅이 찾았으나 아무런 증거도 발견할 수 없었다.[475]

거대한 덩치의 맹금류 침입?

3월 12일 저녁, 팀원들은 야간 관측을 하고 있었다. 이전에 나타났던 UFO가 또다시 나타나길 바라면서. 그런데 밤 11시쯤 개들이 일제히 짖기 시작했다. 무시무시한 날짐승이 목장에 침입했다는 징후로 보였다. 관리인은 자신이 모는 트럭을 타고 먼저 수색을 시작했고, NIDS 팀원들은 다른 차로 그의 뒤를 쫓았다. 관리인은 두 마리의 날짐승이 목장 안에 침입한 것을 발견했다. 한 마리는 지상에 있었고 나머지 한 마리는 나무 위에 올라가 있었다. 그가 각각의 짐승들을 향해 총을 쐈으나 그것들은 끄떡없는 것 같았다.

총소리를 듣고 다가간 NIDS 팀원들은 두 개의 노란 불빛을 발견했다. 그것은 짐승의 눈에서 나오는 빛으로 여겨졌는데 높이가 무려 6미터나 되었다. 아마도 나무에 올라가 있는 것이리라 판단한 일행은 더욱 다가가서 50미터 거리까지 도달했다. 그 짐승은 나무에서 뛰어내려 달리기 시작했고, 관리인과 팀원들의 추격이 시작되었다. 그들은 그 짐승들이 목장 담장을 넘어 도망간 것을 확인했다. 그것들이 도망간 경로를 따라 아직 녹지 않은 눈 위에 찍힌 발자국들이 선명히 남아있었다. 그런데 그 발자국은 예사 짐승의 것이 아니었다. 그것은 마치 맹금류의 발자국 같았는데 하지만 그렇게 크고 깊은

475　Kelleher, Colm A. and Knapp, George. 2005. pp.107-109.

발자국을 남길 수 있는 맹금류는 지구상에 존재하지 않는다고 켈러허는 판단했다.[476]

이상하지만 증거가 부족한 사건들의 연속

1997년 4월엔 가축들이 흔적도 없이 사라졌다가 전혀 엉뚱한 장소에서 발견되는 일들이 발생했다. 팀원들이 조사했으나 합리적인 설명을 할 수 없었다. 또 뭔가 보이지 않는 존재가 무리 지어 있는 소떼 사이를 뚫고 지나가는 것처럼 보이는 장면이 목격되기도 했다. 갑자기 소들이 모세가 홍해를 가르듯 갈라졌던 것이다.[477] 그후 이웃 목장에서 UFO를 발견하고 팀원들에게 연락해오는 소동이 있었지만 정작 팀원들은 그 UFO를 보지 못했다. 이런 식으로 좀 이상하긴 해도 결정적인 증거라고 볼 수 없는 사건들이 반복되면서 1997년은 지나가고 있었다.

1997년 8월 25일, NIDS 팀원 2명이 높은 지대에서 계획된 야간 관측을 하고 있었다. 그러다가 아래쪽에서 노란빛이 비치는 것을 보았다. 그것은 다소 희미했으나 쌍안경으로 관찰할 수 있었다. 그것은 점점 부풀고 있었다. 처음엔 작은 점광원처럼 보였으나 그 지름이 30센티미터까지 커졌다. 그런데 한 관측자는 그것이 일종의 터널이라고 느꼈다. 거기서 얼굴이 없는 검은 존재가 기어 나왔기 때문이다. 그 괴물은 그곳에서 다른 곳으로 이동했다. 하지만 다른 관측자의 눈에는 그런 괴물이 보이지 않았다. 그는 단지 노란 빛만 보았

---

476 Kelleher, Colm A. and Knapp, George. 2005. pp.104-105.
477 Ibid. p.121.

다고 주장했다.[478]

　이처럼 목장에서 일어나는 일은 객관적인 측면보다 주관적인 측면이 강했다. NIDS 팀원들은 요리조리 매우 잘 빠져나가는 사냥감을 사냥하며 거의 1년 동안을 허비하고 있었다. 처음부터 계획했던 객관적 증거 확보를 마치 비웃는 듯 미지의 존재가 주도하는 '보여주기 게임'이 진행되고 있었다. 원래 그들은 전 목장 주인과 그 가족들이 자주, 그리고 비교적 긴 시간 동안 목격했다고 하는 파랗고, 노란 광구들이나 스텔스기를 닮은 괴비행체들의 사진이나 동영상을 촬영할 준비를 하고 거기에 갔다. 하지만, 자신들이 놀려주기 편했던 평범한 가족들이 아니라 전문적인 장비를 챙겨서 의도를 갖고 온 까다로운 존재들이라는 사실을 알아채기라도 한 듯 그 현상은 드물게 그리고 매우 순간적으로만 나타났다.[479] 유타주 목장에서의 기현상은 1997년이 다 가도록 이와 같은 감질나는 양상을 반복해 보여주었고 특별히 기록으로 확보할만한 증거는 나오지 않았다.[480]

478　Ibid. p.145.
479　Kelleher, Colm A. and Knapp, George. 2005. p.159.
480　Ibid. p.186.

Chapter 34

펜타곤 정보 요원 라카츠키의 개입

『스킨워커 사냥』의 출간

1990년대 말부터 2000년대 초까지 유타주의 스킨워커 목장 일대에서 UFO 출현과 의문의 가축 도살 사건, 그리고 괴물의 출현이 간헐적으로 보고되었으나 그 빈도와 사건의 심각성은 크게 줄어들었다. 그래서 로버트 비겔로우는 그 목장에 관심을 잃어가고 있었다. 그리고 NIDS 팀의 활동은 다른 UFO 핫스팟으로 옮겨가게 되었다.[481]

---

481 Kelleher, Colm A. and Knapp, George. 2005. pp.159-171.

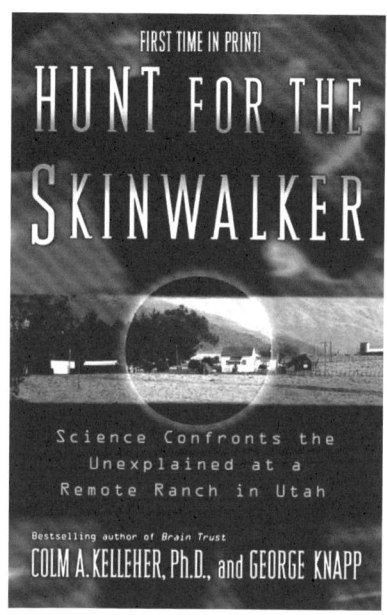

『스킨워커 사냥』의 앞표지

    2004년 NIDS 팀이 해체되었다.[482] 그리고 다음해인 2005년 『스킨워커 사냥Hunt for the Skinwalker』이라는 제목의 책이 세상에 나왔다. 이 책에는 1994년부터 스킨워커 목장에서 일가족들에게 일어난 사건들, 인근 인디언과 이주민들의 전해오는 이야기, 그리고 NIDS 팀이 1996년부터 활동하면서 체험한 내용들이 포함되어 있었다. 콤

---

482 로버트 비겔로우는 2016년에 부동산 재벌 브랜던 푸걸Brandon Fugal에게 스킨워커 목장을 팔았다. 초정상 현상에 관심 있는 푸걸은 펜타곤과 NASA에서 연구 경험이 있는 트레비스 테일러Travis Taylor 박사가 주도하는 연구팀에게 목장을 조사하도록 했고 그 결과 UFO 및 놀라운 방사능 수치 측정 등의 성과를 거두었다. The Secret of Skinwalker Ranch, History Magazine. Available at https://www.history.com/shows/the-secret-of-skinwalker-ranch/cast/brandon-fugal; Lockett, Jon. 2021 참조.

켈러허와 조지 냅의 공저로 낸 이 책은 출간 당시 UFO 연구자들뿐 아니라 일반인들에게도 큰 호응을 얻었다. 하지만, 이 책에 스킨워커 목장에서 얻어낸 객관적인 증거의 결여와 일가족이나 이웃의 증언, 그리고 다른 이야기들의 과다한 비중 때문에 비평가들의 지적을 받았다.

스킨워커 목장에서 촬영된 괴상한 빛기둥

회의적 시각

특히 로버트 쉬퍼라는 탐사 작가는 스킨워커 목장 사건은 순전히 망상에서 나온 것이라고 주장했다. 그리고 비교적 오랜 기간에 걸쳐 많은 돈을 써가면서 NIDS 팀이 거기서 했던 조사내용이 사실상 헛수고에 불과하다고 지적했다. 특히 60여 년 동안 그 목장 주인이었던 이가 1994년 문제의 일가족이 이사 오기 전 그곳에 별문제가 없었다고 증언한 사실이 있음을 상기시켰다. 결국 이사 온 가족이 돈을 벌기 위해 사건을 조작하고 이를 통해 비겔로우에게 비싼 값에 목장을 넘겼다는 것이다. 실제로 1994년에 이사 온 목장주는 비겔로우가 그 목장을 인수한 후 관리자로 일하며 돈을 벌었다. 한편 그의 부인 또한 그의 조사팀에게 증언하는 대가로 돈을 받았던 것 역시 사실이었다.[483]

그런데 1994년 이전 그곳에서 전혀 문제가 없었다는 이전 목장주의 주장은 좀 의심스럽다. 그 이전부터 인근에 UFO 출현과 의문의 가축 도살 사건들이 발생했다는 사실은 많은 증언과 증거를 통해 어느 정도 검증되었기 때문이다. 따라서 쉬퍼의 주장이 매우 설득력이 있다고 볼 수 없다. 그렇다면 이런 괴리를 어떻게 설명할 수 있을까? 어쩌면 1994년 이전에 그 목장에서 일어난 사건들은 그곳 거주자들을 극심한 공포에 빠지게 할 만큼 높은 강도가 아니었을 수 있다.

UFO 사건엔 시간적 특성(UFO 웨이브) 및 지역적 특성(UFO 핫-스팟)과 함께 인간적 특성이 존재한다는 주장이 있다. 즉, 어느 시기 어느 지점에 UFO가 자주 출몰하는 경우가 있으며, 또 특정인을 둘러싸고 그런 사건들이 자주 일어나기도 한다는 것이다. 어쩌면 스킨워커 목장 사건은 이런 주장을 정당화해주는 대표적 사례일지 모른다. 비교적 잠잠했던 기현상이 1994년 새로운 거주자가 도착

---

483 Sheaffer, Robert. 2020.; Porter, Christie. 2022. Skinwalker Ranch, Wikipedia. Available at https://en.wikipedia.org/wiki/Skinwalker_Ranch

하면서 심하게 격발되었고, 그들이 인근으로 이주하면서 다시 가라앉는 추세를 보였을 수 있다는 것이다. 어쨌든 이 문제는 어쩌면 미국의 한적한 시골구석에서 있었던 한 일가족의 기이한 이야기와 이를 조사하려던 민간 연구자 그룹의 소소한 이야기로 끝났을 수 있었다. 펜타곤 국방정보국(Defence Intelligence Agency; DIA) 고위 간부가 끼어들기 전까지는.

DIA최고위 정보요원 라카츠키

제임스 라카츠키James T. Lacatski박사는 핵융합 플라스마fusion plasma와 유도형 에너지 무기 체계directed energy weapon 전문가이다. 그는 1984년부터 1986년까지 토르사트론 핵융합 실험장치 Torsatron reactors를 이용해 핵융합 연구를 했다. 그후 듀크 파워 사Duke Power Company에서 핵융합 장치 디자인 연구를 했다.[484]

그 이후 그의 거취는 1991년 발간된 미 해군 연구소Naval Research Laboratory 자료에 나타나는데 거기엔 라카츠키가 알링턴Arlington에 소재한 시스템 플래닝 코퍼레이션System Planning Corporation 근무하는 것으로 되어 있다.[485] 그후부터 2003년까지 그의 이름은 그 어디에서도 찾아볼 수 없다. 아마도 그는 펜타곤의 대 핵 미사일용 에너지 빔 무기directed-energy weapon 및 미사일 관련 용역 수행을 하면서 모든

---

484 Who is Dr. James T Lacatski, AAWSAP Program Manager? Atmospheric Lights. Available at https://atmosphericlights.com/who-is-dr-james-t-lacatski-aawsap-program-manager/?fbclid=IwAR3sEVfXjocfRbz1C2npnKypz0DCAynBzPMpMOWPMqCcS3hNEIUxMya8_V4

485 Basterfield, Keith. 2018.

실적물이 국가 비밀로 취급된 듯하다. 그의 이름은 DIA 정보 요원 신분으로 2004년 영국에서 개최된 "미사일 방어Ballistic Missile Defence"란 컨퍼런스 참가자 명단에 다시 등장한다. 2005년에 그는 DIA에서 GG-14 직위로 승진했다.[486] 이 직위는 민간 국방 정보 요원이 승진할 수 있는 최상위 직급에 해당한다.[487] 그는 이즈음 방어 경보실(Defense Warning Office; DWO)에서 일하며 매년 이루어지는 미사일 위협 평가 책임자로 활동하고 있었다. 그런데 그가 이런 일을 하게 된 것은 UFO가 미국 미사일 방위 체계에 위협이 되는지를 알아보기 위해서였다고 한다.[488]

펜타곤 DIA 방어 경보실의 베스트 셀러 『스킨워커 사냥』

라카츠키가 언제부터 UFO 문제에 관심을 보였는지는 명확하지 않다. 하지만 한 가지 확실한 사실은 그가 2007년에 『스킨워커 사냥』이란 책을 여러 차례 읽으면서 UFO 문제에 관심을 가지게 되었다는 사실이다. 라카츠키는 『스킨워커 사냥』의 내용을 대공 방어 체계 정보 전문가로서 분석했다. 그의 판단에 의하면 이 책에 등장하는 비행체들은 미국 방어체계에 포착되지 않고 비밀리에 활동할 수 있는 초 첨단 무기 체계다. 놀라운 비행 능력을 갖춘 다양한 형태의 비행체들이 조용히 미국의 한적한 시골구석에서 누군가에 의해 실험되고 있는 것이 틀림없었다. 만일 그것이 사실이라면 이와 유사한 실험이 어딘가 다른 곳에서도 이루어지고 있진 않을까? 도대체

---

486 Ibid.
487 Seacord, James M. 2021.
488 Tritten, Travis. 2022.

그런 첨단 비행체를 개발한 자들의 정체는 무엇일까? 그리고 이런 비밀 실험을 하는 이유는 뭘까? 라카츠키의 머릿속에 끊임없이 의문이 떠올랐다.[489]

그는 이 책을 직장 동료인 조나단 액셀로드Jonathan Axelrod에게 소개했다. 그리고 그해 6월 초 그와 액셀로드를 포함해 다른 DWO의 동료들이 이라크 바그다드의 '그린 존(Green Zone; 원래 이라크 정권의 본부 역할을 했던 바그다드 국제지역으로 2003년 미군에 의해 점령되었음)'에서 비밀 임무를 수행하는 동안 거기서 그 책은 가장 인기 있는 책이 되었다. 펜타곤의 방어 경보 전문가들 대부분이 UFO 문제를 심각하게 받아들이게 된 것이다![490]

라카츠키의 스킨워커 목장 방문

2007년 6월 19일 라카츠키는 당시 스킨워커 목장을 소유하고 있던 로버트 비겔로우에게 편지를 썼다. 그것은 사사로운 서한이 아니라 공식적인 DIA 문서였다. 거기서 그는 비겔로우의 스킨워커 목장 방문 허락을 요청했다. 방문 이유는 그곳에서 일어나는 현상이 잠재적으로 국가 안보에 위협적 요소가 될지 DWO에서 파악하기 위한 전략을 세울 필요가 있기 때문이라는 것이었다. 이런 시도는 사실 매우 무모한 것일 수 있었다. 미군에 의한 매우 신뢰할만한 목격 사건도 아닌 개인 소유 목장에서 일어난 UFO 사건을 DIA에서 직접 조사하겠다고 의사를 밝힌 전례가 없었기 때문이다.

---

489 Lacatski, James T. and Kelleher, Colm A. and Knapp, George. 2021. pp.37-38.
490 Lacatski, James T. and Kelleher, Colm A. and Knapp, George. 2021. p.38.

라카츠키가 비겔로우와 함께 스킨워커 목장을 방문한 것은 그해 7월 26일이었다. 당시 그 목장은 비겔로우가 직접 파견한 부부(전 목장주 부부가 아님)에 의해 관리되고 있었다. 그들의 숙소는 목장 안에 있었는데 원래 경비용으로 지어진 그 건물은 이들 부부의 집이 되어 있었다. 비겔로우로부터 부부를 소개받고 있던 순간 라카츠티는 갑자기 이상한 물체가 집안에 나타난 것을 보았다. 그것은 반투명한 노란빛의 튜브 형태를 하고 있었다.

마이크 올드필드의 「튜블라 벨」 앨범 앞표지

그것은 마이크 올드필드Mike Oldfield의 앨범 「튜블라 벨Tublar Bells」 재킷에 그려진 그림에 나타난 굽어진 튜브와 비슷했다. 그런데 이상하게도 그 방에 있는 다른 사람들은 그것의 존재를 전혀 눈치를 채지 못하고 있었다. 라카츠키는 자신이 헛것을 본 것이 아닌가 싶어 시선을 다른 곳으로 잠시 돌렸다가 그것이 있던 쪽을 다시 주시했다. 놀랍게도 그것은 여전히 그곳에 둥둥 뜬 채 머물러 있었다. 이렇게 약 30초간 보이던 그것은 순식간에 그의 시야에서 사라져 버렸다.

이 사건은 라카츠키에게 큰 충격을 주었다. 보통 사람들은 이런 현상을 체험했다면 그것이 유령이거나 그 밖의 초자연적 현상이라고 판단했을 것이다. 하지만, 초 첨단 무기 체계 분석가인 그의 눈에 그것은 개개인에게 맞춤형으로 출현할 수 있도록 하는 최신 기술 중 하나로 보였다. 그는 누군가가 아직 미국의 무기 체계에서 제대로 구현할 수 없는 초 첨단 기술을 개발해서 이 목장과 그 주변에서 시연하고 있는 게 틀림없다고 판단했다. 이 시점에서 그는 이 목장에서 일어나고 있는 사건을 체계적으로 조사 분석할 방법을 찾기 시작했다.[491]

---

491 Lacatski, James T. and Kelleher, Colm A. and Knapp, George. 2021. pp.38-41.

Part 10
펜타곤의
비밀 UFO 프로젝트

Chapter 35

AAWSAP-BAASS의 출범

발 벗고 나선 여당 상원대표 해리 리드

제임스 라카츠키는 자신이 중요하다는 판단을 내리면 불굴의 정신으로 밀어붙이는 유형의 인물이었다. 스킨워커 목장에서의 체험은 그를 고무시켰고, 그곳에서 어떤 일이 일어나는지 과학적으로 규명해야만 한다는 사명감에 고무되었다. 그리고 그는 정공법을 써야겠다고 결심한다. 그래서 그가 찾아낸 방안은 DIA에서 주관하여 스킨워커 목장을 조사하는 것이었다. 그러기 위해선 DIA에 프로젝트를 만들어야 한다. 하지만 대중적인 책을 근거로 해서 개인 소유 목장을 조사하는 프로젝트를 시작하는 것은 거의 불가능했다. 따라서 뭔가 아주 그럴듯한 포장이 필요했는데 그런 방안을 제공할 이가 아주 가까이 있었다. 바로 로버트 비겔로우였다.

로버트 비겔로우는 네바다주에서 부동산업을 하여 자수성가한 억만장자였으며 대부분 재력가가 그러하듯 그 지역의 유력 정치인을 후원하고 있었다. 그가 오랜 기간 가장 심혈을 기울여 후원하던 정치인은 네바다주 상원의원 해리 리드Harry Reid였다. 마침 그는 당시 여당이던 민주당의 상원 대표를 맡고 있어 매우 큰 힘을 발휘할 수 있었다. 또한 그의 고향이 유타주였다!

그뿐 아니라 비겔로우와의 오랜 친교를 통해 그는 UFO 문제에도 상당한 관심이 있었다. 2007년 여름 라카츠키의 아이디어를 들은 비겔로우는 리드에게 전화를 걸어 공중 공격체계 전문가이자 DIA 고위요원인 라카츠키가 자신에게 보낸 편지를 그가 읽도록 권했다. 이 편지를 읽은 리드는 라카츠키를 직접 만나보기로 했다. 그가 이런 결심을 한 것은 1996년 비겔로우의 초청으로 NIDS 컨퍼런스에 당시 상원의원이었던 미국의 우주인 영웅 존 글렌John Glenn과 함께 참여한 후 UFO 문제가 중요한 이슈라고 생각하기 시작했기 때문이었다.

존 글렌은 1962년 미국인 최초로 지구 바깥으로 나간 우주인이다. 첫 번째 우주비행에서 그는 UFO를 목격한 걸로 알려졌다.[492] 국가적인 영웅인 그는 1974부터 1999년까지 24년간 오하이오주 상원의원을 역임했다. 그는 오래전부터 연방 정부가 UFO 문제를 심각하게 보아야 하며, 그 정체 확인이 불가능하거나 설명하기 어려운 비행체 목격 보고를 하는 군 관계자들, 특히 조종사들과의 대화 채널을 가동해야 한다고 리드에게 조언해왔다.[493] 특히 그는 NIDS 컨퍼런스에서 리드에게 이제 UFO 문제에 대한 본격적인 과

---

492 Fish, Tom. 2021.
493 Cooper, Helene & Blumenthal, Ralph and Kean, Leslie. 2017.

학적 접근이 필요한 시기라고 말했다.[494]

리드는 라카츠키가 원하는 일을 추진해줄 수 있는 사람이 오직 두 명뿐이라는 사실을 알고 있었다. 미 상원에서 국방을 위해 비공식적으로 사용할 수 있는 자금 결정권이 있는 상원 자금책정 국방 소위원회Senate Appropriation Defense Subcommittee를 주도하는 공화당 소속의 알래스카주 상원의원 테드 스티븐스Ted Stevens와 민주당 소속의 하와이주 상원의원 댄 이노우에Dan Inouye가 바로 그들이었다. 여당의 상원 대표Senate Majority Leader라는 막중한 자리를 차지하고 있었기 때문에 그는 이런 민감한 문제를 놓고 신중하게 처신해야 했으므로 비밀리에 그들과의 회동을 추진했다.

AAWASP의 탄생

테드 스티븐슨은 2차 세계대전 중에 미 육군항공대 조종사로 활약했던 참전용사였다. 그리고 그는 실제로 전투에 참여했을 때 UFO를 목격한 경험이 있었다.[495] 세 명의 회동 자리에서 그는 자신의 UFO 목격담을 털어놓았고 이로써 회의의 분위기는 처음부터 긍정적인 방향으로 흘러갔다. 결론적으로 그는 리드와 이노우에에게 자신은 UFO와 관련된 비밀 프로젝트에 자금을 투입하는 것에 찬성한다고 말했다.[496]

공교롭게도 이노우에의 지역구인 하와이는 2천 년 대에 들어 전 세

---

494 Lacatski, James T. and Kelleher, Colm A. and Knapp, George. 2021. p.xv.
495 Cooper, Helene & Blumenthal, Ralph and Kean, Leslie. 2017.
496 Lacatski, James T. and Kelleher, Colm A. and Knapp, George. 2021. pp.xv-xvi.

계에서 UFO가 자주 출몰하는 대표적인 곳 중 하나였다. 실제로 미해군들이 이 지역에서 많은 UFO를 목격했다고 보고하고 있었고 국방위원회에 소속되어 있는 이노우에도 이런 사실을 알고 있었다. 따라서 그 또한 UFO 문제에 심각한 접근의 필요성을 느끼고 있었다.[497]

논의는 일사천리로 진행되었다. 결국 이 회동에서 UFO 조사와 관련해 초기 2년간 투입될 자금을 2천2백만 달러로 하자는 합의가 이루어졌다.[498] 또한 이 자금을 UFO 문제의 조사 방향과 내용을 제안했던 제임스 라카츠키 박사의 뜻에 따라 운용해야 했기에 그가 주도하고 있는 DIA의 DWO로 그것이 가야 한다는 데에도 합의했다. 그렇다면 그 프로그램의 명칭은 어떻게 해야 할까? 거기에 UFO나 그와 유사한 용어가 들어가서는 안 된다. 또 스킨워커 목장을 조사할 수 있도록 자금 사용의 범위도 포괄적이어야 했다. DWO의 역할과도 맞아떨어지는 것처럼 보여야 하는 것은 두말할 필요도 없었다. 그런 고려를 해서 만들어진 명칭은 '첨단 우주항공 무기체계 응용 프로그램(Advanced Aerospace Weapon System Applications Program; AAWSAP)'이었다.[499]

---

497 펜타곤이 최근 기밀 해제한 영상과 자료 대부분은 지난 20년 동안 해군 작전 중 목격한 내용과 관련이 있다. 상당수는 하와이에 있는 태평양 함대의 책임 구역에서 복무하는 해군에 의한 것이다. Knodell, Kevin. 2021 참조.

498 The Pentagon's secret search for aliens revealed: Editorial board roundtable, AP News, December 21, 2017. Available at https://apnews.com/article/4d7e0a805cf54ba9b9e3076902a7ea95

499 Lacatski, James T. and Kelleher, Colm A. and Knapp, George. 2021. pp.41-42. DIA와의 BAASS 계약에는 미확인 공중 현상(UAP), UFO 또는 그와 유사한 용어에 대한 언급이 없다. UFO 프로젝트이지만 다른 프로젝트인 것처럼 위장한 것이다. 이 때문에 AAWSAP가 그 문자적인 의미대로 단지 미래 미국에 위협이 될 수 있는 항공우주 기술개발 연구처럼 인식되었다. 계약에 따라 비겔로우가 자금 지원을 받아 UFO 연구를 수행했고 라카츠키가 승인했다는 것은 분명하다. 이런 사실은 프로그램 외부에는 철

BAASS의 탄생

AAWSAP에 소요될 자금 결정이 자금책정 국방 소위원회를 통해 이루어지자 이제 남은 일은 5년간 이 프로그램을 운용할 용역회사를 선정하는 것이었다. 2008년 인터넷을 통해 추진, 조종, 시공간 이동 등[500] 첨단 항공우주 기술 개발에 필요한 기술 용역을 책임질 회사를 공모했다.

어려서부터 우주를 향한 꿈을 키워왔던 비겔로우는 1999년 비겔로우 항공우주회사Bigelow Aerospace Company를 설립했다. 그의 궁극적 목표는 우주 공간을 떠다니는 호텔, 연구소, 그리고 공장이 결합한 위성을 만드는 우주 부동산 사업을 하는 것이었다.[501] 비겔로우는 AAWSAP 용역 사업을 따내기 위해 자신이 소유한 항공우주 회사의 자회사로 '비겔로우 항공우주 고등 우주 연구(Bigelow Aerospace Advanced Space Studies; BAASS)'를 만들었다. 이미 그 프로그램의 목적을 알고 있었으므로 DWO와 긴밀한 공조 아래 거기서 요구하는 조건에 맞춰서 철저한 준비를 한 후 공모에 응해 그해 9월 최종 선정되어 계약을 체결했다. 계약 기간은 2년이었다.[502]

AAWSAP/BAASS의 프로그램 매니저이자 대표 계약 담당자(Contracting Officer Representative; COR)로 제임스 라카츠키 박사가 이미 8월에 내정되어 있었다. 이 프로그램의 첫해 예산은 1천만 달러로 책

저히 비밀에 부쳤다. Collins, Curt. 2022 참조.
500 여기엔 UFO가 인간에게 미치는 영향을 조사하기 위한 '인간에 끼치는 영향Human Effects'도 포함되어 있었다.
501 Malik, Tariq and David, Leonard. 2007.
502 Lacatski, James T. and Kelleher, Colm A. and Knapp, George. 2021. p.xxv.

정되었다. 2008년 11월 초 비겔로우는 콤 켈러허를 BAASS의 첫 번째 직원으로 고용하고 부운영실장으로 임명했다. 그 회사의 대표 및 운영 실장은 비겔로우가 맡았다.[503]

BAASS에 접수된 미 해군 UFO 사건

사실 AAWSAP가 처음 제안되었을 때 이 프로그램은 스킨워커 목장 사건 조사연구를 주목적으로 하고 있었다. 그때까지 아직 미군 관계자들의 UFO 목격 사례들에 대한 구체적인 정보가 없었기 때문이다. 하지만, AAWSAP/BAASS가 출범하고 UFO 조사연구를 위한 비밀 활동이 시작되자 군에서의 중요한 사건들이 보고되기 시작했다. 그 대표적인 사례는 2004년에 샌디에고 인근 태평양 해상에서 있었던 UFO 조우 및 추격 사건이었다.

이 사건이 AAWSAP/BAASS에 알려지게 된 것은 켈러허가 2008년 12월부터 시작한 직원 모집을 위한 인터뷰에 의해서다. 모집 공고를 본 전직 해군 조종사 더글러스 커스Douglas Kurth가 BAASS에 연락했고, 그는 라스 베가스의 회사 사무실에서 켈러허와 인터뷰했다. 커스는 22개월 동안 '붉은 악마들red devils'이라 불리는 미 해병 전투 공격기 232대대Marine Fighter Attack Squadron 232를 성공적으로 지휘하고 2006년에 중령으로 퇴역하였다.[504] 그는 과묵한 편이었으나 정보전문가로서의 뛰어난 자질을 갖추고 있었다. 인터뷰 10분 만에 켈러허는 그를 두 번째 직원으로 결정했다. 그런

---

503 Lacatski, James T. and Kelleher, Colm A. and Knapp, George. 2021. pp.42-44.; Basterfield, Keith. 2018.
504 McAdam, Scott T. Jr. 2006.

데 인터뷰 말미에 커스는 아주 놀라운 정보를 제공했다.

그는 2004년에 항공모함 니미츠호USS Nimitz, 미사일 크루즈함 프린스턴호USS Princeton 등의 전투함으로 구성된 미국 해군 함대인 '제11항공모함 타격 훈련그룹(Carrier Strike Group Eleven; CSG 11)'에 소속되어 있었다고 했다. 그해 11월~12월 사이에 샌 디에고 인근 태평양 해상에서 CSG 11의 훈련이 있었는데 그는 F-18기를 조종사로 훈련에 참여했다. 그런데 훈련 도중 그가 UFO 목격 사건에 연루되었다고 했다.

그해 11월 어느 날 그는 FA-18C를 타고 항모 니미츠에서 이륙해 태평양 상공을 비행하던 중 니미츠호로부터 무선을 통해 미확인 비행체 보고를 받았다. 그는 주어진 좌표에서 15 해양 마일 떨어진 지점의 1만 5천 피트 상공에 도달했는데 좌표지점에서 상당히 넓은 바다 표면이 끓어오르는 듯한 현상을 목격했다. 그날은 매우 청명하고 바람도 없어서 파도조차 제대로 보이지 않을 정도로 바다가 잔잔했다. 그래서 그는 이 현상이 매우 이상했다고 증언했다.[505] 커스는 이런 장면을 목격한 다른 조종사들의 명단을 켈러허

---

505 커스는 바다 표면이 끓는 듯한 현상을 목격했으나 UFO를 목격하진 못했다. 나중에 프린스턴호의 관제를 받아 두 대의 FA-18 요격기가 현장에 접근했는데 이때엔 끓는 듯한 바다 표면 상공에서 UFO가 목격되었다. 이 때문에 커스의 요격기가 나중에 문제의 UFO였다는 주장이 제기된 바 있다. 즉, 커스가 규정을 어기고 현장에 아주 가까이 접근했고, 이때 뒤늦게 현장에 도달한 조종사들에 의해 그의 제트기가 UFO로 오인되었다는 것이다. Hypothesis: Fravor's Tic Tac was Kurth's FA18, Metabunk.org 참조. Available at https://www.metabunk.org/threads/hypothesis-fravors-tic-tac-was-kurths-fa18.11776/. 하지만, 공식 보고서엔 요격기들의 출동 시간대가 완전히 다르다고 나와있다. 커스는 오전 10시 반에 출격해서 12시에 귀함한 것으로 되어 있다. 나중에 출격한 두 요격기는 니미츠호에서 12시와 12시 30분 사이에 출격했다. 따라서, 커스와 나중에 출격한 이들의 목격담이 서로 얽힐 수 없다. Douglas Kurth and the Tic-Tac, Reddit 참조. Available at https://www.reddit.com/r/ufo/comments/q7l1gj/douglas_kurth_and_the_tictac/

에게 주었고 그 명단은 DIA의 제임스 라카츠키에게 전달되었다.[506] 이 정보에 의해 나중에 미국은 물론이고 전 세계를 뒤흔드는 사태가 발생한다.

프로젝트 피직스

AAWSAP/BAASS 내부에서 UFO를 미확인 공중 현상을 의미하는 UAP(unidentified aerial phenomenon)라고 부르기로 했다.[507] UAP는 2013년 다니엘 그로스Daniel M. Gross라는 미국 학자가 쓴 'UAP: 그것들에 대한 새로운 학설Unidentified Aerial Phenomena(UAP): A New Hypothesis toward Their Explanation'이라는 논문에서 학술적인 용어로 등장한 적이 있었다. 이 논문에서 UAP는 외계에서 조사되는 에너지에 의해 대기 중에 나타나는 발광체를 의미했다.[508] 이 논문의 등장 시기는 AAWSAP/BAASS 활동이 종료된 후 몇 년이 지난 때로 이 프로젝트에서 UFO 대신 UAP라는 용어를 사용했다는 사실이 외부에 알려지기 전이었다.

원래 AAWSAP/BAASS는 스킨워커 목장 사건을 토대로 출범했고 거기서 목격된 미확인 공중 부양체는 종종 견고한 물체라기보다 빛 덩어리이거나 심지어 다른 곳과 연결된 통로처럼 묘사되기도 했다. 따라서 조사해야 할 대상을 어떤 물체라고 규정하기보다는 현상으로 부르는 게 적합했다. 물론 50년 전에 과학적 분석 가치도

506　Lacatski, James T. and Kelleher, Colm A. and Knapp, George. 2021. pp.44-45.
507　Lacatski, James T. and Kelleher, Colm A. and Knapp, George. 2021. pp.41-43. p.185.
508　Gross, Daniel M. 2013.

없고 국가 안보와도 무관하다는 꼬리표가 붙여졌을 뿐 아니라 대중적으로 외계인의 우주선으로 널리 인식되고 있는 용어인 UFO를 도입하고 싶지 않기도 했을 것이다.[509]

BAASS와 DIA는 처음 시작부터 이 프로그램의 초기 토대가 될 물리적 연구가 필요함에 합의했다. 그리고 그것을 DIA는 '물리 프로젝트Project Physics'라 부를 것을 결정했다. 이 프로젝트의 목적은 DIA가 규정한 12가지 항공우주 기술 분야에서 세계 최고 전문가들이 현재 또는 그 연장선상에서 유추할 수 있는 지침이 될 만한 자료들의 저장소를 구축하는 것이었다.

BAASS는 '어스텍 인터내셔널EarthTech International'사의 대표인 할 퍼토프Hal Purthoff 박사와 계약을 맺고 그들 의도에 맞는 총 38 논문들을 선정할 것을 요구했다. 이 논문들은 향후 BAASS 조사팀들로부터 입수될 UAP 특성들을 분석하는 기반이 될 것이었다. 이 기술들은 2050년까지의 관련 기술 발달을 고려할 때 정보계통이나 관련 학계에서 트집을 잡지 못할 정도로 논란의 여지가 없는 내용이어야 했다.[510] 그것들이 어떤 성격의 논문들이었는지는 뒤에서 자세히 살펴보기로 할 것이다.

---

509   UAP, Dictionary.com. Available at https://www.dictionary.com/e/acronyms/uap/
510   Lacatski, James T. and Kelleher, Colm A. and Knapp, George. 2021. p.47.

Chapter 36

AAWSAP/BAASS의 활동 개요

본격적인 조사 활동

BAASS는 2008년 9월에 DIA와 계약을 체결한 후 9개월쯤 지난 2009년 6월경에 50명이 넘는 인원으로 구성된 조사연구팀을 만들었다. 이 팀은 미국과 전 세계에서 수집된 UAP 자료를 조사하고 분석하고 상호비교 및 정리하는 작업을 했다. 이들은 그해 8월부터 매월 현장 조사 보고서를 작성해 DIA의 AAWSAP(DWO)에 전달했다.

이 보고서엔 크게 세 가지 내용이 실렸다. 그 첫째는 AAWSAP의 시발점이 되었던 스킨워커 목장과 그 인근에서의 UAP 및 관련 현상들에 관한 것이었다. 그리고 두 번째는 BAASS 출범 초기에 팀원 리크루트 과정에서 알려진 2004년 샌 디에고 인근 해상에서 목격된 UAP에 관련된 것이었다. 그리고 마지막으로 미국 및 외국에서 수집된 수십 건의 UAP 사례들이었다.[511]

---

511 Lacatski, James T. and Kelleher, Colm A. and Knapp, George. 2021. pp.109-110.

한편 AAWSAP는 관련 전문가들 또는 전문기관들의 견해를 인용해 정보처리 계획을 세우고, 심도 있는 현장 보고서 분석 등을 했다. 여기에 관여된 전문가들로 존 쉬슬러John F. Schuessler와 쟈크 발레Jacque Vallee가 있었고 전문기관으로는 어스테크와 MUFON이 있었다.

존 쉬슬러는 MUFON이라는 미국 최대 UFO 연구단체의 창립자이자 2008년 당시 대표를 맡고 있던 현장 조사 전문가로 그의 견해가 담긴 AAWSAP의 보고서 제목은 "인간의 생체조직에 나타나는 비정상적인 급성 또는 아급성subacute 현장 효과들Anomalous Acute and Subacute Field Effects On Human Biological Tissues."이었다. AAWSAP의 보고서 중 대부분은 UAP(Unidentified Aerial Phenomena)란 용어가 사용되었다. 여기에서만 유일하게 그 내용 중에 UFO란 표현이 들어 있는데 존 쉬슬러가 쓴 UFO 관련 저술 인용 과정에서 피할 수 없었기 때문이었다.[512]

쟈크 발레는 제임스 비겔로우의 NIDS 팀이 활동할 때 그동안 전세계에 보고된 UFO 자료 정리하는 일에 관여했었다. 비겔로우는 자신이 사재를 사용해 해오던 UFO 프로젝트에 정부 기관인 DIA를 연루시키는 데 성공했고, 그 결과 발레가 구축한 데이터 자료들이 AAWSAP로 넘어가게 된 것이다.[513]

---

512 Collins, Curt. 2022.; 이것은 AAWSAP나 BAASS에서 조사한 내용이 아니며 존 쉬슬러가 쓴 책 내용을 크리스토퍼 그린Christopher 'Kit' Green이 요약한 것이다. Watson, Nigel. 2022 참조.
513 Hanks, Micah. 2022.

AAWASP/BAASS의 스킨워커 목장 조사

2009년 여름부터 스킨워커 목장에 대한 과학적인 조사가 이루어지기 시작했다. 먼저 두 명의 전문가가 파견되었는데 이들의 조사 목적은 누군가가 목장 내부에 잠입하거나 인근에 숨어서 무선 조종으로 드론 또는 이와 유사한 소형 비행체를 날리는지를 확인하는 것이었다. 이를 위해 그들은 초정밀 라디오파(RF) 측정 장비인 OSCOR 5000E를 가져갔다. 이들은 먼저 인근 루스벨트 지역에서 RF를 측정한 후 목장 내부 측정치와 비교했다. 며칠 밤낮에 걸쳐서 실시한 조사에서 최소한 그 기간에 누군가 목장 안팎 어디선가 몰래 숨어 무선 조종 장치를 구동한다는 증거를 찾을 수 없었다.

한편 무선 장치가 아니라 스스로 구동되는 전자장치가 목장 안팎 어딘가에 몰래 설치되어 주변 환경에 영향을 끼치는지를 확인하기 위해 NJE-4000 ORION이라는 장치를 사용해 점검했다.[514] 이 조사 결과 역시 문제의 목장이나 인근에 이런 장치가 설치 작동되고 있다는 증거를 찾아내지 못했다.[515] 그다음엔 6명의 조사요원을 투입해 목장 인근 주민들 인터뷰를 했고 목장 안팎에 센서들을 설치했다. 주민 인터뷰는 2010년 3월까지 이루어졌는데 인터뷰에 참여한 이들은 4명의 경찰관, 무당을 포함한 11명의 인디언 원주민들, 12명의 목장주인들, 그리고 6명의 사업가 등 30여명에 이르렀다. 이들은 모두 스킨워커 목장에서 1~2마일 이내에 거주하는 사람들이었고 대략 절반이 모르몬 신도들이었다. 이들 대부분은 파랗거나 희거나

---

514 NJE-4000 ORION은 비선형 접합 감지기로 장치가 방사 중이든, 하드웨어에 내장되어 있든, 켜져 있든 상관없이 숨겨진 전자장치를 감지하는 기능을 제공한다.
515 Lacatski, James T. and Kelleher, Colm A. and Knapp, George. 2021. pp.128-129.

노랗거나 빨간 작은 광구체들이 지상 가까이에서 떠다니는 것을 목격했다고 증언했다. 몇몇 사람들은 삼각형, 시가형, 또는 원반형의 괴비행체를 목격했다고 증언했는데 절대 다수가 공통으로 목격한 것은 조용하게 비행하는 광구ball of light였다.[516]

물론 BAASS 조사관들에 의해 직접적으로 목장에서 일어나는 이상현상을 확인하는 작업도 이루어졌다. 이를 위해 일정 기간 동안 하루 24시간, 그리고 일주일 내내 거기에 상주하며 관측을 하였다. 그 결과 총 200여건의 보고서가 작성되었는데 그 보고서에는 뭔가의 존재를 감지한 경우, 누군가에 의해 감시된다는 느낌, 초정상 현상의 발생, 감정적으로 어려워지는 체험, 그리고 가장 중요한 UAP의 직접 목격 등이 기록되었다.[517]

2004년 샌 디에고 UAP 사건 조사

비록 스킨워커 목장에서의 기현상들이 AAWSAP가 출범하는 계기가 되었으나 그것은 어디까지나 민간인들의 영역에서 나온 증언에 의존한 것이었다. (라카츠키나 액셀로드도 따지고 보면 민간인이다) 또 BAASS의 스킨워커 목장 조사는 이미 UFO 출현이 급속도로 잦아들던 시기에 이루어졌기 때문에 물리적 증거 확보엔 큰 어려움이 있었다. 무엇보다도 과연 스킨워커 목장에서 나타나는 것과 같은 기현상이 국가 안보에 영향을 끼칠 만큼 중대 사안인가 하는 의문을 제기할 수도 있다.[518]

---

516 Lacatski, James T. and Kelleher, Colm A. and Knapp, George. 2021. pp.130-131.
517 Ibid. p.131.
518 Knapp, George. 2022.

하지만, 2004년 샌디에고 인근 해상에서 해군들이 겪은 UAP 사건은 여러 측면에서 특별한 의미가 있었다. 한두 명이 아닌 여러 군인이 항공모함과 순양함, 그리고 요격기에서 각각 감지한 이 괴비행체에 대한 물리적 증거는 매우 명백했기 때문이다. 만일 이 제보가 없었다면 AAWSAP는 어쩌면 처음부터 존립 그 자체에 어두운 그림자가 짙게 드리워졌을 것이다. 나중에 틱-택Tic-Tac 사건이라고 알려진 이 사례야말로 UFO 역사에 길이 남을 매우 중요한 이정표를 제시하게 되었다.

BAASS에서 일하려고 인터뷰하던 더글러스 커스에 의해 제보된 이 사건은 켈러허에 의해 라카츠키에게 보고되었고 2009년 1월부터 6월 사이에 활발히 조사되었다. 이 사건 조사의 실무 책임자는 라카츠키의 친한 동료 조나단 액셀로드가 맡았다. 그의 조사팀은 널리 알려진 구강 청량 사탕 모양을 닮았다고 해서 틱-택Tic-Tac이라는 이름이 붙여진 UFO를 직접 눈으로 목격한 4명의 해군 조종사들을 면담하여 그들 각자의 진술서를 확보했다. 이들의 조사에 의해 그 사건이 발생한 시기가 2004년 11월 10일에서 16일 사이라는 사실이 드러났다. 이 시기에 니미츠 항공모함 요격 그룹은 이라크 전쟁에 투입되기 직전에 샌디에고에서 200킬로쯤 떨어진 태평양 해상에서 모의 훈련을 하고 있었다. 이 요격 그룹은 항공모함 니미츠와 순양함 프린스턴Princeton, 쉐피Chafee, 히긴스Higgins, 그리고 잠수함 루이스빌Louisville로 구성되어 있었다. 특히 프린스턴호에는 당시 최고 고성능 레이더였던 AN/SPY-1B 시스템을 탑재하고 있었는데, 여러 개의 UFO를 이 레이더로 포착했다. 그 기간에서 알 수 있듯 UFO들은 잠시 나타난 것이 아니라 마치 감시라도 하듯 여러 날에 걸쳐서 훈련 장소의 고공에 여러 차례 출현했다. 이 사건의 경위는 뒤에 자세히 설명할 것이다.

2007년 영국 라켄히스 UAP 사건 조사

BAASS가 조사한 내용 중에는 미국이 아닌 다른 나라에서의 UAP 사례들도 포함되어 있었다. 그 대표적인 것이 2천 년대에 영국 라켄히스Lakenheath에서 일어난 사건인데 이곳은 미군이 주둔하던 1950년대부터 자주 UFO가 출현했던 곳이다.

2007년 1월 12일 오후, 영국의 한 아마츄어 무선 통신사가 라켄히스 영국 공군기지에서 출발해 바다 위로 편대 비행 중이던 미 공군 F-15C 요격기 편대를 모니터하고 있었다. 그가 한 녹취에는 편대 비행을 하던 이 제트기들이 여러 개의 UFO를 기내 레이다로 포착하고 육안으로 목격한 정황이 담겼다. 2009년 DIA에 제출된 보고서에는 그 당시 거기 주둔했던 미 공군 493 전투 비행대대 사령관과의 전화 교신 내용과 함께 그를 직접 면담한 내용이 담겨 있다. 이 기록에 따르면 그 당시 실제로 비행 편대에서 UFO를 목격한 사실이 있으며, 그 녹취 내용이 진짜라는 것이었다.

그날 두 대의 제트기는 편대를 구성해 동 앵글리아 해양 상공을 날고 있었다. 그 기종에는 기계식으로 스캔되는 펄스-도플러 레이더(APG-63v1 Suite4)가 장착되어 있었다. 비행 중 편대장은 15해리 앞에 나타난 보고되지 않은 미확인 비행체를 레이더로 포착했다. 그는 그것의 실체를 확인하기 위해 레이더 포착을 풀었다 새포착하는 작업을 수행했다. 다시 포착했을 때 그 궤적이 그대로 유지되었기에 그것은 확실히 공중에 떠 있는 견고한 비행체임이 확인되었다.

편대는 해발 17,700피트 상공을 천천히 날고 있던 그 괴비행체를 육안 확인하기 위해 접근을 시도했다. 두 대의 비행기 레이더에 이 물체가 모두 포착되었다. 500피트까지 접근해서 확인해본 결과 그 비행체는 마치 울퉁불퉁한 검고 작은 운석 모양을 하고 있었다. 하지만, 그것은 실제의 운석처럼 아래로 낙하하지 않고 옆으로 날아가고 있었다. 당시에 그들은 그것이 무엇인지 도저히 그 정체를 알 수 없었으며 공식 라인이 없었으므로 이를 상부에 보고하지 않고 넘어갔다. (나중에 BAASS 조사과정에서 그것이 일종의 기구였을 가능성이 제기되었다.)[519]

AAWSAP-BAASS와 MUFON의 연결고리

AAWSAP에서 수행한 또 한 가지 중요한 임무는 미국 및 전 세계에서 UAP 정보를 수집하는 것이었다. 이를 위해서는 숙련된 조직이 필요했는데 2008년 6월경 겨우 50여 명의 인원을 모집한 BAASS에는 이런 임무 수행 능력이 없었다. 따라서 기존의 UFO 조사 분석 민간 조직을 활용해야 했다. DIA에 속해있는 DWO였다면 불가능했겠지만 이와 용역계약을 맺은 민간 조직인 BAASS는 기존 민간 UFO 연구단체와 협업을 하는 게 전혀 문제가 없었다. 2008년 시점에서 미국의 가장 큰 UFO 단체는 존 쉬슬러가 대표로 있던 MUFON이었다.

1969년 5월 미국 일리노이주 퀸시에 본부를 두고 '중서부 UFO 네트워크(Midwest UFO Network)'이 설립되었다. 당시 미국을 대표하던

519　Lacatski, James T. and Kelleher, Colm A. and Knapp, George. 2021. pp.126-127.

UFO 연구조직인 APRO와 연대를 맺고 활동하다가 1973년에 조직이 미국 전체로 확대되면서 본부를 오하이오주 신시내티로 옮기고 명칭도 '상호 UFO네트워크(Mutual UFO Network; MUFON)'로 바꾸었다. 이 조직은 2008년 당시 미전역 뿐 아니라 전세계 40여 개국에 대표부를 두고 활동하고 있었다.[520]

AAWSAP-BAASS는 짧은 시간에 미 전역에서 발생하는 UAP 정보를 획득할 필요가 있었는데 당시 50여 명 남짓의 인원으로는 스킨워커 목장 정도의 현장 조사를 할 수 있는 능력 정도밖에 되지 않았다. 따라서 향후 대규모 조사 인력이 확충되기까지 미 전역 어디서나 UAP 관련 현장 조사를 할 수 있는 조직과의 협업이 필요했다. 그리고 그런 유일한 조직이 바로 MUFON이었다.[521]

BAASS/MUFON 협력

2009년 12월에 제임스 라카츠키와 콤 켈러허, 그리고 BAASS의 조사실장 래리 그로스먼Larry Grossmann은 워싱턴 DC의 볼링 공군기지Bolling AFB를 방문해서 '공군 특수조사실 특수 프로젝트팀(Air Force Office of Special Investigations-Special Projects; AFOSI-SP)'과 회동했다. 이 회동이 비교적 쉽게 성사된 것은 그로스먼이 BAASS에 합류하기 전에 AFOSI의 역정보 요원으로 활동한 적이 있기 때문이었다.

이 회동의 기본적인 목적은 DIA가 갖고 있지 못한 과거 UAP 사

---

520 Mutual UFO Network, Wikipedia. Available at https://en.wikipedia.org/wiki/Mutual_UFO_Network
521 Lacatski, James T. and Kelleher, Colm A. and Knapp, George. 2021. p.110.

건들에 대한 자세한 정보 공유였다. 그중에서도 이른바 '북부 단 Northern Tier'이라 불리는 공군기지들에서 1975년에 발생한 UFO 사건들에 대한 정보가 가장 필요했다. 당시 미시간주의 워트스미스 공군기지Wurtsmith AFB, 메인주의 로링 공군기지Loring AFB, 몬태나주의 말름스트롬 공군기지Malmstrom AFB, 그리고 노스다코타주의 미노트 공군기지Minot AFB 등 핵미사일 발사시설과 핵 폭격기들이 배치된 기지들에 미확인 비행체들이 낮은 높이로 경계망을 뚫고 침입했었다. 육안과 레이더에 목격되었고 요격기가 출격하기도 했던 이 사건들은 나중에 『워싱턴포스트』 등 미국의 주요 언론에 의해 그 개요가 보도된 바 있었다. 주요 언론들이 미 공군성과 국방부에서 입수한 자료에 따르면, 헬리콥터들, 비행기, 미확인 존재들unknown entities, 밝은 빛을 내는 빠르게 움직이는 운송 수단들brightly lighted, fast-moving vehicles 등 다양한 명칭으로 불렸던 그것들은 핵무기 저장소 상공에 나타나서 미 공군의 모든 추격을 따돌렸다는 것이다.[522]

이 사건들이 AFOSI에 의해 철저하게 조사되었다는 사실을 알고 있던 BAASS 관계자들은 자신들의 조직 탄생 배경과 역할, 조직 구성원 등에 대한 브리핑을 마치고 1975년 사건의 정보를 요청했다. 그러자 AFOSI-SP 측을 대표하고 있던 잭 안젤로Jack Angello는 자신들이 할 수 있는 선에서 정보를 주겠다고 답했다. 하지만 그의 반응은 다소 퉁명스러웠다. 왜 그 시점에 이런 걸 다시 끄집어내려는 것이냐는 불쾌한 태도가 역력했다.

2010년 1월, BAASS를 대표해서 그로스먼은 당시 펜타곤에서 안

---

522 Sinclair, Ward and Harris, Art. 1979.

보, 역정보, 그리고 특수 프로그램을 담당하고 있던 배리 헤네시 대령Colonel Barry Hennessey을 만났다. 그는 안젤로의 선임자로 오래 동안 AFOSI-SP를 운영했었다. 그는 이 부서 책임자로 있으면서 F-117기와 B-2기의 연구개발 과정에 깊숙이 개입했다. 이 과정에서 그가 다수의 UFO 보고서를 입수했다고 말했다. 이런 임무를 수행한 것은 비밀리에 수행 중이던 신형 기종 연구개발과의 충돌상황을 방지하기 위함이었다는 것이다. 그는 그로스먼과의 인터뷰에서 1970년대부터 2000년대 초까지 조사한 UFO 사건 중에 AFOSI-SP에서 미확인으로 판단한 것들이 있으며 그 대표적인 것이 이른바 '북부 단' 공군기지 사건이라고 말했다. 마지막으로 헤네시는 그로스먼에게 미국 내 비밀 프로젝트 중에 초소형 비행체들에 관한 것들이 존재하며 언뜻 보기에 지구상의 기술이 아닌 것처럼 보일 수 있다고 했다. 섣불리 이런 비밀 병기들을 UFO라고 판단하지 말라는 경고였다.[523]

---

523 Lacatski, James T. and Kelleher, Colm A. and Knapp, George. 2021. pp. 94-98.

Chapter 37

UAP의 심리적, 초심리적, 생리적 영향

액셀로드와 그의 동료들이 스킨워커 목장에서 겪은 일들

UFO라는 표현은 물질적인 토대를 기반으로 한 무엇인가가 공중에 떠있다는 의미를 내포하고 있다. 하지만, 스킨워커 목장의 사건들은 이런 물질적인 그 무엇보다는 처음부터 심리적, 초심리적 특성이 압도적이었다. UFO 대신 UAP란 용어가 AAWSAP/BAASS에서 채택된 데에는 이런 측면이 크게 작용했다고 볼 수도 있다.

스킨워커 목장에 대한 조사에 관해 많은 자료가 존재하나 무엇보다도 AAWSAP의 수뇌부에 해당하는 펜타곤 정보요원들이 겪은 일들은 이 모든 자료에 담긴 내용을 아주 축약적으로 보여준다.

2009년 7월 DWO의 조나단 액셀로드와 그의 동료 2명이 스킨워커 목장을 직접 방문해 조사했다. 그들은 도중에 빛나는 은빛의 전형적인 UFO를 목격했다.[524] 그런데 동시에 그들은 아주 이상한 체험을 했다. 어느 날 밤 목장을 순찰하던 일행은 갑자기 매우 싸늘해졌다는 사실을 깨닫게 되었다. 그런데 그것은 도저히 이해할 수 없었다. 아무리 밤이라지만 여름에 그토록 추울 수는 없었기 때문이다. 보통 그 지역의 야간 온도는 화씨 75도(섭씨 약 24도)를 상회한다. 그런데 화씨로 20도(섭씨 약 13도) 정도가 낮아진 것이다. 그들은 뒤로 백여 미터를 되돌아갔고 온도가 다시 정상으로 돌아오는 것을 확인했다. 목장의 특정 지역만 국소적으로 주변보다 10도 이상 낮았다. 공교롭게도 그 목장에 특별한 기상 전선weather front이 형성되었던 것일까? 그렇지만 이렇게 국소적인 지역만 급속히 냉각된 채 유지 된다는 사실을 그들은 전혀 이해할 수 없었다. 그들은 세 번을 반복해서 오가며 이 특별한 기상 상태를 재차 확인했다.

그들은 계속 전진했는데 어느 순간 그들 셋 모두 매우 불안한 느낌을 받았다. 상호 대화를 통해 이를 확인한 그들은 야간 투시경으로 전방 상공에 검은 물체가 존재한다는 사실을 확인했다. 그것은 둥그렇게 생겼다. 주변의 녹색 빛에 대비해 그것은 완벽한 검은 색이었다. 다른 이들의 육안에 그것은 보이지 않았다. 이런 사실은 그것이 적외선 파장대에서만 식별이 가능하다는 사실을 가리킨다. 그들은 그것을 향해 전진했는데 어느 순간 셋 모두 계속 가다가 죽을 것 같다는 공포를 느꼈다. 그들은 불길한 예감에 그 물체로부터 물러섰다. 그러자 공포심이 점차 수그러들기 시작했다. 1백

---

524 Lacatski, James T. and Kelleher, Colm A. and Knapp, George. 2021. p.136.

미터쯤 물러나자 공포심이 완전히 사라져버렸다.[525]

이들 세 명은 미국 국방의 최정예 민간 정보요원들로 기민한 분석력과 판단력의 소유자들이었다. 그들이 동시에 이런 감정을 느꼈다면 그것은 쉽게 웃어넘길 일이 아니었다. 그들이 뭔가 인간의 심리를 급속하게 불안하게 만드는 모종의 에너지를 방사하는 첨단 무기에 노출되기라도 한 것일까?

이상현상의 외부 전파

앞에서 AAWSAP에 의한 스킨워커 목장 조사 초기에 3명의 국방부 정보요원에게 있었던 사건을 소개했다. 하지만, 나중에 이와 유사한 사건들을 겪은 정보요원은 2명이 더 있었다. 그리고 더한 일들이 이들을 기다리고 있었다. 스킨워커 목장을 방문하고 나서 수천 킬로미터나 떨어진 각자의 집에 귀가한 후 그들의 가정에 매우 이상한 일들이 반복되기 시작했다. 그들의 집안에 파랗거나 노랗거나 빨갛거나 하얀 광구들이 나타났다. 또, 그림자 같은 존재들이 밤중에 어른거리거나 심지어 침대 근처에 있는 것을 보는 일들이 발생했다.[526]

대표적인 예로 액셀로드의 경우를 살펴보자. 목장에서의 사건이 있고 나서 열흘 후 켈러허는 액셀로드의 전화를 받았다. 매우 당혹스러운 목소리로 그는 목장에서 버지니아의 집에 귀가한 후 그들 가족에 이상한 일들이 발생하기 시작했다고 털어놓았다. 어느

525　Ibid. pp.3-5.
526　Ibid. p.8.; Schoenmann, Joe. 2021.; Kelleher, Colm A. 2022.

날 밤 침대에서 그와 함께 자고 있던 아내는 새벽 2시경 잠을 깼는데 어떤 인간 같은 존재가 침실에 들어왔다는 사실을 깨닫고 소스라치게 놀랐다. 비교적 담대한 타입인 그녀는 침착하게 그리고 재빠르게 불을 켰다. 그런데 이상하게도 그 존재가 사라지고 없었다. 잠이 확 깬 상태에서 그녀는 누워 있었는데 이번엔 계단에 누군가가 올라오는 듯한 소리가 들렸다. 잽싸게 침대에서 일어나 침실 문을 열고 계단 쪽을 살펴보았는데 아무도 없었다. 혹시 두 아들 중 한 명이 밤에 일어나서 거실로 내려간 것이 아닌지 확인하려고 아들들의 침실 문을 열어 확인해보았는데 그들은 깊이 잠들어있었다.[527] 이런 현상은 전형적인 폴터가이스트 현상으로 예로부터 '악령 들린 집'에서 종종 발생하는 것으로 알려졌다.

늑대인간의 출현

한 달쯤 후 액셀로드는 다시 켈러허에게 전화해서 여전히 그의 집에 일어나고 있는 기현상들을 보고했다. 그가 해외로 출장을 간 사이 한밤중에 잠을 자다 깬 그의 아들이 침실 안을 떠다니는 푸른색의 작은 구체들을 목격했다. 그것들은 어떤 통제 아래 움직이는 것 같았다. 아들은 너무 놀라서 소리를 질렀고 그의 아내가 아들의 침실로 달려갔다. 문을 여는 순간 그것들은 순식간에 사라져버렸다. 나중에 액셀로드의 아내는 더욱 소름 돋는 체험을 했는데 그날도 액셀로드는 출장 중이었다. 밤이 되어 그녀가 자려고 부엌 불을 끄고서 위층으로 올라가려는데 창밖에 뭔가가 어른거리는 것

---

527 Lacatski, James T. and Kelleher, Colm A. and Knapp, George. 2021. p.81.

을 보았다. 창 쪽으로 다가가서 그게 뭔지 확인하려고 바깥을 내다보니 정원 쪽 나무에 늑대처럼 생긴 존재가 기대고 있었다. 그것은 긴 털의 늑대처럼 보였는데 이상하게도 두 발로 서 있었다. 전설 속에 등장하는 늑대인간이었다! 그 괴물은 그녀를 뚫어지게 응시하고 있었다. 결코 호의적인 눈빛은 아니었다. 그것이 뒤돌아서더니 두 발로 천천히 걸어 사라졌다. 그녀는 너무 혼란스럽고 무서워서 한동안 얼어붙은 듯 창가에 서 있었다.[528]

작은 광구들 공격과 검은 그림자 인간들 비명

액셀로드 아들에게 일어났던 사건들은 점점 그 강도가 더해졌다. 2009년 2월 8일, 액셀로드의 아내는 아들이 평소와 달리 일어나지 않아서 그를 깨우는 게 너무 힘이 들었다. 아들은 그것들이 자기를 지난밤 내내 자지 못하게 했다면서 화를 내면서 계속 자고 싶어 했다. 그것들이라니?

겨우 눈을 뜬 아들 얼굴을 본 그녀는 깜짝 놀랐다. 그의 눈이 충혈되고 얼굴 여기저기에 물집이 잡혀 있었기 때문이다. 나중에 자세히 보니 얼굴뿐 아니라 팔에도 물집이 생겼다. 아들은 밤새 있었던 일을 털어놓았다. 처음에 밝게 빛나는 한 쌍의 작고 파란 구체들이 침실로 들어왔다. 천장 쪽에 있던 그것들은 아들의 몸 근처까지 내려와서 스치듯 그의 주위를 날아다녔다. 그다음에 한 쌍의 작고 붉은 구체들이 나타나서 천장 위에 있다가 마치 다이빙을 하듯 그를 향해 내려왔다 다시 올라가기를 반복했다. 이처럼 구체들

---

528 Ibid. pp.5-7.

이 자신의 주변을 스치듯 지나다니면서 아들은 스친 피부가 따갑게 느껴지기 시작했다. 아침에 발견된 물집들이 바로 그것들이 스쳐 지나며 생긴 상처였다.

아들은 광구들 이외에 검은 그림자처럼 보이는 사람 형상들이 자신의 침실에 들어와 소리를 지르는 것을 보았다. 그들은 마치 고문당하고 있는 듯했다. 그들의 얼굴은 제대로 볼 수 없었다. 광구들의 공격과 소리를 지르는 존재들 때문에 아들은 충격을 받았고 아주 기진맥진하여 다음 날 아침에 일어날 수 없었다.[529]

암을 유발하는 파란 광구

1994년경부터 2000년 사이에 스킨워커 목장에서 나타났던 푸른 광구들은 NIDS 팀이 철저히 조사한 바 있다. 또 액셀로드 아들의 경우처럼 이들 사례에서 파랗거나 빨간 광구들은 결코 인간이나 짐승들에게 호의적인 태도를 보이지 않았었다. 특히 1996년에 그것들이 스킨워커 목장에서 3마리의 개들을 불태워 죽인 혐의가 짙다. 만일 그것이 사실이라면 UAP가 우리에게 잠재적으로 적대적일 것이라는 결론을 내릴 수 있는 것이다. BAASS의 실무 책임자인 콤 켈레허가 NIDS팀의 실무 책임자이기도 했었기에 그 당시 조사했던 사례들은 액셀로드를 비롯한 펜타곤 정보요원들의 가족 사례들과 함께 BAASS 파일로 정리되었다. 그렇다면 그곳이 아닌 다른 곳에서도 유사한 사례가 발생하지 않았을까?

2005년 5월 어느 날 오리건주 벤드Bend 인근에서 한밤중에 차를

---

529 Ibid. pp.143-145.

몰고 가고 있던 바이오 기술자와 거기에 탄 그의 딸은 3개의 파란 불빛이 약 1백 미터 떨어진 들판 쪽에서 그들을 향해 날아오는 것을 목격했다. 그것들은 지그재그 형태의 무질서한 궤적을 보였는데 그중 두 개가 차창을 뚫고 차 안으로 들어왔다. 그것들은 소프트볼 크기의 작은 구체 형태였다. 하나는 반대편 창을 뚫고 다시 나갔으나 나머지 하나는 운전하고 있던 바이오 기술자의 상체로 들어갔다. 공포에 질린 채 뒤에 앉아있던 그의 딸이 이 광경을 목격했는데 그것은 아버지의 몸속에 잠시 머문 후 왼쪽 어깨 쪽으로 빠져나가 멀리 사라졌다. 이때 아버지는 몽롱함과 어지러움을 느꼈다. 그는 매스꺼움과 불안감을 느꼈으며, 더 이상 운전을 하지 못할 것 같았다. 목적지인 그의 동생 집까지 45분 정도 걸리는 거리인데 그는 마치 3시간이 걸린 것처럼 느꼈다.

겨우 동생 집에 도착해서 겨우 안정을 찾고 잠을 청했는데 빛에 휩싸인 이상한 존재들이 그에게 그의 고통을 치유해주겠다고 약속하는 아주 생생한 꿈을 꾸었다. 다음 날 아침 일어나 보니 그는 더 이상 매스꺼움이나 불안감을 느끼지 않게 되었다. 하지만 이것이 끝이 아니었다. 그 사건 이후 일주일 동안 그는 체중이 급속히 줄었으며, 매스꺼움과 몽롱함에 시달렸고, 얼굴에 심한 발진이 생겼다. 또 특정 부위의 머리카락이 뭉텅이로 빠지기도 했다. 또 관절 부위가 부어오르고 시력 및 청력이 저하되기도 했다. 그후 그의 체중은 급속이 늘기 시작했고 무설탕 다이어트와 개인 트레이너를 고용해 운동했음에도 몸무게가 30% 증가했다. 또한 그의 혈액에도 이상이 생겼다. 급기야 2007년 초에 이르러서 그의 왼쪽 어깨에서 관상암(Ductal Carcinoma In Situ; DCIS)을 발견했다. 그해 5월에 수술

받았는데 그후 화학요법이나 방사성 치료를 받지 않고 견뎠다. 이 사건은 콤 켈러허와 의사인 노버트 블랙Norbert Black이 공동으로 조사했는데 그들이 조사하던 2008년 말쯤 그 피해자는 어느 정도 회복되어 3년여의 투병 생활을 마치고 일상으로 돌아가기 위해 노력하고 있었다고 한다.[530]

---

530 Ibid. pp.70-75.

Chapter 38

제11항공모함 타격 훈련 그룹 UFO 사건

AAV의 출현[531]

앞에서 언급했듯 2004년 샌디에고 인근 해상에서 발생한 UAP 사건은 그 현상의 가장 심령적 체험의 중심에 있었던 조나단 액셀로드가 맡고 있었다. 그는 나중에 해군 정보 부서의 2성 장성(two-star admiral, 미 육군이나 공군의 소장에 해당)급 직위로 승진하게 되는 엘리트 정보 군인이었다. 그리고 그가 이 사건을 한창 조사하던 시기인 2009년에는 '1급 비밀과 특수정보(Top Secret/Sensitive Compartmented Information ; TS SCI)에 접근할 수 있는 권한을 갖고 있었다.[532] 그와 그의 가족이 시달렸던 심령 체험들과는 달리 그가 조사한 이 사건은 UFO 조사연구 역사상 가장 객관적이고 물리적인 증거들을 많이 확보한 사건에 해당한다. 지금부터 그가 조사한 사건의 전모를 살펴보기로 하자.

---

531 Sheldon-Duplaix, Alexandre. 2020.
532 Kelleher, Colm A. 2022.

니미츠호가 주축이 된 제11항공모함 타격 훈련 그룹

    2004년 11월 10일 샌디에고 인근 태평양 해상에서 '제11항공모함 타격 훈련 그룹(CSG 11)'이 모의 훈련을 하고 있었다. 이때 탄도 미사일 방어(Ballastic Missile Defense; BDM) 레이더에 대기권 바깥에서 진입하는 미확인 낙하체가 포착되었다.[533] 훈련에 참여하고 있던 프린스턴호의 최신형 레이더 SPY-1은 해발 8만 피트 상공부터 이 물체를 포착할 수 있었다.[534] 8만 피트 이상의 상공에 머물러 있던 그것들은 10에서 20개 정도 그룹을 지어 움직이고 있었는데 일부는 2만 8천 피트 상공까지 그리고 나머지는 해발 50피트까지 수직 낙하해 정지 상태로 머물렀다.[535]

---

533 Knuth, Kevin H. 2019.
534 Lehto, Chris. 2022.
535 BBC는 괴비행체들이 수십만 피트를 낙하해서 공중에 정지 상태로 머물렀다고 표현하

이와 유사한 패턴을 보인 UFO 사례는 1947년 12월 작성된 펜타곤 정보 부서의 보고서에도 적시되어 있었다. 그 보고서에는 엄청나게 높은 곳에서 갑자기 뚝 떨어지듯 나타나 공중에서 거의 정지 상태를 유지하는 것이 UFO의 주요 특성인 것으로 표현되었다.[536] 프린스턴호에 탑승하고 있던 기상 요원meteorological officer(METOC)은 이 현상이 레이다 반향음을 반사하는 공중 얼음 알갱이에 의한 것이란 내용을 포함해 몇 가지 기상학적인 설명을 했으나 브리핑을 듣던 이들 중 그 누구도 이런 설명에 동감할 수 없었다.[537]

고공에서 수직 낙하했다 다시 올라가기를 반복하는 UFO들에 대해 처음 보고받은 프린스턴호의 사격 통제 선임 하사Fire Control Senior Chief 케빈 데이Kevin Day는 그것이 레이더의 오작동에 기인한 걸로 의심했다. 그래서 장비를 껐다가 다시 켜는 등 작동 상태를 재차 확인해보았다. 하지만, 레이더는 아주 정상적으로 작동되고 있었다. 데이와 그의 부하들은 그것을 '비정상적 공중 비행체(Anomalous Aerial Vehicle ; AAV)'라고 명명했다.[538]

SPY-1은 당시 세계에서 가장 최고 성능을 자랑하는 레이더로써 이를 이용해 데이는 그 AAV들의 하강, 공중 체류, 그리고 상승에 대한 정보를 기록했다. 기록된 바에 의하면 그것들은 우방이나 적

고 있다. UFOs: Few answers at rare US Congressional hearing, BBC. 18 May 2022. Available at https://www.bbc.com/news/world-us-canada-61474201

536 Swords, Michael D. 2000. p.34.
537 Hypothesis: Fravor's Tic Tac was Kurth's FA18. Available at https://www.metabunk.org/threads/hypothesis-fravors-tic-tac-was-kurths-fa18.11776/
538 Phelan, Matthew. 2019.

국의 알려진 그 어떤 비행체보다도 빨랐다. 조금 빠른 정도가 아니라 비교가 되지 않을 정도로 빨랐다.[539]

화이트 워터

11월 14일 12시경, AAV 하나가 고공에서 낙하해 비교적 오랫동안 머무는 것을 확인한 프린스턴호의 레이더 오퍼레이터들은 훈련을 마치고 귀함 중이던 호넷 대대VMFA-232의 대대장 더글라스 커스 중령을 호출해 미확인 공중 부양체 조사를 요청했다. 당시 커스가 AAV에 가장 가까운 위치에 있었지만 귀함 중이었기에 새로운 임무를 수행하기엔 다소 문제가 있었다. 그런데 마침 출격한 지 얼마 되지 않은 패스트이글FastEagle 편대가 문제의 장소를 향하고 있었다. 프린스턴호에서는 커스 이외에 이들에게도 그 괴비행체 확인을 하도록 결정했다. 이 편대는 조기 경보단(Airborne Command & Control Squadron 117; VAW-117)이 운용하는 호크아이 조기경보기E-2C Hawkeye에 의해 요격 관제 중이었기에 프린스턴호에서 조기경보단으로 연락해 AAV의 레이더 스캔을 요청했다. 조기경보기가 패스트이글 편대 슈퍼 호넷 전투기들을 문제의 AAV로 요격 관제해 주길 바랐던 것이다.

이즈음 그 괴비행체는 2만 피트 고도에 떠 있었다. 그런데 AAV로부터 반사되는 레이더 신호가 너무 약해 조기경보기에 잘 잡히지 않았다. 하지만 프린스턴호에서 보내온 좌표에 집중함으로써 가까스로 미약한 신호를 잡아낼 수 있었다. 그런데 목표물을 추적할 수 있을 만큼 충분하지 않았다. 할 수 없이 조기경보기의 패스트이글

---

539 Chierici, Paco. 2015.; Daugherty, Greg. 2019.

편대 통제를 끊고 대신 프린스턴호가 그들과 직접 접촉하기로 했다. 비록 조기경보기 통제 요원은 AAV를 레이더상에 고정(lock up)하는 것을 포기했지만 무선을 열어놓고 프린스턴호와 패스트이글 편대 사이에서 진행되는 상황을 모니터했다.

한편 좌표를 향해 날아가고 있던 커스는 프린스턴호의 레이더 요원으로부터 패스트이글 편대의 슈퍼 호넷 제트기들이 타겟을 향해 날아가고 있으니 1만 피트 상공을 유지하라는 지시를 받았다. 커스의 기내 레이더에 2대의 슈퍼 호넷기가 포착되었으나 문제의 미확인 표적은 잡을 수 없었다. 잠시 후 프린스턴호에서는 커스에게 그만 포기하고 귀함 하라는 지시가 내려졌다. 하지만 목표지점에 거의 도달한 그는 향하던 곳으로 다가가서 살짝 엿보기로 하고 잠시 더 비행했다. 바다는 아주 푸르고 잔잔했다. 커스가 목표지점에 도달했을 때 그는 지름 50~100미터 정도의 둥근 바다 표면에 흰색 포말이 일고 있는 것을 목격했다. 그는 '흰색 물whitewater'이라고 그 스스로 묘사한 그 장면을 처음엔 '잠수함이 잠수하는 것, 배가 가라앉는 것, 또는 암초에 파도가 치는 것'으로 생각했다.[540] 그는 그 위를 한 바퀴 돈 후 니미츠 항공모함이 있는 쪽으로 되돌아갔다. 돌아가면서 보니 '흰색 물'이 사라지고 주변의 바다처럼 그곳도 투명할 정도로 파란색이었다. 그는 패스트이글 편대가 그의 뒤를 이어 어떤 작전을 수행하는지 몹시 궁금했으나 다른 무선 주파수를 사용했기 때문에 그들과 접촉이 불가능했다.

---

540 Sheldon-Duplaix, Alexandre. 2021.

패스트이글 편대의 목표지점 접근

더글러스 커스가 목표지점을 확인하고 귀환하고 있을 때 패스트이글 편대가 목표지점으로 접근하고 있었다. 프린스턴호에서는 이들이 무기를 탑재하고 있는지 물었고 편대장은 훈련용 모의 미사일 뿐이라고 답했다. 미 본토 인근 영해에서 훈련 중이던 전투기에 실전용 무기 탑재 여부를 확인하는 것은 매우 이례적인 상황이었다.

패스트이글 편대는 F/A-18F 슈퍼 호넷 전투기 2대로 구성되었는데 각각 패스트이글01(FastEagle01)과 패스트이글02로 불렸다. 패스트이글01에는 편대장이었던 데이빗 프레이버David Fravor 대령과 존 아그넬리John Agnelli(가명)이 타고 있었고, 패스트이글02에는 알렉스 디트리히Alex Ditrich 중령과 제임스 슬라이트James Slaight 소령lieutenant commander이 타고 있었다.

그들은 프린스턴호로부터 방위 및 거리와 관련된 좌표들을 제공받았으며 그곳에 어떤 비행체가 있는지 조사해야 했다. 확인해야 할 대상에 대한 구체적인 정보가 제공되지 않은 상태에서 그들은 주어진 좌표를 향해 날아가고 있었다. 그들 비행기엔 적외선 센서FLIR가 설치되어 있지 않았으나 전투기용으로는 최신기종에 해당하는 APG-73 레이더가 장착되어 있었다. 하지만, 그들 레이더에는 아무 것도 포착되지 않았다.[541] 그 순간 프린스턴호에서 주의를 환기하는 연락이 왔다. 뭔가가 나타났다는 신호였다. 그때 편대원들은 좌표로 주어진 곳 해수면에서 둥근 하얀 포말이 일기 시작하는 것을 보

---

541 프레이버는 APG-73 레이더로 그 괴비행체를 감지할 수 없었지만, 2015년 항공모함 테어도어 루스벨트의 조종사였던 라이언 그레이브즈Ryan Graves는 APG-79 능동 전자주사 배열 레이더를 사용해 UFO 탐지를 할 수 있었다. Mizokami, Kyle. 2019 참조.

았다. 순간적으로 편대장 프레이버는 프린스턴호에서 찍어준 좌표가 737기의 추락지점이라고 판단했다. 그것이 그가 바라보고 있는 장면에 대한 가장 합리적인 설명이었다. 하지만 그는 뭔가 이상한 것이 그 위에 떠 있는 것을 목격했다. 그것은 하얀 원통 형태였는데 길이가 40피트 정도 되어 보였다.

틱-택의 목격

프레이버는 그 물체를 확인하기 위해 하강하기로 결심했다. 그동안 패스트이글02는 2만 피트 상공에서 선회 비행을 하도록 했다. 패스트이글01이 하강하는 동안 뒷 조종석의 존 아그넬리는 프린스턴호와 패스트이글02와 계속해서 교신했다. 프레이버는 그것이 마치 수직이착륙기 해리어가 떠오르는 식으로 공중에 부양하고 있는 것처럼 보였다고 액셀로드에게 말했다. 또한 그 모양은 길쭉한 알 또는 구강 청량 사탕 틱-택을 연상시켰다고도 했다.

아그넬리는 딱딱한 흰색의, 표면이 거칠지 않고 모서리가 없으며 엔진nacelles이나 돌출물pylons, 그리고 날개도 없었다고 했다. 프레이버는 좀더 가까이에서 그 물체를 보기 위해 1만 피트까지 고도를 낮췄다. 그러자 그것은 마치 요격기의 접근을 인지한 듯 자세를 바꾸었다. 수평 상태에 있던 그것이 패스트이글01 쪽을 바라보는 듯한 상태로 전환한 것이다. 그리고 프레이버 쪽을 향해 날아오르기 시작했다. 프레이버는 그것을 마주하여 계속해서 돌진해나갔다. 그리고 그것이 충분히 가까워진 어느 순간 그것은 방향을 틀어서 초음속으로 사라졌다.[542]

---

542 Lacatski, James T. and Kelleher, Colm A. and Knapp, George. 2021. p.112.

CAP로 이동한 틱-택

그 순간 프린스턴호의 레이더 오퍼레이터가 편대에 소식을 전했다. 틱-택이 2초 이내의 시간 동안 순식간에 이동해 처음 좌표가 찍힌 곳에서 약 60 해양마일(약 110킬로미터) 떨어져 있는 해상의 2만 4천 피트 상공에 떠 있다는 것이었다. 그 이동 시간이 2초라고 해도 이동 속도는 무려 음속의 160배가 넘는다. 그런데 더 놀라운 사실은 레이더 오퍼레이터가 새로 확인한 그것의 좌표가 아주 정확히 훈련 전투공중초계(Combat Air Patrol; CAP)에 해당했다는 점이다. 근처가 아니라 고도와 위도, 경도가 아주 정확하게 그곳을 가리키고 있었다! 이 좌표는 오직 훈련에 참여한 레이더 오퍼레이터들과 조종사들 소수만 알고 있는 군사 비밀이었다. 어떻게 괴비행체가 아주 정확한 CAP를 알고 거기에 가 있었던 것일까?[543]

적외선 센서에 포착된 틱-택

틱-택이 프레이버의 시야에서 사라지던 시각 프린스턴호의 레이더에는 또다른 AAV들이 포착되었다. 사태의 심각성을 깨달은 함장은 다른 요격기 출격을 요청했다. 이렇게 출격한 요격기 조종사 중 한 명인 채드 언더우드 Chad Underwood는 약 20마일의 거리에서 기내에 장착된 적외선 센서 FLIR로 AAV 촬영에 성공했다. 하지만 거리가 너무 멀어 그것을 그가 직접 육안으로 목격하지는 못했다.[544]

---

543 Ibid. p.113.
544 Daugherty, Greg. 2019.; Phelan, Matthew. 2019.; Pentagon UFO videos, Wikipedia. Available at https://en.wikipedia.org/wiki/Pentagon_UFO_videos

앞에서 언급한 바와 같이 프레이버의 편대에 속했던 요격기들에는 이런 적외선 센서가 장착되어 있지 않았다. 언더우드가 촬영한 AAV는 길쭉한 실린더 형태로 앞서 프레이버 등의 조종사들이 육안으로 목격한 것과 일치했다.[545]

니미츠 항공모함 요격 그룹 사건에 대한 조사

2009년 9월까지 이 사건에 대한 조사가 이루어졌다. 조사 대상에는 케빈 데이Kevin Day와 게리 보히즈Gary Vorhees와 같은 프린스턴호의 레이더 장비 관련자들, F/A-18를 조종했던 더글러스 커스와 데이빗 프레이버 등 조종사들이 포함되었다.[546] 액셀로드가 마무리한 보고서에서도 UAP라는 용어 대신 AAV라는 용어가 사용되었다. 그가 보기에 이것은 스킨워커 목장에서 나타났던 '현상들'과는 구분되어 보이는 명백한 어떤 '비행체'였기 때문이다. 그는 이것이 미국이나 타국의 어떤 무기체계 목록에도 기재되어 있지 않는 미지의 비행체라고 보고서에 명기했다. 또 그것은 미국의 레이다 기반 교전 능력radar-based engagement capabilities을 무력화시키는 다중 레이더 밴드에 덜 노출되는 특성을 보인다고 기록했다. 마지막으로 그는 그 AAV가 공중에 정지 상태에서 고도 변화 없이 어떤 가시적인 요동도 보이지 않고 속도를 급변하는 아주 뛰어난 추진 능력을 보여주었다고 썼다.[547]

2010년 12월 DIA에 전달된 보고서는 틱-택의 속도와 가속도에

---

545 Phelan, Matthew. 2019.
546 Daugherty, Greg. 2019.
547 Lacatski, James T. and Kelleher, Colm A. and Knapp, George. 2021. pp.113-114.

대한 물리적인 분석을 한 것이었다. 여기에는 ANSYS라는 공학 소프트웨어가 사용되었다. 이런 최신 시뮬레이션 기법은 1947년 이래 UFO 조사에서 최초로 사용된 것이었다. 그런데 여기에는 틱-택의 대기 중 움직임뿐 아니라 바다로의 진입 과정과 바닷속에서의 움직임에 대한 것까지 포함되어 있었다.[548] 이 부분은 나중에 UFO의 다중 매개체 운행과 관련해 자세히 다룰 것이다.

---

548 Ibid. p.119.; Daugherty, Greg & Sullivan, Missy. 2019.

Chapter 39

AAWSP/BAASS의 종언과 부활 노력

조기 종료된 AAWSAP/BAASS 프로그램

AAWSAP는 초기 2년간의 자금 지원만 결정되어 있었으며 추가 자금 지원을 위해선 펜타곤의 프로젝트 성과 평가가 필요했다. 2009년 6월 해리 리드 상원의원은 당시 미 국방부 차관이었던 윌리엄 린 3세William Lynn III에게 AAWSAP가 펜타곤의 특별 접근 프로그램Special Access Program이 되도록 승인해 줄 걸 요청했다. 하지만, 이 요청은 받아들여지지 않았다.[549] 결국 이 프로그램은 초기 지원된 2년 치 자금을 소진하는 시점에 종료하는 운명을 맞이한다. 2008년 9월에 시작된 AAWSAP는 2010년 12월에 종료되었다. 2년 동안 2천2백만 달러가 투입되고 3달 동안 자금 지원이 없이 지속되다가 최종 종료된 것이다.[550]

---

549 AARO. 2024. p.23.
550 Lacatski, James T. and Kelleher, Colm A. and Knapp, George. 2021. p.142.;

그것이 종결되는 과정에는 DIA 내부의 미묘한 갈등이 있었다. 2004년에 미 해군에서 있었던 UFO 사건처럼 물리적 실체가 분명해 보이는 부분에 대해선 그 조사 중요성에 대해 어느 정도 공감하면서도 스킨워커 목장에서 나타났던 현상을 비롯해 국방부 정보요원과 그들 가족에까지 전파된 심령적인 부분들에 대한 보고내용에 대해 상부에선 매우 황당하다는 반응이었다.[551]

DIA에서 UFO 문제에 관심을 보이며 조사 분석이 지속되게 유도하기 위해선 사실 이런 이상한 심령적 부분들을 배제하고 실제로 국가 안보에 문제가 될 수 있는 2004 니미츠 항모 요격 그룹(CGS 11) 관련 사건과 같은 부분만 보고했어야 했다. 하지만, 라카츠키는 처음부터 그럴 생각이 전혀 없었다. 그가 보기에 이런 심령적 부분을 UFO의 물리적 부분과 완전히 별개로 다룰 수 있는 성질의 문제가 아니었기 때문이다. 자신의 친한 동료 본인과 가족들이 겪는 아주 생생한 상황들은 분명 UAP 현상에서 매우 중요한 부분이라는 게 그의 판단이었다. 이런 그의 고집이 예정되었던 것보다 이른 시기에 AAWSAP가 종언을 고하게 했다고 볼 수 있다. 이런 상황과 관련해 라카츠키는 『펜타곤의 스킨워커들Skinwalkers at the Pentagon』에서 다음과 같이 쓰고 있다.

"너무 일찍 조사 범위를 좁혀놓으면 데이터 왜곡이 일어날 것이란 사실을 고려해 시작부터 AAWSAP/BAASS 프로그램은 조사할 주제들의 범

Knapp, George. 2021.
551   Review of report from a private sector organization 1, July 30, 2009.; AARO. 2024. p.23.

위를 넓게 잡았다. UAP의 핵심 기술 자체를 세심히 살피는 것 못지않게 UAP와 동반해 나타나는 초정상적 현상들paranormal phenomena을 연구하고 UAP 목격자들의 심령적 영향들을 조사해야 한다는 결정이 UAP-초정상 현상에 대한 논의에 논란의 여지가 있다는 점 때문에 결코 가볍게 다루어지지 않았다. DIA 안팎에서 AAWSAP가 오직 UAP의 기술적인 연구에만 초점을 맞추어야 한다는 강한 목소리가 있었다."[552]

AAWSAP/BAASS 프로그램의 부활을 위한 시도

AAWSAP를 추진했던 주체들은 DIA에서 더 이상 UAP 문제를 조사 연구할 수 없게 되자 새로운 보금자리를 찾기 시작했다. 그들은 지난 2년간 프로젝트를 성공적으로 수행했다고 자평하고 있었으며 좀더 연구해야 할 과제가 있다고 믿고 있었다. 2011년 2월 7일 제임스 라카츠키는 국토안보부(Department of Homeland Security; DHS)를 방문해 UAP 조사연구를 설명하고 그곳에서 이런 프로그램을 개설해주기를 요구했다. 그는 DHS에서 국가 안보 기밀을 다루는 최고위급 인사들을 만나 그동안 DIA에서 진행되었던 AAWSAP BAASS에 대해 브리핑했다. 통상적으로 이들을 만나는 것이 매우 어려웠으므로 라카츠키와 그의 동료들은 철저한 사전 작업을 통해 그들과의 미팅에 성공했다. 이 두 고위인사의 이름은 짐 벨Jim Bell과 사하 무버Sacha Mover였다.

원래 1시간의 미팅이 예정되어 있었다. 하지만, 그동안 비밀로 간직하고 있던 조사 내용들을 털어놓을 때 그 둘은 놀랍다는 반응을 했고 라카츠키는 시간 약속을 무시하고 무려 3시간 반에 걸쳐 모

---

552 Lacatski, James T. and Kelleher, Colm A. and Knapp, George. 2021. p.161.

든 내용을 그 자리에서 쏟아냈다. 거기에는 물리적인 실체가 명확한 UAP에 관한 것부터 초정상적 현상들, 폴터가이스트 발현 등등이 총 망라되어 있었다. 이 내용을 모두 들은 두 명의 DHS 인사들은 너무 충격을 받아 그날 밤에 제대로 잠을 잘 수 없었다고 한다.[553]

AAWSAP/BAASS 주체들의 DHS 차관 면담

라카츠키 브리핑을 들은 두 명 중에서 특히 벨은 이 문제에 깊은 관심을 표명했다. 그래서 나중에 라카츠키, 켈러허, 그리고 비겔로우는 캐피톨 힐의 하얏트 레젠시 워싱턴 호텔에서 벨과 사적인 만남을 가질 수 있었다. 그후 몇 달이 지나 벨은 AAWSAP BAASS 주체들인 라카츠키, 켈러허, 퍼토프, 그리고 블랙과 DHS의 과학기술 담당 차관인 타라 오툴Tara O'Toole 박사와의 면담을 주선했다. 이 회의는 DHS 내부에 AAWSAP BAASS와 프로그램과 유사한 프로그램을 만들 수 있는지를 알아보기 위함이었다. 또한 BAASS의 핵심에 도사라기 있는 고급 기술을 DHS에서 개발하여 활용하는 방안도 이 회의에서 제시되었다. 무엇보다도 이 회의에서는 2004년 니미츠호 틱-택 UAP 사건 조사과정에서 얻어낸 과학 기술적 정보를 바탕으로 연구가 이루어진 38건의 논문들에 초점이 맞추어졌다.

30분으로 예정되었던 회의는 1시간으로 연장되었는데 그 이유는 생화학 방어체계 전문가인 부장관이 2005년에 오리건주에서 있었던 푸른 광구 사건에 관심을 표명했기 때문이었다. 그녀에게 있어 이 사건은 잠재적으로 생화학 공격과 관련이 있어 보이는 매

---

553 Lacatski, James T. and Kelleher, Colm A. and Knapp, George. 2021. pp.142-143.

우 흥미로운 사례였다. 오툴은 회의를 종료하면서 DHS 내부에 BAASS와 같은 조직을 만드는 것을 전향적으로 검토해보겠다는 의지를 내비쳤다.[554]

켄터키주의 '맨 인 블랙'

DHS 내부에 BAASS와 같은 조직을 만들려고 할 때 그것을 추진할 위치에 있던 이는 라카츠키가 이미 만난 적이 있는 사하 무버였다. 그런데 벨처럼 내색하지 않아서 그렇지 사실 그에게는 UFO와 관련한 커다란 의문이 있었다. 그의 고향은 켄터키의 오지 마을이었다. 2008년 그가 오랜만에 고향을 찾았을 때 그는 친척들로부터 아주 놀라운 이야기를 전해 들었다. 그 전해, 즉 2007년 어느 날 밤 그 마을에 야간모임이 진행되고 있었는데 그때 UFO가 나타났었다는 것이다. 그것은 매우 컸으며 오색찬란한 빛을 발했고, 비교적 낮게 떠 있었지만 아무런 소리도 내지 않았다. 수 분 동안 동네 사람들의 시야에 머물러 있던 그것은 갑자기 무시무시한 속도로 그들의 시야에서 사라져 버렸다.

그리고 나서 하루가 채 지나기 전에 그 마을에 검은색 SUV 세대가 방문했다. 거기서 검은 안경과 검은 정장을 걸친 이들이 나오더니 마을 주민들을 모아놓고 그들이 본 내용을 물었다고 한다. 진술을 들은 후 그들의 최고 상관처럼 보이는 이가 마을 사람들에게 위압적인 어조로 평생 그들이 본 내용을 외지인들에게 말하지 말라고 했다고 한다. 전형적인 '맨 인 블랙'의 사례인데 놀라운 사실은 이들이 떠나고 얼마 되지 않아 이 오지 마을에 전기공사가 시작되었

554　Ibid. pp.142-143.

다는 점이다. 너무 오지라서 전기회사들이 수익성이 없다고 판단해 그전까지 마을 사람들은 전기 사용을 꿈꿔보지 못했다고 한다. 누군가 정부 차원에서 강력한 힘을 발휘하는 이 또는 조직이 이런 꿈과 같은 일을 가능하게 했다고 밖에 볼 수 없었다. 무버의 친척들을 비롯해 마을 사람들은 이 갑작스러운 전기공사가 UFO 목격과 관련이 있다고 믿고 있었다. 즉, 그들이 비밀을 지키도록 하려고 엄청난 공권력의 위용을 과시했다는 것이다.

부장관과의 회의가 끝나고 무버는 이 이야기를 BAASS 핵심 멤버들에게 해주었다. 자신이 몇 년 동안 간직해온 비밀을 그들에게 털어놓은 것이다. 이처럼 DHS의 주요 정보 직위에 있던 그도 UFO 문제에 큰 관심이 있었다. 그는 이런 사건들이 DHS에서 조사할 가치가 있으며 자신은 BAASS에서 요구하는 것보다 더 많은 일들을 할 준비가 되어 있다고 했다.[555]

DHS내 BAASS 유사조직 설치의 좌절

차관과의 면담 이후 BAASS의 핵심 주체들은 DHS 내에서 다시 UAP 조사연구를 시작할 꿈에 부풀어 있었다. 하지만, 결론적으로 말하면 그들의 꿈은 이루어지지 않았다. 차관이 관심을 보이고 그 조직에서 비밀사항을 취급하는 최고위급 관료들이 이 문제에 적극 관심을 표명했는데 도대체 뭐가 문제였을까? 그 답은 무버가 설명했던 켄터키에서 일어났던 일과 무관하지 않은 듯했다. DHS는 당시 10년이 채 되지 않은 미국 행정부처 중 신생 조직이었다. 이 조직보다 오랜 연원과 힘을 갖춘 다른 정보 조직들이 오래전부터 미국에

---

555 Ibid. pp.150-152.

존재해 왔다는 사실을 그들은 간과했다. 엄청난 돈을 동원해가면서 오지 마을 사람들을 겁박해서 입을 다물게 할 수 있는 그런 조직이 미국 정부 내에 존재한다. 벨과 사하가 DHS 내부에 UAP 조사연구 부서를 두려고 시도하면서 유사한 업무를 하는 다른 부처들의 고위급 정보 관료들을 만났을 때 그들은 자신들의 시도가 무산될 수 있을 거란 불길한 예감을 갖게 되었다. 특히 2011년 6월 그들이 타 부처 정보 담당자들과 회의하면서 이미 다른 부처들에서 비밀리에 초첨단 고등 기술 관련 연구를 진행하고 있으며 DHS에서 이런 유사한 시도를 하는 것은 마치 호랑이 꼬리를 잡는 것과 같은 위험천만한 시도라는 사실을 깨달았다.[556]

그럼에도 벨과 사하는 그동안 추진해오던 일을 밀어붙였고, 그 해 7월에는 BAASS와 비슷한 조직을 DHS의 과학기술부서로 출범하는 세세한 내용을 조율했다. 그런데 이런 조직 출범에 있어 최종 결정에는 부장관과 운영차관, 그리고 정보 분석 차관의 합의가 필요했다. 2011년 11월 당시 부장관이었던 제인 홀 루트Jane Holl Lute는 그런 부서가 필요하다고 판단했다. 하지만, 정보 분석 차관이었던 필리스 그린Phyllis Green은 불필요하다고 생각했다. 그녀는 BAASS로부터 받은 데이터에 비판적이었는데 거기에 담긴 황당무계해 보이는 내용이 대중에 알려진다면 다른 정부 부처들로부터 인정받으려고 하는 신출내기 조직이라는 오명을 뒤집어쓸 거라는 우려를 했다. 결국 그린의 주장이 관철되어 DHS에서의 UAP 조사연구 시도는 좌절되었다.[557]

---

556   Ibid. p.153.
557   Ibid. pp.153-154.; AARO. 2024. p.24.

Part 11
펜타곤의 비밀 UFO 프로젝트가 폭로되다

Chapter 40

뉴욕타임스에 의해 폭로된 AAWSP/BAASS

파이터·스윕 닷컴에 소개된 미 해군 UFO사건

2015년 3월 '파이터·스윕 닷 컴FighterSweep.com'이라는 군 항공기 관련 웹 사이트 편집인 파코 치어리시Paco Chierici가 자신이 미 해군 조종사로부터 들은 UFO 이야기를 소개했다.[558] 파코는 전직 미 해군 조종사로 20여 년간 재직하면서 소말리아와 이라크 등에 파병되어 활약했다. 현역 시절 그는 A-6E Intruders와 F-14A Tomcats 등을 조종했으며, 여러 개의 무공훈장을 받았고 항공모함에 400회 이상의 착륙을 한 베테랑이었다.[559]

치어리시는 2004년에 발생한 데이브 프레이버Dave 'Sex' Fravor라는 해군 조종사의 '비행 관련 이야기 중 가장 이상하면서도 가장 믿을

---

558 Wise, Jeff. 2017.
559 Lion of the Sky. Available at https://www.lionsofthesky.com/

만한' UFO 목격담을 소개했다. 치어리시에 따르면 프레이버는 자신의 친한 친구 중 하나로 한때 같은 편대에 속했던 전우이기도 했다. 2015년 당시 프레이버는 전역한 상태였는데 이 글이 나가자 그는 사건 발생 11년 만에 해군 내부 감찰 조직인 해군 조사국(ONI, Office of Naval Investigations)으로부터 조사를 받아야 했다.[560]

전임 펜타곤 정보 담당 차관보에 전달된 극비 UFO 정보

파이터·스윕 닷컴에 올린 글에 목격자의 이름이 등장하고 그의 신분이 해군 조종사임이 틀림없음을 알 수 있는 상황이었지만 해군 조사국의 신속한 대처로 2004년 UFO 사건은 더 이상 대중적인 관심을 끌지 못하게 되었다. 이 사건이 본격적으로 주요 언론에 다루어지게 된 것은 그로부터 두 해가 지난 2017년 크리스토퍼 멜론 Christopher K. Mellon에 의해서다.

크리스토퍼 멜론은 1999년부터 2002년까지 클린턴과 아들 부시 정권 시절 미 국방성 정보 담당 차관보Deputy Assistant Secretary of Defense for Intelligence를 역임했던 정보통이다. 2002년부터 2004년까지 미 상원 정보 위원회U.S. Senate Intelligence Committee에서 활동했다. 퇴직 후 그는 2016년부터 레슬리 킨Leslie Kean이 주도하는 민간 UFO 단체에서 관련 정보 조사 분석의 고문역을 맡고 있었다.[561] 그가 이처럼 UFO 문제에 관심을 보이게 된 것은 그가 현직에 있었

---

560 Pilot who broke the Tic Tac UFO story in 2015 cites AATIP report. Mystery Wire, December 11, 2019. Available at https://www.mysterywire.com/ufo/pilot-who-broke-the-tic-tac-ufo-story-in-2015-cites-aatip-report/

561 Kloor, Keith. 2019.

을 때나 퇴직 후에 UFO를 목격한 수많은 전현직 군인의 진술을 받았기 때문이었다.[562]

크리스토퍼 멜론

멜론은 국방부 안의 폭넓은 인맥을 통해 UFO 정보를 입수할 수 있었는데 2017년 어느 날 한 펜타곤 정보 관료가 그에게 미 해군 조종사가 촬영한 3편의 UFO 동영상들이 담긴 USB와 함께 관련 자료 파일을 전달했다고 한다.[563] 이 자료들을 통해 그는 펜타곤에 UFO 전담 조사팀이 존재했었다는 사실을 확인하게 된다. 그는

---

562 Mellon, Christopher. 2019.
563 Banias, M. J. 2020.

이 자료들을 킨에게 전달하고 이 문제를 어떻게 처리할지 상의했다.

1990년대에 외교 및 정치 분야에서 독립적인 탐사 저널리스트의 길을 걷고 있던 레슬리 킨Leslie Kean은 1999년 한 프랑스 군사 싱크 탱크가 발행한 프랑스의 UFO 관련 보고서를 입수한 후 이 문제에 큰 관심을 보이게 되었다. 『UFO와 국방: 무엇을 위해 우리 스스로를 준비해야만 하나?Les OVNI et la Défense: À Quoi Doit-On Se Préparer?』라는 제목이 붙은 90페이지 보고서엔 프랑스 군과 민간 항공기 조종사들의 UFO 목격 사례들과 이에 대한 조사 분석이 담겨 있었다. 현역 및 전역한 프랑스 군 장성들에 의해 작성된 이 보고서에는 우리가 외계인들의 방문을 받는 게 틀림없는 것 같다는 결론이 담겨 있었다.[564] 이 보고서에 충격을 받은 킨은 그후 본격적으로 UFO 문제를 파고들었다. 그리고 2010년에 "유에프오: 장성들, 조종사들, 그리고 정부 관료들의 증언기록UFOs: Generals, Pilots and Government Officials Go on the Record"이라는 책을 써서 뉴욕타임스 베스트셀러에 선정되었다.

루이스 엘리존도의 커밍아웃

크리스토퍼 멜론은 전달받은 극비 문서들로부터 펜타곤 내에서 UFO 조사 분석 프로그램이 가동되었음을 알게 되었다. 그리고 그 팀에 깊숙이 간여했던 인물로 알려진 루이스 엘리존도Luis Elisondo에게 접근할 수 있었다. 킨과 엘리존도의 비밀 회동이 2017년 10월 4일 펜타곤 시티 호텔에서 이루어졌다. 그날 아침 엘리존도는 미 국방부

---

[564] Youn, Soo. 2021.

에 사표를 던지고 나왔고, 민간인 신분으로써 자신이 국방부 안에서 맡았던 UFO관련 임무들을 털어놓았다. 이 회동에는 멜론을 비롯해 몇몇 전직 군사 정보 관계자들이 동석했다. 그리고 또 한 명의 특별한 동석자가 있었는데 그는 CIA를 위해 초감각 지각 연구를 했던 헤롤드 퍼토프Herold E. Puthoff였다. 그는 엘리존도가 관여했던 UFO 조사연구에서 용역을 맡았다고 했다.

루이스 엘리존도

UFO 전문가인 킨에게 엘리존도의 진술은 눈이 번쩍 뜨이는 놀라운 뉴스였다. 펜타곤이 1969년에 암호명 '프로젝트 블루북Project

Blue Book'으로 20여 년 동안 운영되던 공식 UFO 조사 부서를 해체하면서 더 이상 UFO에 대한 조사 및 연구를 하지 않겠다고 선언했다는 사실을 잘 알고 있었기 때문이다. 그런데, 비교적 최근에 다시 UFO 공식 조사팀이 운영되었다니? 커다란 호기심을 느낀 킨은 더 자세한 사항을 캐물었다. 그러자 그는 2007년부터 2012년까지 5년 동안 펜타곤에서 2천 2백만 달러를 투입해 UFO를 조사 연구하는 고등 항공우주 위협 식별 프로그램(Advanced Aerospace Threat Identification Program; AATIP)을 운영했다고 밝혔다. 그리고 자신이 바로 그 프로그램의 실무 책임자였다는 것이다. 엘리존도는 그 프로그램이 극도로 비밀리에 운영되었고 또 내부에서 프로그램 운영에 대한 심한 견제가 있었으므로 자신이 그 정체를 온 세상에 알리기로 결심했다고 말했다.[565]

엘리존도의 증언과 그가 제시한 문건들을 살펴본 킨은 관련 프로그램이 당시 미 상원의원이었던 해리 리드Harry Reid에 의해 주도되었다는 사실을 확인했다. 이제 남은 일은 그에게 직접 진상을 확인하는 것이었다.

『뉴욕타임스』에 특종 보도된 펜타곤 UFO 프로그램

레슬리 킨은 이 사안이 『뉴욕타임스』처럼 영향력이 매우 큰 언론사에서 다룰 문제라고 판단해 2009년까지 그 신문의 과학 담당 기자로 활동했던 랄프 블루멘탈Ralph Blumenthal에게 연락했다. 2017년 10월 31일 킨은 블루멘탈과 함께 엘리존도를 만났고, 취재 결과를

---

565 Banias, M. J. 2020.

워싱턴 지부에 보고했다. 몇 차례 회의를 거쳐 결국 11월 17일 킨과 블루멘탈은 『뉴욕타임스』 워싱턴 지부장 엘리자베스 범밀러Elizabeth Bumiller가 엘리존도를 만나 직접 그의 증언을 청취하도록 했다. 한편 『뉴욕타임스』 본사에서 이 취재를 위해 파견한 헬렌 쿠퍼Helene Cooper 기자는 해리 리드와 친분이 있는 워싱턴 지부 수석 상주 주재원의 도움을 받아 12월 5일 그와의 면담을 통한 대조 검토에 들어갔다. 리드는 국가 안보에 매우 중대한 사안이라고 판단해서 그런 프로그램을 추진하도록 했다면서 그런 일을 한 것에 대해 추궁받는 것에 대해 "당혹스럽다거나 수치스럽다거나 또는 잘못해서 미안하다는 생각이 들지 않는다I'm not embarrassed, ashamed, or sorry"며 "계속 그것이 추진되도록 할 것I got this going"이라고 답했다.[566]

『뉴욕타임스』 취재팀은 마지막으로 그해 12월 8일 펜타곤 대변인을 만나 그들이 모은 관련 정보들의 진실 여부를 확인했다. 머지않아 그들은 그런 프로그램이 존재했다는 국방성의 공식 답변을 들을 수 있었다. 확실히 AATIP는 2012년까지 운영되었다는 것이다. 그런데, 취재팀은 엘리존도의 증언을 통해 비록 AATIP는 아니지만 별도의 비용을 들이지 않고 방만한 펜타곤 예산의 일부를 이용해 비밀리에 그와 동일한 역할을 하는 프로그램이 그가 퇴직하기 직전까지 가동되고 있었다는 사실을 확인했다. 그해 12월 16일 『뉴욕타임스』 취재팀은 2004년에 촬영된 1편의 UFO 동영상 그리고 2015년에 촬영된 2편의 동영상과 함께 미 국방성이 비밀리에 UFO 조사연구 조직을 운영해왔다는 사실을 지면을 통해 대대적으로 폭로했다.[567]

---

566 Cooper, Helene & Blumenthal, Ralph and Kean, Leslie. 2017.; Blumenthal, Ralph. 2017.
567 이른바 고-패스트go-fast 동영상은 레슬리 킨과 크리스토퍼 멜론이 관여하고 있는 To the Stars Academy of Arts and Science에서 공개했다. Blumenthal, Ralph.

『뉴욕타임스』 보도 후폭풍

『뉴욕타임스』의 폭로기사는 일파만파를 불러 일으켰다. 그 프로그램의 결론이 무엇인지 알 수 없다는 비판과 함께 몇몇 상원의원들이 짜고서 국민모르게 비밀자금을 사용해 엉뚱한 일을 저질렀다는 지적이 여기저기서 나왔다.[568]

하지만 이 프로그램을 주도한 당사자 중 한명인 해리 리드는 인터뷰에서 비록 펜타곤 내에서 더 이상의 UFO 조사 연구가 진행되는데 추동력을 보탤 수 없었으나 여전히 그 프로그램이 매우 중요하며 그 정도의 비용을 사용한 것이 매우 의미가 있었다고 주장했다. 그는 이 프로그램이 여전히 UFO의 정체를 밝혀내지 못했다는 사실을 인정했다. 하지만 그렇다고 UFO가 중요한 이슈가 아니라고 부정해서는 안 된다고 단언한다. 그에 따르면 그것은 외국의 극비 비행체일 가능성도, 조종사가 시각적인 착각을 일으킨 것일 수도, 어쩌면 외계인들의 방문을 받고 있다는 결정적인 증거일 수도, 아니면 여전히 우리 과학 수준으로 이해하기 어려운 신비 현상일 수도 있다면서 모든 가능성을 열어놓아야 한다고 말한다. 그 어느 경우라도 우리에게 상당한 중요한 의미가 있다는 것이다.[569]

    2017 참조.; Mellon, Christopher. 2018.
568 The Pentagon's secret search for aliens revealed: Editorial board roundtable. AP News, December 21, 2017. Available at https://apnews.com/article/4d7e0a805cf54ba9b9e3076902a7ea95
569 Reid, Harry. 2021.

잦아진 해군 조종사들의 UFO 목격

『뉴욕타임스』의 공개는 UFO 현상의 정체 규명에 초점이 맞춰져 있기보다 UFO 관련한 펜타곤 정보기관의 난맥상이나 정치권 개입 등에 초점이 맞춰있었다. 취재에 참여한 기자 중에는 UFO가 레이더 허상이나 착각이 아니라는 사실을 굳게 믿고 있는 레슬리 킨Leslie Kean이 포함되어 있었다. 그녀는 2010년에 『미확인 비행물체들: 장성들, 조종사들, 그리고 정부 관료들의 증언 기록UFOs: Generals, Pilots, and Government Officials Go on the Record』이란 저술을 통해 UFO의 실재와 그 중요성을 세상에 널리 알린 바 있었다. 그렇지만 그동안 『뉴욕타임스』는 UFO에 대한 비판적인 시각을 견지하고 있었기에 당시 UFO에 대한 그녀의 우호적 시각을 기사에 적극 반영할 형편이 아니었다.

그러나 최초 폭로 이후 전반적으로 UFO 진실 규명에 대한 여론이 들끓었고 그녀가 공동 취재 기자로 참여한 후속 기사들에서는 좀더 UFO의 존재에 대한 우호적인 내용들이 반영되기 시작했다. 2019년 5월 26일자 『뉴욕타임스』는 2017년에 해군 조종사들이 촬영한 것으로 알려진 적외선 동영상 3개 중 2개와 관련이 있는 해군 조종사 편대 편대장이었던 라이언 그레이브즈Ryan Graves의 인터뷰 기사를 실었다.

그에 의하면 2014년 여름부터 2015년 3월까지 매일 같이 UFO들이 플로리다 해안에 나타나 그들이 타고 있던 항공모함 근처 상공을 맴돌았다고 한다. 그 이상한 물체들은 어떤 엔진도 달고 있지 않았고 적외선에 추진체exhaust flums가 감지되지 않았는데도 3만 피트 상공까지 날아올라 극초음속hypersonic으로 운행하더라는 것이다. 이 인터뷰에 임한 그레이브즈는 당시 대위로 F/A-18 슈퍼 호넷 기종을 10년간 조종한 베테랑 조종사였다. 그는 이처럼 빠른 속도로 공중에 12시간씩 날아다닌다는 것은 말이되지 않는다고 놀라움을 표시했다. 그렇다면 그 이외에 다른 조종사들도 UFO를 많이 목격하는가?

그는 1980년대 이후 레이다 성능이 향상되고 나서 조종사들이 UFO들을 자주 목격하게 되었다고 지적한다. 모든 전투기가 최신 레이더를 장착하면서 조종사들이 UFO를 포착하는 일이 빈번해졌다는 것이다. 그런데 그들은 이것들을 허상 궤적들 false radar tracks로 치부하려는 경향이 있다고 그는 주장한다.[570]

---

570 Cooper, Helene & Blumenthal, Ralph and Kean, Leslie. 2019.

Chapter 41

UFO 동영상들

해군 조종사들이 촬영한 UFO 동영상의 공식화

2019년 미 해군 대변인 조 그래디셔Joe Gradisher는 『뉴욕타임스』가 폭로한 3편의 동영상들이 실제로 미 해군 조종사에 의해 촬영되었음을 여러 매체에서 언급했다. 그는 해군에서 나온 것임을 인정했지만 그것들이 외계인 존재를 증거하는 건 아니라고 밝혔다. 단지 거기 나타난 미확인 비행체들의 정체가 무엇인지 설명할 수 없을 다름이라는 것이다.[571]

2020년 4월 27일, 미 해군은 이 동상들에 관한 비밀을 해제하고 미 해군 공중 시스템 사령부Naval Air Systems Command의 웹 사이트에 그것들을 공유했다.[572] 첫 번째 동영상은 2004년 니미츠 항모 요격 그룹(CGS 11) 소속 슈퍼 호넷 조종사 채드 언더우드에 의해 촬영되었

---

571 Georgiou, Aristos. 2020.
572 U. S. Department of Defense. 2020.; Blumenthal, Ralph and Kean, Leslie. 2020.

다. 전방 주시 적외선(forward-looking infrared; FLIR) 카메라로 촬영했다고 해서 FLIR.mp4[573]이라는 이름이 붙었다.

두 번째 동영상은 GOFAST.wmv[574]라는 이름이 붙었다. 속도가 매우 빠르기 때문이다. 마지막 세 번째 동영상엔 GIMBAL.wmv[575]이라는 이름이 붙었는데 나침반과 크로노미터 수평 유지 장치인 짐벌gimbal을 닮았기 때문이다. 이들 동영상은 2015년에 플로리다 인근에 정박 중이던 항공모함 테어도어 루스벨트 소속 편대장 라이언 그레이브즈Ryan Graves 중령의 편대원들에 의해 촬영되었다.[576]

FLIR.mp4

FLIR 동영상에 나타난 UFO는 구강 청량 사탕인 틱-택Tic-Tac과 비슷하다고 해서 틱-택 UFO라고 불린다. 이 UFO는 한동안 공중에서 정지 상태로 있는데 어떤 분출물이나 구동장치도 보이지 않는다. 마지막 부분에서 그것은 아주 환상적인 속도로 사라진다는 점에서 명백히 UFO라고 분류할 수 있다.

이 동영상을 찍은 언더우드는 그 미확인 비행체에서 20마일 정도 떨어져 있었다. 육안으로 확인할 수 있는 한계가 5마일 정도이므로 그는 직접 눈으로 그것을 볼 수 없었다. 따라서, 추정 거리를 대입하여 이 동영상 마지막 UFO 속도를 추정할 수 있을 터인데 미군이

---

573 Available at https://www.navair.navy.mil/foia/sites/g/files/jejdrs566/files/2020-04/1%20-%20FLIR.mp4
574 Available at https://www.navair.navy.mil/foia/documents?page=1
575 Availlable at https://www.navair.navy.mil/foia/documents?page=1
576 Masters, Michael P. 2022. pp.255-256.; von Rennenkampff, Marik. 2022.

보유한 그 어느 유인 비행체보다 빠른 것이 틀림없다. 언더우드는 이와 관련해 다음과 같이 언급했다.

"내가 가장 주목한 건 그게 매우 이상하게 행동했다는 점입니다. 그리고 여기서 내가 '이상하다erratic'고 보는 건 그것의 고도 변환, 대기 중 속도, 그리고 양상이 예전에 내가 맞닥뜨렸던 다른 공중 표적들이 보여준 것과 전혀 동떨어진다는 겁니다. 그냥 물리적으로 비정상적인 방식으로 행동했어요. 그걸 내가 주목하게 되었어요. 유인이든 무인이든 항공기는 여전히 물리법칙을 따라야 합니다. 항공기에는 양력과 추진력의 원천이 있어야 합니다."[577]

GOFAST.wmv

GOFAST 동영상은 2015년 1월 항공모함 테어도어 루스벨트호에 탑승하고 있던 라이언 그레이브즈 중령의 비행 편대원에 의해 F/A-18 슈퍼 호넷 전투기 적외선 카메라로 촬영했다. 당시 조종사들은 레이더와 적외선 센서 AN/ASQ-228 ATFLIR 연동작업을 하고 있었으며, 제대로 작동하는지 테스트 중이었다.

여기에 나타나 보이는 UFO는 매우 빨리 움직이는 것처럼 보인다. 당시 테어도어 루스벨트호에서 이 동영상의 최초 시사회를 가졌던 이들은 이구동성으로 저렇게 빠른 비행체를 몰아보고 싶다고 했을 정도다.[578] GOFAST라는 이름이 붙여진 것도 그런 이유에서다.

---

577 Gillespie, Tom. 2019.
578 Phelan, Matthew. 2019.

하지만 펜타곤의 전문가는 그 비행체가 비교적 높은 위치에 있어 실제 동영상을 촬영한 전투기와의 거리가 가깝고, 또 이 전투기의 상대 속도까지 고려해야 하므로 실제 그 물체의 속도는 그리 빠른 것이 아니라고 주장했다.[579]

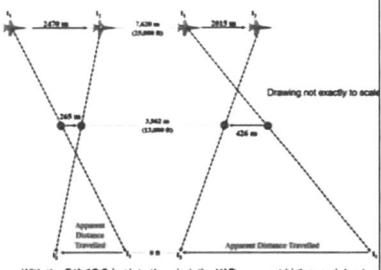

펜타곤 비행체 분석 전문가가 제시한 GOFAST 영상 분석

GIMBAL.wmv

짐벌이란 이름이 붙여진 동영상도 역시 2015년 1월 항공모함 테어도어 루스벨트호에 탑승하고 있던 라이언 그레이브즈Ryan Graves 중령의 비행 편대원에 의해 전투기 적외선 카메라로 촬영되었다. 이

---

579 Galvin, Shane. 2024.

장비 역시 AN/ASQ-228 ATFLIR였다. 이 동영상에는 촬영 중이던 편대원이 생생하게 현장을 중계하는 목소리가 다음과 같이 녹음되어 있다.

> *"저것 좀 봐, 회전하고 있어! 맙소사! 저것이 바람 방향에 거슬러서 움직이고 있어. 지금 바람이 서쪽으로 초속 62미터(120 knot)로 불고 있는데 … 이보게들 … 저것 좀 봐."*[580]

이 내용은 UFO가 강풍 속에서 제트나 로켓 등 뚜렷한 추진체계를 사용하지 않고 공중에 정지 상태에서 회전하다가 풍향에 거슬러 움직이는 모습을 묘사하고 있다. 조종사들은 다소 이성을 잃고 그들이 보고 있는 것에 대해 경이감에 휩싸여 있다.[581]

그레이브즈는 이 UFO가 전투기 적외선 센서뿐 아니라 자기 편대의 CATM-9 연습용 미사일에 부착된 적외선 센서에도 포착되었다고 말했다. 그뿐 아니라 짐벌 비디오를 촬영한 조종사에 따르면 적외선 동영상에 찍힌 것 이외에도 멀리에 호루라기 형태whistle-shaped 물체들로 구성된 "전체 함대"가 존재했고 한다. 그 미확인 비행체들은 슈퍼 호넷의 APG-79 레이더 시스템에 포착되었다.[582]

---

580 Available at https://www.navair.navy.mil/foia/sites/g/files/jejdrs566/files/2020-04/2%20-%20GIMBAL.wmv
581 Whitaker, Bill. 2021.
582 Mizokami, Kyle. 2019.

Chapter 42

AAWSAP/BAASS vs AATIP

엘리존도의 정체

우리는 지난 장에서 AAWSAP/BAASS 프로그램에 대해 자세히 살펴보았다. 하지만 그 프로그램의 핵심 주체엔 루이스 엘리존도란 이름은 없었다. 그렇다면 도대체 그는 누구인가? 엘리존도가 초기부터 AAWSAP/BAASS 프로그램에 참여한 것은 사실이다. 그는 당시 국방부 정보차관(Under Secretary of Defense for Intelligence; USDI)실에서 역정보를 담당하고 있었으며, 조나단 액셀로드의 초대로 이 프로그램에 관여하게 되었다.[583] 하지만 그가 공식적인 어떤 위치에 있었다고 볼 순 없다.

그러나 그는 액셀로드로부터 AAWSAP/BAASS에 관한 상당한 정보를 제공받았던 게 틀림없으며 2010년 이후 펜타곤 내에서

---

583 Lacatski, James T. and Kelleher, Colm A. and Knapp, George. 2021. p.49.

이 프로그램이 더 이상 정상적으로 작동되지 않던 시기에 UAP의 물질적 부분에 관심 있던 이들을 추슬러서 AAWSAP의 별칭이었던 AATIP란 이름 아래 비공식적인 조사 활동을 주도하였던 것으로 보인다.[584] 실제로 펜타곤에서 물질적 UAP에 관심을 보이고 있던 일부 정보 관료들이 AAWSAP/BAASS에 대한 정보를 외부로 유출하기로 결심했을 때 총대를 맨 이가 그였음은 틀림없는 사실이다.

왜곡된 진실

『뉴욕타임스』 보도는 펜타곤의 비밀 UFO 프로그램이 2007년부터 2012년까지 5년간 진행되었다고 했다. 원래 계획은 엘리존도가 주장했듯이 2007년부터 2012년까지로 되어 있었을 것이다. 하지만, 계약이 다소 지체되었고 또 중간에 정부 지원금이 끊어지면서 실제 기간은 2008년부터 2010년까지 약 2년이었다. 그렇다면 AATIP란 명칭은 도대체 어디서 나온 것일까?

AATIP는 공식적인 DIA 문서엔 등장하지 않는다. 그것은 AAWSAP이 보안상 외부에 노출되는 것을 꺼린 프로그램 매니저 제임스 라카츠키가 제안하여 사용된 별칭이었다.[585] 이 명칭은

---

584   이 부분에 대해 『펜타곤의 스킨워커』의 공동저자 조지 냅George Knapp은 다음과 같이 말한다. "2017년 12월 『뉴욕타임스』는 AATIP라는 프로그램에 대한 이 이야기를 실었습니다. 해리 리드는 자기 영향력을 이용해 UFO 비밀 연구를 위한 2,200만 달러를 확보했습니다. … 루이스 엘리존도가 나서서 자신이 AATIP에 참여했다고 말했는데, 아시다시피 다른 사람들도 몇 년 동안 그렇게 보고했습니다. 그러나 사실은 틀렸습니다. AATIP가 있었지만 기본 프로그램은 AAWSAP이었습니다. 거기에 자금이 투입되었습니다. 이게 더 큰 프로그램이었습니다. Murgia, Joe. 2021 참조.
585   Lacatski, James T. and Kelleher, Colm A. and Knapp, George. 2021. p.xxiv.; McMillan, Tim. 2020.

AAWSAP가 종료된 이후에도 펜타곤 내에서 계속 사용하는 조직이 존재했는데 공식적인 조직이라기보단 특별히 미군과 관련된 UFO 사항만 조사하는 임시 조직이었다고 볼 수 있다.[586]

정리하자면 엘리존도는 펜타곤의 비밀 UFO 프로그램에서 공식적으로 책임 있는 자리에 있지는 않았던 것 같다. 2010년 이후 AAWSAP 가 중단되면서 국방부 내에 물리적 실체로써의 UFO 연구 중요성을 지지하던 이들에 의해 외부 자금 투입 없이 자발적으로 관련 정보 수집분석 프로그램이 진행되었는데 엘리존도는 이 비공식 프로그램에 주도적으로 가담했을 뿐이다. 말하자면 엘리존도는 공식적인 AATIP 운영에 있어 핵심 멤버는 아니었으나 나중에 비공식적으로 운영된 AATIP의 핵심 멤버였던 것이다. 따라서 그가 마치 자신이 공식 AATIP(AAWSAP)의 운영 주체였던 것처럼 언론에 알린 건 자신을 과대 포장한 게 틀림없어 보인다.

2010년대의 UFO 사건들

그렇다면 엘리존도가 활약하던 시기에 미국에 어떤 UFO 사건이 일어났을까? 2020년 5월, 정보 자유화법을 통해 공개된 문서 중에는 미 해군으로부터 2013년 6월 27일부터 2019년 2월 13일 사이 UFO가 전투기에 충돌 위험 수위로 근접했던 총 8건의 사례들에 대한 보고서가 포함되어 있었다. AATIP가 종료된 후에도 최근까지 펜타곤 내부의 정보부처에서 UFO사례 수집 및 조사분석이 이루어

---

586 Lacatski, James T. and Kelleher, Colm A. and Knapp, George. 2021. p.xvii.

졌다는 루이스 엘리존도의 주장이 옳았음이 증명된 것이다. '위험 요소 보고서hazard reports'라고 명명된 이 보고서들에는 UFO가 너무나도 가까이 비행기에 접근해 조종사들이 위기감을 느꼈다고 한다. 지금부터 보고된 두 사례를 살펴보기로 하자.

2013년 6월 27일에 작성된 한 보고서는 플로리다 인근 대서양상에 정박 중이던 테어도어 루스벨트 항공모함을 타고 있던 F/A-18 슈퍼 호넷 전투기 편대 조종사들이 목격한 UFO를 묘사하고 있다. 이들 조종사들은 2015년 UFO 동영상을 촬영한 바로 그 장본인들이다. 이들에 따르면, 버지니아 해안 근처를 운행하던 항모 근처로 불과 200피트(약 60미터) 정도 떨어져서 내부에 정육면체가 들어있는 구체가 뒤쪽에서 연기 같은 것을 내뿜으며 날아서 지나갔다고 한다. 그것은 군용 드론이나 미사일 정도의 크기였다고 한다. 이 괴비행체는 레이다와 적외선 카메라에 모두 포착되었다고 한다. 그런데 놀라운 사실은 그후로도 약 2년간 거의 매일 같이 이런 물체들이 비행하는 것이 포착되었다는 사실이다.[587]

또 다른 보고서에는 2014년 3월 26일 버지니아 해안 인근 대서양에서 전투기를 조종하던 조종사에 의해 목격된 UFO에 대한 것이다. 이때 은빛 여행 가방 크기의 UFO가 조종사 육안으로 관찰되고 레이더에도 잡혔는데 전투기에서 불과 천 피트(약 3백 미터) 정도로 가까이 지나갔다는 것이다.[588] 이처럼 최근 목격된 UFO들은 크기가 작아서 이것들이 일종의 드론일 가능성이 제기될 수 있다. 하지

---

587 Rogoway, T. 2020.
588 Porter, Tom. 2020.

만, 이런 것들이 목격된 지역 중에 적잖은 장소가 '배타적 사용 항공영역exclusive use airspace'이다. 즉, 다른 그 어떤 비행체도 운행할 수 없도록 제한된 특별한 공간에서 이런 것들이 목격된 것이다. 그렇다면, 그것들이 외국에서 정탐용으로 보낸 비밀 비행체일까? 그 정도로 크기가 작다면 지구상 기술로는 독자적으로 오랜 시간동안 비행이 불가능하다.

비록 그 구동 방식이 매우 다르다고 하더라도 우리가 친숙한 드론처럼 주변의 가까운 어딘가에서 띄우고 조종하고 다시 회수해야 하는데 과연 그런 비밀 임무를 미국의 철통같은 감시망을 뚫고 어느 누구가 수행한다는 것일까? 이런 질문에 대해서 UFO를 목격한 조종사들 대부분은 말을 아낀다. 또한 해군에서 작성된 보고서에서도 UFO의 정체에 대한 논의는 지극히 절제적이다.[589]

이미 2004년 샌디에고 인근 태평양 상공 UFO사건에서도 살펴보았지만 미 해군 조종사들이 AAV라고 일컫는 UFO들은 드론이나 탄도 미사일과는 그 비행 특성이 현격히 다르다. 2013년과 2014년에 목격된 미확인 비행체들도 2004년의 사례처럼 극적이지는 않았으나 지구상의 비행체들과는 다른 특성들을 보였다. 그런데 이보다 더 극적인 사건들이 2015년부터 약 2년간 플로리다 인근에 정박 중이던 항공모함 테어도어 루스벨트호의 해군 조종사들에게 발생했다.

---

589   Blumenthal, Ralph and Kean, Leslie. 2020.

펜타곤 정보 라인에서 UFO 사건을 폭로한 이유

엘리존도의 진실 왜곡에도 불구하고 UFO 문제를 전 세계적으로 공론화하는데 그가 맡은 역할은 높이 평가 받을 만하다. 그는 2010년대의 미 해군에서 일어난 UFO 사건들에 대한 정보 수집에 있어서 주도적 역할을 한 것이 틀림없기 때문이다. 특히 『뉴욕타임스』를 통해 공개된 3편의 UFO 동영상 중에서 첫 번째 것은 이미 앞에서 언급한 바 있는 2004년 샌디에이고 인근 태평양 상공에서 찍힌 것이었다. 하지만, 나머지 두 편의 동영상은 AAWSAP가 운용되던 기간 중 입수할 수 있었던 게 아니다.

그것들은 2015년 1월에 플로리다 인근 대서양 상공에서 미 해군 조종사들에 의해 촬영된 것이다. 앞에서 소개한 2013년 6월 27일 사건을 목격한 조종사 중에 촬영자들이 있다. 그렇다면 이 사건들은 누가 조사했고 그 관련 자료들을 보관했을까? 당시 엘리존도를 중심으로 움직이던 팀이었을 것이다. 엘리존도를 비롯한 펜타곤 내부의 정보요원들이 UFO 정보를 외부에 공개하기로 결심하게 된 것은 이 시기에 그들이 직접 수집한 놀라운 증거들 때문이었다.[590]

루이스 엘리존도의 입장

『뉴욕타임스』에 중요한 정보를 제공한 이는 루이스 엘리존도였다. 그런데 이상하게도 이 세계적인 매체에서 엘리존도에 대한 후속 보도를 내지 않았다. 『뉴욕타임스』는 보도에 있어 신중하기로 정평

---

590 Lacatski, James T. and Kelleher, Colm A. and Knapp, George. 2021. p.155. ; Kloor, Keith. 2019.

이 나 있다. 특히 1947년 이후 UFO를 다룬 대부분 기사는 매우 비판적이었다. 사실 펜타곤의 UFO 정보에 관한 기사도 자세히 들여다보면 UFO 문제의 중요성보다 펜타곤이 국민 모르게 UFO 조사연구를 했다는 사실 폭로에 방점이 찍혀있다. 그렇다면 왜 이런 사실의 폭로에 결정적 역할을 한 엘리존도의 증언을 『뉴욕타임스』는 심도 있게 다루지 않는 것일까? 그 이유는 그가 UFO의 실재를 100% 확신하고 있는 걸 너머서 다소 황당한 관점을 보인다는 데 있을 것이다. 나중에 그가 다른 매체와 인터뷰한 내용을 살펴보면 그런 사실을 확인할 수 있다.[591]

---

591 Burton, Charlie. 2021.

Chapter 43

CBS TV '식스티 미니츠'의 UAP 대담 프로그램

'60 미니츠'에 전직 미 해군 조종사들이 출연하다.

'식스티 미니츠 60 minutes'는 1968년부터 방영된 CBS TV의 뉴스쇼 프로그램이다. 2002년에는 'TV가이드'가 선정한 TV쇼 역사상 가장 위대한 50 프로그램 중 6위에 선정되기도 했을 정도로 CBS TV의 간판 대담 프로그램이다.[592] 『뉴욕타임스』는 이 프로그램을 미국 TV에서 가장 높은 평가를 받는 뉴스 방송 중 하나라고 평가했다.[593] 이 프로그램은 2021년까지 UFO를 전면적으로 다룬 적이 없었다.

2021년 5월 16일, '식스티 미닛츠'는 UAP를 목격한 해군 조종사들을 초대해 인터뷰했다. 그들은 2004년에 문제의 항공모함

---

592 Cosgrove-Mather, Bootie. 2002.
593 Carter, Bill and Schmidt, Michael S. 2013.

니미츠 요격 그룹에 속해 있던 데이빗 프레이버와 알렉스 디트리히와,[594] 2015년에 항공모함 테어도어 루스벨트호에서 근무했던 라이언 그레이브즈였다.[595] 이들 모두 동영상을 직접 촬영한 이들은 아니었다. 하지만, 프레이버와 디트리히는 중요한 육안 목격자였다. FLIR 동영상 촬영자인 채드 언더우드는 그들과 절친한 동료였다. 또, 라이언 그레이브즈는 GOFAST와 GIMBAL 동영상을 촬영한 조종사들의 직속상관이었다. 이들을 인터뷰한 사회자는 빌 휘태커 Bill whittaker였다.

데이빗 프레이버와 알렉스 디트리히의 체험담

프레이버와 디트리히를 대상으로 한 대담에서 휘태커는 그들에게 당시 상황을 캐물었다. 그 인터뷰 내용에 따르면, 당시 UFO 목격자들은 모두 4명이었다. 인터뷰에 응한 두 사람 이외에 각각의 전투기 후방석에 타고 있던 무기 시스템 운영 장교weapons systems officer가 더 있었다. 당시 방송에서의 일문일답 내용 중 중요한 부분을 추려서 소개하면 다음과 같다.

네레이션: 그들은 잔잔한 파란 바다에서 보잉 737 비행기 크기 면적 정도의 소용돌이치는 하얀 포말이 이는 영역을 발견했다.

프레이버: 우리가 그것을 바라보고 있는 동안 그녀(디트리히)의 후방석에 앉아있는 장교가 말문을 열었어요. "어이, 편대장skipper(프레이버를

---

594 DiNick, Jacquelyn. 2021.
595 Thebault, Reis. 2021.

칭함), 너 …" 나는 말을 끊고 다음과 같이 말했죠. "이보게들, 너희도 저 아래 물체가 보이지?" 우리는 거기에 작고 하얀 틱택Tic Tac처럼 생긴 물체가 존재하는 것을 봤어요. 그것은 하얀 포말이 이는 영역 위에서 움직이고 있는 것 같았어요.

네레이션: 디트리히의 전투기가 위에서 선회하는 동안 프레이버의 전투기는 좀더 자세히 관찰하기 위해 아래로 향했다.

휘태커: 그럼 당신은 나선을 그리면서 내려갔겠네요?

프레이버: 그랬어요. 그것은 남북 방향을 가리키는 상태로 있다가 갑자기 회전했죠. 그러더니 내 전투기 운행을 흉내 냈어요. 즉, 내가 (수직하강으로) 내려가니까 내 방향으로 마주보고 똑바로 올라오더라구요.

휘태커: 그럼 그것이 당신 비행기 동작을 흉내냈단 말인가요?

프레이버: 맞아요. 그것은 분명 우리 존재를 알고 있었어요.

네레이션: 그는 그것이 자신의 F/A-18F 전투기와 비슷한 크기였으며, 어떤 표식도, 날개도, 그리고 어떤 배기 분출물도 없었다고 말했다.

프레이버: 나는 가능한 한 그 물체에 가까이 다가가고 싶었어요. 그래서 그렇게 수직 하강했던 거죠. 그리고 그것 역시 계속해서 내 전투기를 마주보고 올라오고 있었어요. 그리고 바로 내 앞까지 도달할 즈음 갑자기 사라져 버렸어요.

휘태커: 사라졌다고요?

프레이버: 사라졌어요. 다시 말하자면, 떠난거죠. 가속해서 가버린 겁니다.[596]

---

596 Whitaker, Bill. 2021.

CBS TV의 '식스티 미니츠'에 출연한
알렉스 디트리히(왼쪽)와 데이빗 프레이버(오른쪽)

프레이버는 이 장면을 CNN과의 인터뷰에선 다음과 같이 다르게 표현했다. "내가 그것에 가까이 다가갔을 즈음 … 그것은 잽싸게 가속해서 남쪽으로 이동하여 채 2초가 되기 전에 사라져 버렸어요 … 그것은 벽에서 튀어나오는 탁구공처럼 극도로 갑작스럽게 행동했습니다."[597] 그 다음 휘태커는 디트리히에게 질문했다.

휘태커: 그게 뭐라고 생각하세요?

디트리히: 아마 당신도 그 정체가 무언지 알고 싶어 이리저리 생각할 거예요. 나는 그것이 아마도 일종의 헬리콥터나 드론의 한 유형이 아니었을까 해요. 하지만, 그것이 사라져 버렸을 때, 즉, 그것이 …

---

597   Conte, Michael. 2020.

이 지점에서 디트리히는 일단 그녀가 목격한 것이 기존 비행체일 가능성을 언급한 후 뭔가 그런 것들과는 다른 특성을 이야기하려고 했던 것 같다. 하지만, 그녀가 정확한 표현을 찾지 못하고 시간을 끌자 사회자는 화제를 다른 데로 돌린다.

휘태커: 후방석 장교들도 모두 그것을 보았나요?

디트리히: 예.

프레이버: 아, 예. 모두 4명이 대략 5분 동안 비행기 안에서 그것을 쳐다보면서 비행기 안에 있었죠.[598]

프레이버와 디트리히 모두 마지막으로 그 물체가 충돌 직전 사라져 버렸다고 표현한 것에 주목할 필요가 있다. 물론 인터뷰어가 재차 묻자 그것이 가속해서 떠났다고 표현을 바꾸긴 했으나 그들이 느끼기에 정말로 그들 시야에서 사라져 버린 것이다. 이처럼 빠른 가속은 지금까지 보고된 UFO의 전형적인 운행 특성 중 하나다.

그렇다면, 당시 UFO가 얼마나 빨리 움직인 걸까? 나중에 채드 언더우드에 의해 촬영된 적외선 동영상은 '틱-택' UFO가 정지 상태에 있다가 마지막 순간 엄청난 속도로 화면에서 사라지는 것을 보여준다. 적외선 카메라에 이 정도로 잡혔으면 육안으로 볼 때 프레이버의 말처럼 사라지는 것처럼 보였을 것이다. 그리고 그 속도는 앞에서 언급되었듯 음속의 수십 배에 달할 것이다. 미군의 레이다나 적외선 카메라는 음속의 50배가 넘는 극초음속 비행체를 탐지하거

---

598 Whitaker, Bill. 2021.

나 촬영할 수 없다. 아마도 BWWSS에서 수행한 용역 과제 중에 '극초음속체 감지법'이 포함된 이유가 여기에 있을 것이다.

라이언 그레이브즈의 체험담

라이언 그레이브즈

앞에서 소개했듯이 2021년 5월 16일의 CBS의 '식스티 미니츠'에는 라이언 그레이브즈도 출연했다. 그는 2014년부터 2015년 사이에 플로리다 해안에 주둔하고 있던 테어도어 루스벨트 핵항모의 편대장이었다. 이 시기에 그의 몇몇 동료가 UFO와 거의 충돌할 뻔했다. 해군에 재직하면서 그는 매년 1명꼴로 군인들이 사망하는 걸 안타까워했다. 그런데 UFO는 그가 볼 때 이런 사망률을 높일 수 있는 위험한 요인이었다. 그가 이 문제에 관심을 보이게 된 계기다.[599] 지금부터 그가 등장한 부분에 대해 살펴보기로 하자.

내레이션: 전직 해군 조종사 라이언 그레이브즈 예비역 중령은 그 무엇이든 간에 거기에 보안 상 위험이 도사리고 있다고 말한다. 그는 그의 F/A-18F 비행 중대 대원들이 2014년 전투기 레이다를 적외선 카메라와 함께 작동할 수 있도록 업데이트하고 있는 와중

599　von Rennenkampff, Marik. 2022a.

에 버지니아 해안의 동남쪽 비행제한구역에 UFO들이 떠 있는 것을 목격했다고 한다.

휘태커: 그렇다면 당신이 그것을 동시에 레이다와 적외선 카메라로 보았다는 말입니까? 또 거기에 뭔가가 정말 있었다는 것이구요?

그레이브즈: 그것이 허상이라고 보기는 거의 불가능합니다.

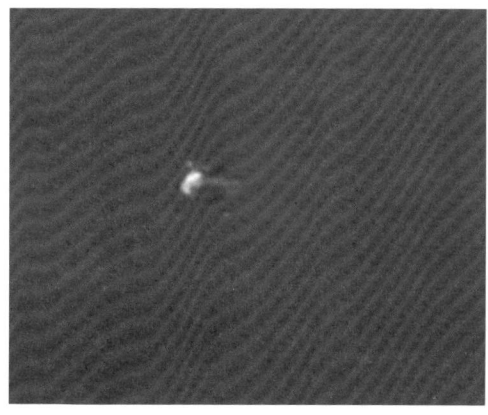

'식스티 미니츠'에 소개된 사진
2019년 미 해군이 촬영한 UAP
동영상 스틸 컷 중 하나

내레이션: 위의 사진들은 동일한 지역에서 2019년도에 찍힌 것입니다. 펜타곤은 이 사진들 속 물체의 정체를 알 수 없다고 확인해 주었습니다. 그레이브즈 중령은 대서양 해안 인근에서 훈련 중인 조종사들이 항상 이런 것들을 보아왔다고 말합니다.

그레이브즈: 매일요. 적어도 2년 정도는 매일 나타났어요.

휘태커: 잠깐만요. 2년 동안 매일 보았다고요?

그레이브즈: 그래요.

그레이브즈: 내뿜는 분출물을 몰 수 없었어요.[600]

---

600 Whitaker, Bill. 2021.

2년 동안 매일 출몰한 UFO!

2년 동안 그레이브즈 편대의 편대원들이 매일 같이 UFO를 목격했다는 이 방송 내용에 대해 로스앤젤레스의 『워싱턴포스트』 미 서부 해안 담당 기자 레이스 테발트Reis Thebault는 다음과 같이 지적했다.

"대서양의 비행 제한 상공에 이상한 비행체가 떠 있는 것을 그 조종사가 처음 목격했을 때 그는 놀라서 망연자실했다. 배출 연기나 눈에 띄는 엔진도 없어 뭔가 비밀스럽고 신비스러우며, 심지어 위험해 보이기까지 했기 때문이다. 하지만 몇 년이 지나고 나서 라이언 그레이브즈가 UFO라고 더 잘 알려진 UAP에 대한 그의 경험을 수차례에 걸쳐 TV 시청자들에게 반복해서 털어놓으면서 그의 얘기가 좀 식상해졌다. 아마도 그나 그의 이전 해군 동료들 몇 명에게 그런 목격은 규칙적으로 발생하는 일상이 되었기 때문이다. 지난 일요일 방송된 CBS의 '식스티 미니츠'의 인터뷰에서 그레이브즈는 '매일'이라고 말했다. '최소한 2년 동안 매일'이라고. 퇴역한 중령의 사실 그대로의 언급에 사회자 빌 휘태커가 말을 끊고 끼어들면서 '식스티 미니츠'를 잠시 중단시켰다. 그는 '잠시만요. 2년 동안 매일이라고요?'라고 놀라움을 표시했다. 그레이브즈는 '그렇다'고 대답했다. 그레이브즈는 똑같은 얘기를 이전에 다른 데서 한 적이 있었다. 하지만, UFO에 초점을 맞춘 '식스티 미니츠'에서의 이 인터뷰 내용이 우리에게 뭔가 새로운 신호를 보내주었다. (모든 분야에서 비주류로 취급되던) UFO가 이제는 주류가 되고 있다는."[601]

---

601   Thebault, Reis. 2021.

UFO 출현을 애써 무시하는 해군 조종사들

2017년 이후 그레이브즈는 지역의 군소 TV에 출연하여 자신의 체험담을 얘기했었다. 하지만 이들 방송의 영향력이 그리 크지 않기 때문에 그의 이 놀라운 체험담이 널리 알려지지 않았다. 하지만, 미국 전역에 방송되는 시청률 높은 CBS의 뉴스쇼 프로에 출연함으로써 드디어 미국민들이 UFO의 문제에 전과는 다른 시각을 갖기 시작했다고 테발트가 지적한다. 계속해서 이어지는 인터뷰 내용을 살펴보자.

휘태커: 당신은 이런 걸 보면 어떤 생각이 듭니까?

그레이브즈: 이건 좀 설명하기 어려운데요. 회전하고, 매우 높은 고도에 떠있고, 추진력을 갖고 있어요. 그렇죠? 모르겠어요. 솔직히 그것이 뭔지 모르겠어요.

내레이션: 그는 조종사들이 다음 3가지 중 하나일 것으로 추정한다고 말한다. 첫째, 미국의 비밀 기술. 둘째, 적대국의 스파이 비행체. 셋째, 지구 바깥에서 온 그 무엇.

그레이브즈: 가장 높은 가능성은 그것이 일종의 위해 관측 프로그램이라고 나는 말하고 싶어요.

휘태커: 그것이 러시아나 중국 기술일까요?

그레이브즈: 그럴지도 모르죠(I don't see why not).

휘태커: (그것을 보면서) 긴장했었나요?

그레이브즈: 솔직히 좀 우려하긴 했어요. 아시다시피 그것들이 다른 나라에서 보낸 전략적인 비행체라면 그건 중대한 문제겠지요. 하지만, 그것이 조금 달라 보이기 때문에 우리는 사실 이 문제

를 직시하려고 하지 않아요. 그냥 그것들이 저기에서 매일 우리를 주시하고 있다는 사실을 무시해버리는 게 나아요.[602]

라이언 그레이브즈 인터뷰에서 마지막 멘트가 사실 UFO의 문제에 대해 미군 조종사들이 취하는 대표적인 태도임을 알 수 있다. 그냥 무시해버리자! 이런 그들의 태도는 국가 안보 차원에서 볼 때 매우 황당한 것일 수 있다. 정체를 모르는 매우 고도의 기술력을 갖춘 듯 보이는 뭔가가 매일 나타나서 주위를 맴도는데 그냥 방치해버리자는 것이 과연 정상적인 상황일까? 지금까지 우리는 UFO가 매우 이따금 전문성이나 분별력이 떨어지는 사람들에 의해 보고되는 헛소리쯤으로 인식하고 있었다. 하지만, 이번 사태로 인해 드러난 진실은 UFO가 매우 자주 출현하며 미군 조종사들이 비록 그 정체를 모르긴 하지만 그들의 존재를 현실로 받아들이고 있다는 사실이다.

위에서 설명한 사건들은 이미 『뉴욕타임스』에서 2017년부터 2019년 사이에 보도한 바 있다. 공식적인 보고서만 입수하지 못했지 이미 미 해군 내부에서 많은 정보가 『뉴욕타임스』에 전달이 되고 있었기 때문이다. 그런데 당시 그 신문은 이런 것들이 다른 나라의 스파이 드론일 것이라는 정도의 추정 기사로 마무리 지었다.[603] 미국에서 최고 권위를 자랑하는 전국지로써 UFO가 지구상의 비행체가 아닐 것이라는 식으로 몰아가는 기사를 보도하기는 힘들었을 것이다. 하지만, 2021년 CBS에 출연한 조종사들의 생생한 증언은 UFO를 지구상의 비행체로는 도저히 설명할 수 없음을 명백히 보여주고 있다.

---

602   Whitaker, Bill. 2021.
603   Cooper, Helene & Blumenthal, Ralph and Kean, Leslie. 2019.

Chapter 44

UAPTF의 예비 보고서

미 해군의 UAPTF 출범

틱-택 동영상이라고도 불리는 FTIR 동영상이 어떻게 촬영되고 조사분석 되었는가에 대해서는 이미 앞에서 자세히 설명한 바 있다. 이 동영상이 처음 알려진 시기는 2009년으로 AAWSAP/BAASS의 활동이 한창 활발하던 시기였다. 그렇다면 나머지 두 동영상은 어떻게 DIA 내부에 알려지게 된 것일까?

2010년 AAWSAP/BAASS 종료 후 2020년까지 미 국방성 내부에는 자금과 인력이 정식으로 할당되어 체계적으로 UFO 사례를 수집하고 조사 분석하는 시스템이 존재하지 않았다는 점을 고려할 때 2015년에 촬영된 UFO 동영상이 DIA에 알려져서 보관되어 있었다는 사실은 다소 의외다. 루이스 엘리존도를 비롯해 이전에 여기종사하던 인력이 자신의 새로운 임무를 수행하면서 짬을 내 해오던 루틴을 그대로 유지하면서 UFO 관련 업무를 처리해왔기에 그것이 가능했을 것이다.

2017년의 『뉴욕타임스』 보도 이후 해리 리드는 미군 내에 다시 공식적인 UFO 조사팀 설치를 생각하게 되었다. 그는 이를 위해 미 상원의 정보 위원회U.S. Senate Intelligence Committee 위원들을 설득하기 시작했다. 그 결과 정보 위원회의 실세였던 플로리다주의 공화당 소속 마르코 루비오Marco Rubio의원과 버지니아주의 민주당 소속 마크 워너Mark Warner의원 주도로 2020년 6월 23일에 '미확인 공중 현상 태스크 포스(Unidentified Aerial Phenomena Task Force; UAPTF)' 설치에 대한 예산 지출 법안을 통과시켰다.[604] 그리고 2020년 8월 14일 미 국무부 차관 데이빗 노퀴스트David L. Norquist는 UAPTF의 출범을 승인한다. 이 조직은 해군성Department of the Navy에 설치되어 펜타곤 정보 보안 담당 차관실Office of the Under Secretary of Defense for Intelligence and Security과 긴밀하게 협력하면서 운영되었다.[605]

미확인 공중현상 예비 분석 보고서

2020년 겨울, 미 의회 정보 및 군사위원회에선 펜타곤에 AATIP 및 그후속 시스템에서 조사한 결과를 중심으로 관련 정보기관들의 의견을 취합한 보고서 제출을 요구했다. 이에 따라 UAPTF는 보고서 작성에 들어갔다. 2021년 6월 25일에 미 국방정보국에

---

604 Lacatski, James T. and Kelleher, Colm A. and Knapp, George. 2021. pp.xvii.; Banias, M. J. and McMillan, Tim. 2020.
605 U. S. Department of Defense. 2020.

서 공개한 '미확인 공중현상 예비 분석 보고서Preliminary Assessment: Unidentified Aerial Phenomena'는 2004년부터 2021년까지 보고된 총 144건의 미확인 비행체 목격 사례에 대한 중간 평가를 담고 있다.

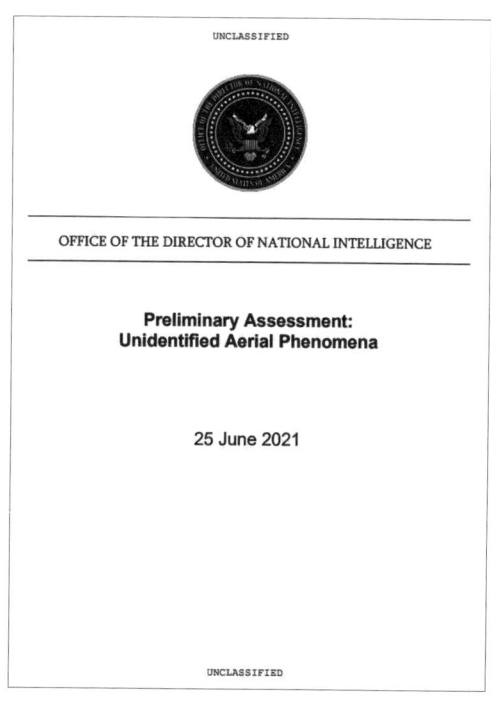

미확인 공중현상 예비 분석 보고서 표지

이 보고서는, 목격되었다고 하는 비행체들에 대한 충분한 정보가 매우 적어 어떤 결론을 도출할 수 없었다고 하면서도, 레이다나 적외선 감지기, 전자기 감지 장치나 육안으로 목격된 것으로 보아 그것들이 어떤 물리적 물체들일 것으로 보고 있다. 그렇다면 이 보고서에서는 그것들의 정체가 무엇인 것으로 추정하고 있을까? 이 보고서에서는, 수집된 사례 중 대부분이 새 떼나 기구, 또는 무인 비행체 등의 공중 부유체들airborne cluster, 얼음 조각, 수분, 또는 온도의 요동 등과 같은 자연 현상natural atmospheric phenomena, 또는 미국 내 기업이나 단체에서 제작된 어떤 비행체 관련 프로그램USG, 또는 러시아, 중국 또는 다른 국가나 집단이 만든 비밀 장치foreign adversary systems들일 것으로 보고 있다. 그리고 마지막으로 기타others를 언급하는데, 사실 이것이 UFO로 분류할 수 있는 정말 이상한 행동을 하는 비행체에 해당한다.[606]

기타 = 진짜 UFO?!

그런데 이 보고서에서 기타에 속한 것들은 '고도의 기술력'을 보여주는 것일 수 있다고 기술하고 있다. 이런 사례들로서 바람이 세게 불고 있는데 꼼짝하지 않고 공중에 떠 있거나 바람 방향에 거슬러 움직이는 경우, 갑자기 급가속하여 움직이거나 기존 비행체로 흉내 낼 수 없는 매우 빠른 속도로 날아가는 경우, 그리고 고주파 전자기 에너지를 방사하는 경우를 꼽고 있다. 대부분의 이런 특성들은 미 해군이 촬영한 3 동영상들과 관련된 UFO에서 찾아볼 수 있다.

이처럼 기타로 분류된 18건을 '고도의 기술력'과 연관시키는 본문과는 달리 놀랍게도 결론이라고 볼 수 있는 '요약문'에는 이를 센서 오작동, 목격자의 오인이나 착각으로 몰아가고 있다.[607] 그리고

---

[606] Office of the director of national intelligence. 2021.; 미 국가정보국·국방부·중앙정보국. 2023. pp.101-103.

[607] 본문 작성에 간여한 주요 인물로 트래비스 테일러(Travis S. Taylor)를 들 수 있다.

불완전한 센서 시스템 문제를 집중해서 거론한다. 50여 년 전 프로젝트 블루북을 종결시킨 '콘던 보고서'에서도 불완전한 센서 문제는 UFO 존재 자체를 불인정하는 주요 논점이었다. 하지만 2021년 현재 기타(UFO)는 그후 고도로 발전한 여러 센서 시스템에 동시 포착된 비행체들을 가리킨다. 따라서 이 요약문의 논점은 전문가 관점에서 볼 때 전혀 이치에 맞지 않는다.[608]

왜 예비 분석보고서가 이런 모순된 형태로 만들어졌을까? 이는 마치 1968년 콘던 보고서 공개하면서 본문에서 UFO의 기묘한 특성들에 대한 과학적 분석 결과를 언급해놓고서 맨 앞부분에 실린 콘던 교수의 결론 부분에서 과학적 가치가 전혀 없다고 한 것과 유사한 패턴을 보여준다. 그 당시엔 본문 내용이 워낙 방대하여 언론에서 그 내용을 제대로 읽고 분석한 후 기사화할 여건이 되지 못했다. 하지만 이번의 경우 예비 보고서의 분량이 16페이지에 불과해

UAPTF 수석 과학자로 참여한 그는 히스토리 채널의 '스킨워커 목장의 비밀(The Secret of Skinwalker Ranch)' 제작에 참여한 핵심 인물이며, 그 이전에도 많은 과학 방송 프로그램에 참여한 이력이 있다. 이 중에는 UFO와 관련된 '고대 외계인들(Ancient Aliens)'라는 유선 방송용 다큐멘터리도 포함되어 있으며, 이런 그의 경력을 알고 있는 SETI 연구소의 세트 쇼스탁의 비난을 받기도 했다. Kloor, Keith. 2022. Pentagon UFO study led by researcher who believes in the supernatural: Critics dumbfounded by reality TV star Travis Taylor's position as "chief scientist. Science, June 29, 2022. Retrieved July 19, 2022. Available at https://www.science.org/content/article/pentagon-ufo-study-led-researcher-who-believes-supernatural

608 전체적으로 육안, 레이더, 적외선 등 여러 개의 센서로 물체를 관찰하여 센서 오작동을 관찰 원인에서 배제했다. 프레이버는 자기 눈으로 물체를 보았고 프린스턴호의 레이더와 요격기 ATFLIR 센서에도 포착되었다. ATFLIR 센서가 오작동해 실제 존재하지 않는 물체를 묘사했을 수도 있지만, 그 물체가 이 우리가 아는 육안, 레이더, 적외선의 세 가지 경우에서 감지되었고 이들이 매일 사용된다는 점을 고려하면 이는 의미가 없다. 진짜 오작동이 있었다면 왜 사람의 눈, 레이더 및 기타 적외선 감지 시스템들에 의해 물체가 감지되었을 때에 하필이면 그런 오작동이 발생했을까? Mizokami, Kyle. 2019 참조.

『USA 투데이』는 당일에 발행된 기사에서 그 예비 보고서 본문에 기술된 내용의 과학적인 측면과 안보적 측면의 중요성을 심각한 어조로 지적하고 있다.[609]

---

609 Lee, Ella. 2021.

Chapter 45

미 하원 UAP 청문회 기조 및 모두 발언

2021년말 UAP 관련 미 정부 기관들의 움직임

2021년 11월 23일, 펜타곤의 캐슬린 힉스 차관은 정보 및 안보 담당 차관보(Under Secretary of Defense for Intelligence & Security, USD(I&S))실에 UAPTF 후속으로 '비행체 식별, 관리 및 동기화 그룹(Airborne Object Identification and Management Synchronization Group, AOIMSG)'을 설치하도록 했다. 그리고 이 조직이 펜타곤 내부와 다른 정부 기관들의 '특수공역(Special Use Airspace, SUA)에서 심을 끄는 비행체들을 감지하고 확인하고 속성을 파악하는 노력들을 조율하는 업무를 맡도록 지시했다. 그리고 또한 이 조직이 비행 안전과 국가 안보를 위협하는 일체 위험에 접근하여 이를 경감시키는 역할을 하도록 했다.[610]

한편 미 의회는 2021년 12월 27일, 미 국방장관이 미 국가 정보

---

610 United States Department of Defense. 2021.

국장Director of National Intelligence과 조율하여 180일 이내에 국방부 장관실 내부 또는 국방부와 국가 정보국이 공동으로 만든 기구 안에 UAPTF가 제대로 업무를 수행할 수 있도록 '전 영역 이상현상 해결 사무소(all-domain Anomaly Resolution Office; AARO)를 설치할 법령을 선포했다.[611]

2022년 UAP 청문회 개최

2022년 5월 17일, 1966년 이후 처음으로 미 국회에서 UFO 관련 청문회가 열렸다. 이 청문회는 앞으로 펜타곤 내 AOIMSG 및 UAPTF를 전반적으로 어떻게 운영을 할 것인지에 대한 설명하는 자리였다. 여기서 AOIMSG와 UAPTF의 팀장이 UAP에 대한 이슈를 적극적으로 조사할 것이란 점을 표명했다.[612]

반세기 만에 처음 개최된 UFO 청문회라는 점에서 그리고 정보 공개를 위한 첫걸음을 내디딘다는 점에서 큰 의미가 있었으나, 앞으로 헤쳐 나아가야 할 산적한 과제들이 많다는 사실을 깨닫게 해주기도 한 청문회이었다. 이 청문회는 미 하원 상설 정보 특별 위원회House of Representatives Permanent Select Committee의 역테러리즘, 역정보 및 대량무기살상방지 소위원회House Intelligence Counterterrorism, Counterintelligence, and Counterproliferation Subcommittee 의장인 안드레 카슨

---

611 50 U.S. Code § 3373-Establishment of All-domain Anomaly Resolution Office. Legal Information Institute, Cornell Law School. Available at https://www.law.cornell.edu/uscode/text/50/3373

612 Harris, Shane. 2002.

André Carson이 주재했다.[613]

이 청문회에서 답변을 맡은 이들은 AOIMSG 팀장 로널드 멀트리 Ronald Moultrie 국방부 차관과 UAPTF 팀장 스콧 브레이 Scott Bray 해군 정보 부국장이었다. 청문회에서 AATIP 프로그램이 프로젝트 블루북 이후 미국에서 공식적으로 이루어진 최초의 펜타곤 UFO 조사 프로그램임이 확인되었다.[614] 미 하원의원들 대부분의 질문에 대해 미흡한 수준의 답변들로 일관되었으나 몇몇 중요한 내용들이 언급되기도 했다. 지금부터 이런 부분들에 대해서 살펴보기로 하겠다.

안드레 카슨의 기조 연설

카슨은 기조연설에서 UAP가 국가 안보를 위협할 수 있다는 사실을 강조했다. 그는 그동안 UAP에 대한 몰이해로 이에 대한 정보 분석이 원활하지 못했고 조종사들이 보고를 회피했으며, 이를 보고하는 경우 조롱을 당하기도 했다는 사실을 지적했다. 하지만, 이제 UAP는 실제로 존재한다는 사실이 명확하므로 이것을 반드시 조사해야 한다는 의지를 피력했다.[615]

그는 또한 청문회에 나온 몰트리 차관과 브레이 부국장이 적극

---

613 Press Releases: Chairman Carson Delivers Opening Statement at Counterterrorism, Counterintelligence, and Counterproliferation Subcommittee Hearing on Unidentified Aerial Phenomena, U.S. House of Representatives Permanent Select Committee on Intelligence (Democrat), Washington DC, May 17, 2022. Available at https://democrats-intelligence.house.gov/news/documentsingle.aspx?DocumentID-1197
614 미 국가정보국·국방부·중앙정보국. 2023. p.58.
615 미 국가정보국·국방부·중앙정보국. 2023. p.20.

나서 군 당국과 민간 비행사들에게 세태가 많이 달라졌다는 점을 설득해야 한다고 강조했다. 구체적으로 UAP 보고자는 더 이상 거짓말쟁이가 아니라 중요한 목격자로 인정될 것이란 확신을 심어주어야 한다고 했다. 또한 그는 펜타곤이 제대로 조사하기보다 해명할 수 있는 대상만을 강조하는 데 더 주안점을 두어서는 안 된다고 경고하기도 했다. 그는 마지막으로 미 의회가 반세기 전에 UFO 청문회를 개최한 적이 있음을 상기시킨 후 명백한 증거가 없다는 평계를 대면서 제대로 조사를 하지 않아 흐지부지되어서는 안 된다는 점을 다음과 같이 강조했다. "다음 청문회까지 또 50년을 기다리진 않았으면 좋겠습니다."[616]

릭 크로퍼트의 모두 발언

아칸소주의 공화당 소속 하원의원 릭 크로포드Rick Crawford는 모두 발언을 통해 UAP가 근본적이고도 중요한 문제를 제시하고 있다고 하면서 이를 중국·러시아의 극초음속 무기 개발 현황과 연관시키고 있다. UAP가 러시아 및 중국의 미공개 활동을 파악하는 데 보탬이 될 수 있을 것 같아 이 청문회에 자신이 참가하게 되었다는 것이다. 그는 이에 대해서 다음과 같이 주장한다.

"정보당국은 중국과 러시아 같은, 혹시 모를 적대국이 예기치 못한 신기술로 미국에 충격을 주지 않도록 사전 조치를 해야 할 의무가 있다고 봅니다."[617]

---

616 미 국가정보국·국방부·중앙정보국. 2023. pp.21-22.
617 미 국가정보국·국방부·중앙정보국. 2023. p.22.

그는 계속해서 청문회를 개최한 위원회가 정보당국들을 감시하는 역할을 맡고 있음을 상기시키며 UAP가 지구상의 어디선가 개발된 신기술 여부를 판단하는데 그런 조직들이 어떤 역할을 하고 있는지 파악해야 할 의무가 있다고 강조했다. 그리고 혹시라도 신기술이 맞는다면 도대체 그것이 어디서 온 것인지 의문을 제기하면서 아무도 여기에 대답하지 못하고 있음을 지적했다. 결론적으로 그는 UAP에 대한 좀더 방대한 수집·분석 필요성을 제기했다.

크로포트 의원은 매스컴이 떠들어대듯 UAP가 어떤 초월적인 기술은 아닐 것이라 믿는 자신의 속내를 드러냈다. 그리고 미 정보 당국들이 미국을 상대하기 위한 적국의 전술적인 기술 개발 조짐을 관찰해 왔을 가능성을 의심하고 있다. 그는 청문회에서 이런 점들이 진지하게 논의되어야 할 것이라고 주장했다.

다른 한편 이런 적국의 신기술 동태를 파악하기 위해 미국의 조종사를 비롯한 군인들이 스스로 목격한 UAP를 보고하더라도 낙인이 찍히지 않도록 하는 것이 중요하다는 카슨 위원장의 견해를 지지하는 발언을 했다.

마지막으로 그는 해외 정부의 UAP와 유사한 신기술 개발 여부의 확인에는 국내외 개발 관련 신기술 및 시스템의 기밀정보 노출 가능성이 있지만 그것이 국가의 안위를 저해하지 않는다면 동맹국 및 국민과도 이런 정보를 공유해야 한다고 강조했다.[618]

---

618 미 국가정보국·국방부·중앙정보국. 2023. p.23.

로널드 멀트리 국방 차관의 모두 발언

멀트리는 UAP가 막상 마주쳤을 때 즉각적인 식별이 어려운 비행 물체를 가리킨다고 정의했다. 이는 UFO가 조사분석 결과 기존 비행체나 알려진 자연 현상으로 설명 불가능한 경우라고 정의되었던 1952년 프로젝트 사인의 정의와는 완전히 다른 것이다. 예전 정의대로라면 UAP는 아직 분석되지 않아 잠재적으로 UFO일지도 모르는 대상일 따름이다. 그는 국방부의 주장을 인용해 이런 사실을 인정한다. 즉, 구조적으로 수집된 데이터와 엄격한 과학적 분석을 결합하면 우리가 마주친 물체는 무엇이든 특정·규명할 수 있으며 정체를 식별할 수 있다는 것이다.[619]

이는 기조연설에서 카슨이 우려했던 바로 그 문제를 처음부터 제대로 하지 않고 제멋대로 끌고 가겠다는 의지의 표명이었다. 카슨이 의미하는 바는 진짜 UFO인 것들에 집중해서 그 정체를 규명하는데 정진해달라는 것인데 멀트리는 이미 대부분 설명 가능한 것들을 적당히 섞어놓거나 처음부터 설명 가능하도록 틀을 짜놓고 그런 것들이 왜 기존 비행체나 개발 중인 것들 또는 기상현상의 오인인지 하나하나 설명해 나가면서 시간을 끌겠다는 것이다. 이미 2004년 샌디에고 인근 태평양이나 2015년 플로리다 해안 인근 태평양 해상에서 훈련하던 항공모함 그룹들 소속 해군 조종사들이 전국적인 인기 방송에 출연해서 진짜 UFO 문제가 얼마나 심각한지를 전 국민 앞에서 까발린 상황에서 이런 대응은 정말 아주 한심한 수준이다. 그것이 아니라면 진실을 가리려는 매우 전략적인 대응일 수도 있다.

619　미 국가정보국·국방부·중앙정보국. 2023. p.26.

멀트리는 UAP가 비행 안전뿐 아니라 국가의 안보마저 위협할 수 있으므로 AOIMSG가 UAP의 기원 규명에 매진할 것이라고 하면서 아울러 적국의 스파이 항공기 운영체제(플랫폼)와 혹시 모를 신기술, 미국 정부 혹은 상업 체제(플랫폼), 연합국이나 우호국의 시스템 및 자연 현상까지 파헤칠 생각임을 밝혔다. 어쨌든 이 부분은 50여 년 전 미 공군이 프로젝트 블루북의 종료를 선언하며 UFO가 국가 안보에 전혀 영향을 끼치지 않는다고 선언한 것을 전면적으로 뒤집는 주장이라 큰 의미가 있다고 할 수 있다.[620]

그는 실무적으로 UAP 목격에 대한 발설을 할 경우 '비정상'으로 낙인찍히던 그간의 상황을 개선하기 위한 노력을 밝히면서 이를 위해 UAP 보고를 주요 임무로 규정할 것이라고 공언했다. 그리고 AOIMSG 기능이 미지 또는 미확인 비행물체를 체계적·논리적일 뿐 아니라 공인된 방법으로 규명하는 것이라고 밝혔다. 그는 이를 위해 국가정보국장실ODNI, 미연방항공국FAA, 국토안보부DHS, 연방수사국FBI, 에너지부, 국립해양대기청NOAA, 마약단속국DEA, 미항공우주국NASA등과 긴밀히 연계해 투명하게 UAP 정체 파악에 매진하기로 약속했다.[621]

스캇 브레이 부국장의 모두 발언

스캇 브레이는 2천 년대 접어들면서 군사 통제 훈련지역과 작전지역에 출몰하는 UAP가 점차 증가해왔다고 지적했다. 이와 같은

---
620 UFOs: Few answers at rare US Congressional hearing, BBC. 18 May 2022. Available at https://www.bbc.com/news/world-us-canada-61474201
621 미 국가정보국·국방부·중앙정보국. 2023. pp.27-28.

추세의 원인을 그는 UAP 보고에 관대해진 당국 방침과 공역에서 움직이는 무인 항공기 및 쿼드콥터 등 새로운 기체의 수효 증가에서 찾는다. 또한 그는 공중 비행체 감지 센서의 성능 향상도 한 원인으로 본다.

그는 UAP와 관련해 제기되는 문제를 두 가지로 요약한다. 첫째는 미확인 물체의 훈련장 침투로 인한 비행 중인 조종사의 안전이다. 둘째는 미지의 항공기나 물체가 작전 보안에 위협을 가할 수 있다는 점이다. 이를 해결하기 위해 그는 자신이 맡은 UAPTF의 주된 임무를 진술이나 서술에 근거한 연구방식에서 엄격한 과학·기술공학 중심의 연구로 전환하겠다고 공언했다.

이를 위해 국방부와 정보기관, 미국 정부 기관 및 부처에서 전문가를 섭외하는가 하면, 연구개발 및 탐색 전문기관을 비롯하여 업계 파트너와 학술연구소와도 손을 잡았고 수많은 국내외 파트너를 UAP 논의에 가담시켰다고 했다. 또, 물리학과 광학, 금속공학 및 기상학을 포함한 다양한 분야의 전문가들은 이해 폭을 넓히기 위해 참여시켰다고도 했다.

논조는 대체로 멀트리와 비슷하지만, 결정적으로 차별화되는 부분은 그의 UAP 에 대한 정의다. 그는 UAP가 아래와 같은 다섯 가지 카테고리 중 하나에 해당할 공산이 크다고 말했다. 첫째, 공중 부유물clutter 둘째, 자연현상 셋째, 정부 혹은 국내 산업개발 프로그램 넷째, 적국의 기체 다섯째, 혹시 모를 획기적인 과학 문명의 가능성이나 불가해한 사례를 감안한 '기타.'[622]

---

[622] 미 국가정보국·국방부·중앙정보국. 2023. pp.31-32.

이것은 UAP 예비 분석 보고서에서의 분류방식에 해당한다. 앞에서 이와 관련해 지적했지만, 여기서 마지막 다섯째가 진정한 의미의 UFO이며, 브레이가 이를 '혹시 모를 획기적인 과학 문명의 가능성이나 불가해한 사례'로 규정한 것은 그나마 그들이 UFO 규명에 임하겠다는 어느 정도의 의지가 담겨 있다고 볼 수 있다. 2004년 샌디에고 인근 태평양과 2015년 플로리다 해안 인근 대서양 상에서 목격된 UAP가 바로 이런 '기타'의 대표격인 셈이다.

Chapter 46

미 하원 UAP 청문회에 나타난 문제적 사항

UAP와 외계 문명과의 관련 가능성

민주당 소속 피터 웰치Peter Welch의원은 UAP와 외계 생명체와의 관련을 염두에 둔 듯한 발언을 했다. 그는 다음과 같이 주장했다.

"… 외계 생명체가 존재하는지 여부를 누구도 알 수 없습니다. 우주는 광활하죠. 그래서 확고부동한 결론을 내리는 것은 매우 주제넘은 처사일 텐데요. 하지만 혹시라도 존재한다면 탐사대가 지구에 온다는 것은 가능성의 범위를 아주 넘어서는 것도 아닐 겁니다. 위원장님도 이를 토대로 한 보고서를 많이 보았을 거고요 … 사람들은 외계 생명체가 존재할 수밖에 없다고 생각합니다. 그러니 지구에 방문했으리라는 가설이 아주 터무니없는 일도 아니라는 것이죠. 반면, 국방부는 국가 안보를 지켜야 할 책임이 있습니다. 정찰용 드론이나 미국의 방위 시스템을 와해시킬 수 있는 드론이 활개를 친다면 당연히 이를 분석해야겠지요. 그런 행위는 중단시켜야 마땅하니까요. 그럼 이러한 책무는 어떻게 나누시겠습니까? 신빙성이 있든 없든, 제보자 입장에서는 당국이 외계 생명체를 둘러싼 정보를 모두 조사해야 한다고 생각할 텐데 말이죠."[623]

웰치는 이 질문에 대한 답변을 멀트리 차관에게 요구했다. 그러자 멀트리는 다음과 같이 답변했다.

"… 미 항공우주국NASA을 비롯한 여타 기관과의 연계를 위해 노력하는 것이 중요하다고 봅니다. 정부에는 지구 밖에서 생명체를 찾는 부처도 있습니다. 해당 기관은 수년간 그 일을 해왔습니다. 외계 생명체의 존재를 찾고 있다는 것이죠. 우주생물학자도 마찬가지입니다. 저희도 똑같은 정부 부처입니다. 무엇을 발견하든 이를 은폐하는 것이 아니라, 무엇이든 실체를 파악하고, 국방 차원에서 말씀드리자면, 그것이 국가안보에 어떤 영향을 주고 우리에게는 어떤 의미가 있을지 해당 부처와 공조하여 조사하는 것이 저희의 목표입니다. 예컨대, 기상현상이라면 국립해양대기청과 함께 조사할 것이고 외계 생명체이거나, 그럴 가능성이 있다면 NASA 등과 협력할 것입니다."[624]

웰치는 청문회가 공개와 비공개로 진행되는 것에 대해 비공개로 진행하는 부분이 왜 필요한지 멀트리에게 물었다. 그러자 멀트리는

623　미 국가정보국·국방부·중앙정보국. 2023. pp.72-73.
624　미 국가정보국·국방부·중앙정보국. 2023. p.73.

그것이 국민에게 뭔가를 숨기기 위해서가 아니라 특정 정보를 파악하는 방법에 대한 보호 차원이라고 했다. 계속해서 그는 다음과 같이 언급했다.

"전 세계 지도자의 사상이든, 개발 중인 무기체계든, 혹은 자국을 위협하는 대상을 탐지하는 기술이든, 우리가 알게 되는 정보는 상당히 많죠. 이들 중 다수는 매우 민감한 정보원과 기술이 낳은 결과일 것입니다. 저희는 이를 활용할 겁니다. 아울러 정보원과 기술은 자국에 피해를 주려는 적국이나 제3자로부터 자국을 보호하기 위해 활용될 것입니다."

결론적으로 미국에 위협이 되는 대상을 파악할 수 있는 역량 및 국가적 위기 발생 전 대응 역량의 보호를 위함이라는 것이다.[625]

시그니처 매니지먼트

주요 질의자 중 한 명인 하원 정보 위원회House Intelligence Committee 의장 애덤 쉬프Adam Schiff는 예비 보고서에서 '기타'로 처리한 총 144건 중 18건에 관심을 보였다. 그는 이것들이 비행 형태가 특이하거나 첨단 기술이 반영된 것 같다고 지적했다. 그는 이들 중에서도 바람이 부는데도 공중에 정지해 있다거나 바람을 거슬러 움직인다거나, 갑작스럽게 방향을 꺾는다거나 혹은 뚜렷한 추진체도 없이 상

---

[625] 미 국가정보국·국방부·중앙정보국. 2023. pp.74-75.; House Intelligence, Open C3 Subcommittee Hearing on Unidentified Aerial Phenomena [1:16:30~1:20:38] Available at https://www.youtube.com/watch?v=aSDweUbGBow

당한 속도로 비행한 것들에 대해 질의했다. 이런 특성들은 앞에서 언급한 3편의 해군 조종사 동영상에 나타난 UFO에서 보여준 것이다. 그는 이런 특성이 아주 신기하다면서 '추진체가 없어 보이는 물체를 조종할 수 있는 (지구상의) 적을 우리가 이미 파악하고 있다고 봐도 무방한지 물었다.

이것은 매우 중요한 질문이다. 만일 이런 질문에 대해 부정적 답변이 나온다면 이는 그것이 외계 기술임을 인정하는 것이라고 대다수 사람이 생각할 것이기 때문이다. 하지만, 이 질의에 대해 브레이 부국장은 부정적 답변을 하면서도 외계 가설을 지지하지 않는다는 뉘앙스의 답변을 내놓는다.

그는 당국이 파악하기로 뚜렷한 추진체가 없는 물체를 움직일 수 있는 (지구상의) 적은 없다고 답했다. 그리고 그는 수집한 UAP 목격 보고들 중 다수의 사례에서 추진체를 식별할 수 없는 물체가 등장함을 인정한다. 그는 이것이 '추진체를 숨기는 센서 장치'일 공산이 크다고 본다. 즉, 거기엔 일종의 스텔스 기능인 '시그니처 매니지먼트signature management'를 사용하고 있을 가능성을 제기했다. 그는 이런 잠정적 결론에 도달하게 된 이유를 기본적으로 센서가 설계된 대로 하자 없이 작동한다는 UAPTF의 가정에서부터라고 설명했다. 이런 가정이 나오게 된 이유는 대부분 경우 다중센서로 수집된 사례이기 때문이라는 것이다.[626]

센서가 오작동 되지 않는다는 이런 실무팀의 가정은 '예비 보고

---

626 House Intelligence, Open C3 Subcommittee Hearing on Unidentified Aerial Phenomena [49:58~51:19]. Available at https://www.youtube.com/watch?v=aSDweUbGBow

서' 본문에 등장하는 '기타'에 대한 설명에 반영되어 있다.[627] 하지만, 요약문에선 이런 의견을 묵살하고 '기타(명시적으로 언급되어있진 않음)'가 센서 오작동에 의한 것이란 견해를 제시하고 있다.[628] 그렇다면 미국이 상대하는 지구상의 적들 중 누군가가 보고된 바와 같은 놀라운 수준의 '시그니처 매니지먼트'를 구현할 기술을 갖고 있단 말인가? 이 문제는 미국에 엄청난 국가 안보적 문제를 제기한다. 일단 이 답변으로 브레이는 보고되는 괴비행체의 외계 기원 가능성은 부정함으로써 난감한 처지에서 빠져나오기는 했지만, 그는 지구상에 존재하는 가공할만한 능력의 적국이라는 또 다른 판도라 상자를 연 셈이다.

맘스트롬 공군기지 사건

앞에서 AAWSAP/BAASS가 2009년에 공군 특수조사실 특수프로젝트팀AFOSI-SP과 회동해서 1975년 '북부 단Northern Tier'이라 불리는 공군기지들에서 발생한 UFO 사건들에 대해 논의했었다고 했다. 이들 공군기지 중 하나인 맘스트롬 공군기지는 몬태나주에 자리 잡고 있다. 그런데 이 공군기지에 얽힌 사건에 대해 질의를 한 이는 위스콘신주 공화당 의원 마이크 갤라거Mike Gallagher였다.

그는 육안으로 목격된 UAP가 맘스트롬 공군기지의 전략핵부대strategic nuclear forces 상공에 출현했다는 주장을 언급했다. 그의 주장에 따르면 그곳의 핵 ICBM 10기가 작동하지 않았고, 붉게 작열하는 구체가 상공에서 포착되었다고 한다. 그는 이런 제보의 정확

---

627 미 국가정보국·국방부·중앙정보국. 2023. pp.101-102.
628 미 국가정보국·국방부·중앙정보국. 2023. p.98.

성 여부를 떠나 이 사건을 파악하고 있었는지, 제보 정확성이 어느 정도인지를 물었다.

이에 답을 한 브레이 부국장은 그런 데이터가 UAPTF의 데이터베이스에 없으며, 사건은 들어봤으나 관련 공식 데이터는 본 적이 없다고 했다. 갤러거 의원은 브레이가 비공식 데이터를 알고 있다는 사실에 주의를 환기시키며, 펜타곤에 맘스트롬 사건을 조사 분석한 부서가 공식적으로 존재하지 않느냐고 물었다. 이에 대한 브레이의 답은 그렇다는 것이었다.[629]

맘스트롬 사건은 미 공군 AFOSI-SP에서 조사했고 거기서 많은 정보를 갖고 있다는 사실이 AAWSAP/BAASS의 활동으로 밝혀진 바 있다고 관련자들이 비공식 통로를 통해 밝힌 바 있다. 이들의 주장이 맞는다면 DIA에 보고한 AAWSAP/BAASS의 보고서에 이 부분이 포함되어 있었을 것이다. 브레이 부국장은 해군 소속으로 직접적으로 미 공군의 비밀 파일에 접근하지는 못했을 것이지만 AAWSAP/BAASS 보고서에 접근할 수 있었을 것이다. 그가 지휘하는 UAPTF가 이들 보고서를 인계받았을 것이 확실하기 때문이다. 아마도 브레이는 AAWSAP/BAASS의 방대한 보고서 한구석에 묻힌 맘스트롬을 비롯한 '북부단' 사건에 대한 AFOSI-SP와 공유한 정보를 제대로 확인하지 않고 청문회에 나온 것으로 보인다.

---

629 미 국가정보국·국방부·중앙정보국. 2023. pp.60-61.; House Intelligence, Open C3 Subcommittee Hearing on Unidentified Aerial Phenomena [1:04:21~1:05:24]. Available at https://www.youtube.com/watch?v=aSDweUbGBow

UAP와 관련된 교신, 충돌, 발포

청문회에 참석한 패널 가운데 가장 많이 준비해온 걸로 보이는 이로 민주당 소속 일리노이주 의원 라자 크리슈나무르티Raja Krishnamoorthi를 꼽을 수 있다. 정보 위원회 소속의 크리슈나무르티는 UFO와 관련해 미군이 조우한 사례의 직접적인 정황과 대응에 대해 스콧 브레이 부국장에게 매우 구체적인 질문을 했다.

그는 먼저 UAP와 미국 자산assets, 즉 항공기들이 서로 충돌한 적이 없는지를 물었다. 브레이는 충돌한 적은 없지만 최소 11건은 거의 부딪칠 뻔했다고 답했다. 그러자 크리슈나무르티는 그런 물체로부터 일종의 교신 시도가 있었는지 또는 미군이 교신을 시도했는지를 물었다. 브레이는 두 가지 시도 모두 없었다고 답했다.

저쪽에서의 교신 시도가 없었다는 것은 그렇다 치고 이쪽에서 그런 시도를 하지 않은 이유는 무엇일까? 브레이는 그것들에게 미국 영공 침범이라는 경고를 하지 않았다고 밝혔다. 그 이유는, 물론 틀린 가정일 수도 있겠지만, 그것들이 대체로 탑승자 없이 제 3자가 무선 조종하는 비행체인 듯하기 때문이라고 답했다. 그래서 미군들이 교신을 시도하지 않는다는 것이다. 크리슈나무르티는 UAP를 향해 발포한 적이 있는지를 물었다. 브레이는 그런 적이 없다고 답했다.[630]

---

[630] 미 국가정보국·국방부·중앙정보국. 2023. pp.65-66.; House Intelligence, Open C3 Subcommittee Hearing on Unidentified Aerial Phenomena [1:07:10~1:08:43]. Available at https://www.youtube.com/watch?v=aSDweUbGBow

2004년 니미츠 핵항모 함단 사건 및 '기타' 관련

크리슈나무르티의 가장 핵심적인 질문은 이른바 미확인 수중물체(unidentified submarine object; USO)에 관한 것이었다. 그는 브레이에게 다음과 같이 질문했다. "바다나 대양에 있다거나, 수면 아래에 있는 UAP를 감지할 수중 센서는 보유하고 있습니까?" 그가 이런 질문을 한 건 이미 그에게 2004년 '니미츠 핵항모 함단 사건'에 대한 구체적인 정보가 전달되었음을 의미한다. 그런데 UAP가 바닷속에서 포착된 사건에 대한 구체적인 내용은 2023년 1월 31일에 출판된 『펜타곤의 스킨워커들Skinwalkers at the Pentagon』에 최초로 공개되었다.[631] 1차 청문회가 2022년 5월에 열렸으니 아마도 이와 관련된 정보는 상기 책의 저자들이 크리슈나쿠르티 측에 책 출간 이전에 제보했던 것으로 보인다. 그 이전에는 UAPTF 관련 문서를 비롯해 그 어디에서도 언급된 적이 없기 때문이다. 그렇다면, 이 민감한 질문에 대한 펜타곤 측 답변은 무엇이었을까? 이 질문을 하자 갑자기 멀트리가 끼어들어 비공개 청문회에서 다루자고 제안한다.[632] 이 부분에 뭔가 비밀스러운 문제가 있었을까? 당연히 그래 보인다.

2004년 사건에 관해선 브레이도 부국장도 특별히 언급한 바 있다. 그는 공화당 소속의 릭 크로퍼트 의원이 "인간이 만들었다거나 자연적인 것으로는 보기 힘든 물체에 대한 구체적인 예시"를 요구하자 바로 2004년 니미츠호에서 목격한 사건을 꼽았다. 그는 데이터를 확보했으나 아직 해명 불가라고 말했다. 물론 해명이 쉬운지, 어

---

631 Lacatski, James T. and Kelleher, Colm A. and Knapp, George. 2021. p.119.
632 미 국가정보국·국방부·중앙정보국. 2023. pp.66-67.; House Intelligence, Open C3 Subcommittee Hearing on Unidentified Aerial Phenomena [1:09:01~1:09:16]. Available at https://www.youtube.com/watch?v=aSDweUbGBow

러운지도 장담할 수는 없는 상황이라는 것이다. 그리고 인공적인 것이 절대 아니라는 보장이 없다고 덧붙였다.[633]

한편 쉬프 의원은 틱-톡 동영상을 포함한 다른 동영상들과 이들을 포함한 예비 분석보고서에서 '기타'로 분류한 것들에 대해 언급하면서 그것들이 본문에서 '첨단 기술을 보여준다'고 기록된 점에 대해 문제를 제기했다. 그리고 무선 주파수 에너지를 발산한 것들이 이런 것들이나 '기타'에 포함되는지를 캐물었다. 브레이는 특이한 비행 패턴을 보이지 않은 몇 건의 사례에서도 무선 주파수 감지가 있었다고 밝혔다. 쉬프는 이런 대답에 대해 무선 주파수를 측정했다는 것이 무엇을 말하는지 캐물었고 그것이 무선 전자파 신호를 전송하는 항공기를 의미하는지 확인했다. 이에 대해 브레이는 그것으로부터 센서를 교란하려는 조짐이 보였다고 답했다. 그러자 멀트리가 끼어들어 무선 주파수 신호는 무인기(unmanned aerial vehicle; UAV) 제어나 통신 제어와도 관련이 있을 수 있다고 첨언했다.[634] 여기서 UAV를 언급한 것은 UAP가 여전히 인간이 만든 무인기일 가능성을 강조하려는 의도인 듯하다.

---

633 미 국가정보국·국방부·중앙정보국. 2023. p.77.; House Intelligence, Open C3 Subcommittee Hearing on Unidentified Aerial Phenomena [1:23:22~1:24:05] Available at https://www.youtube.com/watch?v=aSDweUbGBow

634 미 국가정보국·국방부·중앙정보국. 2023. pp.78-80.; House Intelligence, Open C3 Subcommittee Hearing on Unidentified Aerial Phenomena [1:25:20~1:28:05] Available at https://www.youtube.com/watch?v=aSDweUbGBow

Chapter 47

드러나는 UAP 특성

UFO는 물질적 실체인가?

펜타곤이 최근 UAP를 물질적 실체로 인정했다고 알려졌다. 그리고 그것들이 항공기 안전이나 국가 안보를 저해한다고 보고 있다. 그렇다면 펜타곤은 그것들이 지구상의 비행체 아닐 가능성을 어느 정도 염두에 두고 있을까? 그런 건 아니다. 예비 분석 보고서의 요약문이나 서문 초입부를 보면, 이를 작성하는데 입김을 작용한 펜타곤 내 정보 고위층이 그럴 가능성을 인정하고 싶어 하지 않는 내면을 읽을 수 있다. 물질적 실체로 확인된 것 대부분은 기존 비행체 또는 아직 그 정체가 알려지지 않은 신종 비행체로 보려 하는 것이다. 그리고 진짜 UFO에 해당하는 '기타'들은 오인이나 센서 오작동 탓으로 돌리려는 의도가 명백해 보인다.[635]

---

[635] 미 국가정보국·국방부·중앙정보국. 2023. pp.97-101.

프로젝트 블루북이 가장 획기적으로 발전할 수 있었던 시기는 에드워드 루펠트가 팀장을 맡았던 1952년이었다. 그해에 미국 수도 워싱턴 DC에 UFO가 출몰하면서 관심이 고조되었고 UFO를 체계적으로 조사하고 연구할 수 있는 충분한 동력이 있었다. 하지만, 이런 분위기에 찬물을 끼얹은 이가 바로 하버드 대학 천문학과 도널드 멘젤이다. 그는 레이더에 포착된 UFO들을 기온 역전층에 의한 레이더 허상 궤적이라고 설명했고, 이 이론이 펜타곤의 공식 기자회견에서 발표되어 매스컴과 대중이 받아들이게 되었다. 이렇게 한고비를 넘기고 나자 CIA가 적극 나서 UFO 문제를 덮기 시작했다는 사실이 최근 드러나고 있다. 만일 이런 설명이 미 국민에게 받아들여지지 않았다면 루펠트가 이끄는 프로젝트 블루북은 좀더 많은 일을 해서 지금과는 다른 결과를 내놨을지도 모른다. 최소한 레이더를 비롯한 대기 중의 미확인 현상들을 관측할 수 있는 각종 센서가 좀더 빠른 시기에 개발되었을 것이다. 그랬다면 오늘날에도 여전히 멘젤의 기온 역전층 이론이 설득력이 있을까?

미국의 유력 교양지 『뉴욕 매거진』의 정보 관련 자매지인 『인텔리전서Intelligencer』는 2019년에 FLIR 동영상을 찍은 채드 언더우드와의 인터뷰 기사를 보도한 바 있다. 여기서 사회자는 언더우드에게 그가 촬영한 UFO가 기온역전에 의한 것이 아닌지 묻는다. 이와 관련된 대담 내용을 살펴보자.

문: 미국 비평가들의 이론들에 근거해서 몇 가지 질문을 하고자 합니다. 말하자면 그것이 새떼나 일종의 기온에 의한 기상현상sort of thermal weather event이 아니냐 하는 것이죠. 물론 나는 당신이 새 떼를 충분히 관찰했을 만큼 비행기를 오랫동안 조종했을 걸로 생각합니다만.

답: 예. 새 떼는 보통 지표면 가까이에서 날아다닙니다. 예를 들어 5천 피트 상공에서 날아다니는 새 떼를 볼 일은 없다는 거죠. 2천 피트 또는 그 아래 지표면 가까이에서 주로 볼 수 있습니다. 그게 보통 새들이 움직이는 영역이지요. 그리고 그들은 주로 떼를 지어 다닙니다. 그리고 새들은 날갯짓 등을 하죠. 새를 5천 피트, 1만 피트, 또는 2만 피트 상공에서 볼일은 없죠. 그런 높이에서 날아다니지 않아요. 따라서 새는 논의할 가치도 없죠. 그리고 당신의 두 번째 질문에 대해선데요 … 사람들이 띄우는 기상관측기구가 있죠. 하지만 이건 기상관측기구가 아니에요. 왜냐하면 기구는 낮은 데서 높은 데로 지속적으로 떠오르니까요. 이것은 불규칙한 행동을 하지 않아요. 기구 움직임은 뻔해요. 따라서 절대 기구가 아니죠. 이것은 내가 아는 한 순항 미사일이나 우리가 아직 보지 못한 시험 비행체도 아니라고 봐요. 왜냐하면 그 움직임이 전혀 다르기 때문이죠. 내가 말했듯이 이게 매우 불규칙한 항적을 보였어요. 지면에서 50피트 정도 위에서 위로 날아 오르는데요… 실제로 이게 샌디에고 해안에서 멀리 떨어진 바다의 해수면 50피트 위에서 떠 있는 것처럼 보였죠. 하지만, 날개도 없고 추진체의 열도 없이 이렇게 공중 부양하는 방법은 없어요.

언더우드는 자신의 비행기에 탑재된 적외선 센서로 관측된 UFO에서 열이 전혀 감지되지 않았던 사실을 강조하고 있다. 그가 보기에 특별한 날개 구조나 열을 방출하지 않고 공중 부양을 하고 있는 그런 비행체 기술이 지구상에는 존재하지 않는다는 것이다. 그의 인터뷰 이후에 있었던 청문회에서 스콧 브레이 UAPTF 팀장은 이것을 일종의 스텔스 기술인 '시그니처 매니지먼트'로 보았다. 이렇게 자신이 촬영한 UFO에 대해 언더우드는 여러 가지 견해를 내놓았지만 정작 사회자의 두 번째 질문 중 등장하는 '일종의 기온에 의한 기상현상'에 대한 답변을 하지 않았다. 사회자는 이 부분을 다시 묻는다.

> 문: ATFLIR로 기상현상을 본 적은 없나요?
>
> 답: 만일 내가 이 물체를 혼자서 보거나 추적했다면 나는 아마도 이걸 일종의 기상현상이라고 보고 무시했을지 모르죠. 하지만, 내가 이것을 포착하기 한 시간 반 전에 별도로 여러 명이 이걸 눈으로 보고 센서들도 감지했죠. 그리고 기본적으로 우리는 모두 같은 것처럼 기술되는 물체를 포착했거든요. 그래서 나는 그것을 기상현상으로 설명할 순 없다고 봐요.[636]

언더우드의 주장은 기존 레이더 허상 표적으로 분류되었던 현상과 자신이 관측한 것이 전혀 다르다는 것이다. 2004년의 니미츠 핵항모 함단(CGS 11) UFO 사건으로 더 이상 멘젤의 기온 역전층 이론이 발붙이기는 어려울 것 같다.

UAP 특성에 대한 엘리존도의 견해

예비 분석 보고서를 통해 펜타곤 최고위층은 어떤 구체적인 결론도 내리고 있지 않지만, AATIP에 참여한 실무진들은 나름 UFO의 행동 패턴에 대한 정리된 가설을 주장한다. 2010년 이후 그 프

---

636 Phelan, Matthew, 2019.

로그램의 사실상 실무 책임자 역할을 한 걸로 보이는 루이스 엘리존도Luis Elizondo는 UFO의 특성을 순간 가속instantaneous acceleration, 극초음속hypersonic velocity, 스텔스stealth, 여러 매질을 넘나드는 운행 multimedium travel, 반중력anti-gravity의 5가지로 분류한다.

UFO는 마치 눈앞에서 사라지듯 순식간에 가속하거나 회전 반경 없이 운행 방향을 순간적으로 꺾는 비행 패턴을 보여준다. 이처럼 극단적인 가속 상황에서 일반적으로 생명체는 생존할 수 없다. 극초음속은 통상적으로 음속의 5배 이상 속도를 말하는데, UFO의 경우 30~50배 이상의 속도를 내는 것으로 보고되고 있다.[637] 그런데 대기 중에서 음속 돌파 때 나타나는 충격음인 소닉붐sonic boom이 발생하지 않는다. 여러 매질을 넘나드는 운행은 UFO가 우주 공간이나 대기 중이나 물속을 자유자재로 이동하는 것을 의미한다.[638] UFO는 또한 종종 육안으로 보이는데 레이다에는 포착되지 않거나 반대로 레이다에는 포착되는데 눈에는 보이지 않는 특성을 보인다. 펜타곤에선 이를 일종의 스텔스 기술인 시그니처 매니지먼트 기술이라고 부른다. 또한 UFO는 마치 중력이 존재하지 않는 것처럼 자유롭게 움직인다. 이와 같은 특성은 현재 지구상의 그 어떤 무기체계로도 흉내 낼 수 없는 수준을 보여준다.

엘리존도는 자신의 주장을 증명하는 구체적인 사례들을 제시하지는 않았다. 하지만, 이들 중 상당한 내용은 이미 AAWSAP에 제

---

637 비공식 단체인 SCU에 의해 계산 된 바에 의하면 그렇다. 하지만, 사실상 동일한 계산이 AWWSAP에 의해 이루어진 것으로 알려져 있다. DIA 보고서에 아직 비밀로 분류되어 있을 것이다. 이 보고서는 준공식 보고서이므로 충분히 펜타곤의 권위있는 해석으로 볼 수 있다. 이 문서들의 비밀 해지가 필요하다.

638 von Rennenkampff, Marik. 2022c.

시된 바 있다. 스텔스와 반중력은 UFO가 보여주는 동일한 현상을 달리 해석할 가능성을 남겨둔다. 실제로 추진체 분사가 있는 것인데 이를 감쪽같이 가림으로써 마치 반중력처럼 보일 수 있기 때문이다. 따라서 이 문제는 좀더 많은 데이터의 수집이 필요하다.

다음부터는 UFO가 보이는 순간 가속, 극초음속, 스텔스에 대해서 집중적으로 논의할 것이다. 그리고 다매질 운행은 최근 미 상원에서 입법을 통해 두드러지게 부각된 측면이 있으므로 다음 장에서 자세히 다룰 것이다. 반중력은 아직 지구의 기술이나 그 연장선상에서 구현할 수 없다. 이 문제는 AAWSAP/BAASS에서 추진한 이른바 '물리 프로젝트'와 관련해 따로 다룰 것이다.

순간 가속

2004년 11월 14일, CSG 11의 미 서부 캘리포니아 남부 해안 해상 훈련 도중 20개 이상의 UFO 움직임이 레이더에 포착되었다. 'UFO학을 위한 과학적 연대(Scientific Coalition for Ufology, SCU)는 이 사건과 관련해 270 페이지 정도 분량의 분석보고서를 작성했다. 여기엔 공개적으로 열람 또는 확인할 수 있는 자료들의 분석이 담겨 있다. 보고서에서 검토한 주요 자료들은 관련 전투기 조종사들인 데이빗 프레이버와 짐 슬레이터, 선임 레이더 오퍼레이터 케빈 데이 자술서 및 증언, 정보자유화법(Freedom of Information Act, FOIA)에 의해 공개된 미 해군의 4개 문건, 미 국방정보국이 공개한 F/A-18F 전투기의 ATFLIR 카메라를 통해 촬영한 UFO 영상이다.[639]

---

639 Powell, R. et al. 2019.

SCU는 상기 자료를 토대로 '틱-택' UFO의 가속도를 측정했는데 최소 40g에서 수 백g로 계산이 되었다.[640] 이는 케빈 데이의 기록이 착각에 의한 것이라고 무시하고 이동시간을 6초로 잡아서 한 계산이고 케빈 데이의 기록대로 이동 시간을 0.78초로 해서 계산하면 가속도가 무려 12,250g~18,385g에 달한다.[641]

1g는 지표면 근처에서의 중력 가속도를 의미하며 9.8m/sec^{2}정도 된다. 최신 전투기 기종들인 F-22, F-35가 실전에서 낼 수 있는 최대 가속도는 9g 정도이며,[642] F-35의 기체 설계상 최대 수용 가능 가속도는 13.5g임을 감안하면,[643] 목격된 UFO들의 비행 능력이 현존하는 그 어떤 비행 기술로도 설명 불가능하다는 사실을 확인할 수 있다.

극초음속

케빈 데이의 기록에 의하면 UFO들은 최소 약 2만8천 피트, 그리고 평균적으로 약 6만 피트 거리를 0.78초 사이에 이동한 것으로

---

640 Powell, R. et al. 2019.
641 틱-택 UFO의 크기로부터 질량을 어림한 후 가속도를 대입해 출력을 계산하면 대략 소형 전략 핵폭탄 정도의 출력이 얻어진다. Powell, R. et al. 2019. p.168 참조.; Masters, Michael P. 2022. p.264.
642 Lockheed Martin F-35 Lightning II, Wikipedia. Available at https://en.wikipedia.org/wiki/Lockheed_Martin_F-35_Lightning_II
643 Lockheed Martin F-35 Ground Test Article Completes Testing Five Months Ahead of Schedule, Lockheed Martin. Available at https://news.lockheedmartin.com/2010-06-09-Lockheed-Martin-F-35-Ground-Test-Article-Completes-Testing-Five-Months-Ahead-of-Schedule

나온다.[644] 각각을 계산해보면 그 속도는 최소 음속의 약 32배,[645] 평균적으로 음속의 약 68배 정도 된다.[646] 하지만, 그냥 이런 식으로 계산할 수 없는 것이 그것들이 8만 피트보다 높은 위치에 정지 상태로 있다가 가속해서 낙하했고 다시 정지했기 때문이다. 일정하게 가속과 감속을 했다고 가정하면 중간의 최대 속도는 약 47km/s에 달하고 이는 음속의 136배를 넘는다.[647] 미국, 러시아, 중국 등에서 개발되고 있는 극초음속 비행체들의 낙하 시 최대 속도가 음속의 27배 이하인 것을 생각해보면[648] 이런 수준의 비행 능력은 지구상의 기술이라고 볼 수 없다.

보통 비행기가 음속에 도달하면 엄청난 굉음을 낸다. 그래서 종종 훈련 중이던 제트기가 너무 낮은 고도에서 실수로 음속 돌파할 때 그 일대의 주택 창문의 유리가 깨져서 민원이 들어와 손해 배상을 하기도 한다. 하지만, UFO의 경우 종종 음속 돌파 시 충격음(소닉붐)을 내지 않는 것으로 알려져 있다.[649] 프린스턴 호에 포착된 UFO들도 바로 이런 특성을 보였다. 그것들이 해발 8만 피트 이상의 상공에서 50피트까지 탄도 미사일ballistic-missile 속도를 훨씬 상회하는 속도로 내리꽂혔는데 아무런 충격파가 감지되지 않았다는 것이다.[650] 참고로 얘기하자면 탄도 미사일은 수직 하강 시 초속 7킬

---

644 Powell, R. et al. 2019. p.16.
645 Knuth, Kevin H. et al. 2019. p.7.
646 Ibid. p.8.
647 Powell, R. et al. 2019. p.168.
648 CBS '식스티 미니츠' 프로그램에서는 UFO가 1초도 되지 않아 8만 피트를 이동했다고 되어 있다. Whitaker, Bill. 2021.
649 맹성렬, 2011. pp.190-193.
650 Powell, R. et al. 2019. p.18.

로미터(음속의 약 20배)의 속도를 낸다.[651] 앞에서 언급했듯 UFO는 이를 훨씬 넘어서는 속도로 움직였다고 한다.

스텔스

2021년의 하원 청문회에서 애덤 쉬프가 추진체가 없어 보이는 UFO를 조종할 수 있는 지구상의 적이 존재하는지를 물었을 때 스콧 브레이 부국장은 그런 존재를 부정하면서 추진체 식별이 불가능한 UFO에 추진체를 숨기는 센서 장치 장착 가능성을 제기했다. 스텔스 기능인 '시그니처 매니지먼트'가 사용되었을 것이라는 게 그의 답변 요지였다. 하지만, 이런 주장에 대해선 채드 언더우드의 인터뷰 내용을 보듯 실제 UFO를 맞닥뜨린 조종사들이 부정적이다. 적외선 센서로부터 열 방출 감지를 완벽하게 차단할 정도의 그런 기술이 적국에 개발되어 있을 것이라고 대부분 조종사가 생각하지 않는 것이다.

엘리존도도 그의 인터뷰에서 이런 사실을 주장한 바 있다. 그렇다면 UFO가 스텔스 기능을 보유하고 있다는 그의 주장은 어떤 근거가 있는 것일까? 그는 2008년부터 2009년 사이에 조나단 액셀로드가 2004년 11월 제11 항공모함 타격훈련그룹(CSG 11) 사건을 조사하고 있을 때 함께 참여했었다. 액셀로드는 2009년에 DIA에 제출한 보고서에서 UFO가 미군의 레이더 기반 교전 역량을 무력화시키는 고도의 능력을 갖추고 있다고 기술했다. 그런데 이런 역량

---

651 전형적인 대륙간 탄도 미사일(ICBM)의 사거리는 8,000~10,000km이고, 속도는 약 7km/s이다. Garwin, Richard L. 1999 참조.

이 브레이가 주장하는 '시그니처 매니지먼트'와 무관해 보인다. 후속 기록에서 그는 지구상에 알려진 그 어떤 비행체와도 비교할 수 없는 공중에 정지 상태로 있다가 수평 또는 수직으로 이동할 때 보여주는 놀라운 속도의 추진 능력을 갖추고 있다고 표현하고 있기 때문이다. 단지 지구상에서 제작이 가능한 열을 뿜는 추진체인데 스텔스 기능으로 감추고 있는 게 아니라 UFO는 이와 전혀 다른 추진 방식을 쓰고 있다는 것이다.[652] 브레이도 이 보고서를 읽었을 것이다. 하지만, 그는 민감한 추진체 문제를 덮기 위해서 이런 내용을 일부러 밝히지 않았을 것이다.

---

652 Lacatski, James T. and Kelleher, Colm A. and Knapp, George. 2021. p.119.

Chapter 48

여러 매질을 넘나드는 운행

UAP에 대한 새로운 정의

미 하원 청문회가 있기 전인 2021년 12월 27일, 미 상원에서 '미확인 공중현상을 다루는 사무실·조직·지휘체계 수립Establishment of office, organizational structure, and authorities to address unidentified aerial phenomena'법안이 통과되었다.[653] 이 법안은 2022 회계연도 국방수권법안National Defense Authorization Act의 1683조항이었는데, 미 하원 정보위원회 청문회가 끝난 지 2달이 채 지나지 않은 시점인 2022년 7월 12일, 미 상원 정보 위원회U. S. Senate Select Committee on Intelligence에 이 조항을 개정하는 법안이 상정되었다.

이날 청구된 법안의 703조항(Sec. 703)에는 기존 조항인 '미확인 공중현상을 다루는 사무실·조직·지휘체계 수립'을 '미확인 항공

---

653 S.1605-National Defense Authorization Act for Fiscal Year 2022: 117th Congress (2021-2022). Congress.Com. Available at https://www.congress.gov/bill/117th-congress/senate-bill/1605/text

우주-해저 현상 공동 프로그램 사무실 설치Establishment of Unidentified Aerospace-Undersea Phenomena Joint Program Office'로 바꾸도록 하고 있다.[654] 그리고 이 법안이 그해 7월 20일에 통과되면서 '전 영역 이상 현상 해결 사무소(All-domain Anomaly Resolution Office; AARO)'가 임시 조직들이었던 UAPTF와 AOIMSG의 뒤를 이어 마침내 상설 기관으로 활동하게 되었다.[655]

이런 법 개정은 지금까지 사용하던 UAP란 용어의 재정의에 해당한다. 즉 지금까지는 UAP가 미확인 공중현상이었지만 이제는 미국에서 공식적으로 '미확인 항공우주-해저 현상'이 된 것이다.[656] 이것은 무엇을 의미할까?

---

654 Sec. 731. Congressional Bills 117th Congress. From the U.S. Government Publishing Office. S. 4503 Reported in Senate (RS). Available at https://www.intelligence.senate.gov/legislation/intelligence-authorization-act-fiscal-year-2023-reported-july-12-2022

655 Senate Report 117-132: From the U.S. Government Publishing Office. Available at https://www.intelligence.senate.gov/publications/report-accompany-s-4503-intelligence-authorization-act-fiscal-year-2023-july-20-2022; All-domain Anomaly Resolution Office, Wikipedia. Available at https://en.wikipedia.org/wiki/All-domain_Anomaly_Resolution_Office

656 2022 회계연도 국방수권법안의 1683조에 비록 표현은 다르지만 이미 여러 매질을 넘나드는 물체에 대해 다음과 같이 언급되어 있다. "transmedium objects or devices" means objects or devices that are observed to transition between space and the atmosphere, or between the atmosphere and bodies of water, that are not immediately identifiable." 50 U.S. Code § 3373 - Establishment of All-domain Anomaly Resolution Office, Legal Information Institution, Cornell Law School. Available at https://www.law.cornell.edu/uscode/text/50/3373; 최근 AARO는 UAP를 Unidentified Anomalous Phenomena로 공식화하여 UAP의 과학기술과 안보에 있어서 인류가 처한 중요한 문제들을 덮고 있다. AARO Home. Available at https://www.aaro.mil/ 참조.

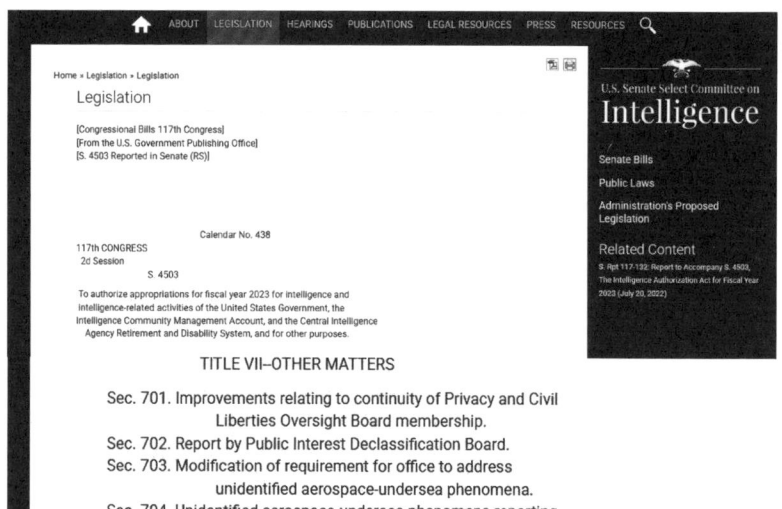

2022년 7월 12일에 미 상원 정보위원회에 상정된 법안의 703조항(Sec. 703)

'미확인 항공우주해저 현상' 도입이 의미하는 바

『힐The Hill』은 1994년에 미국 워싱턴 DC에서 창립된 언론으로 미국의 정치, 정책, 비즈니스 및 대외 관계를 다루는 시사 전문지다. 미의회는 물론 백악관과 그 밖의 정부 기관에 상당한 영향력을 행사하고 있다.[657] 이 신문의 2022년 8월 22일자에 '미 의회가 UFO들이 인간에 의한 것이 아니라는 암시를 주고 있다Congress implies UFOs have

---

657 The Hill, Wikipedia. Available at https://en.wikipedia.org/wiki/The_Hill_(newspaper)

non-human origins'란 다소 선정적인 제목의 글이 실렸다.

마릭 폰 레넨감프Marik von Rennenkampff라는 정보 전문가가 쓴 이 글에는 UAP의 의미가 달라졌다는 사실이 바로 제목과 같은 바를 뜻한다는 주장이 담겨 있다. 즉, UAP가 '미확인 항공우주-해저 현상'을 뜻하게 되면서 이것은 기존의 용어와 전혀 다른 '폭발적인' 의미를 담게 되었다는 것이다. 이 UFO에 대한 새로운 용어는 미 의회가 정의한 바에 의해 "우주에서 대기로, 또는 대기에서 물속으로의 이동transition between space and the atmosphere, or between the atmosphere and bodies of water"이 가능한 그 무엇을 가리키며 비록 현상을 그대로 사용하긴 했으나 이른바 '매질을 넘나드는 물체들transmedium objects'을 뜻하게 되었다.

그에 의하면 한마디로 말해서 미국의 국가 안보에 초점을 두는 상원 위원회 핵심 멤버들이 우주와 대기, 그리고 물속을 자유롭게 넘나드는 고등 기술력을 보여주는 미지의 물체가 진짜로 존재한다고 믿고 있다는 것이다. 심지어 이 조항에 덧붙여진 주석에는 "미국 안보에 대한 매질 초월적 위협이 나날이 폭증하고 있다transmedium threats to United States national security are expanding exponentially"고 적시된 점을 강조한다.[658]

---

658 von Rennenkampff, Marik. 2022c.

미 상원 정보위원들은 무엇을 보았을까?

레넨캄프는 상원 정보위 위원들이 아무런 근거 없이 법령으로 UAP의 정의를 바꾸지 않았을 걸로 본다. 그리고 그는 이들이 비밀로 지정된 미확인 물체의 매질을 넘나드는 운행에 대한 센서 정보를 열람했을 것으로 추론한다. 이미 미 하원 정보위 청문회에서 라자 크리슈나무르티 의원이 UAP를 감지할 수중 센서 보유 유무를 물은 적이 있다. 이 질문에 대해 로널드 몰트리 국방부 차관은 비공개 청문회에서 다루자고 제안했다.[659] 비공개 청문회에서 뭔가 구체적인 UAP의 수중 운행에 대한 자료가 공개되었고 이 자료를 상원 정보위원회에서도 공유하게 된 것이 아닐까?

실제로 『펜타곤의 스킨워커들』에서 제임스 라카츠키 등이 언급한 바에 의하면 AAWSAP/BAASS에서 2010년 12월에 DIA에 전달된 틱-택 UFO의 속도와 가속도에 대한 물리적인 분석보고서에 이런 내용이 담겨 있었다고 한다. ANSYS라는 공학 소프트웨어를 이용한 최신 시뮬레이션 기법으로 분석한 바에 따르면 대기 중 틱-택 UFO 움직임뿐 아니라 바다로의 진입 과정과 바닷속에서의 움직임도 포착되었다는 것이다. 라카츠키 등은 이런 움직임이 프레이버 등 조종사들에 의해 목격된 것이 아니라 미 해군 소나 오퍼레이터에 의해 포착되었다고 밝혔다. 이 시뮬레이션은 바닷속에서 그 물체가 핵 잠수함 속도 2배에 해당하는 70노트 속도로 이동했음을 보여주었다고 한다.[660]

---

659 미 국가정보국·국방부·중앙정보국. 2023. p.66-67. House Intelligence, Open C3 Subcommittee Hearing on Unidentified Aerial Phenomena [1:09:01 - 1:09:16]. Available at https://www.youtube.com/watch?v=aSDweUbGBow

660 Lacatski, James T. and Kelleher, Colm A. and Knapp, George. 2021. p.119.;

아마도 미 상원의 정보위원회 위원들은 대기와 수중을 자유로이 오가는 틱택 UFO에 대한 정보보고서에 근거해 '공중'의 의미만 포함되어 있던 UAP에 우주 및 해저의 의미를 추가해 그 개념을 확장한 것으로 보인다. 한편, 최근 재정의된 UAP에서 우주가 추가된 것은 틱-택 UFO가 탄도 미사일 방어 레이더에 의해 대기권 바깥에서 대기로 진입한 게 포착된 기록을 근거로 했을 것이다.

미국 항공·우주협회(American Institute of Aeronautics and Astronautics, AIAA)를 비롯해 관련 국제기구에서 한 때 UAP를 Unidetified Aerospace Phenomena로 규정하기도 했다.[661] 하지만, 현재 AIAA는 이를 Unidentified Anomaly Phenomena로 재정의함으로써 AARO의 방침과 보조를 맞추고 있다.[662] 이런 추세와 관련해 우리는 AWWSAP가 추진했던 이른바 '피직스 프로그램'을 살펴봄으로써 펜타곤 고위 정보 부서에서 UAP 기술에 대해 어떤 가능성을 검토했는지 확인해볼 필요가 있다.

Daugherty, Greg & Sullivan, Missy. 2019.
661 Ailleris, Philippe. 2011.
662 AIAA UAP Integration and Outreach Committee. Available at https://aiaauap.org

Chapter 49
첨단 항공우주 추진체 기술

AAWASP/BAASS 용역 과제 공개

2017년 뉴욕타임스 보도 이후 한동안 펜타곤에서는 AATIP에 대한 언론사들의 요구에 대한 구체적인 내용에 대한 공개적인 언급을 회피했다. 하지만, 미 의회에서는 그 프로그램의 주요 내용을 보고할 것을 요구했고 이에 따라 2018년 1월에 '공적 사용에 한함 offical use only'이라는 직인이 찍혀서 정보 및 군사위원회 소속 의원들에게 제공되었다. 하지만, 그 내용은 언론에 공개 거부되었다. 이에 『뉴욕타임스』를 비롯한 미국 주요 언론들이 정보 자유화법을 근거로 DIA에 AATIP 관련 정보 공개를 청구했다. 그 결과 2019년 1월 16일에 AAWSAP/BAASS 프로그램 제목이 공개되었다.[663]

---

663 Aftergood, Steven. 2019.; Jenkins, Brian, L. 2019.

DEFENSE INTELLIGENCE AGENCY
WASHINGTON, D.C. 20340-5100

JAN 1 6 2019

U-18-2148/FAC-2A1 (FOIA)

Mr. Steven Aftergood
Federation of American Scientists
1112 16th Street NW, Suite 400
Washington, DC 20036

Dear Mr. Aftergood:

    This responds to your Freedom of Information Act (FOIA) request, dated August 15, 2018, that you submitted to the Defense Intelligence Agency (DIA) for information concerning *a copy of the list that was recently transmitted to Congress of all DIA products produced under the Advanced Aerospace Threat and Identification Program contract.* I apologize for the delay in responding to your request. DIA continues its efforts to eliminate the large backlog of pending FOIA requests.

    A search of DIA's systems of records located (1) document (5 pages) responsive to your request. Upon review, I have determined that some portions of the document must be withheld in part from disclosure pursuant to the FOIA. The withheld portions are exempt from release pursuant to Exemption 6 of the FOIA, 5 U.S.C. § 552 (b)(6). Exemption 6 applies to information which if released would constitute an unwarranted invasion of the personal privacy of other individuals.

    If you are not satisfied with my response to your request, you may contact the DIA FOIA Requester Service Center, as well as our FOIA Public Liaison at 301-394-5587.

    Additionally, you may contact the Office of Government Information Services (OGIS) at the National Archives and Records Administration to inquire about the FOIA mediation services they offer. You may contact OGIS by email at ogis@nara.gov; telephone at 202-741-5770, toll free at 1-877-684-6448 or facsimile at 202-741-5769; or you may mail them at the following address:

    Office of Government Information Services
    National Archives and Records Administration
    8601 Adelphi Road-OGIS
    College Park, MD 20740-6001

정보 자유화법에 의거해 2019년 1월 16일 DIA가 공개한 AAWSAP/BAASS 프로그램 제목이 담긴 공문 편지의 첫 페이지(cover letter)

공개된 내용은 DIA는 '물리 프로젝트Project Physics'라 부르기로 한 바로 그것과 관련된 것으로 BAASS가 할 퍼토프와 계약 맺고 발주한 총 38 논문들의 제목이었다. 이 논문들은 UAP의 특성들을 분석하는 기반이 될 수 있는, 2050년까지의 관련 기술 발달을 고려할 때 정보계통이나 관련 학계에서 트집을 잡지 못할 정도로 논란의 여지가 없는 내용이라고 못 박았던 것들이었다.[664] 하지만, 막상 논문 제목이 공개되어 살펴보니 이 중에는 2050년까지 실행 가능성이 전혀 없어 보이는 게 있었다. 이는 특히 추진체의 동력원과 관련된 것들이었다.

물리 프로젝트의 추진체 관련 내용

*항공우주 응용을 위한 자기유체역학 공기 흡입 추진력 및 동력Magneto-hydrodynamics(MHD) Air Breathing Propulsion and Power for Aerospace Applications[665]

*첨단 핵 추진 심우주 항해용 엔진 기술Advanced Nuclear Propulsion for Manned Deep Space Missions[666]

---

664 Lacatski, James T. and Kelleher, Colm A. and Knapp, George. 2021. p.47.
665 MHD Air Breathing Propulsion and Power for Aerospace Applications. Defense Intelligence Reference Document: Defense Futures, November 21, 2010. Available at https://documents2.theblackvault.com/documents/dia/AAWSAP-DIRDs/DIRD_33-DIRD_MHD_Air_Breathing_Propulsion_and_Power_for_Aerospace_Applications.pdf
666 Advanced Nuclear Propulsion for Manned Deep Space Missions. Defense Intelligence Reference Document: Acquisition Threat Support, March 11, 2010. Available at https://documents2.theblackvault.com/documents/dia/AAWSAP-DIRDs/DIRD_11-DIRD_Advanced_Nuclear_Propulsion_for_Manned_Deep_Space_Missions.pdf

*핵융합(중성자와 무관한) 추진Aneutronic fusion propulsion[667]

*양전자(반물질) 추진장치Positron Aerospace Propulsion[668]

*항공우주 산업에서의 반중력 활용Antigravity for Aerospace Applications[669]

*음질량 추진법Negative Mass Propulsion[670]

*진공에서의 에너지 추출법Concepts for Extracting Energy from Vacuum[671]

*와프 항법, 암흑 물질 및 추가 차원 조절법Warp Drive, Dark Energy and the Manipulation of Extra Dimensions[672]

*여행 가능한 웜홀, 스타게이트, 그리고 음의 에너지Traversable Wormholes Stargates and Negative Energy[673]

위 목록은 총 38개의 물리 프로젝트 과제 중에서 비행체의 추진 관련한 것들 8개를 뽑은 것이다. 이 연구들이 UFO 동력원을 연구하기 위한 예비단계로 준비된 것들임을 고려해 앞으로 UFO 추진 특성과 연관 지어 논의해보겠다.

---

[667] Aneutronic Fusion Propulsion. Defense Intelligence Reference Document: Defense Futures, November 01, 2010. Available at https://documents2.theblackvault.com/documents/dia/AAWSAP-DIRDs/DIRD_30-DIRD_Aneutronic_Fusion_Propulsion.pdf; Chapman, John J. 2012.

[668] https://documents2.theblackvault.com/documents/dia/AAWSAP-DIRDs/DIRD_08-DIRD_Positron_Aerospace_Propulsion.pdf

[669] https://documents2.theblackvault.com/documents/dia/AAWSAP-DIRDs/DIRD_19-DIRD_Antigravity_for_Aerospace_Applications.pdf

[670] https://documents2.theblackvault.com/documents/dia/AAWSAP-DIRDs/DIRD_29-DIRD_Negative_mass_Propulsion.pdf

[671] https://www.dia.mil/FOIA/FOIA-Electronic-Reading-Room/FileId/170031/

[672] https://info.publicintelligence.net/DIA-WarpDrives.pdf

[673] https://www.dia.mil/FOIA/FOIA-Electronic-Reading-Room/FileId/170048/

MHD 공기 흡입 추진력 및 동력

거의 완벽한 진공에 가까운 우주 공간과 높은 공기 밀도의 대기에서 모두 효율적으로 작동되는 그런 추진기관을 아직 인류는 만들지 못하고 있다. UAP의 매질을 넘나드는 동작이 미스터리한 중요한 이유다. 프로펠러나 터보팬, 터보제트 등 기존의 공기 흡입 엔진들은 8만 피트 상공까지 올라가면 고속 동작이 불가능하다. 이 정도 높이에서 고속 작동되는 기관으로 램제트ramjet나 이의 상위 버전인 스크램제트supersonic combustion ramjet, scramjet가 연구개발 되고 있다. 화학연료를 쓰는 로켓엔진의 경우 공기 밀도가 매우 희박한 그 이상의 높이에서도 작동되지만, 연소시간의 제약이 있어 오랜 운행을 위해선 그만큼 많은 연료와 함께 산화제를 탑재해야 한다.

마하 25는 대기 중에서 우주로 또는 우주에서 대기 중으로 비행체가 진입하는데 필요한 속도다.[674] 최근 항공우주산업에서는 이런 속도를 낼 수 있는 스크램제트로 기존의 로켓추진을 대체하려는 움직임이 있다. 그런데 스크램제트를 제대로 작동시키려면 공기를 압축하는 역할을 하는 앞부분의 디자인이 매우 중요하다.[675] 그러나 구조 공학적인 한계로 대기 밀도가 희박한 환경에서 제대로 공기 압축하는 것이 불가능하다. 이를 위해 1980년대에 MHD를 이용하는 방법이 고안되었다. 그리고 현재 상당히 성공적으로 추진되고 있다.

MHD는 스크램제트 작동에 필요한 충분한 공기 주입을 가능

---

674 Ross, Mike. 1996. p.28.
675 Balasubramanian, R. et al. 2016. p.759.

하게 해줄 뿐만 아니라, 비행체 주변의 공기 흐름을 제어하여 비행체가 받는 충격을 최소화하거나 가속하는 것을 가능하게 한다. 이를 위해 스크램제트로 추진되는 비행체에는 MHD에 의해 제어되는 공기 주입구MDH-controlled inlet나 MDH 발생장치, 또 MDH 가속기 등이 추가로 설치되며 그래서 자기플라스마 화학 엔진(magnetoplasma chemical engine, MPCE)라고도 불린다.[676]

처음엔 MHD 연구가 원활한 스크램제트 비행체 앞부분의 공기 주입에 초점이 맞추어졌지만, 이제는 이보다 안정적이면서 더욱 높은 속도의 비행체 운행에 치중하고 있다. 그렇다면, 화학적 연료 사용을 하지 않으면서 MHD를 설치한 비행체의 가능성은 없을까? 1996년 2월의 『뉴 사이언티스트』지에는 '초고주파로 구동되는 초음속 비행접시'라는 부제가 달린 글이 기고된 바 있다. 이 기고문에 의하면 미국의 한 실험실에서 강력한 초고주파를 이용함으로써 음속의 25배 속도로 운행이 가능한 비행체 실험에 성공했다고 한다. 그런데 이 비행체에는 자체 추진 엔진이 존재하지 않는다. 이것은 외부(인공위성 등)에서 쏴 주는 초고주파 에너지가 원반형 비행체에 설치된 MHD 발생장치 및 MHD 가속기를 작동시켜 운행되도록 고안되었다.[677] 이것은 작은 비행체 내에 장착되어 엄청난 전기를 소모하는 MHD 장치를 구동할 만큼의 에너지를 만들어낼 수 있는 초소형 동력원 제작이 현재 불가능하기 때문이다.[678]

---

676 Ibid.
677 Ross, Mike. 1996. pp.28~31.
678 오늘날에도 이런 MHD 기반 시스템은 아직 충분한 에너지 밀도를 제공하는 적합한 소형 전원(예: 가상의 핵융합로)을 만들 수 없어 우주로 발사할 엄두를 내지 못하고 있다. 특히 펄스 유도형 전자석과 같이 전력을 많이 필요로 하는 전자석에 전력을 공급하는

MHD와 관련해 AAWSAP에 제출된 논문에서는 향후 핵분열이든 핵융합이든 강력한 전원장치를 탑재한 극초음속 비행체가 등장할 것을 예고하고 있다. 그리고 향후 우주선도 화학연료에 기반한 기존 로켓보다는 핵에너지에 기반한 전기적 추진 시스템이 등장할 걸로 기대하고 있다. 특히 우주선 추진을 위한 고출력 엔진으로 제논을 기반으로 한 홀 효과가 응용된 이온 엔진이, 그리고 우주선의 미세 위치 조정에는 전계 방출 전기 추진(field emission electric propulsion, FEEP)이 사용되는 것이 연구되고 있다.[679] 그리고 우주선의 경우 추진 동력원으로써 뿐만 아니라 항행 중에 고에너지 입자와의 충돌에 의한 우주선과 탑승자들의 피해를 제거하기 위한 MHD 장치가 필요하다.

UFO의 운행 특성을 MHD 기술로 설명하려는 시도가 이미 이루어진 바가 있다. 1990년 3월 30일 브뤼셀 남쪽 상공에서 출현한 UFO를 두 대의 F-16 전투기가 레이더 조준을 하고 추적하자 그것이 마하 1.5의 속도로 200미터 이하로 내려가 레이더망을 벗어났다. 이처럼 저공비행을 했으나 그날 밤 소닉붐을 들은 시민이 아무도 없었다. 그해 9월 프랑스 일간지 『파리 마치』 기자가 프랑스 국립과학연구소(Centre national de la recherche scientifique, CNRS)의 플라스마 물리연구실 책임자인 장 피에르 프티Jean Pierre Petit 교수를 방문해 이 문제에 관한 질문을 했다. 프티 교수는 일반 비행기가 이와 똑같은 저공 음속 돌파를 했을 경우 수십만 장의 유리창이 박살 날 것이라고 지적

게 불가능한 실정이다. Magneto-hydrodynamic drive, Wikipedia. Available at https://en.wikipedia.org/wiki/Magnetohydrodynamic_drive
679 MHD Air Breathing Propulsion and Power for Aerospace Applications, Defense Intelligence Reference Document: Defense Futures, November 21, 2010, p.23.

했다. 하지만 그는 충격파를 발생시키지 않고 음속 돌파를 하는 것이 물리학 범주를 넘어서는 것이냐는 기자의 질문에 대해서 전자기파의 적절한 제어로 비행체 앞면에 진공 상태를 유지함으로써 충격파를 와해시킬 수 있다는 사실이 자신의 MHD 실험 과정에서 밝혀졌다고 말했다. 그는 충분히 강력하고 정교한 전자기파의 제어가 가능하다면 '라플라스의 힘Force of Laplace'이라고 알려진 전자기력을 통해 충격파를 없애는 기술 개발이 가능하다는 것이다.[680]

2004년의 틱-택 UFO는 우주에서 8만 피트 상공으로 진입하여 2만 피트 상공이나 해수면 가까이에 이르기까지 평균 속도가 음속의 32배로 움직였다가 다시 우주로 날아갔다고 알려졌다. 이런 움직임은 이 비행체에 아주 효율적인 MHD 장치들이 장착되었다고 하면 어느 정도 설명이 가능하다. 그런데 이때 외부에서 초고주파 등 에너지가 이 괴비행체에 주입되었다는 증거가 없다. 아마 그랬다면 해군의 초고주파 센서에 감지되었을 것이다. 이 경우 그 비행체는 스스로 자체 내에서 아주 높은 에너지 동력원을 갖추고 있다고 봐야 한다. 그런 동력원으로 어떤 후보가 있을까? 핵에너지 기반 엔진일까?

소형 핵 반응로를 이용한 추진기관

1959년 UN의 우주 사무국(Office for Outer Space Affairs, UNOOSA) 산하 외계권의 평화적 이용을 위한 위원회(Committee on the Peaceful Uses of Outer Space, COPUOS)에서는 우주에서 연쇄반응을 일으키는 핵연

---

680 Brosses, Marie-Thérèse de. 1990. p.7.

료 기관사용을 금지했다. 현재 미국을 비롯해 71개국이 이 위원회에 참여하고 있다. 오늘날 미국에서 우주 계획에 방사성 물질을 사용하지만, 연쇄반응을 일으키지 않는 방사성 동위원소 열전 전동기들(Radioisotope Thermoelectric Generators, RTGs)이 사용되고 있다. 실제로 이런 동력원은 아폴로Apollo, 파이어니어Pioneer, 바이킹Viking, 보이저Voyager, 갈릴레오Galileo, 울리시스Ulysses, 카시니Cassini, 그리고 뉴 호라이즌New Horizons 등 미국 NASA의 주요 우주 계획에 사용되었다. 이들 기관은 추진기관용이 아니라 그 밖의 전원공급용으로 사용되며 100킬로와트 안팎의 전력을 공급한다.[681]

그렇다고 미국에서 우주선 추진 동력용 핵분열 기관을 개발하지 않은 것은 아니다. 이미 1950년대부터 이런 것들이 개발한 바 있다. 당시 포레버스-2APhoebus-2A라 불리는 로켓용 원자력 엔진(Nuclear Engine for Rocket Vehicle Application, NERVA) 실험이 12분 동안 이루어졌고 4기가와트가 넘는 열 출력을 얻었다. 고출력을 얻을 수 있는 장점에도 불구하고 원자력 엔진의 가장 큰 문제는 핵 오염 발생이다. 무엇보다도 지구에서 발사될 때 문제가 생긴다. 또, 우주에서 운행하는 중에 승무원들이 원자력 엔진으로부터 발생하는 방사선으로부터 안전하도록 격리 장치를 하거나 활동 공간을 가능한 한 거기서 멀리 떨어뜨리도록 할 필요가 있다.[682]

---

681 Nuclear Reactors and Radioisotopes for Space. World Nuclear Association. Updated on May 18, 2021. Available at https://world-nuclear.org/information-library/non-power-nuclear-applications/transport/nuclear-reactors-for-space.aspx

682 Aneutronic Fusion Propulsion. Defense Intelligence Reference Document: Defense Futures, November 01, 2010. p.v.

냉전 시대 펜타곤에서 UFO가 소련의 원자력 무기일 가능성이 제기된 바 있다. 그후 수십 년이 지난 현재 나타나고 있는 UFO가 원자력 추진으로 구동되고 있는 미국이나 중국, 또는 러시아의 비행체일 가능성이 있을까? 우선 그렇게 콤팩트한 형태의 엔진을 만들 정도로 기술 개발이 되었을까 하는 의문이 제기될 수 있다. 요즘 전세계적으로 소형 핵 반응로(Small modular reactors, SMRs) 개발이 추진되고 있다. 그런데 거기서 나오는 출력은 그 크기에 대체로 비례한다.[683] 최근 미 오리건주의 누스케일 파워NuScale Power라는 회사가 길이 23미터, 폭 4.5미터인 출력 5메가와트 SMR을 개발하여 2020년에 미 정부로부터 안전 승인을 받았고 2022년에는 미 원자력 규제위원회(Nuclear Regulatory Commission, NRC)로부터 최종 사용 승인까지 획득했다.[684] 상용화 이전에 군사적으로 기술 개발이 이루어지는 전례로 볼 때 미국이나 러시아, 중국에는 이보다 더 작고 고출력인 군사용 초소형 핵 반응로들이 이미 개발되어 있을 가능성이 있다. UFO가 이런 동력원과 MHD 추진기관으로 작동되는 최신 병기일 가능성이 있을까?

핵융합 추진기관

원자력(핵분열)보다 훨씬 큰 출력을 얻을 수 있으며 더 안전한 에너지원이 고온 핵융합이라고 알려져 있다. 하지만, 오늘날 주로 연

---

683 Small Nuclear Power Reactors. World Nuclear Association. Updated Friday, 16 February 2024. Available at https://www.world-nuclear.org/information-library/nuclear-fuel-cycle/nuclear-power-reactors/small-nuclear-power-reactors.aspx

684 Gent, Edd. 2022.

구되고 있는 중수소deuterium나 삼중수소tritium를 사용하는 핵융합 반응은 중성자가 80% 이상 방출되며, 역시 안전에 문제가 있다. NHD 제어가 불가능해 핵융합 반응로 침식이 일어나거나 생명체의 생존을 위협하기 때문이다. 그래서 새로이 연구되고 있는 분야가 헬륨과 리튬 동위원소를 사용하는 '중성자가 없는(aneutronic) 핵융합' 반응이다. 여기서 방출되는 입자들은 양성자나 알파 입자로 전하를 띠고 있어서 MHD 제어가 가능하다. 하지만, 이 경우엔 중수소나 삼중수소를 사용할 때 보다 핵융합 반응을 일으키고 유지하는 조건이 훨씬 까다롭다.[685] 현실적으로 중수소와 삼중수소를 사용한 핵융합도 아직 갈 길이 멀다. 한때 2030년에 시제품이 나온다는 장밋빛 청사진이 제시된 바 있었으나 지금은 2050년쯤 되어야 상용화가 가능할 것이라는 전망이다.[686] 그런데 앞에서 언급했듯 중성자 방출이 없는 핵융합은 이보다 더 어려워 상용화에 더 많은 시간이 필요할 것이다.

반물질 추진 엔진

1980년대에 휴즈 항공사와 제휴한 연구소들과 로버트 포워드 Robert L. Forward 박사는 미 공군에 연료로 반물질을 사용하는 방법을 제안했다. 이 제안서에는 반물질을 제조하고 저장하는 구체적인 방법까지 제시되었다. 먼저 가속기로 높은 에너지의 반양성자를 만든 다음 이것의 에너지를 200MeV 정도로 낮추고 레이저를 이용해

---

685 Aneutronic Fusion Propulsion, Defense Intelligence Reference Document: Defense Futures, 01 November 2010, pp.v-vi.
686 남윤희, 2021.

반수소antihydrogen를 만든다. 반수소는 냉각시켜 얼음결정이 되도록 한 후 13g 정도의 중력가속도에서 정전기적으로 부양시켜 보관한다. 반수소 1마이크로그램에서 화학연료 20킬로그램에 해당하는 에너지를 뽑아 쓸 수 있다.[687] 이 방법은 비교적 안정적으로 반물질을 관리할 수 있다는 점에서 유리하다.

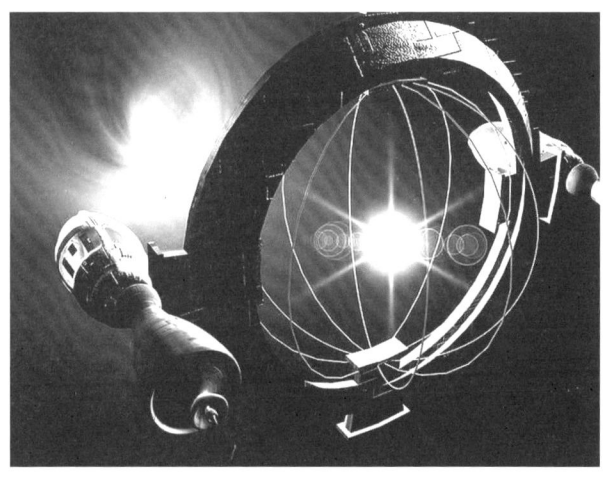

반물질 엔진이 장착된 우주선의 상상도

AWWSAP에 제출된 보고서에는 반물질 추진 엔진에 양전자를 사용하는 게 바람직하다고 되어 있다. 반양성자를 사용할 경우 과도한 에너지로 반응로 및 추진체에 훼손 및 오염이 생길 수 있기 때문이다. 양전자 소멸로 발생하는 에너지는 핵에너지와 맞먹지만, 핵

---

687 Forward, R. L. 1985a.; Forward, R. L. 1985b.

분열에서 나타나는 문제점이 이 경우엔 전혀 없다. 소멸은 나노초 수준으로 일어나며 전자기력으로 제어 가능하다. 또 핵 용기에 가해지는 장시간 관성 같은 것이 없어 양전자-전자 소멸에 의한 분출물 조절이 용이하다. 이때 나오는 저에너지 감마선은 주변 공기에 방사성 물질을 남기지 않으며 용기를 오염시키지 않는다. 또 이때 나오는 낮은 에너지는 추진 장치에 적합한 열과 전기를 만들어낼 수 있다. 이런 시스템은 복잡하고 거대한 핵분열이나 핵융합 시스템보다 훨씬 간단하게 제작할 수 있다. 무엇보다도 반물질을 사용하는 추진 장치는 핵융합을 이용하는 추진 장치보다 8배의 에너지를 이용할 수 있다는 장점이 있다.[688]

문제는 항공우주 추진체로 쓸 수 있는 충분한 양의 양전자를 어떻게 효율적으로 만드냐는 것이다. 최근 그런 방법들이 개발되고 있다. '자기 유도 전자 가속기electron betatron accelerators'를 이용하면 초당 10^{16}개를 만들 수 있다. 또 수 기가전자볼트 에너지 전자 저장링multi-GeV energy electron storage rings에서 나오는 전자빔으로 고에너지 광자빔을 만들고 이로부터 초당 10^{14-16}개의 양전자를 만들 수 있다.[689] 한편 펨토초의 고출력 레이저빔을 사용하여 10^{14}-$10^{15} cm^{-3}$의 고농도 양전자를 생산 가능성도 제시되었다.[690]

양전자를 만드는 것도 문제지만 이를 냉각시키고 모아서 저장하

---

688 LaPointe, Michael R. 1989.
689 Positron Aerospace Propulsion. Defense Intelligence Reference Document: Acquisition Threat Support. March 2, 2010, p.22. Available at https://documents2.theblackvault.com/documents/dia/AAWSAP-DIRDs/DIRD_08-DIRD_Positron_Aerospace_Propulsion.pdf
690 Sarri, G. 2013.

는 것 또한 해결해야 할 문제다. 저장 용기 표면에서 강한 정전기력을 발산하도록 하여 양전자 접근을 막아야 하며 이중적 보호를 위해 MHD발생장치를 사용하기도 한다.[691]

이처럼 최근 추세는 항공우주 추진 엔진으로 오염 문제가 심각한 핵분열 기관이나 아직 개발이 요원한 핵융합 기관보다 반물질 기관에 대한 기대가 더 커지고 있다.

반중력 추진 엔진

핵분열이 되었건 핵융합이 되었건 또는 반물질이 되었건 작은 기체에서 엄청난 출력을 낼 수 있는 기본적인 동력원에 대한 아이디어는 어느 정도 나왔다. 하지만, UFO가 보여주는 놀라운 기동력은 단지 강력한 동력원만으로는 설명할 수 없다. 앞에서 MHD를 언급했는데 이 역시 그 기동력에 한계가 있다. 그래서 연구되고 있는 것이 반중력이다. 아무래도 UFO의 운행에는 반중력이 사용되고 있다고 보인다는 것이다.

691　LaPointe, Michael R. 1989.; Pedersen, T. Sunn et al. 2019.

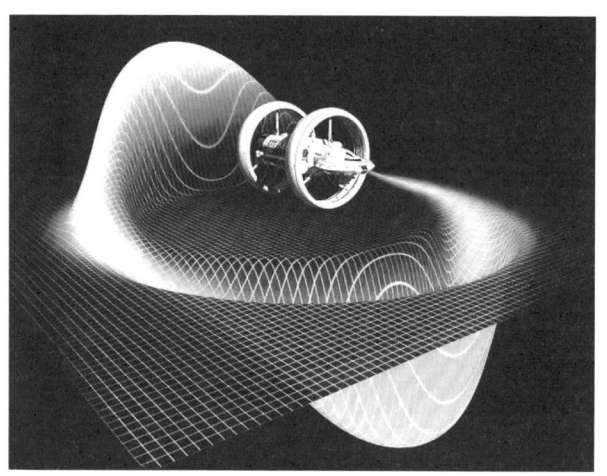
반중력 엔진이 장착된 우주선의 상상도

반중력은 이론적으로 시공간을 조작함으로써 가능하다고 알려져 있다. 반중력을 항공우주 추진력으로 사용하기 위해선 중력에 대항하는 힘을 끌어내거나 중력을 조절하는 방식이 필요하다. 이것이 가능하게 하는데 아인슈타인의 일반 상대성 이론의 이론적 배경을 동원할 수 있다. 또는 양자역학과 중력과의 상호작용으로 이런 힘을 끌어내자는 아이디어도 존재한다.

여기서 음의 에너지 개념이 중요하게 강조된다. 음의 에너지는 반중력을 끌어내는데 가장 확실한 방법이기 때문이다. 현재 음의 에너지를 일부 생성할 수 있다는 것이 실험적으로 알려져 있다. 하지만, 이를 실용화하려면 음의 에너지를 측정하고, 효율적으로 만들고,[692]

---

692 Antigravity for Aerospace Applications, Defense Intelligence Reference Document: Acquisition Threat Support. March 30, 2010, p.27. Available at

수집 및 축적할 수 있어야 한다.[693]

한편 '양자 진공 영점 요동 힘Quantum Vacuum Zero-Point Fluctuation Force'을 이용하여 반중력을 끌어내는 방법이 실험적으로 제시된 적이 있다. AWWSAP에 제출된 보고서에 이런 실험에 대한 지원 필요성이 언급되어 있다.[694]

와프 항법

칼 세이건이나 프랭크 드레이크 등이 SETI 계획을 추진하면서 했던 전제는 아주 먼 우주에서 방문자들이 직접 지구를 찾아올 방법이 마땅치 않다는 것이었다. 결국 전파를 이용한 교신만이 가장 합리적인 연결 수단이라는 게 전제되었다. 하지만, 만일 빛의 속도에 구애받지 않고 우주 공간을 자유로이 이동할 수 있다면? 이런 꿈과 같은 아이디어가 스타 트렉과 같은 SF 물에서 소개되었고 이를 '와프 항법'이라 부른다.

---

https://documents2.theblackvault.com/documents/dia/AAWSAP-DIRDs/DIRD_19-DIRD_Antigravity_for_Aerospace_Applications.pdf

693 Ibid. p.23.
694 Ibid.; E. Calloni et al. 2022.

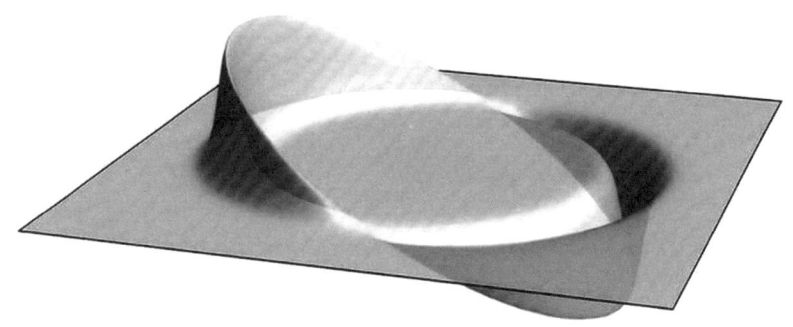

와프 항법을 가능하게 하는 와프장 형성에 대한 도해적 설명
AllenMcC/Wikipedia (CC BY-A 3.0)

    그런데 AWWSAP에 제출된 보고서 중에 이런 항법의 가능성이 논의된 것이 있다. 분명 이 프로젝트는 2050년까지 가능성이 있는 과제를 대상으로 한다고 했다. 지금까지 언급된 보고서들은 대체로 이런 범주에 들었다. (반중력은 좀 의심스럽긴하다) 그런데 아무래도 와프 항법은 2050년 안에 뭔가 가시적 성과가 나올 듯해 보이지 않는다.

    그럼에도 이 보고서의 작성자는 이런 기술의 적용 시기가 멀지 않다고 본다. 그는 암흑 에너지가 우주의 팽창을 가속하는 근원으로 우주적 진공 에너지로 볼 수 있다면서[695] 이것의 제어를 통해 와프

---

695 Warp Drive, Dark Energy, and the Manipulation of Extra Dimensions, Defense Intelligence Reference Document: Acquisition Threat Support. April 2, 2010. p.vii. Available at https://info.publicintelligence.net/DIA-WarpDrives.pdf

항법이 가능할 것이라고 다음과 같이 말한다. "고차원 공간을 조절함으로써 암흑 에너지 밀도를 조절하고 이를 통해 궁극적으로는 아주 특별한 추진 기술들을 개발해 낼 수 있을 것이며, 특히 와프 항법이 바로 그것이다."[696]

보고서 작성자는 이를 통해 이웃 행성으로의 여행에 수년이 아니라 몇 시간 정도가 소요될 것이며 다른 항성계까지 가는 것도 수십만년이 아니라 몇 주일이면 가능할 것이라고 결론짓고 있다.[697]

당연히 이런 논문에 대해 관련 문제를 연구하는 칼텍의 션 캐롤Sean Carrol같은 이론 물리학자들은 현실성이 없다고 말한다. 비록 이론적으로 그럴듯하지만, 그것을 현실적으로 응용하는 것은 전혀 다른 문제라는 것이다.[698] 물론 이런 보고서들이 평범한 펜타곤 보고서라면 이런 주장이 매우 합리적이다. 하지만, 이 문제를 취재한 『비즈니스 인사이더Business Insider』라는 시사지는 이것이 미군이 새로운 적의 기술에 대비해 취득한 위협에 대한 보완을 위한 참고용이라는데 주목한다. 그런데 그들은 그것이 중국이나 러시아 기술이라는 걸 밝히는데 실패했다고 지적하는 정도에 그친다.[699] 하지만, 이 프로젝트를 추진한 이들은 처음부터 UFO가 보여주는 기술이 지구상의 기술이 아닐 것이란 추정을 했다. 결국 이런 보고서는 UFO가 와프 항법을 이용해 외계에서 날아온 존재일 가능성을 염두에 둔 것이라고 봐야 한다. 캐롤의 지적처럼 현재 지구인들에게는 아직

---

696 Ibid., p.24.
697 Ibid., pp.v-vi.
698 Mosher, Dave. 2018.
699 Ibid.

이론적인 문제겠지만 어쩌면 우주 저 멀리에서 날아온 외계인들에게 와프 항법쯤이야 아주 기본적인 교통수단일지도 모른다.

웜홀 여행

정보 자유화법 소송에 의해 2019년 1월 16일 AAWSAP/BAASS 프로그램 제목들 38개가 공개되었을 때 매스컴에서 가장 주목했던 것은 '와프 항법'과 함께 '스타게이트'였다. 모두 대중적이면서도 외계인을 연상시키는 제목들이었기 때문이다. 미국 납세인 조합National Taxpayers Union Foundation의 블로그에 올린 조합 연구소 부소장 데미안 브래디Demian Brady의 글은 이 문제를 꼬집고 있었다. 그는 이 프로그램이 미 공군이 냉전 시대에 UFO를 조사하다가 마감하면서 국가 안보가 되었건 과학적인 측면이 되었건 더 이상 이런 조사가 정당화될 수 없다고 공식적으로 결론을 내린 후 납세자들에게 어떤 설명도 없이 UFO와 관련해 SF와 같은 것에 돈을 쓰는 이런 대담한 시도를 한 것에 분개하는 글을 실었다.[700]

---

700 Brady, Demian. 2019.

웜홀에 진입하고 있는 우주선의 상상도

　미국 과학자 연맹Federation of American Scientists도 '여행 가능한 웜홀, 스타게이트, 그리고 음의 에너지'를 특정해서 이들 보고서 내용의 황당함을 강조했다.[701] 원래 AWWSAP가 표방했듯 그것이 2050년 이내에 지구 문명권에서 달성이 가능한 기술이 아닌 것은 확실해 보이지만, 그것을 과학자들이 마냥 황당해만 해야 할 내용은 아니라고 본다.

　25장에서 칼 세이건의 소설 컨택트의 구도를 과학적으로 뒷받침하기 위해 킵 손이 한 역할을 소개했었다. 그후 킵 손은 칼텍Caltech 동료들과 함께 자신의 '여행 가능한 웜홀' 구상이 물리적으로 가능하다는 것을 보여주기 위한 작업을 시작했다. 그리고 그 결과는 1988년 세계적인 권위의 물리학 학술지 『피지컬 리뷰 레터스』

701　Aftergood, Steven. 2019.

에 '웜홀, 타임머신, 그리고 약력 조건Wormholes, Time Machines, and the Weak Energy Condition'이라는 제목으로 발표되었다. 이 논문에서 킵 손 등은 다음과 같이 논문을 쓰게 된 동기를 밝히고 있다. "우리는 물리학 법칙이 극도로 발달한 문명이 성간 여행을 위한 웜홀을 만들고 유지할 수 있도록 허용할 것인가 하는 의문에서 이 작업을 시작했다."[702]

이 논문에서 킵 손은 아주 극도로 발달한 문명이라면 엄청난 에너지를 집적할 수 있을 거라고 전제한 후 이 경우 우리가 알고 있는 자연 상태의 우주에는 존재하지 않는 특수한 물질을 인공적으로 만들어서 웜홀을 구축할 수 있다고 주장했다. 그후 이 논문과 관련해 대체로 지지하는 논문들이 쏟아졌다.[703] 그리고 이런 과정은 아직도 진행 중이다.

---

702 웜홀 입구에 특수한 물질 덩어리를 배치할 수 있다면, 시공간 여행자는 사건의 지평선을 사라지게 만들고 웜홀 통과가 가능하다. 이런 물질 덩어리는 어떤 의미에서 이 우주에 존재한다. 단지 양자역학 규칙이 그것이 오직 작은 규모에서만 생성되도록 강제할 뿐이다. 그런데 이 작은 양으로는 사건의 지평선 제거가 가능하지 않다고 알려져 있다. 하지만, 최근 특수한 유형의 웜홀일 경우 양자 규모에서 끊임없이 생성되고 파괴되는 양만큼 작은 특수한 물질 덩어리로도 블랙홀을 통과할 수 있다는 주장이 제기되었다. Morris, Michael S., Thorne, Kip S. and Yurtsever, Ulvi. 1988.

703 Gao, P. et al. 2017.; Miritescu, Catalina-Ana. 2020.; Garattini, Remo. 2020.; Sutter, Paul. 2021.; Mehta, A.K. 2023.

Part 12

SETI와 UFO의 만남

Chapter 50

최근의 SETI 및 외계 생명체 탐색 동향

세이건의 SETI에 관한 마지막 『사이언티픽 아메리칸』 기고

프랭크 드레이크의 1959년 선구적 실험 이후 다른 학자들이 외계 지적 생명체가 보내는 전파 신호를 수신할 방법에 대한 여러 가지 시도를 했다. 여기엔 드레이크를 포함해 세이건 등 천문학자들이 참여하였다. 그리고 이를 미국 정부 차원에서 체계적으로 추진할 방법 모색이 캘리포니아주 마운틴 뷰에 소재한 NASA의 에임스 연구센터 Ames Research Center에서 일하는 영국인 존 빌링햄John Billingham에 의해 1980년경부터 12여 년간 이루어지고 있었다. 1990년대 초 그를 중심으로 SETI에 필요한 하드웨어와 소프트웨어가 개발되었고 이제 NASA차원의 본격적인 시도가 이루어질 준비가 끝났다. 그런데 갑자기 1993년에 미 상원에서 이 프로젝트의 중단이 결정되었다.[704]

---

704 SETI Research, SETI Institute. Available at https://www.seti.org/seti-research

1994년 10월호 『사이언티픽 아메리칸』에 쓴 칼 세이건 마지막 기고문의 제목은 '외계생명체 탐사The Search for Extraterrestrial Life'였다. NASA에서 추진될 뻔했다가 정치적인 이유로 SETI 계획이 무산된 것을 안타까워하고 있었던 그는 이 글을 통해 미국 정치권과 정부가 다시 SETI에 관심 가져줄 것을 촉구했다. 그는 아직 지구가 생명체가 사는 유일한 곳으로 알려져 있지만, 과학자들의 연구로 우주 여러 곳에 생명 물질을 만들 수 있는 화학반응들이 일어나고 있음을 상기시키면서 외계 생명체 탐색의 불꽃이 재점화되길 바랐다.[705] 하지만 그의 염원은 이루어지지 않았고 현재까지 SETI는 민간인들의 기부금에 의존해 진행되고 있다.

METI

최근 SETI에서 갈라져 나온 새로운 프로젝트가 있으니 그 명칭은 외계 지성체에게 메시지 보내기(Messaging Extraterrestrial Intelligence, METI)이다. 이 프로젝트는 미국 샌프란시스코에 본부를 둔 비영리 단체에 의해 운영된다. 오랫동안 외계 지성체로부터의 신호를 받는 것에 중점을 두었던 SETI와는 달리 생명체가 살 수 있을 것으로 보이는 특정 외계 행성을 향해 우리가 직접 신호를 보내자는 것이 이 프로젝트의 취지다.

물론 유사한 프로젝트가 1974년에 시도된 바 있었다. 이때 프랭크 드레이크, 칼 세이건 등이 고안한 메시지를 담은 전파를 태양에서 2만5천 광년 떨어진 구상성단 M13globular cluster M13을 향해 보낸

---

705 Sagan, Carl. 1994.

적이 있었다. 하지만, 이 시도는 특정 외계 행성을 타겟으로 한 것이 아니었고 그 목적지가 너무 멀어 그쪽으로부터의 반응을 확인할 수도 없다는 점에서 일종의 상징적인 해프닝이었다.

이제 보다 확실성이 높아진 프로젝트가 가능해진 것은 외계 행성을 찾아내는 다양한 기법들이 개발되었기 때문이다. 특정 외계 행성 표면의 주 화학성분이 무엇인지도 알아내는 기법까지 동원하면 거기에 생명체가 살 가능성 여부도 알아낼 수 있게 되었다. 실제로 이런 기법을 이용해 2017년 10월에 METI 프로젝트 과학자들은 태양에서 12광년 떨어진 적색왜성 루이텐Luyten에 속한 행성 GJ 273를 향해 전파 신호를 보냈다. 이 신호에는 과학적이고 수학적인 내용과 함께 소나 모임Sónar community에 속한 음악가들이 작곡한 짧은 음악들 33편이 실려있었다.[706]

METI 프로젝트에 대해 비판적인 학자가 있었으니 바로 스티븐 호킹이다. 그는 이런 방식에 의해 우리의 정체가 외계에 알려진다면 혹시 거기에 살고 있을지 모르는 적대적이거나 자원이 필요한 지적 외계인들이 지구를 침공할 수 있다고 우려했었다. 하지만, 루이텐에 전파신호를 보내는 프로젝트를 지휘했던 METI 인터내셔널 대표 더글라스 배코흐Douglas Vakoch는 그럴 위험이 없다고 단언한다. 그는 거기에 어떤 생명체가 살고 있다고 해도 그들이 우리를 침공할 능력이 있는지도 의문이며, 이미 지구상에서 TV나 라디오 신호가 외계로 나간 지 30년이 넘은 상황인 만큼 루이텐에 누군가 충분히 발달한 문명을 갖춘 이들이 이런 신호를 들었다면 이미 벌써 오래 전에 우리의 존재를 알아챘을 것이라고 말한다.[707]

---

706 Brooks, Chuck. 2022.
707 Wall, Mike. 2017.

중력 미소 렌즈

외계 행성을 찾아내는데 여러 가지 광학적 음향학적 방식이 동원되고 있다. 이 중에서 최근 개발된 아주 강력한 방법이 중력 미소렌즈gravitational microlensing 기법이다. 특정 별이 행성을 거느리고 있다고 하자. 이 별이 방사되는 빛은 직진하지 못하고 미소하나마 주변의 행성 중력에 의해 휘게 된다. 이는 아인슈타인의 일반 상대성 이론에 의한 것이다. 오늘날 관측 기법은 이런 빛의 미소한 힘을 감지해 낼 수 있을 만큼 발전했다. 이를 이용해 항성이 행성을 거느리고 있는지를 알 수 있다.

어떤 행성이 특정 항성 주변을 돌고 있을 때 그 질량이 충분히 크고 어느 정도 떨어져 있으면 이런 중력 미소 렌즈 효과를 감지해 낼 수 있다. 그런데 이 두 조건이 모두 그 행성에 생명체가 살 가능성을 높여준다. (물론 그것이 너무 무겁거나 항성에서 너무 멀리 떨어져 있으면 그럴 가능성은 떨어진다)[708] 중력 미소렌즈를 이용해 대부분 항성이 행성을 거느리고 있다는 사실이 알려졌다.이처럼 외계 행성들의 발견이 잇따르자 NASA는 국가적 차원의 SETI 계획을 재개할 용의가 있음을 비치고 있다.[709]

---

708 Microlensing, NASA. Available at https://roman.gsfc.nasa.gov/exoplanets_microlensing.html
709 SpaceRef. 2021.

외계 생명체 관련한 최근 발견

지난 30년 동안 외계 생명체를 찾는 방식은 직접적으로 전파 신호를 받거나 보내는 방식에 치중되었었다. 하지만 최근에는 생명체 존재에 대한 직간접적 증거들이 전파를 통한 교신 방법 이외에 다른 기술적 발달을 통해 드러나고 있다. 이런 기술 중 하나가 바로 앞에서 설명한 중력 마이크로렌즈 기법이다.

그런데 앞에서 언급한 방식으로 어떤 외계 행성을 발견했다고 하자. 그곳에 정말 생명체가 존재할 가능성은 어떻게 확인할 수 있을까? 초고성능 망원경과 분광 기계의 조합으로 이것이 가능해졌다. 예를 들자면 최근 제임스 웹 우주 망원경James Webb Space Telescope과 분광 시스템을 통해 직접적으로 물과 이산화탄소가 풍부한 것으로 추정되는 외계 행성을 발견했다. 지구에서 1백 광년 떨어진 곳의 TOI-1452 b라는 행성이 물로 뒤덮여있을 가능성이 매우 높다는 것이다.[710]

한편 2022년에는 지름이 30, 40미터 되는 우주 망원경과 초정밀 분광기를 이용해 우리은하 중심에 RNA를 구성하는 전구물질인 니트릴Nitriles이라는 유기물들이 풍부한 성간 물질들이 많이 존재한다는 사실도 밝혀냈다. 이를 토대로 우리 지구 생명체가 원래 RNA 기반이었는데 진화의 산물로 DNA가 중요한 역할을 하게 된 것이 아닌가 하는 가설도 등장했다.[711]

---

710 Earth-like planet 'TOI-1452 B' potentially covered with 'Giant Ocean' discovered. News 18. Last updated: August 29, 2022, Available at https://www.news18.com/news/buzz/earth-like-planet-toi-1452-b-potentially-covered-with-giant-ocean-discovered-5845843.html

711 Rivilla, Víctor M. et al. 2022.

하야부사 2호

우리 태양계 내에 있는 소행성을 직접 탐사하여 직접적 방법으로 생명체와 관련 있는 유기물질을 찾는 연구에도 좋은 결과들이 나오고 있다. 그 중 대표적인 성과가 하야부사 2호Hayabusa 2의 탐사에서 나왔다. 하야부사 2호는 일본 우주항공 연구개발 기구(Japan Aerospace Exploration Agency, JAXA)에서 제작한 소행성 탐사선이다. 2014년 12월 발사 후 3백2십만 킬로미터를 항해하여 2019년 2월 22일 소행성 류구Ryugu 착륙에 성공했다. 시료를 채취한 후 2020년 12월 지구로 무사히 귀환했다. 채취한 시료를 분석 한 결과 23가지의 아미노산이 발견되었다.[712]

이처럼 아미노산들이 소행성 표면에서 발견된 것은 생명체를 이루는 기초물질들이 우주로부터 지구에 도달했을 가능성이 있음을 시사한다. 또, 유사한 과정에 의해 다른 행성들에도 생명체를 만들 수 있는 아미노산들 전달이 될 수 있기에 지금까지 우리가 예상했던 우주에서 생명체가 발생할 확률보다 실제 확률이 훨씬 더 높을 가능성이 제기되었다.[713]

오무아무아

한동안 명왕성은 우리 태양계 행성의 일원이었다. 하지만, 최근 그 질량이 지구의 1/500에 불과하여 달을 포함하여 우리 태양계의 다른 행성들의 위성들 7개를 합한 질량보다도 가볍다는 사실이 밝

---

[712] Pultarova, Tereza. 2022.
[713] Gamillo, Elizabeth. 2022.

혀지면서 여전히 행성 대접을 해야 하는지 논의가 있게 되었다. 더군다나 그것은 대부분 얼음으로 이루어진 '얼음 공'이라는 사실도 밝혀졌다. 이는 혜성과 닮은 구조다. 혜성들은 이심률이 아주 큰 궤도를 그리며 공전하며 태양 주변에 아주 바싹 다가가는데, 이때 긴 꼬리가 나타난다. 얼음 증발 현상이다.

하지만, 명왕성은 그렇게 태양 가까이 가지 않는 좀 특이한 위치에 있었다. 그러다가 1992년에 이와 비슷한 특성의 궤도를 갖는 '얼음 공'들이 명왕성 너머에 1천 개 이상 존재한다는 사실이 밝혀졌다. 그리고 이것들의 무리가 카이퍼 벨트Kuiper Belt를 형성한다고 불리게 되었다. 명왕성은 말하자면 카이퍼 벨트 가장 안쪽에 자리한 제일 큰 '얼음 공' 천체이다. 이런 사실이 밝혀지면서 명왕성은 행성의 지위를 잃게 되었다.[714] 이처럼 명왕성에 관한 이야기를 길게 한 것은 우리 태양계에 속한 천체에 대한 정확한 지식을 전달함으로써 지금부터 논의될 새로운 유형의 천체와 헷갈리지 않도록 하기 위함이다.

2017년 10월 19일, 하와이 할리칼라 천문대Haleakalā Observatory에서 로버트 웨릭Robert Weryk에 의해 우리 태양계를 미지의 천체가 관통한 후 지나가고 있는 게 발견되었다. 태양에 최근접 후 40일 정도가 지난 시기였다. 그 길이와 폭은 각각 100~1,000미터와 35~167미터로 추정되었다.

---

[714] Kuiper Belt facts: The Kuiper Belt is a large, doughnut-shaped region of icy bodies extending far beyond the orbit of Neptune. NASA. Available at https://science.nasa.gov/solar-system/kuiper-belt/facts/

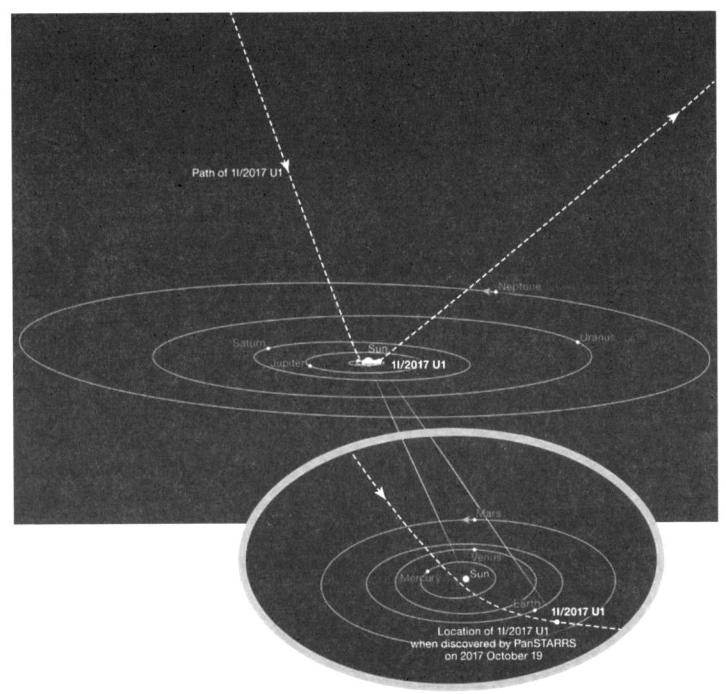

오무아무아가 우리 태양계에 들어왔다 나간 궤적

    이 천체는 곧 학계의 주목을 받게 되었다. 무엇보다도 그 궤적을 살펴보니 우리 태양계의 행성, 소행성, 그리고 카이퍼 벨트의 '얼음 공'들이 따르는 케플러 궤적을 따르고 있지 않았기 때문이다. 이 모든 천체가 뉴턴의 만유인력 법칙에 따라 움직이며, 따라서 중력 가속도에 따른 궤도를 그린다. 하지만, 이 물체는 그런 궤적에서 벗어나 있었다. 우리 태양계 내부의 천체 중에도 케플러 궤적을 따르지 않는 것들이 있으니 혜성이 그것이다.[715] 혜성은 태양에 근접하면서 얼음이 기화되는데 이것들이 로켓 추진력을 일으킨다(이를 비중력 가속도

---

715 혜성은 원래 카이퍼 벨트나 우트 클라우드Oort Cloud에 잠시 속해 있다가 움직이는 '얼음 공' 천체다.

에 의한 추진력이라고 부른다). 즉, 혜성에 추진력을 불어넣어 태양 바깥쪽으로 밀어내는 것이다. 이 때문에 혜성 궤도가 엄청나게 큰 이심률을 보인다.

그런데 2017년 우리 태양계 밖에서 온 미지의 천체(방문자라는 의미의 하와이 원주민어인 오무아무아Oumuamua로 명명되었다)가 이와 유사한 비중력 가속도를 보였다는 사실이 밝혀지면서 학계가 시끄러워졌다. 주류 학자들은 오무아무아가 일종의 혜성 핵과 같은 구조로 되어 있으며, 내포하고 있던 가스 분출에 의한 비중력 가속이 일어났다는 결론에 도달했으나[716] 혜성처럼 긴 꼬리가 보이지 않았음에도 무시하지 못할 정도의 중력 가속도 이외 추가 가속도가 있었다는 사실에 몇몇 학자들이 이의 제기를 했다.[717] 그들 중에 미국 하버드 대학 천문학과 학과장이었던 아비 로브 교수가 있었다.

---

716 Micheli, M., Farnocchia, D., Meech, K. J. et al. 2018.
717 Loeb, Avi. On the possibility of an artificial origin for 'Oumuamua. Available at https://lweb.cfa.harvard.edu/~loeb/Loeb_Astrobiology.pdf; George, Steve and Strickland, Ashley. 2018.

Chapter 51

하버드 대 천문학자,
UFO외계 기원론을 주장하다!

하버드 대 천문학과 아비 로브 교수

하버드 대 천문학과 아비 로브Avi Loeb 교수는 1986년 24세의 나이에 이스라엘 예루살렘 히브루 대학에서 플라스마 물리로 박사학위를 받았다. 그는 1988년부터 1993년까지 프린스턴 고등과학원 Institute for Advanced Study in Princeton에서 천체 물리학 연구를 했고, 1993년에 하버드 대 교수로 부임해 3년 후 테뉴어를 받았다. 그는 2011년에서 2020년까지 천문학과 학과장을 역임했다. 현재는 프랑크 베어드 주니어 과학 석좌교수 Frank B. Baird Jr. Professor of Science로 있다.[718]

그는 2018년에 미 국립 아카데미National Academies의 물리 및 천문학 위원회(Board on Physics and Astronomy, BPA)의 위원장이 되었고,

---

718 Avi Loeb, Department of Astronomy, Harvard University. Available at https://astronomy.fas.harvard.edu/people/avi-loeb

2020년에는 백악관 대통령 과학기술자문 위원회(President's Council of Advisors on Science and Technology, PCAST) 멤버가 되었다.[719]

그의 이런 화려한 경력으로만 보면 그가 순수 학문에 정진해 온 매우 근엄한 인물일 것처럼 보이지만 최근 그는 주변의 학자들에게 매우 기이하게 여겨질 정도로 적극적으로 UFO와 관련된 일을 벌이고 있다.

아비 로브 교수와 외계 생명체

로브 교수는 오래전부터 외계 생명체 탐사에 관심을 보였다. 그리고 그의 이런 추구는 바로 우리 삶의 의미를 찾는 철학적 작업과 연관되어 있다. 그는 우주에 생명보다 더 근본적으로 신비스러운 현상이 없다고 말한다. 그는 우리가 우리 존재 자체에 별 다른 의미를 부여하지 않고 그럭저럭 반복되는 삶을 살아가고 있다는 사실을 안타깝게 생각한다. 그렇다면 우주에 존재하는 생명체로써 우리에게 어떤 의미가 부여될까?

오랫동안 외계 생명체를 연구한 천문학자여서 그런지 그는 우리의 의미를 외계인들과의 관계에서 찾으려 한다. 그는 모든 천문학적 데이터 중에 외계 생명체를 찾아내는 것이 우리의 시야를 넓히는데 가장 큰 영향을 끼칠 것이라고 단언한다. 그가 제시하는 외계 생명체의 흔적을 발견할 가능성은 두 가지다. 첫째는 당시 추진되고 있던 NASA와 ESA의 무인 탐사로봇을 이용한 화성 표면 조사를 통한 원시 생명체 발견이다(이 결과는 부정적으로 드러났다). 둘째는 '우주 고

---

719 Avi Loeb, Wikipedia. Available at https://en.wikipedia.org/wiki/Avi_Loeb

고학space archaeology'을 통한 기술적 외계 문명이 보내는 신비로운 신호나 인공적인 시설물을 확인하는 것이다.[720]

한편 그는 우리의 존재에 대해 두 가지 가설을 제시한다. 그 첫째는 우리가 다른 외계 문명인들에 의해 지구에 입식入植되었을 가능성을 바탕으로 한 것이다. '지향적 범종설(汎種說: directed panspermia)'이라 불리는 이런 가설은 1971년에 DNA의 공동 발견자 프랜시스 크릭Francis Crick이 주창한 것이다.[721] 로브는 이런 가설이 옳다면 우리 생명의 목적이 외계인들의 우리 생명 합성 과정에 도입된 어떤 청사진에 정의되어 있을 것이라고 본다. 그는 이 경우 우리는 어떤 목표를 달성하도록 만들어졌을 것인데 만일 그렇다면 도대체 그 목표가 무엇이며 과연 우리가 그 목표를 달성했을지 묻고 있다.

두 번째 가설은 좀더 주류 학계에서 지지하는 것으로 우리 생명체가 고립된 지구에서 독립적으로 화학적 수프에서 무작위적인 과정을 통해 싹이 텄고 진화해왔다는 모델이다. 이 경우에도 우리는 외계의 문명들과의 교신을 통해 우리 생명의 의미를 찾을 수 있다고 본다. 우리가 다른 지적 생명체와 접촉할 때 그것에 의해 도입되는 새 관점은 우리의 시야를 크게 변화시킬 것이라고 본다. 이 경우 필시 그들이 우리보다 훨씬 지적으로 성숙할 것이며 아마도 그들에게서 생명의 의미에 대한 깊은 통찰을 얻어낼 수 있으리라는 것이 그의 전망이다.[722]

---

720 Strauss, Mark. 2015.
721 Orlic, Christian. 2013.
722 Loeb, Avi. 2020.

오무아무아와 아비 로브 교수

로브 교수는 오랜 세월 동안 외계 생명체에 관한 탐구를 해왔지만, 특히 최근 들어서 이 문제에 매우 많은 관심을 보이고 있다. 최초로 관측된 우리 태양계 밖에서 안쪽으로 날아와 관통해 지나간 항성 간 물체 오무아무아Oumuamua 때문이다.[723] 앞에서 언급했듯 이 물체는 흔히 태양 주변을 도는 행성들처럼 중력에 의한 가속이 아니라 무시하지 못할 비중력 가속을 했다는 사실 때문에 논란이 됐다. 주류 학계는 이 물체가 혜성처럼 많은 얼음을 내포하고 있어 기화에 따른 비중력 가속이 일어난 것으로 보았지만 로브는 이런 주류 학계의 관점에 정면 반박했다. 만일 그랬다면 혜성처럼 뒤로 꼬리가 나타났어야 하는데 그런 것이 없었고 또 혜성 토크에 의해 그 물체의 회전 주기가 크게 변했어야 하는데 그런 조짐도 없었다는 것이다.[724]

2018년 10월 26일 로브는 포스트 닥터 쉬무엘 비얼리Shmuel Bialy와 함께 쓴 논문에서 오무아무아가 비중력 가속을 일으킨 원인을 혜성과 같은 메카니즘에 의한 것이 아니라 태양광 압력에 의한 걸로 판단했다. 그리고 이런 조건에서 관측된 것과 같은 궤도 이탈을 일으키기 위한 그 물체의 질량 대비 표면적 조건을 어림 계산하여 그것이 매우 얇은 판 형태라는 결론에 도달했다. 실제로 관측된 데이터가 충분하지 않기 때문에 그 정확한 형태를 알 순 없지만 그것이 편평한 판 형태이거나 굴곡이 진 판 형태, 또는 속이 빈 원뿔이거나 타원체일 수도 있다는 것이다.

---

723 Oumuamua, Wikipedia. Available at https://en.wikipedia.org/wiki/%CA%BBOumuamua
724 Loeb, Avi. 2018.; Loeb, Avi. 2021.

자신이 생각하는 오무아무아의 모습 중 하나를
3-D 프린터로 제작하여 들고 있는 아비 로브 교수

그들은 우리 태양계에 존재하는 암석형 행성이나 혜성은 자신들이 계산한 오무아무아의 질량 대비 면적비보다 수백, 수천 배 이상 크기 때문에 전혀 다른 성격의 천체라고 규정한다. 그리고 그들이 가정하는 것과 같이 그 물체의 궤도 이탈이 태양광 압력에 의한 것이라면 그것이 우주에서 우리가 알지 못하는 자연적인 과정을 통해 우연히 만들어진 구조물이거나 아니면 인공적으로 만들어진 것일 수 있다고 지적한다. 그리고 후자의 경우엔 그것이 광압을 동력원으로 한 항성 간 우주여행을 위해 만들어진 고도의 기술력이 투입된 우주선일 가능성이 있다는 것이다.

이 논문이 『천체물리학 저널』에 실렸음에도 불구하고 결론의 후반부는 주로 오무아무아가 인공 비행체일 가능성을 설명하는데 할애했다. 이들은 광압을 이용하는 기술이 행성 간 또는 항성 간 여행에 매우 유용하다는 로브의 이전 논문들을 언급했다. 또 기존에 여러 학자들에 의해 지적된 광도곡선에 의해 판정되는 비정상적 형태 unusual geometry inferred from its lightcurve, 낮은 열 방출low thermal emission, 혜성 꼬리나 회전 토크 변화 없는 케플러 궤도 이탈deviation from a Keplerian orbit without any sign of a cometary tail or spin-up torque 등 그 물체의 이상한 특성들을 들어 그것이 인공적일 가능성이 비중을 두고 있다(우리 태양계 바깥에 존재하는 천체들이 대체로 붉은색이고 오무아무아도 그런 색상이라서 그것이 자연적으로 생성된 것이라고 보는 관점에 대해선 운행 도중 우주먼지를 뒤집어썼을 가능성을 제기한다). 거기에서 더 나아가 이들은 오무아무아가 외계 문명에 의해 의도적으로 우리 태양계에 보내진 탐측선일 가능성도 언급하고 있다. 만일 오무아무아와 같은 천체가 우주에서 아주 무작위적으로 만들어지고 무작위적인 궤적을 갖는다는 가정 아래 시뮬레이션을 하면 그런 것들이 우주에서 차지하는 밀도가 매우 높아야 하는데 이는 지금까지 알려진 이론적인 모델에 크게 위반된다는 사실을 지적하며 이런 모순을 해결할 방법은 그것이 무작위적 궤도가 아닌 계획된 궤도를 따라 움직였다는 가정이 합리적이라는 것이다.[725] 물론 이와같은 주장에 대해 반박하는 여러 논문과 기고가 있었다. 하지만, 이런 반박문들은 로브 교수의 논증에 결정타를 가할 만큼 충분한 설득력을 보여주지 못한다.[726]

---

725 Bialy, Shmuel and Loeb, Abraham. 2018.
726 예를 들어 UCLA의 물리천문학과 교수 벤 주커먼Ben Zuckerman은 '오무아무아가 외계 문명권에서 우리 태양계로 보내온 탐측선이 아니다(Oumuamua Is Not a Probe

오무아무아와 UAP

공교롭게도 오무아무아가 발견된 시기와 『뉴욕타임스』에 의해 펜타곤의 비밀 UFO 프로젝트가 공개된 시기가 거의 같다. 앞에서 살펴본 바와 같이 로브는 우리 지구가 외계 문명에 의해 방문을 받았을 가능성이 높다고 보는데, 마침 지구 기술로 설명할 수 없는 괴비행체들을 미 해군의 레이더와 조종사들에 의해 포착되었다는 기사는 그를 크게 흥분하도록 했음에 틀림없다.

2021년 6월에 『사이언티픽 아메리칸』에 기고한 그의 글엔 그동안 학자들이 금기시했던 UFO(UAP)가 다음과 같이 제목에 포함되어 있었다. '오무아무아와 UAP의 가능한 관련성: 만일 몇몇 UAP가 외계 기술로 판명된다면 그것들은 후속 우주선을 위해 예비된 센서들일 가능성이 있다. 만일 그 우주선이 오무아무아라면? A possible link between 'Oumuamua and unidentified aerial phenomena: If some UAP turn out to be extraterrestrial technology, they could be dropping sensors for a subsequent craft to tune into. What if 'Oumuamua is such a craft?' 여기서 부제에 그의 의도가

Sent to our Solar System by an Alien Civilization)라는 제목의 글에서 오무아무아가 인공 비행체가 아님을 논의하다가 결국 결정적인 논증을 하지 못하고 만일 그런 것이 외계 문명에서 보내온다면 동기가 무엇인지를 묻는다. 물론 여기에서도 결정적인 종지부를 찍는 논리적 설명을 하지 못한다. 그리고 결국 2021년 미국 국가 정보국의 '미확인 공중현상 예비 분석 보고서'에 대해 문제 삼는다. 그는 당시 『로스앤젤레스 타임스』의 "오랫동안 기다려온 UFO 보고서에는 답이 거의 없다."는 주장을 인용하면서 결국 외계 문명권이 지구에 영향을 끼친다는 생각은 망상이라는 식으로 몰고 간다. 그는 문제의 2021년 평가를 군 조종사 등이 가끔 보고하는 '스쳐 지나가는 환영(fleeting apparitions)'에 초점 맞춰진 것이라고 보며, 이를 일반인들이 수십억 개의 휴대전화 카메라로 찍었다고 주장하는 '외계 우주선'보다 외계 기원 증거 가치가 없다고 평가절하한다. 그는 외계인이 우리와 숨바꼭질을 하는 동기가 무엇인지 모르므로 그런 존재는 있을 수 없다는 식의 결론을 내린다. Zuckerman, B. 2022 참조. 주커먼 교수는 아마도 '미확인 공중현상 예비 분석 보고서'를 행간을 읽으며 세밀하게 검토해보지 않은 것 같다.

매우 명백히 드러난다. 그는 1947년 이후 지구상에 수 차례 출현해 문제를 야기했던 UFO가 어떤 외계 문명에 의해 보내진 것으로 오무아무아가 이들 UFO와 깊은 연관이 있을 수 있다는 것이다.

로브가 이 글을 올렸을 때는 펜타곤의 예비 분석보고서가 공표되기 직전이긴 하지만 이미 NBC TV의 인기 대담 프로그램에서 미 해군 조종사들이 인터뷰한 시점이었다. 아마도 그는 이 인터뷰에 매우 깊은 인상을 받았을 것이며 이들이 묘사하는 UAP가 고도의 외계 문명에서 만든 탐측선일 가능성을 고려하게 된 것 같다.

로브는 이 우주에서 우리가 외롭지 않은 존재라는 증거들이 최근 드러났는데 오무아무아와 UAP가 바로 그런 것들이라고 말한다. 오무아무아는 납작한 형태를 하고 있고 마치 그것이 광압 우주선처럼 태양에 떠밀려서 날아갔다는 점과 팬케이크처럼 생긴 그것이 8시간마다 회전했다는 점을 들어 그것이 인공적인 우주선일 가능성이 있다고 그는 생각한다. 그는 UAP가 중국이나 러시아에서 온 것이라면 그것은 국가 안보 문제로 절대 대중에게 그것에 대한 정보 공개를 하지 않았을 것이지만, 공개했고 의회에서는 몇몇 UAP가 진짜지만 그 기원은 모른다고 했다는 점에 주목한다. 그렇다면 그것이 지구상의 자연현상이거나 지구 바깥에서 온 그 무엇일 텐데 이 경우 더 이상 국가 안보 문제가 아닌 과학의 영역에 해당하며 국가 공무원들이 아니라 민간 과학자들이 관심을 두고 연구해야 할 과제라고 한다.

로브는 오무아무아 수준의 작은 천체를 관측할 수 있는 시설이 존재하기 전에 이미 그와 유사한 우주선이 우리 태양계를 지나갔을 가능성이 있고 이때 그것이 작은 탐지선들을 우리 지구의 대기 중에 뿌렸을 가능성을 제기했다. 그는 UAP가 외계로부터 왔을 가능성은 아직 상당한 추측에 의존해야할 수준이긴 하지만 만일 이런 가능성을 한 번 재미삼아 고려해 본다면 오무아무아의 회전 움직임은 여러 방향에서 신호를 감지하기 위한 것으로 볼 수도 있다는 것이다. 그는 이런 가능성을 확인하기 위해서는 UAP의 정체를 제대로 파악할 필요가 있다고 지적한다.

그는 이를 위해서 광역 망원경에 카메라를 장착해서 UFO 보고가 잦은 지역 하늘을 모니터해야 한다고 주장한다. 지금까지 정부가 그들이 만든 고성능 센서로 하늘을 감시해왔는데 이젠 민간이 나서서 그런 관찰을 해야 할 때라는 것이다. 하늘 관측은 누구에게나 자유이기 때문에. 그럼으로써 과학자들이 UFO에 대한 공개적 자료를 아주 투명하게 분석할 수 있고 이로써 이와 관련된 미스터리를 풀 수 있다는 것이다.[727]

갈릴레오 프로젝트

2022년 7월 아비 로브 교수는 매사추세츠주에서 과학기기 제작 회사인 브루커사 Bruker Corp.를 운영하는 프랭크 라우키엔 Frank Laukien 과 함께 공동으로 갈릴레오 프로젝트를 시작했다. 이 프로젝트의 목적은 외계인이 지구나 달에 설치하거나 보낸 탐측선을 찾는 것이다. 우리가 흔히 UFO라 부르는 바로 그것들에 해당한다. 이 프로젝트는 하버드-스미소니언 천체물리 센터에 본부를 두고 외계 기술

---

727 Loeb, Avi. 2021.

적 특징extraterrestrial technological signatures을 우연이든 의도적이든 관측을 통해 찾아내는 것이다. 그리하여 투명하고 합당하며 체계적인 연구의 범례를 남기자는 것이다.[728]

로브는 자신의 프로젝트에 갈릴레오의 이름을 붙임으로써 자신이 현상 유지에 도전하는 것이 무엇을 의미하는지를 확실히 하고 있다. 이탈리아 과학자 갈릴레오가 17세기에 지구가 태양 주위를 돈다고 제안한 뒤 이단자로 낙인찍힌 후, 가톨릭 성직자들은 그의 제안 철회를 강요했다. 하지만 그는 끝내 자신의 믿음을 버리지 않았다. 로브는 자신의 프로젝트 이름을 갈릴레오로 지으면서 자신의 외계인에 대한 진지한 관심을 철회하거나 그의 이런 행동을 사과할 생각이 전혀 없음을 밝힌 것이다.[729]

---

728 Dobrijevic, Daisy. 2021.
729 Gritz, Jennie Rothenberg. 2021.

최근까지 생명체가 살 수 있을 것 같은 외계 행성들이 많이 발견된 것으로부터 우리 주변에 외계 생명체가 존재한다는 낙관적인 가정을 할 필요가 있으며 우리가 더 이상 우리 주변에 외계 기술 문명들(Extraterrestrial Technological Civilizations, ETCs)이 다가와 있을 가능성을 무시하지 말아야 한다는 것이다. 이를 위해 그는 다음과 같이 행동해야 한다고 주장한다.

"편견 없는 경험적 탐구의 과학적 방법에 도움이 되지 않는 사회적 낙인이나 문화적 선호 때문에 과학이 잠재적인 외계인 설명을 거부해서는 안 된다. 이제 문자 그대로나 비유적으로나 '과감히 새로운 망원경을 들여다봐야' 한다."

그는 향후 관측하려고 하는 타겟을 정확히 설정해서 말했다. 그는 해군들이 레이더, 적외선 센서, 전자-광학 센서, 무기 추적기 weapon seekers, 그리고 육안 등 다중 센서를 통해 UAP를 목격하고 있고, 또 지금까지 보아온 그 어떤 외계 천체와 다른 특성을 보이는 오무아무아라는 외계로부터의 비행체의 방문을 받았음을 지적한다. 따라서, 갈릴레오 프로젝트의 목표는 이와 같은 물체들의 진정한 속성을 확인함으로써 관련된 논란 종식에 있다는 것이다.[730]

물론 로브 교수의 이런 행보 앞에는 험로가 예견된다. 그런데 UFO 문제에 대해 전통적으로 비판적이었던 『뉴욕타임스』가 뜻밖에 로브교수의 이런 행보에 대해 상당히 우호적인 제스쳐를 취한다. 비

---

730 Dobrijevic, Daisy. 2021.

록 『사이언티픽 아메리칸』의 수석 편집인 세트 플레쳐의 시선을 빌리긴 했지만 그의 관심사를 취재하여 『뉴욕타임스 매거진』에 소개한 기사에는 비판이나 냉소적인 태도가 거의 보이지 않는다. 예를 들어 로브 교수가 독자적으로 갈릴레오 프로젝트를 추진하고 있는 점에 대해서 플레처는 다음과 같이 말한다.

"하지만 정부는 비밀을 지키며, 비밀주의는 오랫동안 외계인과 UAP에 대한 음모론적 사고를 부추겼습니다. 전투기 카메라로 촬영된 출처 불명의 (해군에서) 유출된 미확인 물체 영상들은 이해하기 어렵습니다. 그 카메라들에 대한 것이 기밀인 측면이 있기 때문입니다. 로브의 천문대 아이디어는 과학자들이 UAP를 연구하는 데 사용할 수 있는 공개적인 데이터 라이브러리를 구축하는 것입니다."[731]

도널드 멘젤 vs. 칼 세이건 vs. 아비 로브

도널드 멘젤은 이론 천체물리학자로서 항성 생성에 관한 연구를 했으며 천문 분광학astronomical spectroscopy에 양자역학을 도입한 초기 학자 중 한 명이었다.[732] 그는 아이오와 주립대와 오하이오 주립대, 그리고 산호세에 소재한 캘리포니아주립대를 거쳐 1936년에 하버드대 천문학과 교수가 되었다. 1946년에서 1949년까지 하버드 대 천문학과 학과장을 역임했다. 1954년부터 1966년까지는 하버드 천문대

---

731 Fletcher, Seth. 2023.
732 President and Fellows of Harvard College. 2005.

대장을 역임했다.[733] UFO의 외계 기원설을 부정하는 글과 책을 쓴 대표적인 UFO 부정론자였다.

칼 세이건은 매우 폭넓은 분야에 관여했는데 주요 업적을 고려할 때 행성학자라고 보는 것이 맞다. 그가 학자로서 주목받은 주요 업적이 금성과 화성 등 우리 태양계 행성들의 대기 및 토양에 관한 것이었기 때문이다.[734] 그는 버클리에 소재한 캘리포니아주립대와 하버드 대를 거쳐 1968년부터 코넬 대학 천문학과 교수가 되었다. 1970년에 코넬대 행성연구소Laboratory for Planetary Studies 소장을 맡는다. 1980년에는 행성 학회Planetary Society의 공동 창립자가 되었다. 비록 행성 전문가였지만 그는 코넬대의 프랭크 드레이크와 함께 평생을 외계 생명체 탐색에 바쳤다. 초기 시절엔 UFO가 외계에서 기원했을 것이란 사실을 신봉했으나 하버드 대와 코넬대 시절을 거치며 UFO 부정론자가 되었다.

아비 로브는 천체물리학자이며 우주학자이다. 그의 학문 업적은 우주 초기 항성들, 거대 블랙홀의 형성과 진화, 외계 생명체 탐사, 행성들을 이용한 중력 렌즈, 21센티미터 파장의 전파를 이용한 우주론 등 폭넓게 걸쳐 있다. 그는 프린스턴 고등과학원을 거쳐 1993년에 하버드 대 천문학과 교수가 되었다. 2011년에서 2020년까지 천문학과 학과장을 역임했다. 2017년 이후 UFO 외계 기원 가능성을 주장하고 있다.

---

733 Donald H. Menzel. Physics History Network, American Institute of Physics. Available at https://history.aip.org/phn/11606017.html

734 Carl Sagan (1934-1996). NASA. Available at https://solarsystem.nasa.gov/people/660/carl-sagan-1934-1996/

지금까지 하버드 대 천문학과와 UFO에 공통으로 연관이 있는 세 명의 프로필을 비교해보았다. 도널드 멘젤과 아비 로브는 이론 천체 물리학자라는 점과 하버드 대 천문학과 학과장을 역임했다는 점에 공통점이 있다. 하지만, UFO에 대한 관점에선 대척점에 서 있음을 알 수 있다. 칼 세이건과 아비 로브는 다양한 분야에 관심이 있었다는 점, 특히 외계생명체 탐색에 큰 관심을 보였다는 점에서 공통점이 있다.

세이건이 여러 학문 분야에 다양한 관심을 표명한 것이 주류 학자의 길로 가는 데에 커다란 장애가 되었던 반면 로브의 경우엔 오히려 도움이 되었다. 이 둘은 무엇보다도 외계인이 이미 지구를 방문했을 가능성을 염두에 두었다는 점에서 큰 공통점을 갖는다. 세이건은 1966년의 러시아 천문학자 함께 쓴 책에서 (외계인이 지구를 방문했을 가능성이 매우 높다는) "이런 가설들이 아주 합리적이고 주의 깊은 분석이 필요하다such hypotheses are entirely reasonable, and worthy of careful analysis"고 했다.[735] 로브도 오무아무아 이전에 지구를 다녀간 우리 태양계 바깥으로부터의 방문자가 있었다고 생각한다. 그뿐 아니라 둘은 UFO에 긍정적인 관심을 표명했다는 점에서도 공통점을 찾을 수 있다.

그런데 세이건은 초기에 UFO에 적극 관심을 표명하고 외계인의 지구 방문 가능성을 지지했으나 중견 학자가 되면서 이런 그의 성향을 자제했으나 로브는 반대로 중견 학자가 될 때까지 이런 문제에 적극적인 관심 표명이 없다가 이미 충분히 학자로서 성공했다고 할 수 있는 하버드 대 천문학과 학과상 막바지시기에 이런 관심 표명을

---

735 Shklovskii, I. S. and Sagan, Carl. 1966. p.454.

했다는 데에서 큰 차이가 있다. 그는 심지어 오늘날 해군들이 다중 센서로 관측하는 UFO가 외계인들의 기술을 반영하고 있을 가능성을 제기한다. 멘젤이 주도하던 시절 로브가 하버드 대 교수로 재직하고 있었다면 꿈도 못 꿀 일이다. 그런데 로브가 생각하는 것 이상으로 UFO가 외계 문명의 기술을 보여주고 있다는 사실을 미 상원의 정보위원회 위원들이 심각하게 고려하고 있다는 증거가 있다.

Chapter 52

SETI와 UFO 연구의 양립 가능성

미 상원 정보위원회의 UAP 규정에서 제외된 '인공 비행체'

47장에서 미 상원 정보위원회에서 UAP를 기존의 '미확인 공중현상'에서 '미확인 항공우주-해저 현상'으로 재정의했다고 했다. 그런데 이 과정에서 관련 부서들의 업무를 확정하며 UAP가 '인공적인 것man-made'이 아니라고 특정했다. 즉, 이제 "인공적인" 물체들은 "UAP의 정의에서 배제되어야 한다"는 것이다. 게다가 의회의 새로운 지시문에 의하면 AARO는 '인공적'이라고 판단되는 미확인 비행체 정보는 이에 적합한 펜타곤 내 정보 부서나 다른 정보기관들에서 분석될 수 있도록 전달되어야 한다고 되어 있다. 즉, 의회는 이제 정부가 AARO가 '인공적이지 않은' 것들에 집중하라는 주문을 하는 것이다. 마릭 폰 레넨캄프Marik von Rennenkampff는 이 상황이 무엇을 의미하는지 구체적인 상황 설정을 통해 다음과 같이 설명하고 있다.

"자, 이제 새로운 UFO 전담팀(AARO)이 민감한 공역에 고성능 드론이 출현한 것을 확인했다고 하자. 발의된 규정에 따르면 그것이 중국이 되었건 러시아가 되었건 또는 다른 어떤 곳이든 그 기원에 무관하게 UFO 전담팀은 즉시 조사를 중지하고 이 건을 다른 정부 기관에 이관해야 한다. 이것은 상원 정보위원회 멤버들이 정파와는 무관하게 몇몇 UFO가 인간과는 무관한 기원을 갖는다고 믿고 있음을 의미한다. 무엇보다도 만일 그런 물체들이 존재하지 않는다면 왜 의회에서 강력한 새 팀을 만들고 그들에게 이런 막강한 힘을 주려 하는 것일까? 분명히 얘기하는데, 미국 행정부에 UFO가 인간이 만든 것이 아니라는 것을 암시하는 부서가 하나라도 존재한다는 것은 아주 폭발적인 국면explosive development의 도래를 뜻한다. 이것은 또한 공식적인 UFO에 대한 태도의 획기적인 변화를 보여준다."[736]

앞에서 아비 로브 교수는 UAP가 지구의 자연현상일 가능성을 언급했지만, 그가 이런 말을 할 때의 UAP는 '미확인 공중현상'이었다. 레넨캠프의 논의에서 그것은 여러 매질을 넘나드는 운행이 가능한 '미확인 항공우주-해저 현상'을 의미한다. 그것이 자연현상일 가능성이 사실상 배제된 표현이다. 따라서 인간이 만든 것이 아니라면 외계 지성체가 만들었다고 봐야 한다는 것이 그의 논지다. 레넨켐프는 오바마 정부 시절 펜타곤 정보요원으로 근무했었다.

미 CIA 전임 국장들의 UFO에 대한 태도 변화

미국 정보부처에 근무했던 핵심 인사들이 UFO의 외계 기원설을

---

736 von Rennenkampff, Marik. 2022.

지지하는 추세가 점차 높아지고 있다. 뉴욕타임스지에 펜타곤 비밀 UFO 프로젝트를 제보했던 크리스토퍼 멜론을 비롯해 무시할 수 없는 영향력이 있었거나 현재도 영향력이 있는 인사들이 그런 주장을 지지하고 있는 것이다.

예를 들어 1993년부터 1995년까지 미 CIA 국장을 역임했던 제임스 울시R. James Woolsey는 한 유튜브와의 인터뷰에서 자신이 불과 몇 년 전까지 견지했던 UFO에 대한 부정적 태도를 버리고 이젠 중립적으로 되었다고 말했다. 그리고 덧붙여서 정보기intelligent aircraft와 시험 비행 조종사들에게 UFO와 관련해 뭔가 놀라운 사건들이 연속적으로 일어나고 있는 것은 틀림없다고 언급했다.[737]

2013년부터 2017년까지 미 CIA 국장을 역임했던 존 브레넌John Brennan은 우리가 지금까지 계속해서 미확인으로 분류해온 우리가 아직 이해하지 못하는 그런 현상들이 우리와는 다른 형태의 생명체different form of life 활동에 의한 것으로 볼 수 있다고 언급했다.[738] 여기서 그가 언급한 '다른 형태의 생명체'가 외계생명체로 볼 수도 있겠으나 이미 오래전 지구상에 우리와 공존했으나 우리가 그 실체를 제대로 파악해오지 못한 그런 존재로 볼 수도 있다. 그리고 UFO가 조우 시 지능적 행태를 보여 왔다는 점을 고려하면 이런 생명체가 고도의 지능을 갖고 있을 수 있다.

어쨌든 최근까지 미국의 가장 중요한 정보기관의 책임을 맡았던 그가 이런 정도로 파격적인 자기 생각을 털어놓았다는 사실은 놀

---

737 Steinbuch, Yaron. 2021.
738 Steinbuch, Yaron. 2021.; Cowen, Tyler. 2022.

랍다. CIA는 1952년 미국 워싱턴 DC 사태 이후 소련과의 냉전 체제에서 UFO 문제를 부각시키지 않으려 노력했던 대표적인 정보기관이었다.[739]

미 국가 정보국 전임 국장들의 UFO에 대한 견해

2020년에서 2021년까지 장관급 직책인 국가 정보국장(Director of National Intelligence, DNI)을 역임한 존 래트클리프John Ratcliffe는 2021년 3월 폭스TV와의 인터뷰에서 여태까지 대중에 알려진 것보다 훨씬 많은 UFO 목격이 있었고 그중 몇몇은 극비 사항으로 분류되었다고 말했다. 그리고 이런 UFO가 미 해군이나 미 공군 조종사들에 의해 목격되었거나 인공위성에서 포착된 것들이라고 밝혔다. 이런 것들은 설명하기가 불가능했다고 그는 진술했다.[740]

래트클리프 후임으로 국가 정보국장이 된 아브릴 헤인즈Avril Haines는 예비 분석 보고서가 공표되고 난 직후인 2021년 11월 10일에 있었던 우리들의 우주에서의 미래Our Future in Space 포럼에서 지금까지 분석된 내용들이 미국의 가장 뛰어난 조종사들에 의한 목격 사례임을 강조하면서 다음과 같이 언급했다.

"항상 이런 의문이 듭니다. 우리가 단지 이해할 수 없는 것 그 이상의 뭔가가 거기에 도사리고 있는 것이 아닐까요? 혹시 외계에서 오는 것은 아닐까요?There's always the question of 'is there something else that we simply do not understand, that might come extraterrestrially?'"

---

739 von Rennenkampff, Marik. 2022c.
740 Steinbuch, Yaron. 2021.

이런 그녀의 언급에 대해 『힐』에 기고한 글에서 마릭 폰 레넨캠프는 다음과 같이 말한다. "헤인즈의 언급은 진행 중인 가장 최근의 UFO에 대한 정부 공식 태도에서 지각 변동적인 신호라고 볼 수 있다Haines's comment is the latest sign that a seismic shift in the government's official stance on UFOs is underway."[741]

NASA의 개입

2021년 5월 빌 넬슨Bill Nelson이 항공우주국 국장에 취임했다. 그는 2001년부터 2019년까지 플로리다주 상원의원을 역임했다. 그는 국장 취임 직후 CNN과의 인터뷰에서 미 해군 조종사들이 목격한 문제의 UFO가 외계인과 관련 있는지 또는 적군과 관련이 있는지 확실하게 말할 수는 없다고 말했다. 하지만, 그는 미 해군 조종사들이 묘사한 UFO 특성으로 미루어볼 때 그것이 광학적 현상은 아닌 것으로 판단된다고 지적했다. 이처럼 NASA 수뇌부에 직접적으로 영향을 끼친 것은 2004년과 2015년에 UFO 동영상을 촬영한 미 해군 조종사들의 증거물과 목격담이었다. NASA 대변인 재키 맥기네스Jackie McGuinness는 비록 NASA에 UFO 전담 태스크 포스팀을 운영하진 않지만, 소속 과학자들이 이 문제를 좀더 자세히 살펴보도록 채근하고 있다고 밝혔다.[742]

그런데 넬슨은 2021년 6월 11일 폭스 TV와의 인터뷰에서 좀더 구체적이고 전향적인 그의 생각을 밝혔다. 그는 미 해군 조종사들

---

741 von Rennenkampff, Marik. 2022c.
742 Wattles, Jackie. 2021.

의 동영상들을 보았으며, 직접 그들과 대화도 했다고 밝혔다. 그는 그들이 UFO를 쫓다 갑자기 지금까지 그들이 본 그 어느 비행체보다도 빠른 속도로 어느 방향으로 움직이더라는 사실을 언급했다. 그는 계속해서 다음과 같이 말했다.

"이런 일은 단지 그 조종사들에게서만 일어난 것이 아닙니다. 이런 목격은 이제 여러 다른 조종사들에게도 일어나는 일입니다. 따라서 거기엔 뭔가가 있습니다. 우리는 그게 뭔지 모릅니다. 그래서 내가 지난달 NASA 국장으로 취임했을 때 수석 과학자와 과학 부서에 그것을 과학적 시각에서 바라볼 수 있는지 그리고 그것이 우리의 과학 지식에 어떤 사실을 보탤 수 있는지 살펴보라고 했습니다."[743]

그런데 그의 태도는 그후 조금 더 바뀌었다. 국가 정보국장 헤인즈의 놀라운 발언이 있기 몇 주 전인 2021년 10월에 있었던 인터뷰에서 그 또한 공식 석상에서 한 발언으로 믿어지지 않는 수준으로 UFO 문제를 언급했다. 그에게 UFO와 조우했던 해군 조종사들이 물리학과 항공역학을 무시하는 듯한 UFO 운행 특성에 관한 설명을 했다. 이 이야기를 듣고 나서 넬슨은 그들이 "뭔가 목격했으며, 그들의 레이더들이 그것을 자동 추적했다saw something, and their radars locked onto it"는 사실을 확신한다고 했으며, 그것이 지구 밖에서 왔을 수도 있겠다고 했다. 이 때문인지 최근 NASA가 UFO 문제 해결에 상당한 노력을 기울이고 있는 것처럼 보인다.[744]

---

743 Patrick, Craig. 2021.
744 von Rennenkampff, Marik. 2022c.

바뀐 듯 보이는 NASA의 UFO에 대한 태도

확실히 NASA의 최근 UFO에 대한 태도가 바뀌었다. 2022년 6월 9일 NASA는 'UAP 독립연구팀(Independent study team on UAP)'를 지원한다고 선포했다.[745] 약 9개월간 10만 달러가 투입되는 이 프로젝트는 프린스턴 대학의 저명한 천체 물리학자 데이빗 스퍼겔David Spergel 교수와 계약하여 이루어지며, UAP에 대한 기본적인 조사를 하겠다는 것이다.[746] 이는 법적으로 UAP의 용어에 '우주space'가 포함되었기 때문에 당연해 보이는데 그들이 사용하는 용어에 우주는 배제되어 있다. AARO에서와 마찬가지로 그들은 UAP를 '미확인 이상현상Unidentified Anomalous Phenomena'을 표기하고 있다.[747] 이들이 사용하기로 한 액수는 NASA가 다른 프로젝트에 쏟아붓는 액수에 비하면 매우 작다. 하지만, 그동안 NASA 안에서 금기시되어오던 UFO를 공식적으로 다루는 프로젝트가 시작되었다는 그 자체가 큰 변화임은 분명하다.

그런데 『사이언티픽 아메리칸』에 이 문제에 대해 기고한 애덤 만Adam Mann은 이런 UFO가 정말 존재한다면 그것들은 아마도 외계에서 왔다기보다 러시아나 중국의 고등 기술 증거일 수 있는 지구 안의 문제라고 본다.[748] 정말 그럴까? 만일 그렇다면 이 문제를 미 의회나 정부가 쉽게 공론화하지 못했을 것이다. 그것은 진정한 의미에서

---

745 UAP. NASA. Available at https://science.nasa.gov/uap
746 Mann, Adam. 2022.; Zhilyaev, B. E. et al. 2022. Unidentified aerial phenomena I. Observations of events. Available at https://arxiv.org/pdf/2208.11215
747 UAP. NASA.
748 Mann, Adam. 2022.

국가 안보의 문제가 되니까.

펜타곤 내부 고위 정보계통의 반란으로 시작된 이 소동을 가라앉힐 뾰족한 방안을 찾지 못하는 가운데 만일 미 정부가 이런 것들을 러시아나 중국의 비밀 병기로 대중 앞에서 인정한다면 그것은 엄청난 재난이 될 것이다. 차라리 아직 그 정확한 실체를 모르는 상황에서 그들이 작심하고 우리 앞에 그 정체를 밝히기 전에는 해결되지 않을 것이라고 보고 그냥 외계인일 수도 있다고 하는 편이 오히려 국가 안보에 득이 된다고 판단하는 것 같다.

NASA의 UFO조사 시작과 문제점

NASA에서 UFO 조사를 위해 시작한 것은 그것을 하늘에서 감지해 데이터를 모으는 것이다. 이를 위해 NASA는 이미 테라Terra, 수오미Suomi, NPP(National Polar-Orbiting Partnership), 그리고 클라우드샛CloudSat을 통해 UFO 관련 정보 수집을 시작했다. 그렇다면 이런 조사에 관심 있는 연구자들이 제대로 동참하고 있을까? 그건 아닌 것 같다.

UFO를 관찰하자는 주장을 내세우고 가장 적극적인 활동을 벌이는 연구자는 아비 로브 하버드 대 교수이다. 그런 그가 NASA의 유사 프로젝트에서 배제되고 있다. 사실 로브 교수는 2021년 여름에 UFO와 관련이 있을지 모르는 비행체를 포착하기 위해 NASA의 망원경들과 다른 장비들을 사용하는 방안에 대한 제안서를 보낸 바 있다. 하지만, NASA는 그의 이런 제안을 거절했다.

나중에 로브 교수가 자신이 NASA의 UAP 프로젝트에서 배제된 것에 대해 문제 제기했을 때 그에게 돌아온 답은 이미 동일한 목적의 갈릴레오 프로젝트를 추진하고 있는 그와 협업하는 것이 이해충돌이라는 것이었다.[749] UFO의 정체를 확인하는 것은 그것이 무엇이든 간에 미국 국민을 비롯해 전 세계의 많은 이들이 관심을 보이는 중요한 일이다. 이런 문제를 해결하는데 어떤 이해가 존재하고 어떤 충돌이 발생한다는 걸까?

NASA의 UFO조사 분석팀 가동

2022년 10월 23일, NASA는 데이빗 스퍼겔 교수를 팀장으로 하는 총 16명으로 구성된 'UAP 독립 연구팀' 발족을 선언했다(이 중에는 프랭크 드레이크의 딸인 내디아 드레이크Nadia Drake가 포함되었다). 그런데 그들이 선언한 내용은 그들 목표가 데이터 축적의 방향 설정에 있음을 알 수 있다. 로브 교수를 끌어들이지 않으려고 한 것은 자신들의 정보를 혹시라도 불온한(?) 목적으로 활용할 수 있는 외부 세력에게 유출하고 싶지 않기 때문인 것 같다.

NASA는 UAP가 국가 안보와 공중 안전 둘 다의 문제로 그들의 관련 연구는 NASA가 비행기의 안전을 확실히 하려는 목표와 보조를 취하는 거라고 규정했다. 많은 데이터 축적이 없이는 그런 목격 사례를 증명하거나 설명하는 게 거의 불가능하므로 그 연구의 초점은 향후 UAP를 과학적으로 선별하기 위해 어떤 가능한 데이터를 모을 수 있는지 정보를 제공하는 데 있다는 것이다.[750]

---

749 Loeb, Avi. 2022.
750 Furfaro, Emily. 2022.

SETI 연구소의 21세기 동향

미국 캘리포니아 마운틴 뷰Mountain View에 SETI 연구소Institute가 소재하고 있다. 이 연구소는 1984년에 설립된 민간 단체다. 하지만, 국가적인 SETI 계획이 진행되고 있지 않은 상황에서 외계의 지적 생명체 탐사에 관심이 있는 과학자들의 구심점 역할을 하고 있다.

2014년 이 연구소의 소장인 댄 워디머Dan Werthimer와 선임 연구원인 세스 쇼스탁Seth Shostak은 미 상원 과학, 우주, 기술 위원회House Committee on Science, Space and Technology 위원들과의 대담에서 "외계인들이 존재할 가능성은 거의 100퍼센트"라고 주장하면서 국가 차원의 SETI 계획 재개를 요구했다.

워디머는 "우리가 이 광활한 우주에서 혼자인 게 더 이상하지 않은가?"라고 말하며 미국 정부가 외계 생명체를 찾는 연구에 대한 지원을 계속해야 한다고 주장했다. 또, 쇼스탁도 "이 우주에 1조개도 넘는 행성들이 있다. 생명체가 존재할 곳은 많다"며 "모든 별은 대부분 행성이 있고 이 행성 중에 지구와 비슷한 환경을 가진 것이 5분의 1은 될 것"이라는 희망적인 주장을 했다. 워디머와 쇼스탁은 하지만 외계인들이 지구를 단 한 번이라도 방문한 적은 없는 것으로 보인다고 말했다.[751]

그런데 같은 해에 쇼스탁은 유럽연합 공식 매거진 『호라이즌Horizon』과의 인터뷰에서 우리 생애주기 안에 외계인들로부터 신호를 받을 것이라고 얘기했다.[752] 그는 이와 관련해 2022년 영국 BBC와

---

751 Kim, Tong-hyung. 2014.
752 Deighton, Ben. 2014.

의 인터뷰에서 "우리가 기술적으로 선진적인 문명들로부터 신호들을 받는 것이 그들의 방문을 직접 받는 것보다 더 가능성이 높다고 봅니다."라고 말했다.[753]

SETI 연구소 세트 쇼스탁의 UFO관심도 변화

세트 쇼스탁은 방송활동을 활발히 하면서 SETI 연구소 대변인 역할을 하고 있다. 그는 2018년 『비즈니스 인사이더』 매거진과의 인터뷰에서 UFO와 관련한 외계인 방문에 대한 보고가 50년 동안 있었지만 진짜로 그들이 오고 있다는 증거는 아직 나타나고 있지 않다면서, 수십만 광년을 여행해서 그들이 여기까지 와서 별로 시답지 않은 일들을 하고 있을 확률은 제로에 가깝다고 말 한 적이 있었다.[754] 그리고 그는 2019년에 NBC 뉴스 프로그램에 출연해 "미 해군 조종사들이 촬영한 동영상 사례가 '외계인 방문'의 좋은 증거라고 볼 이유가 없어 보인다"고 지적했다.[755]

아무래도 UFO 연구와 SETI가 병립할 수 없다고 보아온 관련 학계 조류에 따라 SETI에 좀더 힘을 싣는 그의 공식적인 입장은 최근까지 지속되고 있다. 그는 2022년 영국 BBC와의 인터뷰에서 "우리가 기술적으로 선진적인 문명들로부터 신호들을 받는 것이 그들의 방문을 직접 받는 것보다 더 가능성이 높다고 봅니다."라고 말했다.[756] 그렇다면 그는 외계인 지구 방문 가능성을 낮추어보고

753　Magee, Tamlin. 2022.
754　Mosher, Dave. 2018.
755　Gains, Mosheh and Helsel, Phil. 2019.
756　Magee, Tamlin. 2022.

있는 걸까? 그건 아닌 것 같다.

2020년, 쇼스탁은 미 해군 조종사들이 촬영한 동영상을 SETI 연구소 홈페이지에 게재했다. 처음 그는 이 동영상들과 관련해 상당히 고무적인 견해를 피력했다. 이것들에 대해 미 해군의 공식적인 설명이 불가능하다는 사실을 놓고 그는 미 해군에는 엄청난 인재들이 있는데 만일 그곳의 전문가가 이 동영상에 대해 결론을 내리지 못한다면 답은 아주 간단하다고 말한다. 그 답은 뭘까? 그는 인공위성에 찍히거나 배나 민항기에서 찍힌 다른 UFO 영상과 함께 그 동영상들은 외계인 존재에 대한 아주 믿을 만한 증거일 수 있다고 생각한다고 말했다. 하지만, 이런 그의 주장은 나중에 다음과 같이 유보적으로 수정되었다.

"그러나 위성 이미지나 선박이나 상업용 항공기에서 촬영한 신뢰할 수 있고 반복되는 사진과 같은 다른 증거가 여기에 보태지지 않는 한, 나는 이 비디오가 외계인 존재에 대한 설득력 있는 증거라고 생각하지 않습니다."[757]

세트 쇼트탁의 갈릴레오 프로젝트 지지

비록 매우 조심스러운 태도로 일관하고 있긴 하지만, 세트 쇼스탁의 태도는 좀더 UFO 문제에 대해 우호적으로 바뀌고 있다. 그는 『사이언티픽 아메리칸』의 의견란에 기고한 글에서 아비 로브 교수가 추진하는 갈릴레오 프로젝트에 대해서 다음과 같이 언급 한 바 있다.

---

[757] Shostak, Seth. 2020.

"SETI 커뮤니티는 지금까지 다른 항성계에서 라디오나 빛 신호를 찾지 못했습니다. 그렇습니다. 이런 종류의 SETI 실험은 점점 더 빨라지고 있으며, 그 실험자들(저를 포함하여)은 상당히 많은 수의 표적을 면밀히 조사하면 확실한 외계 신호를 찾을 수 있을 걸로 기대하고 있습니다. 하지만 대안적인 SETI 전략이 있는데 고도로 발달한 외계 문명 사회가 만들었을 수 있는 유물/유적artifacts that highly advanced societies may have constructed을 찾는 것입니다. 그것은 확실히 외계인을 발견하는 합리적인 접근법으로, 현재 추구하고 있는 우리에게 도달하는 (전파)신호에 의존하지 않는 방식입니다.

그것(갈릴레오 프로젝트)은 우주 나이가 지구 나이의 3배라는 사실에 주목합니다. 결과적으로 우리 은하계에는 우리보다 수백만 년 또는 수십억 년 더 오래된 지적 생명체가 있다고 봐야 합니다. 어쩌면 그 존재가 다른 항성계로 비행체hardware를 보내는 데 정말로 관심이 있을 수 있습니다. 따라서 적어도 우리가 방문을 받고 있을 가능성이 있으며, 갈릴레오 프로젝트는 그것을 확인하기 위해 관찰을 수행할 것이라고 말합니다."[758]

SETI 연구의 새로운 지평

쇼스탁이 언급했듯 지난 50여 년 동안 추진된 외계로부터의 유의미한 전파 신호 추적을 목적으로 하는 SETI 계획은 그 자체로는 아무런 성과를 얻지 못했다. 이 계획은 지적인 외계인의 자취를 찾는다는 측면에서 UFO 조사연구와 궤를 같이하는 것처럼 보이지만 지금까지 그 밑바탕에 깔린 철학이나 관심 보이는 이의 층위가 극

---

758 Shostak, Seth. 2021.

명하게 갈렸었다. 그런데 쇼스탁의 예에서 알 수 있듯 최근 이런 조류에 뚜렷한 변화가 일어나고 있다.

이와 같은 변화는 단지 소수의 SETI 관련자 견해가 아닌 것 같다. SETI 연구소 운영위원회 의장을 역임한 존 거츠John Gertz는 2021년 『사이언티픽 아메리칸』에 기고한 '어쩌면 외계인들이 정말로 여기에 와있을 수 있다Maybe the aliens really are here'라는 글에서 외계인이 보낸 전파 신호보다 탐측선을 찾아볼 때가 되었다고 하면서 이제 SETI 계획과 UFO 연구가 궤를 같이할 시기가 무르익고 있다고 주장한다. 매우 조심스러운 태도이긴 하지만 그는 미 해군 조종사들이 목격하고 있는 UFO가 어쩌면 외계인들이 보낸 탐측선일 가능성이 있다고 생각한다. 이 주장은 아비 로엡의 주장과도 일맥상통한다.

거츠는 만일 그것이 사실이라면 UFO가 보여주는 극도의 가속도를 고려할 때 거기엔 로봇이 타고 있을 가능성을 제기한다. 『사이언티픽 아메리칸』이 자사의 견해와 무관함을 밝히고 있는 이 기고에서 존 거츠는 이제 많은 SETI 연구자가 최초의 지적 외계인들의 흔적을 다른 곳이 아닌 우리 태양계, 특히 지구에서 찾아낼 확률이 매우 높다고 믿고 있음을 피력하고 있다.[759]

존 거츠의 주장은 1940년대에 제기된 '페르미 패러독스Fermi paradox'와 '폰 노이만 기계 가설hypothesis of von Neumann machines or probes'과 관련이 있다.[760] 이탈리아 물리학자 엔리코 페르미Enrico Fermi

---

759 Gertz, John. 2021.
760 Gertz, John. 2020.

는 확률적으로 계산해 볼 때 우리은하가 외계 문명에 의해 식민지화되어 있고 따라서 지구상에 이미 외계인들이 도달해 있어야 하는데 왜 그런 흔적을 볼 수 없느냐고 반문한 적이 있다. 이를 페르미 패러독스라 부른다.[761]

존 폰 노이만John von Neumann은 헝가리 혈통의 미국인 수학자 및 물리학자, 컴퓨터 과학자로 만일 외계에 고도로 발달한 문명이 존재한다면 스스로 수리 및 번식을 하면서 멀고 먼 우주 탐색을 해낼 수 있는 로봇 탐사선을 개발했을 걸로 생각했다. 이런 유형의 로봇 탐사선을 폰 노이만 기계라 부른다.[762] 이제 이런 1940년대의 낡은 아이디어들이 현실화하는 것을 우리가 보고 있는 것일까?

젊은 시절 칼 세이건은 외계인들이 지난 5천 년 역사 속에서 이미 지구를 1번 이상 다녀갔을 것이란 굳은 믿음을 갖고 있었다. 그리고 고대 신화 속에서 인류에게 문명을 전해주었다는 문화영웅들이 어쩌면 이런 외계인들이었을 가능성을 점쳤었다. 하지만, 50년 전 그는 본연의 SETI 계획을 원활하게 추진하기 위해 국가 차원의 UFO 조사연구 저지에 일조했다. 오늘날 SETI 계획에 참여하고 있는 영향력 있는 과학자들이 조심스럽게 UFO를 언급하고 있는 상황은 이제 젊은 시절 세이건이 꿈꾸었던 외계 문명과의 직접적 접촉이 현실로 다가오고 있음을 암시하는 것은 아닐까?

---

761 Gertz, John. 2017.
762 Self-replicating Spacecraft, Wikipedia. Available at https://en.wikipedia.org/wiki/Self-replicating_spacecraft

| 나가는 글

　이 책이 출판 결정된 시기는 2024년 11월이다. 그런데 이 책 본문에서 다룬 가장 최근 동향은 2023년 여름까지다. 따라서 약 1년 정도의 최신 소식이 빠져 있다. 어떻게 보면 가장 중요할 수 있는 이 부분이 빠진 데는 그럴만한 이유가 있다. 필자 기준에서 이 기간에 별로 중요한 일들이 일어나지 않았기 때문이다. 물론 이런 판단은 매우 주관적인 것일 수 있다. 따라서 이 시기에 있었던 일들에 대해 궁금해할 독자들을 위해 여기서 그간의 관련 소식을 소개하려 한다.

　2023년 7월 26일 미 연방하원의회에서 두 번째 UAP 청문회가 열렸다. 하원 감독위원회의 한 소위원회에서 개최한 이 청문회엔 모두 세 명의 증인이 참석했다. 그들 중 두 명은 2004년의 니미츠 핵 항모 사건에 관련된 데이비드 프레이버와 2015년 테어도어 루스벨트 핵 항모 사건의 라이언 그레이브즈이었다. 프레이버는 "우리(조종사들)가 당시 조우했던 그 비행체는 현재 오늘날 우리가 지닌 기술보다 훨씬 뛰어났다... 향후

10년간 개발될 예정인 그 어느 비행체보다 훨씬 뛰어났다"고 말했다.[763] 하지만 이는 미국 또는 러시아나 중국이 극비리에 개발하고 있을지 모르는 비밀 병기 가능성을 완전히 배제할 수준의 결정적인 투의 지적은 아니었다.

프레이버와 그레이브즈는 이미 2021년에 CBS의 '식스티 미니츠'에 출연해 UFO의 성능에 대한 많은 놀라운 내용을 밝혔기 때문에 이 청문회에서 그들이 국가 공식적으로 그런 증언을 했다는 점 이외에 특별히 중요한 내용은 없었다고 볼 수 있다. 문제의 인물은 세 번째로 증언한 미 국방 정보요원을 지낸 공군 소령 출신 데이비드 그러쉬David Grusch였다. 그는 미국 정부가 UAP와 관련한 기기와 그것을 조종하는 인간이 아닌 존재의 유해를 보관하고 있다고 주장했다. 그러쉬는 미국 정부가 1930년대부터 인간이 아닌 존재의 활동을 인지하고 있었을 가능성이 크다고 덧붙였다. 그는 공직 생활을 하는 수십 년 동안 추락한 UAP 회수 및 역설계 프로그램이 존재함을 알게 됐다고 말했다. 그러면서 자신이 수집한 자료를 토대로 한 정보를 청문감사관들에게 보고하기로 결심했고 그 때문에 사실상 내부고발자가 됐다고 주장했다. 이런 그의 주장은 AP, AFP 등에 의해 전 세계에 보도되었고 많은 관심을 끌었다. 하지만, 그의 주장은 그가 실제로 직접 참여한 게 아닌 다른 이들로부터 전해 들은 게 전부다. 무엇보다도 이런 주장은 이미 오래전부터 여러 차례 반복 제기되어 온 로즈웰 UFO 추락 사건의 변종에 불과하다고 판단된다. 아마도 그는 모종의 역정보 임무를 띠고 이 청문회에 나선 것으로 보인다. 이런 판단을 하는 건 이 두 번째 청문회에서 당연히 다루어져야 할 내용이 2004년의 니미츠 핵 항모 관련 사건에 대한 보다 자세한 증언이었기 때문이다.

---

763 엡스타인, C. 2023.

50여 년 전 땅을 깊이 파고 단단히 못질한 관속에 집어넣어 묻어버린 UFO 문제를 펜타곤이 21세기에 다시 파낼 수밖에 없었던 건 2017년 『뉴욕타임스』 보도 때문이다. 여기서 이 신문은 AATIP라는 비밀 프로젝트를 미 상원이 주도해 비밀자금으로 추진했다는 사실을 물고 늘어졌는데 그 와중에 미국 땅에서 벌어진 놀라운 UFO 사건이 대중에 노출되었다. 청문회까지 열도록 추동한 이 사건은 2004년의 니미츠 핵 항모 관련 사건이었다.

2017년 이전부터 이 사건의 목격자들에 대한 정보와 동영상이 인터넷에 유출되어 이 분야의 알만한 사람들을 대략 그 사건을 알고 있었다. 하지만, 2017년 『뉴욕타임스』의 공론화로 결국 2020년에 이 동영상이 미 해군에 의해 촬영되었고, 목격자들인 조종사들이 누군지 정체가 밝혀졌다. 그 결과 첫 번째 청문회에서 비록 그 사건의 전모를 다룬 건 아니지만 중요한 UAP 특징에 대한 논의에서 이 사건과 관련된 부분들이 주요 증거로 제시되었다.

여기까진 매우 바람직한 방향이었는데 민주당의 크리슈나무르티 의원이 해저에서 활동하는 UAP 관련 질의가 비공개 청문회로 다루어지면서 펜타곤으로 대표되는 미 정부의 관련 정책 방향이 결코 이 문제를 명명백백히 밝히려 하는 게 아님이 드러났다. 결국 두 번째 청문회에는 CBS 방송에서 인터뷰를 통해 대부분이 밝혀져 이미 대중적으로 잘 알려진 관련 조종사만 증인으로 나왔다. 사실 이 청문회에 나왔어야 할 핵심 증인과 증거는 대륙간 탄도 미사일용 레이더와 순양함 프린스턴호 레이더 요원들과 잠수함 루이스빌의 소나 요원들 및 그들이 포착한 관련 데이터였다. 이런 문제를 관련 미 상하원 의원들이 모두 알고 있을 것이다. 그럼에도 그들이 여기에 대해 더 이상 언급하지 않는 것은 첫 번째 청문회에서 드러났듯 펜타곤이 2004년 니미츠 핵 항모 사건을 매우 중요한 비밀로 취급하고 있기 때문일 것이다. 이 사건을 입체적으로 결합해보면 UAP의 우주와 대기, 그리고 해저까지의 매질을 초월해 이동하는 특성이 명백히 드러나며 이런 수준은 지구상 그 어느 국가도 향후 수십 년 안에 달성하기 어렵다는 걸 그들은 알고 있기 때문이라고 본다. 이런 문제를 관련 미 상하원 의원들 모두 깨닫고 있을 것이다. 그들이 여기에 침묵하는 것은 이 문제가 정말로 국가 안보에 직결되는 수준으로 미지의 존재와 맞닿뜨리고 있음을 알고 있기 때문이라고 생각한다.

세 번째 미 하원 UAP 청문회는 감독위원회 소위원회 주관으로 2024년 11월 13일에 개최되었다. 여기엔 퇴역 미 해군 소장 팀 갤로뎃 Tim Gallaudet과 루리스 엘리존도, 전직 NASA 임원으로 'UAP 독립 연구팀' 일원인 마이클 골드Michael Gold, 그리고 온라인 매체인 퍼블릭 Public 창설자이자 저자로 활동하는 마이클 쉘렌버거Michael Shellenberger 가 증인으로 나왔다.[764] 이들 중 갤로뎃과 엘리존도의 증언이 매스컴의 큰 주목을 받았다.

갤로뎃은 자신이 입수한 UAP 증거 자료가 어느 날 사라져버렸는데 그게 정부 정보기관의 통제에 의한 것이 아니냐는 의혹을 제기했다. 그런데 사실 이런 의혹은 그 무엇보다 2004년 니미츠 핵 항모 사건에 대해서 제기되어야 한다. 관련 데이터를 정보기관이 모두 가져갔는데 이 중요한 사건에 대해선 침묵한 채 별 시답지 않은 자료를 놓고 청문회까지 열어 야단법석을 떨고 있다.

그리고 뒤이어 나온 증인인 엘리존도의 경우는 점입가경이다. 2017년

---

[764] Hearings: Unidentified Anomalous Phenomena: Exposing the truth, United States House of Committee on Oversight and Government Reform, November 13, 2024. Available at https://oversight.house.gov/hearing/unidentified-anomalous-phenomena-exposing-the-truth/

『뉴욕타임스』 특종의 내부고발자로 등장했던 그는 2004년 니미츠 핵항모 사건 조사를 총괄한 조너던 액셀로드의 팀에서 활동한 실무진 중 한 명이다.[765] 그런데 이 문제의 중요성을 잘 알고 있을 그는 이 문제에 대한 철저한 조사를 주장하지 않고 이 중요한 자리에서 엉뚱한 주장을 한다. 미국과 일부 적성국이 UAP 기술을 보유하고 있다는 것이다. 비록 그는 'UAP는 실재하며 미 정부나 다른 어떤 정부가 만든 것이 아닌 첨단 기술이 전 세계의 민감한 군사 시설을 모니터링하고 있다'는 비교적 객관적인 주장을 한다.[766] 하지만, 그의 첫 번째 전제는 이런 주장의 진정성을 희석시킨다. 엘리존도는 아마도 '판도라 상자'와 같은 이 민감한 문제에 대해 적절한 수준에서 미 정부와 모종의 타협을 통해 역정보 프로그램을 병행하는 듯 보인다.

이처럼 최근 UFO/UAP 관련 조사연구 진행 상황은 지지부진하다. 그리고 그 가장 큰 원인은 펜타곤이 이미 확보한 중요한 정보들을 감추고 내놓지 않기 때문이다. 물론 그런 정보는 UFO 잔해나 외계인 시신이 아니라고 필자는 생각한다.

아비 로브 교수는 세 번째 미 하원 청문회 증인으로 참석할 예정이었다고 한다. 하지만, 끝내 그의 증인 채택은 불발되었다.[767] 세계적인 명성과 권위의 천문학자로서 UFO 외계 기원설에 확고한 신념을 가진 그가 그 자리에서 내어놓을 증언이 사회에 끼칠 파장을 미 정부가 두려워했던 게 틀림없다. 하지만 진실을 폭로하려는 입을 틀어막는다고 진실이 영원히 사라지는 것은 아니다.

765　Lacatski, James T. and Kelleher, Colm A. and Knapp, George. 2021. p.45, p.49.
766　백나리. 2024.
767　Loeb, Avi. 2024.

| 참고문헌

AARO. 2024. Report on the historical record of U.S. government involvement with Unidentified Anomalous Phenomena (UAP), Vol.I. February 2024. p.23. Available at https://www.aaro.mil/Portals/136/PDFs/AARO_Historical_Record_Report_Vol_1_2024.pdf

Achenbach, Joel. 2014. Why Carl Sagan is truly irreplaceable: No one will ever match his talent as the "gatekeeper of scientific credibility", Smithsonian *Magazine*. March 2014. Available at https://www.smithsonianmag.com/science-*Nature*/why-carl-sagan-truly-irreplaceable-180949818/

Adamski, George & Leslie, Desmond. 1953. *Flying saucers have landed*, N.Y.: British Book Center.

Aftergood, Steven. 2019. More light on Black Program to track UFOs, Federation of American Scientists, January 17, 2019. Available at https://fas.org/blogs/secrecy/2019/01/aatip-list/

Agen Jr., Erich A. 1990. Desert Secrets, *MUFON UFO Journal*, No.267, July, pp.8-10.

Agrest, Modest M. 1959. Visits to Earth by Inter-Planetary Beings, Literary Gazette.

Ailleris, Philippe. 2011. Towards a better understanding of unusual atmospheric events: the unidentified aerospace phenomena (UAP) observations reporting scheme. *Geophysical Research Abstracts*, Vol. 13, EGU2011-9442-3, EGU General Assembly 2011. Available athttps://meetingorganizer.copernicus.org/EGU2011/EGU2011-9442-3.pdf

Allward, Maurice. 1978. *Modern combat aircraft 4-F-86 Sabre*, London: Ian Allan Limited.

Anderhub, Werner & Roth, Hans Peter. 2002. *Crop circles: Exploring the design and mysteries*, Lark Books.

Angelucci, Orfeo. 1955. The Secret of Saucers, Amherst Press.

Associated Press. 1952a. Flying objects near Washington spotted by both pilots and radar: Air force reveals reports of something, Perhaps 'saucers,' traveling slowly but jumping up and down, *The New York Times*, 21 July, 1952. Available at https://timesmachine.nytimes.com/timesmachine/1952/07/22/84335838.html?pageNumber=27

------------- 1952b. 'Objects' Outstrip Jets Over Capital, *The New York Times*, 27 July, 1952. Available at https://www.nytimes.com/1952/07/28/

archives/objects-outstrip-jets-over-capital-spotted-second-time-in-week-by.html

------------ 1957. Flying objects bring on inquiry; Air force acts on sightings in Texas and New Mexico atom testing site. *The New York Times*, 5 November, 1957, p.22

Associated Press in Helena. 2013. Roswell author who said he handled UFO crash debris dies at 76: Flight surgeon Jesse Marcel Jr said his air force father brought home debris from Roswell crash site in 1947. *The Guardian*. August 28, 2013. Available at https://www.theguardian.com/world/2013/aug/28/roswell-jesse-marcel-dies

Bader, Chris. 1995. The UFO contact movement from the 1950's to the present. *Studies in Popular Culture*, Vol.17, No.2, pp.73-90. https://digitalcommons.chapman.edu/cgi/viewcontent.cgi?article=1002&context=sociology_articles

Balasubramanian, R., Anandhanarayanan, K., Krishnamurthy,R. and Chakraborty, Debasis. 2016. Magneto-hydrodynamic flow control of a hypersonic cruise vehicle based on AJAX concept, *Journal of Spacecraft and Rockets*, Vol. 53, No. 4, pp.759-762. Available at https://www.aero.iitb.ac.in/~debasis/assets/int/JP-int-61.pdf

Banias, M. J. 2020. Ex Intel official says he was the source of the Pentagon's UFO videos, *Vice Magazine*. October 20, 2020. Available at https://www.vice.com/en/article/5dpm45/this-guy-says-he-was-the-source-of-the-pentagons-ufo-videos

Banias, M. J. and McMillan, Tim. 2020. Senate intelligence committee confirms the US Navy has a UFO task force. *Vice Magazine*, June 23, 2020. Available at https://www.vice.com/en/article/jgx573/senate-intelligence-committee-confirms-the-us-navy-has-a-ufo-task-force

Barclay, David & Barclay, Therese M. ed. 1993. UFOs ; The final answer?, Blandford.

Basterfield, Keith. 2018. Dr James T Lacatski, AAWSAP Program Manager's career "ruined". Unidentified Anomalous Phenomena—scientific research,November 3, 2018. Updated:November 27, 2021. Available at https://ufos-scientificresearch.blogspot.com/2018/11/dr-james-t-lacatski-aawsap-program.html

Berliner, Don. 2008. *UFO briefing document: The best available evidence*, Random House Publishing Group.

Bethune, G. 1970. Bethune Letter to Stuart Nixon. (April 28, 1970). Available at http://www.nicap.org/docs/bethune_nicapfile_01.pdf.

Bethurum, Truman. 1954. Aboard a Flying Saucer, DeVorss & Co.

Betts, Patrick. (Ed.). 2016.Astrophysics: An A-Z introduction. PediaPress.

Bialy, Shmuel and Loeb, Abraham. 2018. Could solar radiation pressure explain 'Oumuamua's peculiar acceleration?", *The Astrophysical Journal.* Vol.868, No.1, Available athttps://arxiv.org/pdf/1810.11490.pdf

Billings, Lee. 2013. The alien-life summit: The 1961 conference where brilliant scientists came together to discuss the search for ETs. *Slate Magazine*. September 27, 2013. Available at https://slate.com/technology/2013/09/green-bank-conference-seti-frank-drakesequation-for-estimating-the-extraterrestrial-life.html

Bitzer, J. Barry. 1995. Schiff receives, Releases Roswell Report, News Release, July 28th, 1995. https://www.project1947.com/roswell/schiff.htm

Blum, H. F. 1965. Dimensions and probability of life, *Nature*, Vol.206, pp.131-132.

Blumenthal, Ralph. 2017. On the trail of a secret Pentagon U.F.O. program, *The New York Times*, December 18, 2017. Available at https://www.nytimes.com/2017/12/18/insider/secret-pentagon-ufo-program.html

------------- 2021. Can Robert Bigelow (and the Rest of Us) survive death?: He's offering nearly $1 million if you help him figure it out. *The New York Times*. Jan. 21, 2021. Available athttps://www.nytimes.com/2021/01/21/style/robert-bigelow-UFOs-life-after-death.html

Blumenthal, Ralph and Kean, Leslie. 2020. Navy reports describe encounters with unexplained flying objects: While some of the encounters have been reported publicly before, the Navy records are an official accounting of the incidents, including descriptions from the pilots of what they saw. *The New York Times*, May 14, 2020. Updated July 24, 2020. Available at https://www.nytimes.com/2020/05/14/us/politics/navy-ufo-reports.html

Blumrich, Josef F. 1974. *The spaceship of Ezekiel*, N.Y.: Bantam Books.

Bord, Janet & Colins. 1980. Contact from the Pleiades?, *Flying Saucer Review*, Vol.26, No.3, 1980, pp.11-13.

Brady, Demian. 2019. Taxpayers paid for research into stargates & warp drive in secret defense program. National Taxpayers Union Foundation, January 24, 2019. Available at https://www.ntu.org/foundation/detail/taxpayers-paid-for-research-intostargates-warp-drive-in-secret-defense-program

Brancazio, Peter J. and Cameron, A. G. W. (Eds.) 1964. The origin and evolution of atmospheres and oceans, Proceedings of a Conference, held at the Goddard Institute for Space Studies, NASA, New York, April 8-9, 1963. Cameron. New York: Wiley. Available athttps://adsabs.harvard.edu/full/1964oeao.conf..279S

Bray, Author (Ed.). 2023. File F7−Foreign UFO sightings described in U.S. government files. Available at https://biblio.uottawa.ca/atom/index.php/foreign-ufo-sightings-described-in-u-s-government-files

Brill, Joe. 1976. Woman Reports Abduction, Examination, Skylook, No.100, March, pp.10-11.

Brooks, Chuck. 2022. The search for extraterrestrial life, UFOs, and our future, *Forbes*, September 4, 2022. Available at https://www.*Forbes*.com/sites/chuckbrooks/2022/09/04/the-search-for-extraterrestrial-life-ufos-and-our-future/?sh=663fc6a21062

Brooksmith, Peter. 1996. *UFO, the government files*. Blandford.

Brosses, Marie-Thérèse de. 1990. F-16 Radar trcks UFO, *MUFON UFO Journal*, No.268, August, pp.3-7.

---------- 1991. An Interview with Professor Jean-Pierre Petit, *MUFON UFO Journal*, No.273, January, p.23.

Bryan, Frederick Clark. 1998. Aliens and academics: How cltural representations of alien abduction support an entrenched consensus reality, Thesis for the degree of Master of Arts in English presented on August 10, 1998. Oregon State University. https://ir.library.oregonstate.edu/concern/graduate_thesis_or_dissertations/vt150n342

Bullard, Thomas E. 1982. Mysteries in the eye of beholder: UFOs and their correlates as a folkloric theme past and present, Ph.D dissertation, Indiana University.

----------- 1989a. Hypnosis and UFO abductions: A troubled relationship, *Journal of UFO Studies*, New Series Vol.1, pp.3-40.

----------- 1989b. UFO abduction reports: The supernatural kidnap narrative returns in technological guise, Journal of Folklore, No.102, pp.147-170.

Burns, Ryan. 2011. Skinwalker & Beyond, Lulu.com.

Burton, Charlie. 2021. This man ran the Pentagon's secretive UFO programme for a decade. We had some questions. *GQ Magazine*. November 9, 2021. Availabe athttps://www.gq-*Magazine*.co.uk/politics/article/luis-elizondo-interview-2021

Butler, Jack. 2015. UFO: In 1966, Hillsdale had its own close encounter. *The Collegian*. March 19, 2015. Available at https://hillsdalecollegian.com/2015/03/ufo-in-1966-hillsdale-had-its-own-close-encounter/

Cabrol, Nathalie A. 2016. Alien mindscapes: A perspective on the search for *Extraterrestrial Intelligence. Astrobiology*, Vol.16, No.9, p. 662. Available at https://www.ncbi.nlm.nih.gov/pmc/articles/PMC5111820/

Calkins, Carroll C. 1989. *Mysteries of the unexplained.* The Reader's Digest Association, Inc.

Callahan, Philip S. and Mankin, R.W. 1978. Insects as Unidentified Flying Objects. *Applied Optics*, No.17, 1 November, pp.3355-3360. Available at https://www.ars.usda.gov/ARSUserFiles/3559/publications/Callahan-insectufo-ao-78-17-21-3355-g.pdfE.

Calloni, E. et al. 2022. Vacuum fluctuation force on a rigid Casimir cavity in a gravitational field, *Physics Letters A*, Vol.297, pp. 328–333. Available at https://reader.elsevier.com/reader/sd/pii/S0375960102004450?token=F0BE1FCE46AD118B6E73BF4DA942E715E350765E0F738839C0FE84D17046B8C665D3AD78CD5040994557553752D207D8&originRegion=us-east-1&originCreation=20221130083500

Cameron, Grant. 2009. The Ford UFO Letter, The Presidents UFO Website (August 1, 2009).

Canner, Stephen. 2022. Authentic music from another planet: The Howard Menger story, We Are The Mutants. Available at https://wearethemutants.com/2022/03/08/authentic-music-from-another-planet-the-howard-menger-story/

Cannon, Martine. 1990. The controllers: A new hypothesis of alien abduction Part 1, *MUFON UFO Journal,* October, No.270, p.7.

Carey, Thomas J. and Schmitt, Donald R. 2019. *UFO secrets inside Wright-Patterson: Eyewitness accounts from the real Area 51.* Red Wheel Weiser.

Carlson, David R. 1974. The air force and the UFO, *Aerospace Historian*, Vol.22,

No.4, Winter, pp.215-216.

Carlson, Peter. 2002. Something in the air: 50 years ago, UFOs streaked over D.C. *The Seattle Times*. July 27, 2002.

Carpenter, Donald G. (Ed.). 1968. *Introductory Space Science*, Vol.2, Colorado Springs, Colo.: Department of Physics, U.S. Air Force Academy.

Carter, Bill and Schmidt, Michael S. 2013. CBS correspondent apologizes for report on Benghazi attack. *The New York Times*. November 8, 2013. Available at https://www.nytimes.com/2013/11/09/business/media/cbs-correspondent-apologizes-for-report-on-benghazi-attack.html

Center for UFO Studies. 1988. *The Spectrum of UFO Research*. CUFOS.

Chapman, John J. 2012. Advanced concepts: aneutronic fusion power and propulsion. NETS 2012-Nuclear and Emerging Technologies for Space, Houston, TX, United States. March 21-23, 2012. Available at https://ntrs.nasa.gov/citations/20120003723

Chauhan, Sharad S. (Ed.). 2004. *Inside CIA: Lessons in intelligence*, APH Publishing.

Choi, Charles Q. 2010. Green fireball UFOs identified: Green fireballs that streaked across the sky and rolled down an Australian mountainside four years ago, spurring reports of UFOs in the area, might have been meteors and ball lightning, a researcher suggests. *NBC News*, Dec. 1, 2010. https://www.nbcnews.com/id/wbna40442671

Cianciosi, Scott. 2008. The sheep incident: Long-Form. In 1968, thousands of sheep died mysteriously in Skull Valley, Utah. *Damn Interesting*.

March 2008. https://www.damninteresting.com/the-sheep-incident/

Citizens Against UFO Secrecy. 1976. *Foreign UFO sightings described in U.S. government files obtained via Freedom of Information Act requests by CAUS*, CUFOS.

Clamar, Aphrodite. 1981. Missing time: A psychologist examines the UFO evidence, *MUFON 1981 International UFO Symposium Proceedings*, pp.76-78.

Clark, Jerome. 1988. The fall and rise of the extraterrestrial hypothesis, MUFON 1988 International UFO Symposium Proceedings, p.66.

------------ 1990. *The UFO Encyclopedia Vol.1: UFOs in the 1980s*, Apogee Books.

------------ 1992. *The Emergence of a Phenomenon, UFOs from the Beginning through 1959* (The UFO Encyclodedia Vol.2), *OMNI*graphics, Inc.

------------ 1996. *The UFO Encyclodedia Vol.3: High Strangeness: UFOs from 1960 through 1979*, *OMNI*graphics Inc.

Clingerman, William R. 1949. Letter to Directorate of Intelligence, U. S. Air Force, April 5, 1949.

Collins, Curt. 2022. The Pentagon UFO program: Documents released. *Blue Blurry Line*. April 7, 2022. Available at https://www.blueblurrylines.com/2022/04/the-pentagon-ufo-program-documents.html

COMETA Report. 1999. Available at http://www.bibliotecapleyades.net/sociopolitica/sociopol_cometareport01.htm

Conroy, Ed. 1989. *Report on Communion: An independent investigation of and commentary on Whitley Streiber's Communion*. N.Y.: William Morrow and Company, Inc.

Conte, Michael. 2020. Pentagon officially releases UFO videos. CNN, April 29, 2020. Available at https://edition.cnn.com/2020/04/27/politics/pentagon-ufo-videos/index.html

Cooper, Helene & Blumenthal, Ralph and Kean, Leslie. 2017.Glowing auras and 'Black Money': The Pentagon's mysterious U.F.O. program. *The New York Times*, Dec. 16, 2017. Available at https://www.nytimes.com/2017/12/16/us/politics/pentagon-program-ufo-harry-reid.html

------------ 2019. 'Wow, What Is That?' Navy Pilots Report Unexplained Flying Objects. *The New York Times*, May 26, 2019.

Corso, Philip J. 1997. *The Day after Roswell*, Pocket Books.

Corum, Kenneth L. and Corum, James F. 2003. Nicola Tesla and the planetary radio signals. Available at https://radiojove.gsfc.nasa.gov/education/educationalcd/Books/Tesla.pdf

Cosgrove-Mather, Bootie. 2002. TV Guide Names Top 50 Shows. *CBS News*. Associated Press. Archived from the original on February 7, 2012. Retrieved March 29, 2012.

Cowen, Tyler. 2022. What are the chances we've been visited by aliens?: Congress revealed a lot of new information about UFOs, but none of it was conclusive. *Bloomberg*, May 25, 2022. Available at https://www.Bloomberg.com/opinion/articles/2022-05-25/ufo-hearing-what-are-the-chances-we-ve-been-visited-by-aliens?leadSource=uverify%20wall

Crick, Francis. 1981. *Life Itself*, Simon & Shuster.

Darrach, H. B. Jr. and Ginna, Robert. 1952. Have we visitors from space?: The Air Force is now ready to concede that many saucer and fireball sightings still defy explanation; here life offers some scientific evidence that there is a real case for interplanetary saucers. *LIFE Magazine*, April 7, 1952. Available at http://www.project1947.com/shg/articles/lifemag52.html

Daugherty, Greg. 2019. When top gun pilots tangled with a baffling Tic-Tac-shaped UFO: Fighter pilots and radar operators from the USS Nimitz describe their terrifying—and still inexplicable—2004 encounter. *History*, May 16, 2019. Updated: May 15, 2024. Available at https://www.history.com/news/uss-nimitz-2004-tic-tac-ufo-encounter

Daugherty, Greg and Sullivan, Missy. 2019. These 5 UFO traits, captured on video by navy fighters, defy explanation: Called the '5 observables' by a former Pentagon investigator, they include hypersonic speed, erratic movement and the ability to fly without wings. *History*, May 20, 2019. Updated: June 5, 2019. Available athttps://www.history.com/news/ufo-sightings-speed-appearance-movement

Davidson, Keay. 1999. Carl Sagan: *A Life*. New York: Wiley. Available at https://archive.org/details/carlsaganlife00davi

De Aragon, Ray John. 2022. *New Mexico Native American Lore: Skinwalkers, Kachinas, Spirits and Dark Omens*. Arcadia Publishing.

Deighton, Ben. 2014. Alien signal likely discovered within our lifetimes – Dr

Seth Shostak: The planned square kilometre array telescope, a radio telescope to span two continents, could be instrumental in finding intelligent alien civilisations within our lifetimes, according to Dr Seth Shostak, senior astronomer at the US-based Search for Extra Terrestrial Intelligence (SETI) Institute. Dr Shostak was a speaker at the EU's Innovation Convention in March 2014. *Horizon: The EU Research & Innovation Magazine*, July 16, 2014. Available athttps://ec.europa.eu/research-and-innovation/en/horizon-*Magazine*/alien-signal-likely-discovered-within-our-lifetimes-dr-seth-shostak

Delgado, Pat and Andrews, Colin. 1989. *Circular Evidence*. Phanes Press.

Dick, Steven J. 1999. *The biological universe: The twentieth century extraterrestrial life debate*, Cambridge University Press.

DiNick, Jacquelyn. 2021. Navy pilots recall "unsettling" 2004 UAP sighting (60-minutes-overtime). *CBS News*, August 29, 2021. Available at https://www.cbsnews.com/news/navy-ufo-sighting-60-minutes-2021-08-29/

Dobrijevic, Daisy. 2021. 'Galileo Project' will search for evidence of extraterrestrial life from the technology it leaves behind: The search for extraterrestrial technology is "daring to look through new telescopes." *Space.com*. Last updated July 27, 2021. Available athttps://www.Space.com/galileo-project-search-for-extraterrestrial-artifacts-announcement

Dorsch, Kate. 2019. Reliable witnesses, crackpot science: UFO investigations in Cold War America, 1947-1977, Doctoral Thesis, University of

Pennsylvania. Publicly Accessible Penn Dissertations. 3231.https://repository.upenn.edu/edissertations/3231

Dowling, Stephen. 2016. The WW2 flying wing decades ahead of its time. *BBC*, February 3, 2016. Available at https://www.bbc.com/future/article/20160201-the-wwii-flying-wing-decades-ahead-of-its-time

Drake, Frank and Sobel, Dava. 1992. *Is anyone out there?: The scientific search for extraterrestrial intelligence.* Delacorte Press, Bantam Doubleday Dell Publishing Group, Inc.

Druffel, Ann. 1991. "Missing Fetus" Case Solved. *MUFON UFO Journal*, No.283, Nov., pp.8-12.

------------- 1992. Resisting alien abductions: An update, *MUFON UFO Journal*, No.287, March, pp.3-7.

Durant, Fred C. III. 1953. Report on the Robertson Panel Meeting, January 1953. Durant, on contract with OSI and a past president of the American Rocket Society, attended the Robertson panel meetings and wrote a summary of the proceedings.

Ellwood, Robert S. and Patin, Hary B. 1988. *Religious and spiritual groups in modern America*, Prentice Hall.

Epstein, Jack. 1974. Antimatter UFOs. *Physics Today*, No.27, March, p.15.

Evans, Hilary. 1987. *Gods, Spirits and Space Guardians.* The Aquarian Press.

------------- 1989. More Thoughts on Abductions, *The Journal of UFO Studies*, New Series Vol.1, pp.149-150.

Falk, Dan. 2022. A surprising sde of Carl Sagan:In contact, the great science advocate posed a religious question about the cosmos. *Nautlius*, July 6, 2022. Available at https://nautil.us/a-surprising-side-of-carl-sagan-238509/

Fawcett, Lawrence and Greenwood, Barry J. 1984. *Clear Intent*. Prentice-Hall, Inc.

Fawcett, Bill and Fawcett, Lawrence and Greenwood, Barry J. 1990. *UFO Cover-up: What the government won't say*. NY: Simon & Schuster.

Fish, Tom. 2021. UFO claim: Did NASA detect 'Fireflies' phenomenon first seen by pioneer John Glenn? *Express*, January 1, 2021. Available at https://www.express.co.uk/news/weird/1376189/ufo-sighting-nasa-solar-probe-fireflies-astronaut-john-glenn-alien-claim-evg

Fitch, E. P. 1947. Memorandum. Available at https://www.keepandshare.com/doc13/21223/462-fitch-to-ladd-july-10-1947-pdf-317k?dn=y&dnad=y

Flanagan, William A. 2017. *Aviation records in the Jet Age: The planes and technologies behind the breakthroughs*. Specialty Press.

Fletcher, Seth. 2023. How a Harvard professor became the world's leading alien hunter: Avi Loeb's single-minded search for extraterrestrial life has made him the most famous practicing astronomer in the country—and possibly the most controversial. *The New York Times Magazine*, August 24, 2023. Available at https://www.nytimes.com/2023/08/24/Magazine/avi-loeb-alien-hunter.html

Foglino, Annette. 1989. Is anyone out there?: Most Astronomers Say Yes. *LIFE*, July, Vol.12, No.8, pp.48-57.

Forward, R. L. 1985a. Antiproton annihilation propulsion for the period: Final report prepared for the Air Force Rocket Propulsion Laboratory, September 1985. Available at https://apps.dtic.mil/sti/tr/pdf/ADA160734.pdf;

------------- 1985b. Antiproton annihilation propulsion, *Journal of Propulsion and Power*, Vol. 1, pp 370-374.

Fowler, Raymond E. 1980. *Andreasson Affair*, Bantam Books Inc.

------------- 1982. The *Andreasson Affair*: Phase Two, Prentice Hall.

------------- 1990. *The Watchers*, N.Y.: Bantam.

------------- 1993. The Allagash Abductions, *Flying Saucer Review,* Vol.38, No.4, pp.2-5.

------------- 1995. *The Watchers II*, Wild Flower Press.

Franch, John. 2013. The secret life of J. Allen Hynek. *Skeptical Inquirer*, Vol.37, No.1. Available at https://skepticalinquirer.org/2013/01/the-secret-life-of-j-allen-hynek/

Friedman, S. and Berliner, D. 1992. *Crash at Corona*. Paragon House.

Frost, Nastasha. 2018. When dozens of Korean War GIs claimed a UFO made them sick: Theories range from high-tech Soviet death rays to extraterrestrials studying human combat to combat-stress-induced hallucinations. Updated: Jan. 15, 2020. https://www.history.com/news/korean-war-us-army-ufo-attack-illness

Fry, Daniel. 1966. *The White Sands incidents*. Louisville: Best Books.

Fuller, Curtis. 1976. Curtis Fuller interviews J. Allen Hynek: What are UFOs?, *Fate*, Vol.29, June, pp.45-52.

Funk, William. 2009. The first 100 days: A positive beginning on the Freedom of Information Act. Center for Progressive Reform, April 28, 2009. Available at https://progressivereform.org/cpr-blog/the-first-100-days-a-positive-beginning-on-the-freedom-of-information-act/

Furfaro, Emily. 2022. NASA announces Unidentified Aerial Phenomena Study Team members. NASA. Oct 21, 2022. Available at https://www.nasa.gov/feature/nasa-announces-unidentified-aerial-phenomena-study-team-members/

Gains, Mosheh and Helsel, Phil. 2019. Navy confirms videos did capture UFO sightings, but it calls them by another name: The U.S. Navy doesn't know exactly what the "unidentified aerial phenomena" seen in the videos are. *NBC News*, September 19, 2019. Available at https://www.nbcnews.com/news/us-news/navy-confirms-videos-did-capture-ufo-sightings-it-calls-them-n1056201

Gallup, George H. 1972. The Gallup Poll: Public Opinion 1935~1948, Random House.

Galvin, Shane. 2024. Pentagon claims to debunk famous 'GOFAST' UFO radar video, but still has not ID'd mysterious object, *The New York Post*, November 20, 2024. Available athttps://nypost.com/2024/11/20/us-news/pentagon-claims-to-debunk-famous-gofast-ufo-radar-video/

Gamillo, Elizabeth. 2022. Building blocks of life found on samples collected from an asteroid: The find suggests that amino acids could land on Earth on meteorites. *Smithsonian Magazine*, June 24, 2022. Available at https://www.smithsonianmag.com/smart-news/building-blocks-of-life-found-on-samples-collected-from-an-asteroid-180980231/

Gao, P., Jafferis, D. L. & Wall, A. C. 2017. Traversable wormholes via a double trace deformation. *Journal of High Energy Physics*, Vol.2017, No.151. Available at https://doi.org/10.1007/JHEP12(2017)151

Garattini, Remo. 2020. Generalized absurdly benign traversable wormholes powered by Casimir energy. *The European Physical Journal C*, Vol.80, No.1172. Available at https://link.springer.com/content/pdf/10.1140/epjc/s10052-020-08728-8.pdf?pdf=button

Garwin, Richard L. 1999. Technical aspects of ballistic missile defense: Presented at Arms Control and National Security Session, APS, Atlanta, March 1999. Available at https://rlg.fas.org/garwin-aps.htm#:~:text=A%20typical%20intercontinental%20ballistic%20missile,of%20around%207%20km%2Fs.

Geller, Uri. 1975. *Uri Geller: My story*, Praeger Publishers, Inc.

Gent, Edd. 2022. The first small modular nuclear reactor was just approved by US regulators. *Singularity Hub*, August 5, 2022. Available at https://singularityhub.com/2022/08/05/the-first-small-modular-nuclear-reactor-design-was-just-approved-by-us-regulators/

George, Steve and Strickland, Ashley. 2018. Interstellar object may have been alien probe, Harvard paper argues, but experts are skeptical. *CNN News*, November 6, 2018. Available at https://edition.cnn.

com/2018/11/06/health/oumuamua-alien-probe-harvard-intl/index.html

Georgiou, Aristos. 2020. Pentagon just released UFO footage thanks in part to Tom DeLonge. *Newsweek*, April 28, 2020. Available at https://www.newsweek.com/pentagon-released-ufo-footage-tom-delonge-1500607

Gersten, Peter, A. 1981a. What the U. S. government knows about unidentified flying objects. Frontiers of Science, May/June. Available athttps://www.nsa.gov/portals/75/documents/news-features/declassified-documents/ufo/what_gov_knows_about_ufos.pdf

------------ 1981b. What the government would know about UFOs, If they read their own documents, *MUFON 1981 International UFO Symposium Proceedings*, pp.29-31.

Gertz, John. 2017. Nodes: A proposed solution to Fermi's paradox. *JBIS*, Vol.70, pp.454-457. Available at https://arxiv.org/ftp/arxiv/papers/1802/1802.04934.pdf

------------ 2020. Strategies for the detection of ET probes within our own solar system, *JBIS*, Vol.73, pp. 427-437. Available at https://www.researchgate.net/publication/346373043_Strategies_for_the_Detection_of_ET_Probes_Within_Our_Own_Solar_System

------------2021. Maybe the aliens really are here. *Scientific American*, June 21, 2021. Available athttps://www.scientificamerican.com/article/maybe-the-aliens-really-are-here/

Gilgoff, Dan. 2001. Saucers full of secrets: Decades later, Washington's fabled

UFO invasion has witnesses, skeptics, and true believers asking: "Where were you in '52?". *Washington City Paper*, December 14th, 2001. Available at https://washingtoncitypaper.com/article/260860/saucers-full-of-secrets/

Gillespie, Tom. 2019. 'It was behaving erratically': US Navy pilot speaks out about UFO sighting 15 years on Chad Underwood recorded an oblong-shaped object from an infrared camera on his F/A-18 Super Hornet fighter plane. *Sky New*, December 20, 2019. Available at https://news.sky.com/story/it-was-behaving-erratically-us-navy-pilot-speaks-out-about-ufo-sighting-15-years-on-11891191

Gillmor, Daniel S. (Ed.) 1968. Final Report of the Scientific Study of Unidentified Plying Objects conducted by the University of Colorado under contract to the United States Air Force. (Dr. Edward U. Condon: Scientific Director). The Board of Regents of the University of Colorado. Available at https://apps.dtic.mil/sti/tr/pdf/AD0680975.pdf

------------- 1969. *Scientific Study of Unidentified Flying Objects*, Bantam; 1st Printing edition.

Gilleran, S. Warren. 2017. Carl Sagan's groovy cosmos: Public science and American counterculture in the 1970s. A thesis submitted in partial fulfillment of the requirements for the degree of Master of Arts in History, Washington State University Department of History. Available athttp://www.dissertations.wsu.edu/Thesis/Spring2017/s_gilleran_033017.pdf

Glez, Montero. 2023. The wormhole that changed a novel. *El País*, October 28, 2023. Available at https://english.elpais.com/culture/2023-10-27/the-wormhole-that-changed-a-novel.html

Glickman, Michael. 2009. *Crop Circles: The bones of gods*. Frog Books.

Goleman, Michael J. 2011. Wave of mutilation: The cattle mutilation phenomenon of the 1970s. *Agricultural History*, Vol.85, No.3, pp.398–417.

Good, Timothy. 1988. *Above top secret*, N.Y.: William Morrow and Company, Inc.

------------ 1990. *The UFO report 1990*. Sidgwick & Jackson.

------------ 1993. *Alien contact: Top secret UFO files reveled*. N.Y.: William Morrow and Company Inc.

------------ 1996. *Beyond top secret*. Sidgwick & Jackson.

------------ 2007. *Need to know*. Pegasus.

Goodman, Kevin. 2010. The mystery of Warminster's 'UFO.' *BBC News*, May 20, 2010. Available at http://news.bbc.co.uk/local/wiltshire/hi/people_and_places/history/newsid_8694000/8694729.stm

Green, Joseph E. 2010. Dissenting Views: Investigations in History, Culture, Cinema, & Conspiracy, Xlybris Corporation.

Greer, Steven, M. 1992. UFOs over Belgium, *MUFON UFO Journal,* No.289, May, pp.8-12.

Griffiths, Peter. 2008. U.S. pilot was ordered to shoot down UFO. *Reuters*, October 20, 2008. Available at https://www.reuters.com/article/ukbritain-ufo-idUKTRE49J1P620081020

Grimshaw, Tony and Randles, Jenny. 1977. Frightening car-stop near Nelson, *Flying Saucer Review,* Vol.23, No.2, pp.3-4.

Gritz, Jennie Rothenberg. 2021. The wonder of Avi Loeb: The physicist thinks we might have glimpsed evidence of an alien civilization. Despite controversy, he's determined to find more. *Smithsonian Magazine,* October 2021. Available at https://www.smithsonianmag.com/science-*Nature*/wonder-avi-loeb-180978579/

Gross, Daniel M. 2013. Unidentified Aerial Phenomena (UAP): A new hypothesis toward their explanation, *Journal of Scientific Exploration*, Vol.27, No.3. Available at https://philpapers.org/rec/GROUAP

Haines, Gerald K. 1997. A Die-hard issue: CIA's role in the study of UFOs, 1947-90. *Studies In Intelligence*, Vol. 1,No. 1, pp.67-84. Available at https://sgp.fas.org/library/ciaufo.html and https://www.cia.gov/static/105bd8290b90de13ee136fecc9fe863f/cia-role-study-UFOs.pdf

Haines, Richard F. 1990. *Advanced aerial devices reported during the Korean War*, Lighting Design Assn.

Hall, Michael. 1947. Alfred Loedding, the man behind the flying saucers. Available at http://nationalatomictestingmuseum.org/wp-content/uploads/2017/07/Part-One-Man-Behind-the-Flying-Saucers.pdf

Hall, Michael and Connors, Wendy A. 1998. *Alfred Loedding and the great flying saucer wave of 1947.* Rose Press.

Hanks, Micah. 2022. Jacques Vallée: Pursuing Unidentified Aerial Phenomena and 'Impossible Futures.' *The Debrief*, October 7, 2022. Available at https://thedebrief.org/jacques-vallee-the-pursuit-of-unidentified-aerial-phenomena-and-impossible-futures/

Harder, James A. 1984. A smoking gun at the NSA, *Flying Saucer Review*, Vol.29, No.6, pp.7-8.

-------------- 1989. A history of U.S. government secrecy regarding UFOs, *Flying Saucer Review*, Vol.34, No.4, pp.19-23.

Harris, Shane. 2002. UFO hearing features historic testimony from Pentagon officials. *The Washington Post*, May 17, 2022. Available at https://www.washingtonpost.com/national-security/2022/05/17/ufo-hearing-congress/

Hartman, Ellen R. 2016. Crop circles: Windows of perception written by Lucy. *Pringle*, June 24, 2016. Available at https://forty-five.com/papers/crop-circles-windows-of-perception

Hayward, Philip. 1993. Future visions: New technologies of the screen. British Film Institute. pp.180–204.

Heidmann, Jean. 1992. *Extraterrestrial Intelligence*. Cambridge University Press.

Hendry, Allen. 1979. *The UFO Handbook*, Doubleday & Company, Inc.

Hesemann, Michael. 1996. *The Cosmic Connection: Worldwide crop formations and ET contacts*. Gateway Books.

Hesemann, Michael & Mantel, Philip. 1997. *Beyond Roswell: The alien autopsy film, Area 51, & The U.S. government cover-up of UFOs* Michael O'Mara Books Limited.

Holson, Laura M. 2018. A Radar blip, a flash of light: How U.F.O.s 'exploded' into public view. *The New York Times*, August 3, 2018. Available at https://www.nytimes.com/2018/08/03/science/UFO-sightings-USA.html

Howe, Linda Moulton. 1988. A strange harvest. Video documentary, originally broadcast 25 May 1980 on KMGH-TV (Denver, CO). Littleton, CO: Linda Moulton Howe Productions.

------------ 1989. *An Alien Harvest: Further evidence linking animal mutilations and human abductions to alien life forms.* Littleton, CO:Linda Moulton Howe Productions.

Hopkins, Budd. 1987. *Intruders: The incredible visitations at Copley Woods.* N.Y.: Random House.

------------ 1992. The Linda Cortile Abduction Case. *MUFON UFO Journal*, No.293, September, p.13.

------------ 1997. *Witnesses: The true story of Brooklyn Bridgeabduction.* London: Bloomsbury.

Houran, James and Randle, Kevin D. 2002. "A Message in a Bottle:" Confounds in deciphering the Ramey Memo from the Roswell UFO Case, *Journal of Scientific Exploration*, Vol. 16, No. 1, pp. 45–66. Available at https://www.researchgate.net/publication/228706129_A_Message_in_a_Bottle_Confounds_in_Deciphering_the_Ramey_Memo_from_the_Roswell_UFO_Case/figures?lo=1

Hynek, J. Allen. 1972, *UFO Experience: A Scientific Inquiry*, Chicago: Regnery,

------------- 1977. The Hynek UFO Report, Dell Publishing Company.

Humble, Ronald D. 1995. The German secret weapon/UFO connection. *UFO Magazine*, Vol 10, No 4, July/August, pp.21-25.

Huyghe, Patrick. 1979. U.F.O. files: The untold story, *The New York Times*, October 14, 1979. Available athttps://www.nytimes.com/1979/10/14/archives/ufo-files-the-untold-story.html

------------- 1994. The great high-rise abduction, *OMNI*, April, p.65.

Hynek, J. Allen. 1972. *The UFO experience: A scientific inquiry*. Henry Regnery Company.

------------- 1978. UFO as A Space Singularity, *MUFON 1978 Internaional UFO Symposium Proceedings*, p.119.

------------- 1985. Abductees sre "normal people": The psychologist and the abductee. *Flying Saucer Review*, Vol.30, No.3, pp.12-15.

Hynek, Mimi. 1988. *The Spectrum of UFO Research*: The Proceedings of the Second CUFOS Conference, Held September 25-27, 1987 in Chicago, Illinois. Available at http://www.cufos.org/books/The_Spectrum_of_Ufo_Research.pdf

Jacob, F. 1977. Evolution and Tinkering. *Science*, Vol.196, pp.1161-1166.

Jacobs, David M. 1975. *The UFO controversy in America*, Indiana University Press.

------------- 1986. Abductions: The Consequence of Nonexistence, MUFON 1986 International UFO Symposium Proceedings, pp.107-109.

------------ 1988. Post-Abduction Syndrome, 1988 MUFON International UFO Symposium Proceedings, pp.87-102.

------------ 1992. Secret Life: Firsthand Account of UFO Abduction, N.Y.: Simon & Schuster Inc.

------------ (Ed.). 2000. UFOs and Abductions: Challenging the Borders of Knowledge, University Press of Kansas.

Janos, Adam. 2019. Why have there been so many UFO sightings near nuclear facilities?: It started in the 1940s, near A-bomb development sites. More recently, something has been stalking nuclear carrier strike groups. *History Magazine*, June 23, 2019. Available at https://www.history.com/news/ufos-near-nuclear-facilities-uss-roosevelt-rendlesham

_____ 2021. The mysterious history of cattle mutilation: Unexplained livestock mutilations have been reported for centuries. Explanations range from common predators to UFOs. *History Magazine*, April 27, 2021. Updated: May 31, 2023. Available at https://www.history.com/news/cattle-mutilation-1970s-skinwalker-ranch-ufos

Jayanti, Vikram. 2013. Never mind the NSA: Uri Geller is the real spy story. The Guardian, June 13, 2013. Available at https://www.theguardian.com/media/2013/jun/13/nsa-uri-geller-psychic-spy

Jenkins, Brian, L. 2019. Letter to Steven Aftergood responding to the FOIA request, dated August 15, 2018, submitted to the DIA. January 16, 2019. Available at https://fas.org/irp/dia/aatip-list.pdf

John, Finn J. D. 2018. Pendleton, Umatilla Country; 1947: Flying saucer stories got their start in Pendleton, *OffbeatOregon*, July 8, 2018. Available at https://OffbeatOregon.com/1807b.flying-saucer-UFO-stories-started-in-pendleton-503.html

Jones, R. V. 1968. Physics Bulletin, Vol.19, July, pp.225-230.

Jordan, Debbie & Mitchell. Kathy. 1995. *Abducted! The story of the intruders continues*...Dell Publishing.

Jung, Carl G. 1987. *Flying saucers: A modern myth of things seen in the sky*. Routledge Classics Vol.32.Psychology Press.

Kelleher, Colm A. 2022. The Pentagon's secret UFO program, the hitchhiker effect, and models of contagion, *EdgeScience*, No.50, June 2022. pp.19-24. Available at https://www.theblackvault.com/casefiles/wp-content/uploads/2022/06/colmkelleher-edgescience.pdf

Kelleher, Colm A. and Knapp, George. 2005. *Hunt for the Skinwalker: Science confronts the unexplained at a remote ranch in Utah*, Paraview Pocket Books.

Kelly, John. 2012. The month that E.T. came to D.C. *The Washington Post*, July 20, 2012.

Kenyon, J. Douglas. 2017. The light beyond. *Atlantis Rising Magazine*. June 2017. Retrieved 5 January 2022.; After Life Seminar and Near-Death Experiences of the Blind, University of Nevada, Las Vegas. Available at https://www.unlv.edu/news/release/afterlife-seminar-and-near-death-experiences-blind

Keyhoe, Donald. 1950. *The flying saucers are real*. Gold Medal Books.

------------- 1953. *Flying saucers from outer space.* Holt. Available at http://www.nicap.org/books/fsos/chV.htm

Kim, Tong-hyung. 2014. Aliens are definitely out there, top astronomers tell congress. *The Korean Times*, May 23, 2014. Available at https://www.koreatimes.co.kr/www/nation/2021/08/501_157773.html

Kinder, Gary. 1987. *Light years: An investigation into the extraterrestrial experiences of Euduard Meier.* Atlantic Monthly Press.

King, Anna. 2019. 'Not one drop of blood': Cattle mysteriously mutilated in Oregon. NPR, October 8, 2019. Available at https://www.npr.org/2019/10/08/767283820/not-one-drop-of-blood-cattle-mysteriously-mutilated-in-oregon

Kloor, Keith. 2019. The media loves this UFO expert who says he worked for an obscure Pentagon program. Did he?: There is no discernible evidence that Luis Elizondo ever worked for a government UFO program, much less led one. *The Intercepter,* June 1, 2019. Available at https://theintercept.com/2019/06/01/ufo-unidentified-history-channel-luis-elizondo-pentagon/

------------- 2022. Pentagon UFO study led by researcher who believes in the supernatural: Critics dumbfounded by reality TV star Travis Taylor's position as "chief scientist. *Science,* June 29, 2022. Retrieved July 19, 2022. Available at https://www.science.org/content/article/pentagon-ufo-study-led-researcher-who-believes-supernatural

Knapp, George. 2005. Las Vegas based scientists study Skinwalker Ranch.

Channel 8 Eyewitness News, December 22, 2005. Archived from the original on 2007-09-27. Available at https://web.archive.org/web/20070927223735/http://www.klas-tv.com/Global/story.asp?S=4275629

------------ 2021. Robert Bigelow Opens up about AAWSAP, the Tic Tac incident, weird events on Skinwalker Ranch, the connection to consciousness. *YourCentralValley.com.* Jan 25, 2021. Available at https://www.yourcentralvalley.com/news/robert-bigelow-opens-up-about-aawsap-the-tic-tac-incident-weird-events-on-skinwalker-ranch-the-connection-to-consciousness/

------------ 2022. I-Team: Skinwalker Ranch and the 'hitchhiker effect.' *8NewNow.com.* June 24, 2022. Available at https://www.8newsnow.com/investigators/i-team-skinwalker-ranch-and-the-hitchhiker-effect/

Knodell, Kevin. 2021. How Hawaii Sen. Dan Inouye helped set the stage for UFO research: The late U.S. senator helped secretly funnel $22 million into Pentagon research programs. *Honolulu Civil Beat*, June 13, 2021. Available at https://www.civilbeat.org/2021/06/how-hawaii-sen-dan-inouye-helped-set-the-stage-for-ufo-research/

Knuth, Kevin H. and Powell, Robert M. and Reali, Peter A. 2019. Estimating flight characteristics of anomalous unidentified aerial vehicles, *Entropy,* Vol.21, No.10, Available at https://www.ncbi.nlm.nih.gov/pmc/articles/PMC7514271/

Kopparapu, Ravi and Haqq-Misra, Jacob. 2021. We're asking the wrong questions about UFOs. *The Washington Post*, May 26, 2021. Available at https://www.washingtonpost.com/opinions/2021/05/26/we-need-put-science-center-ufo-question/

Korff, Kal K. 1995. *The Billy Meier story: Spaceships of the Pleiades,* Prometheus Books.

Kottmeyer, Marti. 1994. Why Are the Grays Gray? *MUFON UFO Journal,* No.319, November 1994, pp.6-10.

Kuang, Cliff. 2019. How the dumb design of a WWII plane led to the Macintosh: At first, pilots took the blame for crashes. The true cause, however, lay with the design. That lesson led us into our user-friendly age—but there's peril to come. *Wired,* November 13, 2019. Available at https://www.wired.com/story/how-dumb-design-wwii-plane-led-macintosh/

Lacatski, James T. and Kelleher, Colm A. and Knapp, George. 2021. *Skinwalkers at the Pentagon: An insider's account of the secret government UFO program.* RTMA, LLC.

Lael, Claud Vorhion. 1987. *Let's welcome our fathers from space: They created humanity in thier laboratory.* AOM Corporation.

Lago, Don. 2015. Messages from Space. *Michigan Quarterly Review,* Vol.54, Iss.1, Winter, 2015. Available at https://quod.lib.umich.edu/cgi/t/text/text-idx?cc=mqr;c=mqr;c=mqrarchive;idno=act2080.0054.108;g=mqrg;rgn=main;view=text;xc=1

Lapointe, Grace. 2021. The war of the worlds: The influence of the novel and its infamous broadcast. *BookRiot,* Oct 28, 2021. https://BookRiot.com/

war-of-the-worlds/LaPointe, Michael R. 1989. Antiproton powered propulsion with magnetically confined plasma engines. Prepared for Lewis Research Center Under Contract NAS3-25266, August 1989. Availabe at https://ntrs.nasa.gov/api/citations/19890018329/downloads/19890018329.pdf

Lawrence, Kerri. 2018. Do records show proof of UFOs? *National Archives News*, February 9, 2018. Available at https://www.archives.gov/news/articles/do-records-show-proof-of-ufos

Lawson, Alvin. H. 1976. Hypnotic regression of alleged CE-III cases. *Flying Saucer Review,* Vol.22, No.3, pp.18-24.

------------ 1979. Hypnosis of imaginary UFO "abductees". The *Journal of UFO Studies*, Vol.1, No.1, pp.8-26.

------------ 1988. A testable hypothesis for fallacious abductions: Birth trauma imagery in CE 3 narratives, *The Spectrum of UFO Research*, CUFOS.

Lee, Ella. 2021. Is there proof extraterrestrials are real?: Five questions left unanswered by the US government UFO report. *USA Today,* June 25, 2021. Available athttps://www.usatoday.com/story/news/politics/2021/06/25/5-questions-left-unanswered-ufo-report/7480075002/

Lee, Russell. 2022. 1947: Year of the flying saucer. *Smithsonian,* June 24, 2022. Available at https://airandspace.si.edu/stories/editorial/1947-year-flying-saucer

Lee, Woo-young. 2011. Public figures who believe in aliens, *The Korea Herald*,

February 23, 2011.

Lehto, Chris. 2022. The famous TIC-TAC UFO engagement: Senior chief Kevin Day had been seeing the weird radar contacts for the previous two weeks. At first, he thought it was the new radar they were using. *The Portugal News,* 14 Feb 2022. Available at https://www.theportugalnews.com/news/2022-02-14/the-famous-tic-tac-ufo-engagement/65220

Levengood, W. C. 1994. Anatomical anomalies in crop formation plants, Physiologia Plantarum, Vol. 92, Iss. 2, pp. 356-363. Available at https://onlinelibrary.wiley.com/doi/abs/10.1111/j.1399-3054.1994.tb05348.x

Levengood, W. C. and Talbott, Nancy P. 1999. Dispersion of energies in worldwide crop formations. *Physiologia Plantarum*, Vol.105, pp.615–624. Available at https://www.semanticscholar.org/paper/Dispersion-of-energies-in-worldwide-crop-formations-Levengood-Talbott/4b28c9bcfc44e1b4d855c1e618896b5f8451420d

Lewis-Kraus, Gideon. 2021. How the pentagon started taking U.F.O.s seriously for decades, flying saucers were a punch line. Then the U.S. government got over the taboo. *The New Yorker,* April 30, 2022. Available at https://www.newyorker.com/Magazine/2021/05/10/how-the-pentagon-started-taking-ufos-seriously

Lewis, James R. (Ed.). 1995. *The god have landed: New religions from other worlds.* State University of New York Press.

Liddel, Urner. 1953. Phantasmagoria or unusual observations in the atmosphere.

Journal of the Optical Society of America, Vol. 43, pp. 314-317.

Lockett, Jon. 2021. World's eeriest place inside 'Skinwalker Ranch' UFO hotspot probed by the Pentagon where cows are found 'inside out' & the soil is radioactive. *The Irish Sun*, April 28, 2021. Updated: March 6, 2023. Available at https://www.thesun.ie/news/6915392/skinwalker-ranch-ufo-pentagon-cows-mutilated/

Loeb, Avi. 2018. How to search for dead cosmic civilizations: If they're short-lived, we might be able to detect the relics and artifacts they left behind(Guest-blog). *Scientific American*, September 27, 2018. Available at https://blogs.scientificamerican.com/observations/how-to-search-for-dead-cosmic-civilizations/

------------ 2020. Can the universe provide us with the meaning of life?: Astronomy and space exploration might offer a new perspective on our purpose in the cosmos(Guest-blog). *Scientific American*, January 21, 2020. Available at https://blogs.scientificamerican.com/observations/can-the-universe-provide-us-with-the-meaning-of-life/

------------ 2021. A possible link between 'Oumuamua and unidentified aerial phenomena: If some UAP turn out to be extraterrestrial technology, they could be dropping sensors for a subsequent craft to tune into. What if 'Oumuamua is such a craft?". *Scientific American*, 22 June 2021. Available at https://www.scientificamerican.com/article/a-possible-link-between-oumuamua-and-unidentified-aerial-phenomena/

------------ 2022. Imitation is the sincerest form of flattery. *Medium Magazine*.

Jun 12, 2022. Available at https://avi-loeb.medium.com/imitation-is-the-sincerest-form-of-flattery-1214c38427e4

------------- 2024. Avi Loeb's statement on UAPs to the House Oversight and Accountability Committee. *Medium Magazine.* November 10, 2024. Available at https://avi-loeb.medium.com/avi-loebs-statement-on-uap-to-the-house-oversight-and-accountability-committee-3cc124e8cdd8

Long, Tony. 2011. Feb. 24, 1949: Piercing the edge of the final frontier. *Wired,* February 24, 2011. https://www.wired.com/2011/02/0224white-sands-rocket-outer-space/

Lucanio, Patrick and Coville, Gary. 2002. *Smokin' rockets: The romance of technology in American film, radio and in American television, 1945-1962,* McFarland.

Lupino, Antonello and Leopizzi-Harris, Paola. 2008. Turning the page, world affairs, *The Journal of International Issues,* Vol. 12, No. 2, pp. 154-163.

McAdam, Scott T. Jr. 2006. VMFA-232 'Red Devils' change command, *Marine,* 6 May 2006. Available at https://www.miramar-ems.marines.mil/News/News-Article-Display/Article/556755/vmfa-232-red-devils-change-command/

Maccabee, Bruce S. 1976. More lights in the sky. *Physics Today*, No.29, March, p.90.

Macfarlane, Alan. 2021. *Creative lives and works: Antony Hewish, Martin Rees and Neil Turok.* Routledge.

MacGregor, Rob and MacGregor, Trish. 2022. *The shift: Reports from the mystical underground*, Crossroad Press.

Mack, John E. 1994a. *Abduction: Human encounters with aliens,* New York: Ballantine Books.

------------ 1994b. Alien reckoning: Many Americans claim they've been abducted by extraterrestrials. A once-skeptical Harvard psychiatrist believes them. *The Washington Times*, April 16, 1994. Available at https://www.washingtonpost.com/archive/opinions/1994/04/17/alien-reckoning/2c40dbed-4e10-4026-9c3e-629fc734c23e/

------------ 1996. Studying intrusions from the subtle realm: How can we deepen our knowledge?, *MUFON 1996 International UFO Symposium Proceedings*, Greensboro, NC July 5-7, pp.143-144.

------------ 2000. *Passport to the Cosmos*, London: Thorsons.

Magee, Tamlin. 2022. The missing plan for alien first contact. *BBC*, November 2, 2022. Available athttps://www.bbc.com/future/article/20221101-should-extraterrestrial-life-be-granted-sentient-rights

Malik, Tariq and David, Leonard. 2007. Bigelow's second orbital module launches into space. *Space.com*. June 28, 2007. Retrieved December 26, 2009. Available at https://www.space.com/4007-bigelow-orbital-module-launches-space.html

Mann, Adam. 2022. With new study, NASA seeks the science behind UFOs: Although modest in scope, a NASA research project reflects shifting attitudes toward the formerly taboo subject of UFOs. *Scientific American*, August 3, 2022. Available at https://www.

scientificamerican.com/article/with-new-study-nasa-seeks-the-science-behind-ufos/

Margolis, Jonathan. 2017. Did a UFO give Uri Geller magical powers when he was three years old? It sounds crazy but in fact, an air force captain saw it all - and confirmed every detail. Mail Online. January 23, 2017. Available at https://www.dailymail.co.uk/news/article-4146428/Did-UFO-Uri-Geller-magical-powers.html

Markowitz, William. 1967. The physics and metaphysics of unidentified flying objects. *Science CVL-II,* No.157, pp.1274-1279.

Marrin, Doug. 2024. Unmasking the 1966 Dexter UFO incident with a deep dive into suppressed sightings, *The Sun Times News.* July 24, 2024. Available at https://thesuntimesnews.com/unmasking-the-1966-dexter-ufo-incident-with-a-deep-dive-into-suppressed-sightings/

Masters, Michael P. 2022. *The Extratemperstral Model,* Full Circle Press.

Mayer, C. H. and McCullough, T. P. and Sloanaker, R. M. 1958. Observations of Venus at 3.15-CM wave length. *Astrophysical Journal,* Vol. 127, pp.1-10. Available at https://adsabs.harvard.edu/full/1958ApJ...127....1M

McCampbell, James M. 1983. UFO interference with vehicles and self-starting engines. *MUFON 1983 International UFO Symposium Proceedings*, pp.46-59.

McCoy, Howard M. 1948. Letter to Central Intelligence Agency, Office of Naval Intelligence, and U.S. Army Intelligence. October 7 1948.

McDonald, James E. 1969. Science in default: Twenty-two years of inadequate UFO investigations. American Association for the Advancement of Science 134th Meeting General Symposium, Unidentified Flying Objects. December 27, 1969. Available athttp://kirkmcd.princeton.edu/JEMcDonald/mcdonald_aaas_69.pdf

------------- 1970. UFOs over Lakenheath in 1956. *Flying Saucer Review,* Vol.16, No.2, pp.9-17, p.29. Available at http://kirkmcd.princeton.edu/JEMcDonald/mcdonald_fsr_16_9_70.pdf

------------- 1971. UFO encounter I—Air force observations of an unidentified flying object in the south-central U.S., July 17, 1957. *Aeronautics and Astronautics,* July, 1971, pp. 66-70. Available at http://kirkmcd.princeton.edu/JEMcDonald/mcdonald_aa_9_7_66_71.pdf

McMillan, Tim. 2020. Inside the Pentagon's secret UFO program. *Popular Mechanics,* February 14, 2020. Available at https://www.popularmechanics.com/military/research/a30916275/government-secret-ufo-program-investigation/

Meal, Richard M. Jr. 1991. Paralysis by microwaves, *MUFON UFO Journal,* No.283, November, pp.13-16.

Meessen, Auguste. 1991. The Belgium Sightings, *International UFO Reporter,* May/June, Vol.16, No.3, pp.4-11.

Mehta, A.K. 2023. Gateway-like absurdly benign traversable wormhole solutions. *Theoretical and Mathematical Physics,* Vol.214, pp.106–120. Avaiulable at https://doi.org/10.1134/S0040577923010063

Mellon, Christopher. 2018. The military keeps encountering UFOs. Why doesn't the Pentagon care?: We have no idea what's behind these weird incidents because we're not investigating. *The Washington Post,* March 9, 2018. Available at https://www.washingtonpost.com/outlook/the-military-keeps-encountering-ufos-why-doesnt-the-pentagon-care/2018/03/09/242c125c-22ee-11e8-94da-ebf9d112159c_story.html

------------ 2019. The Navy acknowledges UFOs—so why aren't they on Washington's radar? *The Hill,* November 2, 2019. Available at https://thehill.com/opinion/national-security/467860-navy-acknowledges-ufos-why-arent-they-on-washingtons-radar

Mencken, F. Carson &Bader, Christopher D. and Kim, Ye Jung. 2009. Round trip to Hell in a flying saucer: The relationship between conventional Christian and paranormal beliefs in the United States. *Sociology of Religion*, Vol. 70, No. 1, pp.65-85. https://www.jstor.org/stable/27652588

Menger, Howard. 1959. *From outer space to you*, Saucerian Books.

Menzel, Donald H. 1952. The truth about flying saucers, *Look*, 17 June 1952, pp.35-39. Available at http://www.project1947.com/fig/look61752.htm

------------ 1966. Is there or isn't there? Life in the universe, *The Graduate Journal,* Vol.7, pp.195-219.

Michaels, Susan H. 1996. *Sightings*, Simon and Schuster.

Micheli, M., Farnocchia, D., Meech, K. J. et al. 2018. Non-gravitational acceleration in the trajectory of 1I/2017 U1 (Oumuamua). *Nature*,

Vol. 559, pp.223–226. Available at https://doi.org/10.1038/s41586-018-0254-4 https://www.nature.com/articles/s41586-018-0254-4

Migliore, Vince. 1991. Crop circles: The mystical view, *MUFON UFO Journal*, No.278, June, pp.3-39.

Milano, Lou. 2021. White plains man had his UFO research monitored by CIA for decades. Ultimate Unexplained. Available at https://ultimateunexplained.com/leon-davidson-ufo-research/

Millard, Neil. 2010. We have crossed galaxies and travelled billions of miles... where are we exactly? Er, Rotherham.... *The Sun,* 25 October 2010.

Miritescu, Catalina-Ana. 2020. Traversable wormhole constructions. Thesis submitted in partial fulfillment of the requirements for the MSc degree QFFF of Imperial College London, September 2020. Available at https://www.imperial.ac.uk/media/imperial-college/research-centres-and-groups/theoretical-physics/msc/dissertations/2020/Catalina-Miritescu-Dissertation.pdf

Mizokami, Kyle. 2019. What we know about the navy's UFOs: They're unlike any aircraft we've ever seen. *Popular Mechanics*, September 17, 2019. Available at https://www.popularmechanics.com/military/a29091438/ufo-video-facts/

Monroe, Rachel. 2023. The enduring panic about cow mutilations: Aliens, the government, or unspecified shadowy forces—another round of "mutes" incites familiar fears. *The New Yorker,* May 8, 2023. https://www.newyorker.com/news/letter-from-the-southwest/the-enduring-panic-about-cow-mutilations

Morris, Michael S., Thorne, Kip S. and Yurtsever, Ulvi. 1988. Wormholes, time machines, and the weak energy condition, *Physical Review Letters,* Vol.61, No.13, pp.1446-1449.

Morrison, David. 2014. Carl Sagan(1934-1996): A biographical memoir, National Academy of Science. Available at http://www.nasonline.org/publications/biographical-memoirs/memoir-pdfs/sagan-carl.pdf

Mosher, Dave. 2018. The US military released a study on warp drives and faster-than-light travel. Here's what a theoretical physicist thinks of it. *Business Insider Magazine.* May 24, 2018. Available at https://www.businessinsider.com/warp-drive-study-department-defense-real-fake-2018-5

Mouland, Bill. 1996. Message from the stars or double bluff in the barley?, *Daily Mail*, June 29, 1996.

Murgia, Joe. 2021. C2C transcript: Lacatski, Colm, Knapp & AAWSAP– UFO study can't just be on nuts & bolts, *TheUfoJoe*, October 14, 2021. Available at https://www.ufojoe.net/transscript-lacatski-colm-knapp/

Myhra, David. 2013. *Sack AS 6-Source of Nazi Germany UFO Claims?* RCW Technology & Ebook Publishing.

Newton, Michael. 2015. *The FBI Encyclopedia*, McFarland.

Nolan, Daniel A. Jr. 1953. Flying Saucers. By Donald H. Menzel. *Military Review*, Vol. 33, No.4, p.111.

Noyes, Ralph ed. 1990. *The Crop Circle Enigma*. Bath: Gateway Books.

Office of the director of national intelligence. 2021. Preliminary assessment: Unidentified aerial phenomena. 25 June 2021. Available at https://www.dni.gov/files/ODNI/documents/assessments/Prelimary-Assessment-UAP-20210625.pdf

Olson, Edward C. 1985. Intelligent Life in space, *Astronomy*, July, Vol.13, No.7, pp.6–11, p.14, pp.18–22.

Orlic, Christian. 2013. The origins of directed panspermia(Guest-blog). *Scientific America*, January 9, 2013. Available at https://blogs.scientificamerican.com/guest-blog/the-origins-of-directed-panspermia/

Page, Thornton Jr. 1969. Scientific Study of Unidentified Flying Objects: Final Report of Research Conducted by the University of Colorado for the Air Force Office of Scientific Research under the Direction of Edward U. Condon (Book Review). *American Journal of Physics*, Vol.37, Issue 10, pp.1071–1072. Available athttps://aapt.scitation.org/doi/abs/10.1119/1.1975204?journalCode=ajp

Patrick, Craig. 2021. NASA now investigating Navy's UFO videos: 'There is something there,' *Fox 13*, June 11, 2021. Available at https://www.fox13news.com/news/nasa-administrator-investigating-us-navy-ufo-sightings

Panati, Charles ed. 1976. The Geller Papers: Scientific Observations on the Paranormal Powers of Uri Geller, Boston: Houghton Mifflin Company.

Pearse, Steve. 2011. Set your phaser to Stun, Xlibris Corporation.

Pedersen, T. Sunn et al. 2019. A new frontier in laboratory plasma- and astrophysics: Electron-positron plasma(IPP 2019-17). Garching: Max-Planck-Institut für Plasmaphysik. Available at https://pure.mpg.de/pubman/faces/ViewItemOverviewPage.jsp?itemId=item_3167104

Peebles, Curtis. 1994. *Watch the skies!: A chronicle of the flying saucer myth.* Berkley Books.

Peters, Ted. 1979. The Religious Dimensions to the UFO Phenomenon, *MUFON 1979 International UFO Symposium Proceedings*, p.37.

Phelan, Matthew. 2019. Navy pilot who filmed the 'Tic Tac' UFO speaks: 'It wasn't behaving by the normal laws of physics.' *Intelligencer*. Dec. 19, 2019. Available at https://nymag.com/intelligencer/2019/12/tic-tac-ufo-video-q-and-a-with-navy-pilot-chad-underwood.html

Porter, Christie. 2022. High strangeness at Skinwalker Ranch. *Salt Lake Magazine*. June 7, 2022. Available at https://www.saltlake*Magazine*.com/high-strangeness-at-skinwalker-ranch/

Porter, Tom. 2020. The US Navy has released incident reports from pilots describing their encounters with UFOs, including one detailing a silver object 'the size of a suitcase,' *The Insider Magazine*. May 14, 2020. Available at https://www.businessinsider.com/navy-release-pilot-reports-ufo-sightings-2020-5

Poundstone, William. 1999. *Carl Sagan: A Life in the Cosmos.* New York: Henry Holt and Company.

Powell, R. and Reali, P. and Thompson, T. and Beall, M. and Kimzey, D. and

Cates, L. and Hoffman, R. 2019. A forensic analysis of Navy Carrier Strike Group Eleven's encounter with an anomalous aerial vehicle. Scientific Coalition of UAP Studies, March 3, 2019. Updated on Updated: November 13, 2024.Available at https://www.explorescu.org/post/nimitz_strike_group_2004

Pratt, Bob. 1990. The Belgium UFO Flap, *MUFON UFO Journal,* No.267, July 1990, pp.3-7.

President and Fellows of Harvard College. 2005. Menzel, Donald Howard, 1901-Papers of Donald Howard Menzel: an inventory, Harvard University Library. Available at https://web.archive.org/web/20160304003533/http://oasis.lib.harvard.edu/oasis/deliver/~hua17001

Pultarova, Tereza. 2022. Pristine asteroid Ryugu contains amino acids that are building blocks of Life. *Space.com.* March 10, 2022. Available at https://www.*Space.com*/asteroid-ryugu-samples-analysis-hyabusa2

Rae, Stephen. 1994. John Mack, *The New York Times*, March 20, 1994. https://www.nytimes.com/1994/03/20/magazine/john-mack.html

Rael, Claud Vorhion. 1987. *Let's welcome our Fathers from space: They created humanity in their laboratory.* AOM Corporation.

Randle, Kevin D. 1989. *The UFO case book*, Warners Books.

------------ 2014. *The government UFO files: The conspiracy of cover-up.* Visible Ink Press.

Randles, Jenny. 1988. *Alien abductions: The mystery solved*, Inner Light

Publications.

------------- 1990. *The UFO conspiracy*, Balndford.

------------- 1996. *UFO retrievals: The recovery of alien spacecraft*, Blandford Press.

Randles, Jenny & Warrington, P. 1987. *Science and the UFOs*, Blackwell Inc.

Randles, Jenny & Fuller, Paul. 1991. *Kreise im Kornfeld: Ein Mysterium Wird Aufgeklärt*, München: Wilhelm Goldmann Verlag.

Randle, Kevin D. 1989. *The UFO Case Book*, Warners Books.

Reid, Harry. 2021. Harry Reid: What we believe about U.F.O.s: We still don't know what they are—but we may be close to finding out. *The New York Times*, May 21, 2021. Available at https://www.nytimes.com/2021/05/21/special-series/harry-reid-ufo.html

Rivilla, Víctor M. et al. 2022. Molecular precursors of the RNA-world in space: New nitriles in the G+0.693−0.027 molecular cloud, Front. *Journal of Astronomy and Space Sciences*, July 8, 2022. Available athttps://www.frontiersin.org/articles/10.3389/fspas.2022.876870/full?utm_source=fweb&utm_medium=nblog&utm_campaign=ba-sci-fspas-building-blocks-rna-abundant-in-interstellar-molecular-clouds

Rodeghier, Mark. 1981. *UFO Reports involving vehcle interference*, CUFOS.

Rogoway, T. 2020. Here are the Navy pilot reports from encounters with mysterious aircraft off the East Coast. *The Warzone*. May 13, 2020. Available at https://www.thedrive.com/the-war-zone/33371/here-are-the-detailed-ufo-incident-reports-from-navy-pilots-flying-off-the-east-coast

Root, Chris. 2020. Livestock and the beginnings of the Satanic Panic, Geneaology, African American & Western History Resources, Denver Public Library. October 27, 2020. Available at https://history.denverlibrary.org/news/livestock-and-beginnings-satanic-panic

------------ 2022. The Man Who Met a Venusian (Allegedly), Genealogy, African American and Western History Resources, Denver Public Library. August 30, 2022. Available at https://history.denverlibrary.org/news/man-who-met-venusian-allegedly

Ross, Mike. 1996. Rider on the shock wave—Hypersonic flying saucers driven by microwaves: Not science fantasy but the goal of serious researchers in US, *New Scientist*, February 17, 1996, pp.28-31.

Ross, W. 2020. Extraterrestrials in the stacks: An archivist's journey with alien abduction, A stained blue dress, and the Betty and Barney Hill collection. *Journal of Popular Cult*, Vol.53, pp.1393-1416. Available athttps://scholars.unh.edu/cgi/viewcontent.cgi?article=2008&context=faculty_pubs

Ruppelt, Edward J. 1956. *The report on unidentified flying object*, N.Y.: Doubleday.

Sagan, Carl. 1963. Direct contact among galactic civilizations by relativistic interstellar spaceflight. *Planetary and Space Science,* Vol. 11, pp. 485-498. Available at https://epizodyspace.ru/bibl/inostr-yazyki/planetary-and-space-science/1963/sagan_direct.pdf

------------ 1967. Life on the Surface of Venus?. *Nature*, 216, 1198–1199. Available at https://doi.org/10.1038/2161198a0

------------ 1978. Growing up with Science Fiction, *The New York Times*, May 28, 1978. Available at https://www.nytimes.com/1978/05/28/archives/growing-up-with.html

------------ 1980. Cosmos, N.Y.: Ballantine Books.

------------ 1983. SETI petition. *Science,* Vol. 220, Issue 4596, p.462. Available at https://www.science.org/doi/epdf/10.1126/science.220.4596.462.b?adobe_mc=MCMID%3D83203332469368139102799198088519658037%7CMCORGID%3D242B6472541199F70A4C98A6%2540AdobeOrg%7CTS%3D1663302527

------------ 1994. The Search for Extraterrestrial Life: The earth remains the only inhabited world known so far, but scientists are finding that the universe abounds with the chemistry of life, *Scientific American*, October 1, 1994. Available at https://www.*Forbes*.com/sites/chuckbrooks/2022/09/04/the-search-for-extraterrestrial-life-ufos-and-our-future/?sh=663fc6a21062

------------ 1995. *The Demon-haunted world: Science as a candle in the dark,* N.Y.: Random House.

Sagan, Carl and Page, Thornton (Eds.). 1972. *UFOs: A scientific debate*, W. W. Norton and Company.

Saliba, John A. 1999. The earth is a dangerous place: The world view of the Aetherius Society, *Marburg Journal of Religion,* Vol. 4, No.2.

Salla, Michael E. 2008. Exopolitics, world affairs: *The Journal of International Issues,* Vol. 12, No. 2, pp. 114-129.

Sampson, Paul. 1952. "Saucer" outran jet, pilot reveals: Investigation on in secret after chase over capital Radar spot blips like aircraft for nearly six hours—only 1.700 feet up, *The Washington Post,* July 27, 1952. Available at http://greyfalcon.us/July%2028.htm

Sarri, G. 2013. A table-top laser-based source of femtosecond, collimated, ultra-relativistic positron beams. *Physical Review Letters,* Vol. 110, p.255002. Available at https://arxiv.org/pdf/1304.5379.pdf

Schmidt, William E. 1991. 2 'Jovial Con Men' demystify those crop circles in Britain, *The New York Times,* Sept. 10, 1991. Available at https://www.nytimes.com/1991/09/10/world/2-jovial-con-men-demystify-those-crop-circles-in-britain.html

Schmitt, Donald R. & Randle, Kevin D. 1991. What happened in Ramey's office? *MUFON UFO Journal,* No. 276, April, pp.3-9.

Schnabel, Jim. 1994. They're coming to take us away: Can space aliens really have abducted the former Secretary-General of the United Nations? It sounds absurd, but thousands of Americans seem convinced by a rumour which has become a cause celebre even outside the mad world of modern 'Ufology,' *The Independent,* January 2, 1994. Available athttp://www.independent.co.uk/arts-entertainment/theyre-coming-to-take-us-away-can-space-aliens-really-have-abducted-the-former-secretarygeneral-of-the-united-nations-it-sounds-absurd-but-thousands-of-americans-seem-convinced-by-arumour-which-has-become-a-cause-celebre-even-outside-the-mad-world-of-modern-ufology-1397440.html

Schoenmann, Joe. 2021. A new book by George Knapp says the Pentagon takes UFOs (and more) very seriously (aired 2021). *Nevada Public Radio Network*, October 15, 2021. Available at https://knpr.org/knpr/2021-10/new-book-george-knapp-says-pentagon-takes-ufos-and-more-very-seriously-aired-2021

Schwanitz, Cary. 2022. $20,000 reward for information on Utah livestock killings. KSLTV.Com, Aug 1, 2022. Available at https://ksltv.com/501261/20000-reward-for-information-on-utah-livestock-killings/

Schwarz, Berthold E. 1977. Talks with Betty Hill: 3-Experiments and Conclusions, *Flying Saucer Review*, Vol.23, No.4, p.28.

Scoles, Sarah. 2018. Inside Robert Bigelow's decades-long obsession with UFOs: The budget hotel magnate and inflatable space habitat maker has a unique side project. *Wired*, Feb 24, 2018. Available at https://www.wired.com/story/inside-robert-bigelows-decades-long-obsession-with-ufos/

Seacord, James M. 2021. 2021 Defense civilian intelligence personnel system pay rates: Memorandum for director for human resourses, Defense Intelligence Agency, et al. Office of the Under Secretary of Defense. Available athttps://dcips.defense.gov/Portals/50/USD(IS)%20HCMO%20Memo%20FY2021%20Pay%20Rates%20and%20Ranges%20(signed).pdf

Seifer, Marc J. 1996. *Wizard: The Life and Times of Nikola Tesla: biography of a genius*. Secaucus, New Jersey: Carol Pub.

Shalett, Sidney. 1949a. What you can believe about flying saucers (Part 1), *Saturday Evening Post*, 30 April 1949, pp.20-21, pp.136-139.

------------- 1949b. What you can believe about flying saucers (Part 2), *Saturday Evening Post*, 7 May 1949, p.36, pp.184-186. Available at https://www.saturdayeveningpost.com/flipbooks/reprints/What_You_Can_Believe_About_Flying_Saucers/

Sheaffer, Robert. 2020. Claims about a government "UFO Program". How much is true?. *Skeptic Magazine*, May 2020. Retrieved 12 August 2021. Available at https://go.gale.com/ps/i.do?id=GALE%7CA629606515&sid=googleScholar&v=2.1&it=r&linkaccess=abs&issn=10639330&p=AONE&sw=w&userGroupName=anon%7E58b03c59

Sheldon-Duplaix, Alexandre. 2020. Phénomènes aérospatiaux non identifiés, DSI (Défense et Sécurité Internationale), No. 146 (Mars—Avril 2020), pp. 96-103.

------------- 2021. Phénomènes aérospatiaux non identifiés, Arieion 24 News. 9 juillet 2021. Available at https://www.areion24.news/2021/07/09/phenomenes-aerospatiaux-non-identifies/

Shklovskii, I. S. and Sagan, Carl. 1966. *Intelligent Life in the Universe,* Holden-Day.

Shostak, Seth. 2020. Navy UFO videos now official. SETI Institute. Apr 29, 2020. Available at https://www.seti.org/navy-ufo-videos-now-official

------------- 2021. Harvard's Avi Loeb thinks we should study UFOs—and he's not wrong: As a SETI scientist, I'm grateful that he has the freedom—and the guts—to go where few would dare to go. *Scientific American*, July 29, 2021. Available at https://www.scientificamerican.com/article/harvard-rsquo-s-avi-loeb-thinks-we-should-study-ufos-mdash-and-he-rsquo-s-not-wrong/

Simpson, G. G. 1964. The nonprevalence of humanoids, *Science,* Vol.143, pp.769-775.

Sinclair, Wardand Harris, Art. 1979. What were those mysterious craft? *Washinton Post*, January 19, 1979. Available at https://www.washingtonpost.com/archive/politics/1979/01/19/what-were-those-mysterious-craft/1b9d1f3d-dddb-4a92-87b3-0143aa5d7a3e/

SpaceRef. 2012. The UAP story: The SETI Institute weighs in. *Space News*, June 25, 2021. Available athttps://spaceref.com/press-release/the-uap-story-the-seti-institute-weighs-in/

Spanos, Nicholas & Cross, Patricia A. & Dixon, Kirby & Susan C. DuBreuil. 1993. Close encounters: An examination of UFO experiences, *Journal of Abnormal Psychology*, Vol.102, pp.624-632.

Sparks, Brad. 2016. Comprehensive catalog of 1,700 Project Blue Book UFO unknowns: Database catalog (Not a best evidence list) –NEW: List of Projects & Blue Book Chiefs. Work in Progress (Version 1.27, Dec. 20, 2016), p.17. Available at http://www.cisu.org/wp-content/uploads/2017/01/Sparks-CATALOG-BB-Unknowns-1.27-Dec-20-2016.pdf

Spaulding, William, H. 1977. Modern image processing revisites the Great Falls, Montana and Tremonton, Utah Movies, *MUFON 1977 International UFO Symposium Proceedings*, pp.79-105.

Spence, Jennifer. 2006. "20th-Century American Bestsellers: Contact". LIS 590AB/ENGL 564: 20th-Century American Bestsellers (Spring 2006). Graduate School of Library and Information *Science*, University of Illinois, Urbana-Champaign. Archived from the original on July 19, 2011. Retrieved August 18, 2010.

Spickler, Ted R. 1991. The Truman MJ-12 Letter, *International UFO Reporter*, May / June, pp.12-13.

Sprinkle, R. Leo. 1980. UFO Contactees: Captive collaborators or cosmic citizens?, *MUFON 1980 International UFO Symposium Proceedings*, pp. 44-75.

Stables, Daniel. 2021. England's crop circle controversy. *BBC*, August 24, 2021. Available at https://www.bbc.com/travel/article/20210822-englands-crop-circle-controversy

Steinbuch, Yaron. 2021. Ex-CIA director believes UFOs could exist after pal's plane 'paused.' *New York Post,* April 6, 2021. Available at https://nypost.com/2021/04/06/former-cia-director-says-he-believes-ufos-could-exist-report/

Stevens, Austin. 1952. Air Force debunks 'Saucers' as just 'Natural Phenomena,' *The New York Times*, 29 July, 1952.

Stevens, Wendell C. (Ed.). 1993. Messages from the Pleiades: *The contact note of Edward Billy Meier*, UFO Photo Archives.

Story, Ronald. 1980. *The encyclopedia of UFOs*, N.Y.: Doubleday & Co.

Strauss, Mark. 2015. Space archaeologists search for dead alien civilizations: Extraterrestrial life might exist, but there's no guarantee that it hasn't destroyed itself. Here's how to detect an apocalypse on another world, *National Geographic*. October 21, 2015. Available at https://www.nationalgeographic.com/adventure/article/151020-alien-archaeology-civilization-seti

Streiber, Whitley. 1987. *Communion: A true story*, N.Y.: William Morrow.

------------- 1989. *Majestic*, N.Y.: G.P.Putnam's Sons.

Strentz, Herbert J. 1970. A survey of press coverage of unidentified flying object, 1947~1966, ph.D dissertation, Northwestern University.

Stringfellow, Kim. 2018. Giant Rock, space people and the integration, The Mojave Project, May 2018. Available at https://mojaveproject.org/dispatches-item/giant-rock-space-people-and-the-integratron/

Sturm, Thomas A. 1967. The USAF Scientific Advisory Board: Its first twenty years 1944-1964, USAF Historical Division Liaison Office, 1 February 1967. Available at https://apps.dtic.mil/dtic/tr/fulltext/u2/a954527.pdf

Sturrock, Peter A. 1973. Unexplained phenomena: UFO's: A Scientific debate. An AAASsymposium, Boston, Dec. 1969. Carl Saga and Thonton Page, Eds. Cornell University Press, Ithaca, N.Y., 1973. xxii, 3 10 pp., illus. $ 12.50., *Science, New Series*, Vol. 180, No. 4086, p. 594. Available at https://www.jstor.org/stable/pdf/1736170.pdf?refreqid=excelsior%3A8ebe52c8a276f62e3850a1f05297ed8e

------------- 1974. Evaluation of the Condon Report on the Colorado UFO Project. Institute of Plasma Research, Stanford University, SUIPR Report No.599, October 1974.

Sutter, Paul. 2021. Traversable wormholes are possible under certain gravity conditions. *LiveScience*, August 23, 2021. Available at https://www.livescience.com/traversable-wormholes-modified-gravity.html

Swords, Michael D. 1999. Clyde Tombaugh, Mars, and UFOs. *Journal of Scientific Exploration*, Vol. 13, No. 4, pp. 685–694. Available at https://citeseerx.ist.psu.edu/document?repid=rep1&type=pdf&doi=5d2179dca398ad17d471d091ad2c1de94ee3a4ed

------------- 2000. Project Sign and the Estimate of the Situation. *Journal of UFO Studies*, New Series, Vol. 7, pp.27-64. Available at https://digitalseance.files.wordpress.com/2011/12/swords-projectsignandtheeots.pdf

Swords, Michael D. and Powell, Robert et al. 2021. *UFOs and government: A historical inquiry*, Anomalist Books.

Targ, Russell and Puthoff, Harold. 1974. Information transmission under conditions of sensory shielding. Nature 251, pp.602–607.

Thebault, Reis. 2021. For some Navy pilots, UFO sightings were an ordinary event: 'Every day for at least a couple years'. *The Washington Times*, May 17, 2021. Available at https://www.washingtonpost.com/nation/2021/05/17/ufo-sightings-navy-ryan-graves/

Thomas, Evan. 1997. The next level, *Newsweek*, April 7, pp.14-21.

Thomas, Hilary. 1999. Crop circles: An interview with Dr. Chet Snow and Chad Deetken, *The Mail Archive,* January 10, 1999. Available at https://www.mail-archive.com/ctrl@listserv.aol.com/msg02193.html

Thompson, Susan. 2019. History mystery from the Archives, September 24, 2019, U. S. Army. Available at .https://www.army.mil/article/227612/history_mystery_from_the_archives

Thayer, Gordon D. 1971. UFO encounter II—The Lakenheath England, Radar-Visual UFO case, August 13-14, 1956. Aeronautics and Astronautics, Sept., 1971, pp. 60-64.

Tipler, Frank J. 1981. Extraterrestrial intelligent beings do not exist, *Physics Today*, April 1981. p.9.

Tressoldi, Patrizio and Rock, Adam J. and Pederzoli, Luciano and Houran, James. 2022. The case for postmortem survival from the winners of the Bigelow Institute for Consciousness Studies essay contest: A level of evidence analysis, *Australian Journal of Parapsychology,* Vol.22, No.1, pp.7-29.

Tritten, Travis. 2022. Birthed the Pentagon's new hunt for UFOs, *Military.com*. March 7, 2022. Available at https://www.military.com/daily-news/2022/03/07/how-believers-paranormal-birthed-pentagons-new-hunt-ufos.html

Truettner, L. H.and Deyamond, A. B. 1949. Unidentified Aerial Objects: Project 'Sign,' Technical Intelligence Division, Air Material Command, Technical Report No. F-TR-2274_1A, February 1949.

Tumminia, Diana G. ed. 2007. *Alien worlds: Social and religious dimensions of extraterrestrial contact.* Syracuse University Press.

UFO Subcommittee of the AIAA. 1971. UFO Encounter 1: Sample Case Selected by the UFO Subcommittee of the AIAA. *Astronautics & Aeronautics.* July 1971, pp.66-70. Available at http://kirkmcd.princeton.edu/JEMcDonald/mcdonald_aa_9_7_66_71.pdf

U. S. Department of Defense. 2020. Immediate Release: Statement by the Department of Defense on the Release of Historical Navy Videos, April 27, 2020. Available at https://www.defense.gov/News/Releases/Release/Article/2165713/statement-by-the-department-of-defense-on-the-release-of-historical-navy-videos/

United States Department of Defense. 2020. Immediate Release: Establishment of Unidentified Aerial Phenomena Task Force, August 14, 2020. Available athttps://www.defense.gov/Newsroom/Releases/Release/Article/2314065/establishment-of-unidentified-aerial-phenomena-task-force/

------------ 2021. Immediate Release: DoD Announces the Establishment of the Airborne Object Identification and Management Synchronization Group (AOIMSG), Nov. 23, 2021. Available at https://www.defense.gov/News/Releases/Release/Article/2853121/dod-announces-the-establishment-of-the-airborne-object-identification-and-manag/

United States General Account Office. 1995. Report to the Honorable Steven H. Schiff, House of Representatives: Government Records / Results of a Search for Records Concerning the 1947 Crash Near Roswell, New Mexico (GAO/NSIAD-95-187), July 1995.Available at https://www.

gao.gov/assets/nsiad-95-187.pdf

Vallee, Jacque. 1965. *Anatomy of phenomena: Unidentified objects in space* (A scientific appraisal), NTC/Contemporary Publishing.

------------- 1975. *The invisible college: What a group of scientists has discovered about UFO influences on the human race.* N.Y.: E.P. Dutton.

------------- 1980. *Messengers of deception: UFO contact and cult*, Revised Bantam Edition.

------------- 1988. *Dimensions: A case book of alien contact*, N.Y.: Ballentine Books.

Vallee, Jacques & Janie. 1966. *Challenge to science: The UFO enigma*, N.Y.: Ballentine Books.

Vitali, Marc. 2017. How a controversial Chicago astronomer influenced 'Close Encounters.' *WTTWO News*, July 17, 2017. Available at https://news.wttw.com/2017/07/17/how-controversial-chicago-astronomer-influenced-close-encounters

Von Ludwig, Illo Brand. 1978. UFOs and future spaceflight propulsion, *1978 MUFON UFO Symposium Proceedings*, Dayton, Ohio, July 29 & 30.

Von Rennenkampff, Marik. 2022a. Stunned by UFOs, 'exasperated' fighter pilots get little help from Pentagon. *The Hill,* May 7, 2022. Available athttps://thehill.com/opinion/national-security/3545072-stunned-by-ufos-exasperated-fighter-pilots-get-little-help-from-pentagon/

------------- 2022b. UFO sleuths make extraordinary discoveries; Congress should take note. *The Hill,* May 15, 2022. Available athttps://thehill.com/

opinion/3488406-ufo-sleuths-make-extraordinary-discoveries-congress-should-take-note/

------------ 2022c. Congress implies UFOs have non-human origins. *The Hill*, August 22, 2022. Available at https://thehill.com/opinion/3610916-congress-implies-ufos-have-non-human-origins/

Wall, Mike. 2017. Interstellar message beamed to nearby exoplanet: The radio signal directed at a world 12 light-years away included music and math lessons from Earth. *Scientific American*, November 16, 2017. Available at https://www.scientificamerican.com/article/interstellar-message-beamed-to-nearby-exoplanet/

Warren, Larry & Robbins, Peter.1997. *Left at East Gate: A first-hand account of the Bentwaters-Woodbridge UFO incident, It's cover-up, and investigation*, Michael O'Mara Books Limited.

Watson, Nigel. 2022. Eye-catching claims about UFOs emitting dangerous radiation take the UK media for a ride, *The Skeptics*, May 11, 2022. Available at https://www.skeptic.org.uk/2022/05/eye-catching-claims-about-ufos-emitting-dangerous-radiation-take-the-uk-media-for-a-ride/

Wattles, Jackie. 2021. NASA is getting serious about UFOs. *CNN Business,* June 4, 2021. Available at https://edition.cnn.com/2021/06/04/tech/ufos-nasa-study-scn/index.html

Weintraub, Pamela. 1985. Interview: J. Allen Hynek. *OMNI*, No.7 February, pp.70-76, pp.108-109, pp.112-114. Available at http://www.astralgia.com/pdf/hynek.pdf

Whitaker, Bill. 2021. 60-minutes: UFOs regularly spotted in restricted U.S. airspace, report on the phenomena due next month: Bill Whitaker reports on the regular sightings of unidentified aerial phenomena, or UAP, that have spurred a report due to Congress next month. *CBS News*. May 16, 2021. Available athttps://www.cbsnews.com/news/ufo-military-intelligence-60-minutes-2021-05-16/

Weisskopf, Victor F. 1977. The frontiers and limits of *science, American Scientist,* July-August, Vol.65, pp.177-195.

Wenz, John.2018. The Order of the Dolphin: SETI's secret origin story. *Astronomy Magazine.* October 10, 2018. Last updated on May 18, 2023. Avaialble at https://astronomy.com/news/2018/10/the-order-of-the-dolphin-setis-secret-origin-story

------------ 2019. The secret origins of the search for *Extraterrestrial Intelligence*: How the order of the Dolphin helped establish the scientific search for aliens. *Discover Magazine.* Feb 12, 2019. Available at https://www.discover*Magazine*.com/the-sciences/the-secret-origins-of-the-search-for-extraterrestrial-intelligence

Whitaker, Bill. 2021. UFOs regularly spotted in restricted U.S. airspace, report on the phenomena due next month (60 Minutes – Newsmakers). *CBS News*, May 16, 2021. Available at https://www.cbsnews.com/news/ufo-military-intelligence-60-minutes-2021-05-16/

Wise, Jeff. 2017. What *The New York Times* UFO report actually reveals. *Intelligencer*, December 26, 2017. Available at https://nymag.com/intelligencer/2017/12/new-york-times-ufo-report.html DEC. 26, 2017.

Wolchover, Natalie. 2017. Newfound wormhole allows information to escape black holes, *Quanta Magazine*, October 23, 2017. https://www.quanta*Magazine*.org/newfound-wormhole-allows-information-to-escape-black-holes-20171023/

Youn, Soo. 2021. The woman who forced the US government to take UFOs seriously, *The Guardian*, 14 June 2021. Available athttps://www.theguardian.com/world/2021/jun/14/leslie-kean-ufo-reporter-us-government-report

Zabel, Bryce. 2021. My UFO debate with Carl Sagan: 40 years ago, after doing a 'live' half-hour show with Carl Sagan about Voyager II's Saturn flyby, we debated UFO reality in a PBS parking lot. It was a close encounter I'll never forget. *Medium*. Aug 24, 2021. Available at https://medium.com/on-the-trail-of-the-saucers/carl-sagan-ufo-voyager-91372c0c0553

Zeidman, Jennie. 1976. UFO-helicopter close encounter over Ohio, *Flying Saucer Review,* Vol.22, No.4, pp.15~19.

Zhilyaev, B. E. and Petukhov, V. N. and Reshetnyk, V. M. 2022. Unidentified aerial phenomena I. Observations of events. Available at https://arxiv.org/pdf/2208.11215

Zinsstag, Lou. 1990. *George Adamski: Their man on Earth*, UFO Photo Archives.

ZNN. 2013. Former Jesuit lawyer says president Carter was denied UFO file by George Bush Sr., ZlandCommunications NewsNetwork(September 12, 2013).

Zuckerman B. 2022. Oumuamua is not a probe sent to our solar system by an alien civilization. *Astrobiology*. Vol.; 22, No.12, pp.1414-1418. Available at 10.1089/ast.2021.0168. PMID: 36475959.

라시드, I. 1994. (마이어, 에두아르트 빌리 독역; 이재건 한역). 『탈무드 임마누엘』 홍진기획.

라엘, C. V. 1988. 배귀숙 역. 『진실의 서』 도서출판 메신저.

맹성렬. 2011. UFO 신드롬, 지식의 숲.

--------- 2012. 과학은 없다, 쌤 앤 파커스.

--------- 2017. 지적 호기심을 위한 미스터리 컬렉션, 김영사.

미 국가정보국·국방부·중앙정보국(유지훈 역). 2023. UAP. 투나미스.

백나리. 2024. 미 의회 청문회 선 펜타곤 전직 당국자 "UFO는 실제로 있다": 재작년·작년 이어 올해도 UFO 청문회 … 퇴역 해군 소장도 증언. 연합뉴스. 2024년 11월 14일. 출처: https://www.yna.co.kr/view/AKR20241114135800009

설태원 1997. 외계인 수명 추락사 은닉소문 꼬리: UFO 아닌 인형으로 낙하실험, 『경향신문』 1997년 6월 25일.

세이건, C.(이상헌 역). 2001. 『악령이 출몰하는 세상』김영사.

아담스키, G. 1987. 장성규 역. 『UFO와 우주법칙』 고려원.

와인트로프, P. 1989. 에어리언(ALIEN)이 지구인을 유괴? 『사이언스』, 1989년 9월호, p.22.

엡스타인, C. 2023. 'UFO와 외계인'으로 단결한 미 의회. BBC News 코리아. 2023년 7월 27일. 출처: https://www.bbc.com/korean/articles/cp02e134m4no

카쿠, M. 2018. 초공간, 김영사.

맹성렬 Ph.D.

서울대 물리학과를 졸업한 후 KAIST 신소재공학과 석사 과정을 마치고 영국 케임브리지 대학에서 전기전자공학 박사 학위를 받았다. 35년간 냉철한 과학자의 시선으로 인류 문명사에서 해명되지 않은 난제들을 탐구하고 있으며 과학과 역사를 아우르는 해박한 지식으로 문명의 미스터리를 밝혀 나가는 괴짜 과학자이자 작가이다. 우석대학교 교수로 재직 중이며, 전기전자공학과, 전기자동차공학부, 교육 및 문화콘텐츠개발학과, 그리고 심리운동학과에서 강의하고 있다. 한국 UFO연구협회 회장을 역임했으며, 현재 한국 UAP학회 회장 및 한국 미스터리 협회 회장이다.

저술한 책으로는 『고대 이집트 왕권 신화』, 『지적 호기심을 위한 미스터리 컬렉션』, 『아담의 문명을 찾아서』, 『과학은 없다』, 『UFO 신드롬』, 『초 고대 문명(상·하)』, 『오시리스의 죽음과 부활』, 『피라미드 코드』, 『아틀란티스 코드』, 『에디슨·테슬라의 전기혁명』, 『UFO(우리가 발견한 것이 아니다. 그들이 찾아오는 것이다.)』 등이 있다.